人工智能探索与实践

分布式人工智能

安波　高阳　俞扬　等著

電子工業出版社
Publishing House of Electronics Industry
北京•BEIJING

内 容 简 介

本书期望为读者提供本领域全面的知识介绍。

全书可分为五大部分，阐述了分布式人工智能的基础知识以及相关进展，包括分布式人工智能简介、分布式规划与优化、多智能体博弈、多智能体学习和分布式人工智能应用。除此之外，由于本领域尚处于蓬勃发展阶段，相关技术与应用层出不穷，因此书中还提供了研究者对于分布式人工智能发展的相关预测，以供读者深入了解、学习。

本书适合相关领域的从业者学习，也适合作为本领域研究者的案头参考。

图书在版编目（CIP）数据

分布式人工智能/安波等著. -- 北京：电子工业出版社，2022. 11
（人工智能探索与实践）
ISBN 978－7－121－44304－6

Ⅰ. ①分… Ⅱ. ①安… Ⅲ. ①人工智能 Ⅳ. ①TP18

中国版本图书馆 CIP 数据核字（2022）第 170368 号

责任编辑：刘皎
印　　刷：三河市龙林印务有限公司
装　　订：三河市龙林印务有限公司
出版发行：电子工业出版社
　　　　　北京市海淀区万寿路 173 信箱　　　邮编：100036
开　　本：787 × 1092　1/16　　印张：25　字数：420 千字
版　　次：2022 年 11 月第 1 版
印　　次：2022 年 11 月第 1 次印刷
定　　价：129.00 元

凡所购买电子工业出版社图书有缺损问题，请向购买书店调换。若书店售缺，请与本社发行部联系，联系及邮购电话：（010）88254888，88258888。

质量投诉请发邮件至 zlts@phei.com.cn，盗版侵权举报请发邮件至 dbqq@phei.com.cn。

本书咨询联系方式：（010）51260888-819，Ljiao@phei.com.cn。

前言

分布式人工智能初创于 20 世纪 70 年代，是一个快速发展的研究领域。在过去的二十年内，它从分布式规划和优化到智能体之间的竞争和合作学习，以及在现实世界中的应用，都取得了令人欣喜的进展。有很多优秀的学者在从事这个领域的研究，AAMAS 会议[1] 也成为人工智能领域的顶级会议。

这二十年的发展可大致分为两个阶段，其中前十年研究者主要关注的是分布式规划和优化，以及拍卖和博弈均衡的求解；而后十年，随着深度学习的兴起，分布式人工智能转向智能体的学习方面，其中包括单智能体和多智能体的强化学习，以及基于模型的强化学习。其中最为人们所熟知的进展是 2016 年 DeepMind 的研究者开发出的 AlphaGo 程序击败了人类棋手，2017 年卡耐基梅隆大学的 Tuomas Sandholm 教授团队开发的 Libratus 在二人无限下注的德州扑克上打败人类职业玩家，以及 2019 年（仍旧是）DeepMind 的研究者开发出的 AlphaStar 在星际争霸 II 游戏中打败职业人类玩家。这一类复杂问题的成功解决，鼓舞着分布式人工智能领域的研究者，也使得该领域的研究获得了长足的进展。我们相信一本能够涵盖该领域相关重要进展的书籍将会对研究者大有裨益。

在本书中，我们从五个方面介绍分布式人工智能的基础知识以及相关进展，分别是：第一部分，分布式人工智能简介，其中包含第 1 章概述，该部分重点回顾了分布式人工智能的发展历程，并对现存的研究挑战和研究热点做了总览；第二部分，分布式规划与优化，其中包含第 2 章分布式规划和第 3 章分布式约束优化，该部分主要阐述利用经典方法如混合整数线性规划和搜索方法进行的分布式规划和优化；第三部分，多智能体博弈，其中包含第 4 章纳什均衡求解、第 5 章机制设计、第 6 章合作博弈与社会选择，以及第 7 章博弈学习，该部分针对多智能体之间的竞争，涵盖了包括传统优化和学习方法在内的均衡求解和

[1]智能体及多智能体系统国际会议（International Joint Conference on Autonomous Agents and Multi-Agent Systems，AAMAS）

机制设计；第四部分，多智能体学习，其中包含第 8 章单智能体强化学习、第 9 章基于模型的强化学习、第 10 章多智能体合作学习、第 11 章多智能体竞争学习，该部分主要关注单智能体和多智能体之间的强化学习，尤其是深度强化学习方法；最后是第五部分，分布式人工智能应用，其中包含第 12 章安全博弈和第 13 章社交网络中的机制设计。

分布式人工智能领域仍然处在蓬勃发展中，相关的技术和应用层出不穷。我们在书中也提供了研究者对于分布式人工智能发展的相关预测，集中在：第一，更复杂和更大规模的分布式人工智能问题的研究和解决；第二，分布式人工智能的安全性、鲁棒性和泛化性，这将极大地促进人们对于分布式人工智能问题的理解；第三，分布式人工智能的可解释性，这将使得人类能够理解算法的决策，为分布式人工智能的落地减少障碍。

在选择书中内容的时候，我们尽可能涵盖分布式人工智能的各个方面，并得到了相关领域研究者的大力协助。我们希望在为初学者提供一个全面的领域介绍的同时，也能为研究者提供一本可供查阅的工具书。

我们感谢所有章节作者的付出以及电子工业出版社刘皎老师为本书出版所做的努力！

目录

第一部分　分布式人工智能简介

1　概述

（安波，新加坡南洋理工大学）

第二部分　分布式规划与优化

2　分布式规划

（吴锋，中国科技大学）

3　分布式约束优化

（陈自郁，重庆大学）

第三部分 多智能体博弈

4 纳什均衡求解

（邓小铁，北京大学；刘正阳，北京理工大学）

5 机制设计

（沈蔚然，中国人民大学；唐平中，清华大学）

6 合作博弈与社会选择

（王崇骏，南京大学）

7 博弈学习

（高阳、孟林建、葛振兴，南京大学）

第四部分 多智能体学习

8 单智能体强化学习

（章宗长、俞扬，南京大学）

9 基于模型的强化学习

（张伟楠，上海交通大学；汪军，伦敦大学学院）

10 多智能体合作学习

（张崇洁，清华大学）

第五部分 分布式人工智能应用

12 安全博弈

（安波，新加坡南洋理工大学；甘家瑞，牛津大学）

13 社交网络中的机制设计

（赵登吉，上海科技大学）

第一部分

分布式人工智能简介

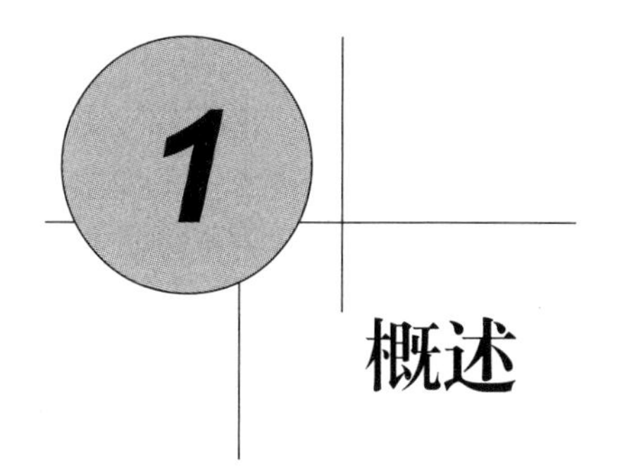

扫码免费学

1 概述

1.1 研究背景

我们首先对分布式人工智能的历史进行扼要的回顾。分布式人工智能初创于 20 世纪 70 年代，在过去五十多年的发展过程中，可大致分为前深度学习时代和深度学习时代。前深度学习时代的分布式人工智能研究主要采用传统的优化算法，而在深度学习时代，人们则利用深度神经网络的强大表示能力来解决更大规模和更复杂的问题。

1.1.1 前深度学习时代

继 1956 年约翰·麦卡锡（John McCarthy）在著名的达特茅斯研讨会上提出“人工智能”（Artificial Intelligence）这一概念后，智能体（Intelligent Agent）领域开始兴起。“智能体”这一概念在早期的人工智能文献中就已经出现，例如阿兰·图灵（Alan Turing）提出用来判断一台机器是否具备人类智能的图灵测试。在这个测试中，测试者通过一些监视设备向被测试的实体（也就是我们现在所说的智能体）提问。如果测试者不能区分被测试对象是计算机程序还是人，那么根据图灵的观点，被测试的对象就被认为是智能的。尽管智能体的概念很早就出现，将多个智能体作为一个功能上的整体（即能够独立行动的自主集成系统）加以研究的思路在 20 世纪 70 年代之前都发展甚微。这期间，一些研究着眼于构建一个完整的智能体或多智能体系统，其中比较有影响的有 Hearsay-II 语音理解系统 [22]、STRIPS 规划系统 [23]、Actor 模型 [33] 等。1978 年 12 月，DARPA 分布式传感器网络研讨会作为最早致力于多智能体系统问题的研讨会在卡耐基梅隆大学（CMU）举办。1980 年 6 月 9 日至 11 日，分布式人工智能的首次研讨会在麻省理工学院（MIT）举办。该研讨会持续了大约 15 年，在此期间，欧洲和远东地区的分布式人工智能研讨会也随着研究队伍的壮大而逐步开展。在 1980 年的这次会议上，研究人员开始谈论分布式问题求解、多智能体规划、组织控制、合同网、协商、分布式传感器网络、功能精确的协作分布式系统、大规模行为者模型，以及智能体规范逻辑框架等重要的多智能体系统研究问题。在此之后，集成智能体构建和多智能体系统研究的各个分支领域都有较大的发展。分布式人工智能领域自诞生之际起就海纳百川，包罗各个学科，直到今天依然是跨学科交叉的沃土。恰如其名，分布式人工智能和人工智能领域之间始终维系着最强的纽带。

随着 20 世纪 80 年代后期 *Distributed Artificial Intelligence* 和 *Readings in Distributed Artificial Intelligence* 的出版 [9,34]，重要的文献有了集中的去处，分布式人工智能领域开始联合并显著地扩张。在这段成长的时期，建立在博弈论和经济学概念上的自私智能体交互的研究逐步兴盛起来 [71]。随着协作型和自私型智能体研究的交融，分布式人工智能逐渐演变并最终采用了一个更广阔、更包罗万象的新名字 ——“多智能体系统”。

20 世纪 90 年代初期，得益于同期互联网的迅猛扩张，多智能体系统研究快速发展。此时互联网已从一个学术圈外鲜为人知的事物演变成全球商业和生活等领域不可或缺的日常工具。如果说计算的未来在于分布式的、联网的系统，人们亟须新的计算模型去挖掘这些分布式系统的潜能，那么互联网的爆炸式增长或许就是最好的说明。毫无疑问，互联网将成为多智能体技术的主要试验场之一。基于和用于互联网的智能体的出现催生了新的相关软件技术。人们提出了面向智能体的编程范式（Agent-oriented Programming，AOP），将软件的构建集中在软件智能体的概念上。相比面向对象的编程以对象（通过变量参数提供方法）为核心的理念，AOP 以外部指定的智能体（带有接口和消息传递功能）为核心。很快，一批移动智能体框架以 Java 包的形式被开发和发布。

20 世纪 90 年代中期，工业界对智能体系统的兴趣集中在标准化这一焦点上。一些研究人员开始认为智能体技术可能会因为公认的国际标准的缺失而难以得到广泛的认可。当时开发的两种颇具影响力的智能体通信语言——KQML 和 KIF——就一直没有被正式地标准化。因此，FIPA（Foundation for Intelligent Physical Agents）运动在 1995 年开始了标准化多智能体的工作，它的核心是一套用于智能体协作的语言。20 世纪 90 年代后期，随着互联网的继续发展，电子商务应运而生，“.com”公司席卷全球。很快，人们意识到电子商务代表着一个自然且利益丰厚的多智能体系统应用领域，其中的基本想法是智能体驱动着电子商务中从产品搜寻到实际商谈的各个环节。到世纪之交，以智能体为媒介的电子商务或许已经成为智能体技术的最大单一应用场合，为智能体系统在谈判和拍卖领域的发展提供了商业和科学上的巨大推动力。2000 年以后，以促进和鼓励高质量的交易智能体研究为目的的交易智能体竞赛（Trading Agent Competition）推出并吸引了很多研究人员的参与。到 20 世纪 90 年代后期，研究人员开始在不断拓宽的现实领域寻求多智能体系统的新发展，机器人世界杯（RoboCup）应运而生。RoboCup 的目的很清晰，即证明在五十年之内，一支机器人足球队能够战胜世界杯水准的人类球队，其基本理论在于一支出色的球队需要一系列的技能，比如利用有限的带宽进行实时动态的协作。RoboCup 的热度在世纪之交暴涨，定期举办的 RoboCup 锦标赛吸引了来自世界各地的数百支参赛队伍。2000 年，RoboCup 推出了一项新的活动——RoboCup 营救。这项活动以 20 世纪 90 年代中期日本神户大地震为背景，以建立一支能够通过相互协作完成搜救任务的机器人队伍为目标。

高水平的学术会议对于一个领域的发展至关重要。1995 年，第一届 ICMAS 大会（International Conference on Multi-Agent Systems）在美国旧金山举办。紧接着，ATAL 研讨会（International Workshop on Agent Theories，Architectures，and Languages）和 AA 会议（International Conference on Autonomous Agents）相继举办。国际智能体及多智能体系统协会（International Foundation for Autonomous Agents and Multiagent Systems，IFAAMAS）以促进人工智能、智能体与多智能体系统领域的科技发展为宗旨成立。为了提供一个统一、高质量并广受国际关注的智能体和多智能体系统理论和实践研究论坛，IFAAMAS 在 2002 年将上述三个会议合并为智能体及多智能体系统国际会议（International Joint Conference on Autonomous Agents and Multi-Agent Systems，AAMAS），一般在每年的 5 月举行，在美洲、欧洲、亚洲和大洋洲轮流召开。自那以后，AAMAS 会议成为多智能体系统和分布式人工智能领域的顶级会议，与会者发表了许多具有开创性意义的文章，极大地促进了这一领域的发展。

1.1.2 深度学习时代

深度学习自 2006 年提出之后，为学术界和工业界带来了巨大的变革。它从计算机视觉领域出发，进而影响了强化学习和自然语言处理领域，并在近几年越来越多地用于分布式人工智能领域。深度学习用于分布式人工智能，并引起广泛关注的是 2016 年来自 DeepMind 的科学家开发的用于求解围棋策略的 AlphaGo [77]，它是第一个击败人类职业围棋选手、第一个击败围棋世界冠军的人工智能算法（见图 1.1）。基于 AlphaGo，DeepMind 后续开发了 AlphaGo Zero [78]、AlphaZero [79] 和 Muzero [74]，极大地推进了该方面的研究。在 AlphaGo 中采用的算法可以很好地求解完全信息博弈下的策略，但不适用于非完全信息博弈。2017 年阿尔伯塔大学开发了 DeepStack 系统，它被用来解决在二人无限下注场景下的德州扑克问题，并最终史无前例地击败了职业的扑克玩家 [58]。在此之后，人们将目光转移到了斗地主和麻将上面，借助于深度学习和强化学习的强大能力，人工智能算法依然取得了击败人类职业玩家的良好效果。

图 1.1 AlphaGo 对战李世石

深度学习在分布式约束问题（DCOP）和组合优化问题的求解上也得到了应用。深度学习的优势在于其借助深度神经网络强大的表示能力，可以对大规模的复杂问题进行表示，这也是分布式约束问题和组合优化问题常常需要的。因而在 2014 年，研究者将深度学习用到了分支定界的算法当中，取得了不错的效果 [30]。2015 年，Google 的研究者提出了 Pointer Network（Ptr-Net）[88]，这是一类专为解决组合优化问题提出的神经网络，作者成功地将其应用在了旅行商问题（TSP）上。基于 Pointer Netwok 的相关后续工作包括将强化学习和 Pointer

Network 相结合来解决对于标签的依赖[6]，利用注意力模型和强化学习解决车辆路径规划问题[61]，以及使用自然语言处理中的 Transformer 模型提升算法效果[40]。另外，由于图神经网络（Graph Neural Network，GNN）研究的兴起，研究者也开始将其用于解决组合优化问题[15]。早期的尝试包括利用 Structure2Vec GNN 结构结合强化学习算法解决旅行商问题，以及最大割和最小顶点覆盖问题[18]。后续工作包括利用监督学习和 GNN 解决决策版本的旅行商问题[64]，含有更多约束的问题如带有时间窗口的旅行商问题[14]。这类方法也被应用于解决布尔可满足性（SAT）问题，同样取得了不错的效果[13,75]。

研究者不仅把深度学习的技术应用在博弈和分布式优化问题上，也把它应用到了分布式人工智能的其他领域。近几年发展尤为迅速的是多智能体强化学习（MARL）领域。2017 年提出的 MADDPG 算法[50] 提出了“集中式训练，分布式执行”的训练模式，在简单问题上很好地解决了不同智能体之间在没有通信情况下的合作问题。2018 年牛津大学提出了 QMIX 算法[66]，并且开源了 StarCraft II Multi-Agent Challenge（SMAC）环境[72] 作为测试 MARL 算法效果的通用环境。SMAC 是一组基于暴雪公司开发的星际争霸（StarCraft）游戏精心设计的智能体之间合作的任务，它可用来测试算法在不同合作模式下的训练效果。自那之后出现了很多基于 SMAC 的工作，受到研究者关注的有 QTRAN[80]、QPLEX[90] 和 Weighted QMIX[67]。虽然 SMAC 是一组理想的测试环境，但是任务本身难度较小，具有一定的局限性，因而 DeepMind 的研究者基于完全版本的星际争霸来训练智能体，最终他们训练的智能体达到了 Grandmaster 水准[89]。几乎与此同时，OpenAI 的研究者利用深度学习训练了打 Dota 2 游戏的多智能体系统，并击败了人类职业玩家[7]。这些研究被认为是多智能体强化学习在复杂决策问题上可以超过人类的典型例子。

中国学者为分布式人工智能的发展也贡献了自己的力量。2019 年，第一届分布式人工智能国际会议（International Conference on Distributed Artificial Intelligence，DAI）在北京召开。DAI 的主要目标是将相关领域（例如通用人工智能、多智能体系统、分布式学习、计算博弈论）的研究人员和从业者聚集在一起，为促进分布式人工智能的理论和实践发展提供一个高水平的国际研究论坛。自创办以来，该会议得到了中外许多研究者的关注和参与，会上所发表的文章也获得了研究者的引用，激发了许多后续的研究，形成了一定的影响力。

1.2 主要研究领域

在这一部分，我们将介绍分布式人工智能四个有代表性的研究领域。

1.2.1 算法博弈论

算法博弈论是博弈论和算法设计的交叉领域。算法博弈论问题中算法的输入通常来自许多参与者，这些参与者对输出有不同的个人偏好。在这种情况下，这些智能体参与者可能因为个人利益而隐瞒真实的信息。除了经典算法设计理论要求的多项式运算时间及较高近似度，算法设计者还需要考虑智能体动机的约束。

当前算法博弈论的研究者主要关注完全信息博弈和非完全信息博弈中的纳什均衡的求解。纳什均衡指当所有人都执行其纳什均衡策略时，没有人能够通过单方面改变自己的策略增加自己的收益。在每个参与者的动作都是有限的情况下，混合策略的纳什均衡存在于任意博弈中。虽然纳什均衡在算法博弈论中应用广泛，但是其求解是非常困难的，对于二人及以上的非零和博弈，其计算难度是 PPAD-complete 的 [19]。幸运的是，对于二人零和博弈，其纳什均衡可以在多项式时间内求解。目前研究者关注的二人有限下注和无限下注的德州扑克都属于二人零和博弈。小型的博弈可以通过求解线性规划得到，但对于大规模博弈，很难求解其线性规划表示。因而求解大规模二人零和博弈最广泛应用的算法是反事实遗憾最小化算法（CFR）[100] 和 Fictitious（Self）-Play [32,44]。其中，CFR 被成功地用于求解二人德州扑克，并决定性地打败了人类职业选手 [10]。在多人零和博弈或者非零和博弈中，研究者利用类似的方法取得了一些实验成果，但依然缺乏相应的理论支撑。多人博弈目前还是一个开放的问题。

进入深度学习时代以来，上述提到的反事实遗憾最小化算法（CFR）和 Fictitious（Self）-Play 也有了相应的深度学习版本，即 Deep CFR [12] 和 Neural Fictitious Self-Play（NFSP）[31]，这类算法成功地应用于大规模的博弈问题求解，取得了很好的结果 [47,93,98]。另外，基于经典的 Double Oracle 算法 [35,54]，DeepMind 的研究者提出了 Policy Space Response Oracle（PSRO）算法及其拓展变体，并将一些现有算法统一起来 [42,59]。基于深度学习的算法具有强大的表示能力，但是其训练相对更为耗时，所以更适用于博弈的表示学习方法是一个值得探索的方向。

1.2.2 分布式问题求解

作为分布式人工智能的一个子领域，分布式问题求解着眼于让多个智能体共同解决一个问题。这些智能体通常都是合作性的。在众多分布式问题求解模型中，分布式约束推理（Distributed Constraint-Reasoning，DCR）模型，如分布式约束满足问题（Distributed Constraint-Satisfaction Problem，DCSP）和分布式约束优化问题（Distributed Constraint-Optimization Problem，DCOP）的使用和研究较为广泛。DCR 模型历史较长，在各种分布式问题上都有应用，包括无线电信道分配和分布式传感器网络（图 1.2）。自 20 世纪 90 年代中期以来，DCSP 和 DCOP 算法设计（包括完全的和非完全的）获得了学术界的广泛关注。根据搜索策略（最佳优先搜索或深度优先分支定界搜索）、智能体间同步类型（同步或异步）、智能体间通信方式（约束图邻居间点对点传播方式或广播方式）以及主要通信拓扑结构（链式或树形）的不同，可以对学术界提出的众多 DCR 算法进行归类。例如，ADOPT [57] 采用的是最佳优先搜索、异步同步、点对点的通信和树形通信拓扑结构。近年来，研究人员在多个方面延伸了 DCR 模型和算法，从而更精确地建模和求解现实问题 [97]。隐私保护是使用 DCR 建模诸如分布式会议安排这类问题的一个动机。例如当两名用户没有安排同一个会议的需求时，他们应当无权知悉对方对于会议时间的偏好。遗憾的是，隐私泄露常常难以避免。为此，研究人员引入一些指标去衡量 DCR 的隐私泄露程度，并设计新的 DCR 算法来更好地保护隐私。DCR 模型也被扩展为动态 DCR 模型，如动态 DCSP 和动态 DCOP。一个典型的动态 DCR 问题由一连串（静态的）DCR 问题组成，问题与问题之间有一定的变化。其他相关的扩展还包括：智能体以截止时间决定价值的连续时间模型、智能体对所处环境认知不完全的模型。研究人员还将 DCOP 扩展为多目标 DCOP 及资源受限的 DCOP。

(a) 信道分配 [97]

(b) 智能家居设备调度 [24]

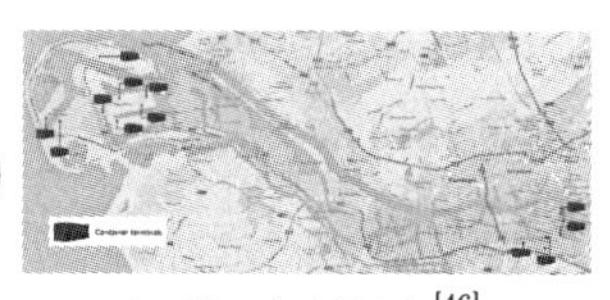
(c) 港口船舶调度 [46]

图 1.2 真实世界中的分布式问题求解

由于其出色的表征能力，近年来深度学习被广泛应用于求解大规模约束规划、推理问题，涌现出一大批优秀算法。2018 年来自南加州大学的研究者成功地将卷积神经网络（Convolutional Neural Network，CNN）应用于表征约束满足问题，并据此提出用于预测可满足性的 CSP-CNN 模型 [92]。在布尔满足问题上，加州大学伯克利分校结合图神经网络通过强化学习得到分支启发信息（Branching Heuristics），极大地提升了现有算法的求解效率 [43]。深度桶消除（Deep Bucket Elimination，DBE）算法 [68] 则利用深度神经网络来表示高维效用表，解决了约束推理中指数级的内存消耗问题。类似的想法也应用于求解其他 DCOP 问题 [20]。然而，大多数基于深度学习的算法很难提供理论上的质量保障，使得其在大量关键场景下（例如船舶导航、灾难救援等）无法得到广泛应用。因此，如何更好地将深度学习和符号推理相结合，以开发具有理论保障的约束推理算法是未来亟待解决的问题。

1.2.3 多智能体规划

不确定性是多智能体系统研究面临的最大挑战之一。即便在单智能体系统中，行动的输出也会存在不确定性（如行动失败的概率）。此外，在许多问题中，环境的状态也会因噪声或传感器能力所限而带有不确定性。在多智能体系统中，这些问题更加突出。一个智能体只能通过自己的传感器来观测环境状态，因此智能体预知其他智能体动向的能力十分有限，合作也会因此变得复杂。如果这些不确定性不能得到很好的处理，各种糟糕的情况都有可能出现。理论上，智能体通过相互交流和同步它们的信号协调行动。然而，由于带宽的限制，智能体往往不可能将必要的信息广播至其他所有智能体。此外，在许多实际场景中，通信是不可靠的，这就不可避免地对其他智能体行动的感知带来了不确定性。近年来，大量的研究集中于寻求以规范的方式处理多智能体系统不确定性的方法，建立了各种模型和求解方法。分散型马尔可夫决策过程（Decentralized Markov Decision Process，Dec-MDP）和分散型部分可观测马尔可夫决策过程（Decentralized Partially Observable Markov Decision Process，Dec-POMDP）是不确定性情形下多智能体规划建模最为常用的两种模型。不幸的是，求解 Dec-POMDP（即计算最佳规划）通常是很难的（NEXP-complete）[8]，即便是计算绝对误差界内的解也是 NEXP-complete 的问题 [65]。特别地，联合策略的数量随智能体数量和观察次数呈指数级增长，随问题规模呈双重指数级增长。尽管这些复杂性预示很难找到对所有问题都行之有效的方法，开发更好的 Dec-POMDP 优化求解方法仍然是一项至关重要且近来广受关注的问题。

一些相关研究也试图将深度学习尤其是深度强化学习应用到多智能体规划问题中。在多智能体路径寻找（Multi-Agent Path-Finding，MAPF）[81] 的研究中，研究者将传统启发式算法和深度强化学习结合起来获得了比传统方法更好的结果[69]，并提出了基于深度网络的、针对多种算法的选择算法，来综合不同算法的优势以达到最好的求解效果[38]。在更贴近真实场景的多智能体运动规划（Multi-Agent Motion Planning）中，研究者利用深度强化学习和基于力的（Force-based）规划算法来提高到达目标的准确率和减少到达目标的时间[76]。相对而言，基于深度学习的多智能体规划算法的研究还相对较少，仍未能完全发掘深度学习的潜力。

1.2.4 多智能体学习

多智能体学习（Multi-Agent Learning，MAL）将机器学习技术（特别是强化学习）引入多智能体系统领域，研究如何创建动态环境下的自适应智能体。一些单智能体的强化学习算法在智能体所处环境满足马尔可夫性质且智能体能够尝试足够多行动的前提下会收敛至最优的策略。在多个智能体相互作用的情况下，一个智能体的收益通常依赖于其他个体的行动，每个智能体都面临一个目标不断变化的环境，因此需要对原有算法框架做相应的扩展，而这些扩展通常产生大规模的状态及行动空间。如何处理复杂的现实问题，如何高效地处理大量的状态及策略空间已经成为目前多智能体学习研究的核心问题。

随着深度强化学习的兴起，上述问题的解决迎来了新的转机，多智能体强化学习（Multi-Agent Reinforcement Learning，MARL）乘势兴起。在多智能体强化学习中，每个智能体都采用强化学习对自己的策略进行训练，其中智能体的策略利用深度网络来表示。为解决在同时训练的过程中每个智能体的外部环境都不是静态的问题，以及多智能体之间的收益分配问题，“集中训练，分布式执行”的训练范式[25,50] 被提出，并成为后续工作中的一个基本训练范式。该训练范式的核心思路是在执行过程中每个智能体都只能根据自己的观察做出决策，但在训练过程中对于每个决策的评价都可以通过一个使用全局信息的模块来进行，这种全局模块可以是一个 Critic 网络[50]、一个反事实遗憾值[25]，或者一个专门用来做收益分配的 Mix 网络[66,80,90]。这样的设计在基于粒子的环境[50] 和基于

StarCraft II 的一组合作任务 [72] 上都取得了很好的效果。在当下的研究趋势中，研究者正在把 MARL 应用到更复杂和更大规模的多智能体学习任务上，诸如地面和空中交通管控、分布式监测、电子市场、机器人营救和机器人足球赛、智能电网等一系列实际应用场合。

1.2.5 分布式机器学习

随着“大数据”时代的来临，各大平台每天产生的数据高达 PB（1PB=1024TB）的量级。这样量级的数据在单机上的存储和应用都极度困难，因而将数据部署到多台、多类型的机器上进行并行计算是非常必要的，分布式机器学习因此兴起。分布式机器学习的目标是将具有庞大数据和计算量的任务分布式地部署到多台机器上，以提高数据计算的速度和可扩展性，减少任务耗时。随着数据量和计算量的不断攀升，以及对于数据处理的速度和计算准确性的严格要求，分布式机器学习需要从软件和硬件两方面分别进行提升。

分布式机器学习平台能够从软件层面极大地为研究者带来便利。Apache Spark 是一个开源集群运算框架，最初由 UCBerkeley AMPLab 所开发。Spark 框架是基于数据流的模型，其在处理大规模、高维度的大数据时，巨大的参数规模使得模型训练异常耗时。为解决该困难，研究人员提出了参数服务器模型，如 Petuum 框架。在后续的长期开发和应用中，研究和工程人员深感两类模型各有利弊，应该扬长弃短，搭配使用。Google Brain 团队于 2015 年推出了 TensorFlow [1]，其综合使用了两类模型，将计算任务抽象成有向图，可以更方便地进行分布式训练，一跃成为当时机器学习研究者使用的首选框架。2017 年，Facebook 的科学家推出了 PyTorch [63]，它是 Python 开源科学计算库 NumPy 的替代者，支持 GPU 且具有更高的性能，为深度学习研究平台提供了最高的灵活性和最快的速度。PyTorch 和 TensorFlow 类似，都是将网络模型的符号表达式抽象成计算图，不同的是，PyTorch 的计算图是在运行时动态构建的，而 TensorFlow 是事先经过编译的，也即静态图。PyTorch 因其简洁易用深得研究者的喜欢，而 TensorFlow 在工业界则更受欢迎。一些小众的框架如 MXNet 在特殊领域获得应用。

软件和硬件相互搭配，才能够发挥分布式机器学习的最大潜力。大部分研究者使用的是英伟达（Nvidia）公司的图形处理器（Graphics Processing Unit，GPU），利用其在进行图像计算中的优越性来加快机器学习算法的训练速率。除了通用的处理器，Google 在 2016 年 5 月公布了张量处理单元（Tensor Processing

Unit，TPU）[37]，这是 Google 专门为 TensorFlow 开发的专用集成电路芯片（Application-Specific Integrated Circuit，ASIC）。随着自然语言处理和计算机视觉的研究对于计算量的要求越来越高，TPU 已经成为处理该类任务的首选项。Google 在其云平台上开放了 TPU 租用服务，让更多的研究者可以利用 TPU 训练模型。

随着分布式机器学习的发展，数据孤岛和数据隐私问题获得了更多的关注。数据孤岛指由于商业公司的数据大多具有极大的潜在价值，并且涉及用户的隐私，因此数据很难在商业公司乃至其部门之间进行共享，导致数据大多以孤岛的形式出现。在这种情况下，联邦学习应运而生[39,94]。联邦学习作为分布式机器学习的范式，可以有效解决数据孤岛问题，让参与方在不共享数据的基础上联合建模，从技术上打破数据孤岛，实现 AI 协作（参见图 1.3）。联邦学习最早于 2016 年提出，原本用于解决安卓手机终端用户在本地更新模型的问题[53]。在 2016 年的这篇文章中，Google 的研究者提出了 Federated Averaging（FedAvg）算法，其基本想法是对所有本地模型的梯度进行平均来更新模型，这样既避免了本地用户之间的数据共享，还可以利用其梯度信息进行联合建模。在此基础上，联邦学习拓展到了更多的场景中，如适用于数据集共享相同特征空间但样本不同的情况下的横向联邦学习，适用于两数据集共享相同的样本 ID 空间但特征空间不同的情况下的纵向联邦学习，和适用于两数据集不仅在样本上而且在特征空间上都不同的情况下的联邦迁移学习[94]。2018 年 12 月，IEEE 标准协会批准了关于联邦学习架构和应用规范的标准立项。

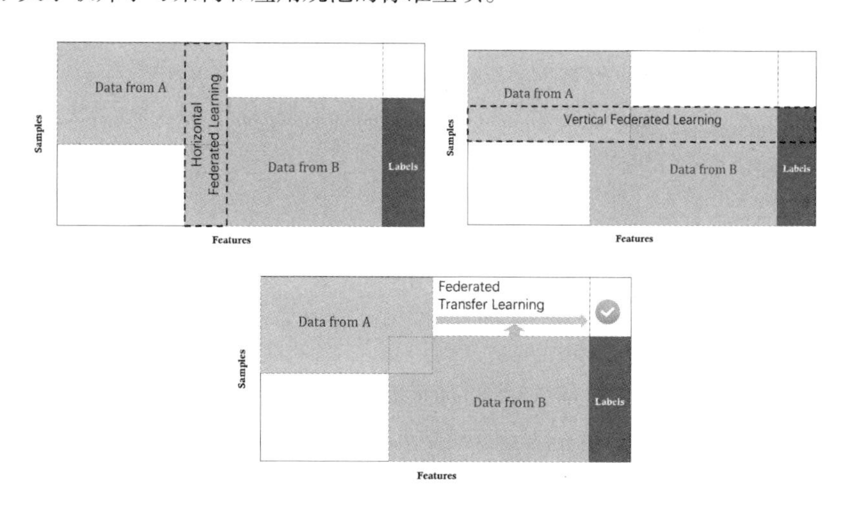

图 1.3　不同范式的联邦学习[94]

1.3 相关应用

在这一部分，我们将回顾分布式人工智能的研究应用。

1.3.1 足球

RoboCup 设立于 1997 年，经过二十余年的发展，现在已经成长为包括足球联赛（Soccer）、救援联赛（Rescue）、居家联赛（@home）、青少年联赛（Junior）和工业联赛（Industrial）的大型国际性竞赛组织，参赛队伍也达到了 350 ~ 450 支。其中足球联赛历史最为悠久，可细分为仿真组（包括 2D 和 3D）、小型组、中型组、标准平台组和类人组 [5]。其中参与团队采用的技术也由开始的基于规则 [4]，状态机 [70] 和规划算法 [2]，变成以深度学习 [26,52,83] 和深度强化学习 [55,62,91] 为主，这一趋势体现了近二十年科研趋势的发展，也产出了许多高水平的研究成果（图 1.4）。在近十年的 RoboCup 中，来自中国高校的代表队表现非常亮眼，中国科学技术大学陈小平教授的团队获得多项比赛的冠军。

图 1.4　Water 团队在 RoboCup 2019 的一次射门场景 [5]

无独有偶，2020 年，Google 公司与英超曼城俱乐部在数据科学社区和数据科学竞赛平台 Kaggle 上举办了首届 Google 足球竞赛，这次竞赛基于谷歌足球强化学习环境，采取 11vs11 的赛制，参赛团队需要控制其中 1 个智能体与 10 个内置智能体组成球队。经过多轮角逐，最终腾讯 AI Lab 研发的“绝悟”WeKick 版本成为冠军球队。另外，来自 DeepMind 的科学家与利物浦足球俱乐部合作，对人工智能帮助球员和教练分析对战数据进行了探索[86]。他们分析了过去几年的点球数据，发现球员踢向自己最强的一侧更容易得分。他们还在一个可以仿真球员关节动作且决策间隔精确到毫秒的足球环境中训练了 AI 模型，发现 AI 可以自发地形成一个队伍进行合作来取得胜利[49]。

1.3.2 安全博弈

保护关键公共基础设施和目标是各国安全机构面对的一项极具挑战性的任务。有限的安全资源使得安全机构不可能在任何时候都提供全面的安全保护。此外，安全部门的对手可以通过观察来发现安全机构保护策略的固定模式和弱点，并据此来选择最优的攻击策略。一种降低对手观察侦查能力的方式是随机调度安全部门的保护行为，如警察巡逻、行李检测、车辆检查以及其他安全程序。然而，安全部门在进行有效的随机安全策略调度时面临许多困难[84]，特别是有限的安全资源不能无处不在或者每时每刻提供安全保护。安全领域资源分配的关键问题是如何找出有限的安全资源最优配置方案，以获取最佳的安全保护方案。

博弈论提供了一个恰当的数学模型来研究有限的安全资源的部署，以最大限度地提高资源分配的有效性。尽管安全博弈模型基于 20 世纪 30 年代的 Stackelberg 博弈模型，但它是一个相对年轻的领域，是在 Vincent Conitzer 和 Tuomas Sandholm 2006 年的经典论文[17]发表后迅速发展起来的。安全博弈论初期研究的主要参与者包括南加利福尼亚大学 Milind Tambe 教授领导的 TEAMCORE 研究小组，现在有越来越多的学者参与到这项研究中，已有近百篇论文发表于人工智能领域的顶级会议 AAMAS、AAAI 和 IJCAI 上。过去十年，博弈论在安全领域的资源分配及调度方面的理论——安全博弈论逐渐建立并且在若干领域（如机场检查站的设置及巡逻调度、空中警察调度、海岸警卫队的巡逻、机场安保、市运输系统安全）得到成功应用。最新兴起并得到关注的是绿色安全博弈（Green Security Game），如图 1.5 所示，其包括对野生动物，鱼类以及森林的保护[21]。虽然安全博弈论已经成功应用在一些领域，但依然面临很多挑战，包括提高现有的安全博弈算法的可扩展性，提高安全资源分配策略的鲁棒性，对恐怖分子的行为建模、协同优化、多目标优化等[3,85]。

图 1.5　绿色安全博弈[1]

1.3.3　扑克和麻将

扑克和麻将是世界流行的娱乐活动，不同的扑克和麻将游戏具有不同的牌数和不同的胜负判定规则。扑克和麻将游戏可以被非完全信息序贯博弈来建模，而研究者关心的是如何计算这类游戏的均衡策略，特别是大规模的游戏。举例来讲，对于二人有限下注的德州扑克，可能出现的不同牌面状态是 10^{14} 种。因而扑克和麻将的求解在应用和研究领域都是一个非常具有挑战性的问题。

相关的研究和应用最早出现在德州扑克上。德州扑克可被写成一个非常宽但是相对较浅的博弈树，来自卡耐基梅隆大学的 Tuomas Sandholm 教授团队经过十余年的研究，最终在 2017 年开发出了第一个在二人无限下注的德州扑克上打败人类职业玩家但没有使用深度学习的算法 Libratus [10]，其中最主要应用的技术是先根据博弈的特殊性质进行抽象，然后应用 CFR 算法进行训练。在此之后，他们将相同的算法应用在多人无限下注的德州扑克上面，即 Pluribus [11]，依然取得了很好的结果。之后，研究者将目光转移到了更复杂的扑克游戏上，如斗地主这类决策轮数更多，牌数更多的游戏上。由于博弈树变得更宽而且更深，而 Libratus 和 Pluribus 的基础算法 CFR 假设每一次的搜索都能够到结束节点，这在斗地主游戏中是不容易满足的。最新的研究成果 DeltaDou [36] 和 DouZero [98] 都基于强化学习算法，只需要向下搜索一步或几步就可以进行更新，具有更强的适用性。其中 DouZero 打败了之前的所有 344 个 AI 智能体，成为当前的最强

[1]链接 1-1。

算法。

麻将相比于德州扑克和斗地主是更为复杂和困难的游戏，其难点主要来自三个方面：第一，麻将有更多的玩家和更多的牌，因而麻将的牌面状态的数量更多，可以达到惊人的 10^{121} 数量级；第二，麻将的计分规则更复杂，因而决策需要考虑的因素更多也更复杂；第三，麻将中每个玩家可以选择的动作更多，包括碰、杠和吃。研究者解决麻将问题的努力从没有停止过，与研究领域整体发展相呼应，研究者提出了基于抽象算法、蒙特卡洛搜索、对手建模和深度学习尤其是强化学习的 AI 算法 [27,41,56]。其中取得了最好效果的是微软亚洲研究院的 Suphx 系统 [45]，它分别训练了丢牌模型、立直模型、吃牌模型、碰牌模型以及杠牌模型来处理麻将中的复杂决策情况。另外，Suphx 还有一个基于规则的赢牌模型，决定在可以赢牌的时候要不要赢牌。Suphx 已在天凤平台和其他玩家对战了 5000 多场，达到了目前的最高段位 10 段，其稳定段位达到了 8.7 段，超过了平台上另外两个知名 AI 算法 Bakuuch [56] 和 NAGA [87] 的水平以及顶级人类选手的平均水平。

1.3.4 视频游戏

视频游戏是现代社会广泛的娱乐方式。广受欢迎的游戏有即时战略（Real-Time Strategy，RTS）游戏星际争霸和魔兽世界，近几年最流行的是多人在线战术竞技（Multiplayer online battle arena，MOBA）游戏，如 Dota、王者荣耀和英雄联盟。视频游戏提供了理想的研究环境，它们具有和现实问题相似的复杂性，可以很好地测试算法在复杂环境中寻找到好的决策策略的能力。

星际争霸 II 是暴雪公司在 2010 年推出的即时战略游戏（Real-Time Strategy Game），游戏中玩家透过俯瞰的视角模式观阅整个战场并对军队下达指令，最终目标就是击败战场上的对手们，主要的游戏技巧着重在资源上，玩家用采集的资源建造不同的建筑、军队并进行升级。2019 年 1 月，DeepMind 的研究者推出的 AlphaStar，在 1vs1 的对战中打败了人类职业选手，并最终在天梯榜上达到了 Grandmaster 层级，超过了 99.8% 的人类选手，相关研究发表在《自然》杂志上 [89]。

同样受到关注的还有 MOBA 游戏，相比于 RTS 游戏，MOBA 在单个玩家的决策上更简单，但更关注不同玩家之间的合作。另外，由于 MOBA 游戏一般拥有多个玩家，如在王者荣耀中，17 个英雄可以组成的组合有 4 900 896 种，40

个英雄可以组成的组合有 213 610 453 056 种，并由于不同的英雄具有不同的技巧，因此对战状况是非常不同的。如何训练 AI 算法支撑不同的战队组合并打赢对手，是一个非常具有挑战性的问题。2019 年 OpenAI 的研究者提出 OpenAI Five，可以在 5 vs 5 的 Dota 2 对战中打败人类玩家 [7]。但是其一大缺点是只支持 17 名英雄，而 Dota 2 中共有 117 名英雄，这极大地降低了问题的难度以及可玩性。2020 年腾讯公司的研究者开发的“绝悟”在王者荣耀游戏中达到职业电竞选手水平 [96]。这些研究不仅在学术界产生影响，还可以直接应用于游戏中的人机对打模式，为游戏公司带来经济效益。

1.4 当前热点与挑战

在这一部分我们将扼要论述未来的研究挑战。

1.4.1 超大规模分布式人工智能系统

我们的世界包含着许多超大规模的分布式系统，比如一个城市的所有红绿灯系统，协调城市的所有车辆避免交通堵塞。这些超大规模的分布式系统普遍且重要，而如今人们对此的解决方案大多还是经验性的。在未来的研究中，人们会更多地关注超大规模的分布式系统。大规模分布式系统为分布式人工智能带来的一大挑战就是其可能出现的状态和可能采取的决策都随着系统规模呈指数级增长，如何找到最优或者有效的策略是极度困难的。为了应对这个挑战，研究者提出的方法大致可以分为如下三个方向：① 对大规模系统进行抽象和近似，如将平均场理论应用于分布式系统 [95]，但平均场理论所处理的场景是非原子性的，即其忽略了每个个体的差异性而只关注大量个体构成的分布，而多智能体系统的智能体是原子性的，需要指定不同个体的行为，这两个领域的方法在理论和应用上都有不同，需要研究者更多的研究。② 利用离线训练来减少训练所需的时间，离线数据能够在训练中使得模型具有相应的领域知识，避免从随机初始化的状态开始训练所带来的对大量训练数据的需求，但是离线数据的质量是很重要的，如果质量不够好，反而会发生负向迁移，离线训练模型的在线泛化和安全性也是研究的一大热点 [29]。③ 将大规模系统分为小规模系统并利用通信进行分布式训练，这类训练范式随着分布式训练和联邦学习的发展获得了长足的进步，但是联邦学习依然不是绝对安全的，因而隐私和安全问题及在超大规模情况下如何进行有效的协调依然是当下和未来的研究热点 [99]。

1.4.2 分布式人工智能系统的鲁棒性和安全性

利用算法来指导现实世界中的决策能够提升效率和表现，但同时带来了一些担忧，尤其是以深度学习和深度神经网络为基础的算法，其对于现实世界中可能存在的扰动、不确定性甚至蓄意的攻击都可能带来可怕的后果。许多研究表明，深度学习模型对扰动是不够鲁棒的，所以当下研究的一大热点是提升算法的鲁棒性和安全性，让它们能够在不确定性甚至对抗性的决策环境中都能够做出相对较好的决策。因此研究者主要采用的方法有：① 对抗训练。针对深度学习模型的脆弱性，研究者首先提出了以对抗训练来提升模型的鲁棒性，其假定有对抗者会采取对于决策者最差的行为来对环境和问题进行扰动，然后决策者需要求解最大化最小收益的策略。近来的相关进展包括如何将深度学习模型拓展到训练时没有见过的攻击手段，以及如何应对多重攻击手段的综合攻击 [82]。② 安全决策 [28]。不同于模型的鲁棒性，安全性是深度学习模型应用于现实世界需要考虑的问题，其要求不仅需要计算决策策略，还需要根据专业知识评估策略的风险性，并且在应用过程中对风险性进行感知和控制，因为基于数据训练的深度学习模型对于一些不常出现的场景很难提供合理的处理决策，如百年一遇的暴雨或者洪水，这都需要人工介入来提升模型的安全性。

1.4.3 分布式人工智能决策的可解释性

基于深度学习的分布式人工智能方法虽然在许多问题上带来了令人兴奋的进展，但是深度学习的“黑箱”性质也对研究者提出了增加模型可解释性的要求。可解释性指算法在得到决策的同时，应当解释为什么做这种决策，这对于算法应用在现实世界中，尤其是有人合作参与或者监督的场景下至关重要。为解决算法决策的可解释性问题，研究者在模型中引入了因果推断模型和表征学习模型来对决策所依据的表征进行表示，让人们能够理解算法做出的决策。相关的解决思路包括：① 因果推断，这是图灵奖得主 Yoshua Bengio 在最近的研究中推动的对于可解释性的技术思路，其主要想法是将传统的因果关系表述引入深度学习模型，并将其表述成为人类可以理解的因果关系模型 [73]。② 分层目标，对于序贯的多步决策，如果能够理解智能体在每一步的决策目标是很重要的，分层目标能够显示出智能体在达成一个大目标的过程中每个阶段执行的小目标，这可以极大地加强人类对于智能体决策的理解[51]。

1.4.4 将传统和深度学习的方法结合

将深度学习方法应用于分布式人工智能是当前研究的一大趋势，并且取得了一定的成果。但需要注意的是，深度学习方法有其弊端，主要体现在：① 需要大量的数据，而在机器人领域中，数据量一般是比较小的；② 大量的算力，这在一些边缘设备（edge devices）（如手机）上是无法满足的；③ 缺乏理论保证（例如解的最优性），这使得它在一些对精度要求较高的领域无法使用。与此相反，传统方法可以在一定程度上避开这些弊端。因而未来一个重要的研究方向是将传统方法和深度学习的方法相结合，取二者的优势而避免二者的弊端，这将会更大地提升分布式人工智能的可应用性。近来获得最多关注的是来自 Google 的科学家利用深度学习模型学习求解混合整数规划，其利用离线数据训练的深度模型来选择分支定界方法中分支的变量，这在经典方法中是通过复杂的计算来决定的，这样可以减少算法的运行时间[60]。虽然分支方法是由深度模型决定的，但在每一次的求解中，该算法利用的依然是传统方法，这可以保证解的最优性。这种将传统方法和深度学习结合的方法取得了两方面的平衡，相信该领域在未来能够取得更快速的进展。

参考文献

[1] ABADI M, BARHAM P, CHEN J, et al., 2016. TensorFlow: A system for large-scale machine learning[C]//12th USENIX symposium on operating systems design and implementation (OSDI 16). [S.l.: s.n.]: 265-283.

[2] ALLGEUER P, BEHNKE S, 2018. Hierarchical and state-based architectures for robot behavior planning and control[J]. arXiv preprint arXiv:1809.11067.

[3] AN B, 2017. Game theoretic analysis of security and sustainability[C]//Proceedings of the Twenty-Sixth International Joint Conference on Artificial Intelligence (IJCAI). [S.l.: s.n.]: 5111-5115.

[4] ASADA M, STONE P, KITANO H, et al., 1997. The RoboCup physical agent challenge: Goals and protocols for phase I[C]//Robot Soccer World Cup. [S.l.]:

Springer: 42-61.

[5] ASADA M, STONE P, VELOSO M, et al., 2019. RoboCup: A treasure trove of rich diversity for research issues and interdisciplinary connections[J]. IEEE Robotics & Automation Magazine, 26(3): 99-102.

[6] BELLO I, PHAM H, LE Q V, et al., 2017. Neural combinatorial optimization with reinforcement learning[C]//ICLR. [S.l.: s.n.].

[7] BERNER C, BROCKMAN G, CHAN B, et al., 2019. Dota 2 with large scale deep reinforcement learning[J]. arXiv preprint arXiv:1912.06680.

[8] BERNSTEIN D S, GIVAN R, IMMERMAN N, et al., 2002. The complexity of decentralized control of Markov decision processes[J]. Mathematics of Operations Research, 27(4): 819-840.

[9] BOND A H, GASSER L, 1988. Readings in distributed artificial intelligence[M]. [S.l.]: Morgan Kaufmann.

[10] BROWN N, SANDHOLM T, 2018. Superhuman AI for heads-up no-limit poker: Libratus beats top professionals[J]. Science, 359(6374): 418-424.

[11] BROWN N, SANDHOLM T, 2019a. Superhuman AI for multiplayer poker[J]. Science, 365(6456): 885-890.

[12] BROWN N, LERER A, GROSS S, et al., 2019b. Deep counterfactual regret minimization[C]//ICML. [S.l.: s.n.]: 793-802.

[13] CAMERON C, CHEN R, HARTFORD J, et al., 2020. Predicting propositional satisfiability via end-to-end learning[C]//AAAI. [S.l.: s.n.]: 3324-3331.

[14] CAPPART Q, GOUTIERRE E, BERGMAN D, et al., 2019. Improving optimization bounds using machine learning: Decision diagrams meet deep reinforcement learning[C]//AAAI. [S.l.: s.n.]: 1443-1451.

[15] CAPPART Q, CHÉTELAT D, KHALIL E, et al., 2021. Combinatorial optimization and reasoning with graph neural networks[J]. arXiv preprint arXiv:2102.09544.

[16] CLAUS C, BOUTILIER C, 1998. The dynamics of reinforcement learning in cooperative multiagent systems[C]//AAAI. [S.l.: s.n.]: 746-752.

[17] CONITZER V, SANDHOLM T, 2006. Computing the optimal strategy to commit to[C]//EC. [S.l.: s.n.]: 82-90.

[18] DAI H, KHALIL E B, ZHANG Y, et al., 2017. Learning combinatorial optimization algorithms over graphs[C]//NeurIPS. [S.l.: s.n.]: 6351-6361.

[19] DASKALAKIS C, GOLDBERG P W, PAPADIMITRIOU C H, 2009. The complexity of computing a Nash equilibrium[J]. SIAM Journal on Computing, 39(1): 195-259.

[20] DENG Y, YU R, WANG X, et al., 2021. Neural regret-matching for distributed constraint optimization problems[C]//IJCAI. [S.l.: s.n.]: 146-153.

[21] FANG F, NGUYEN T H, 2016. Green security games: Apply game theory to addressing green security challenges[J]. ACM SIGecom Exchanges, 15(1): 78-83.

[22] FENNELL R, LESSER V, 1975. Parallelism in ai problem solving: A case study of hearsay 2[R]. [S.l.]: CARNEGIE-MELLON UNIV PITTSBURGH PA DEPT OF COMPUTER SCIENCE.

[23] FIKES R E, NILSSON N J, 1971. STRIPS: A new approach to the application of theorem proving to problem solving[J]. Artificial intelligence, 2(3-4): 189-208.

[24] FIORETTO F, YEOH W, PONTELLI E, 2017. A multiagent system approach to scheduling devices in smart homes[C]//AAMAS. [S.l.: s.n.]: 981-989.

[25] FOERSTER J, FARQUHAR G, AFOURAS T, et al., 2018. Counterfactual multi-agent policy gradients[C]//AAAI. [S.l.: s.n.]: 2974-2982.

[26] FUKUSHIMA T, NAKASHIMA T, AKIYAMA H, 2018. Mimicking an expert team through the learning of evaluation functions from action sequences[C]//Robot World Cup. [S.l.]: Springer: 170-180.

[27] GAO S, OKUYA F, KAWAHARA Y, et al., 2019. Building a computer mahjong player via deep convolutional neural networks[J]. arXiv preprint arXiv:1906.02146.

[28] GARCIA J, FERNÁNDEZ F, 2015. A comprehensive survey on safe reinforcement learning[J]. Journal of Machine Learning Research, 16(1): 1437-1480.

[29] GULCEHRE C, WANG Z, NOVIKOV A, et al., 2020. RL Unplugged: Benchmarks for offline reinforcement learning[J]. arXiv e-prints: arXiv-2006.

[30] HE H, DAUMÉ III H, EISNER J, 2014. Learning to search in branch-and-bound algorithms[C]//NeurIPS. [S.l.: s.n.]: 3293-3301.

[31] HEINRICH J, SILVER D, 2016. Deep reinforcement learning from self-play in imperfect-information games[J]. arXiv preprint arXiv:1603.01121.

[32] HEINRICH J, LANCTOT M, SILVER D, 2015. Fictitious self-play in extensive-form games[C]//ICML. [S.l.: s.n.]: 805-813.

[33] HEWITT C, 1977. Viewing control structures as patterns of passing messages[J]. Artificial intelligence, 8(3): 323-364.

[34] HUHNS M N, 1987. Distributed artificial intelligence[M]. [S.l.]: Pitman Publishing Ltd. London, England.

[35] JAIN M, KORZHYK D, VANĚK O, et al., 2011. A double oracle algorithm for zero-sum security games on graphs[C]//AAMAS. [S.l.: s.n.]: 327-334.

[36] JIANG Q, LI K, DU B, et al., 2019. DeltaDou: Expert-level doudizhu AI through self-play.[C]//IJCAI. [S.l.: s.n.]: 1265-1271.

[37] JOUPPI N P, YOUNG C, PATIL N, et al., 2017. In-datacenter performance analysis of a tensor processing unit[C]//Proceedings of the 44th annual international symposium on computer architecture. [S.l.: s.n.]: 1-12.

[38] KADURI O, BOYARSKI E, STERN R, 2020. Algorithm selection for optimal multi-agent pathfinding[C]//ICAPS. [S.l.: s.n.]: 161-165.

[39] KAIROUZ P, MCMAHAN H B, AVENT B, et al., 2019. Advances and open problems in federated learning[J]. arXiv preprint arXiv:1912.04977.

[40] KOOL W, VAN HOOF H, WELLING M, 2018. Attention, learn to solve routing problems![C]//ICLR. [S.l.: s.n.].

[41] KURITA M, HOKI K, 2020. Method for constructing artificial intelligence player with abstractions to markov decision processes in multiplayer game of mahjong[J]. IEEE Transactions on Games, 13(1): 99-110.

[42] LANCTOT M, ZAMBALDI V, GRUSLYS A, et al., 2017. A unified game-theoretic approach to multiagent reinforcement learning[C]//NeurIPS. [S.l.: s.n.]: 4193-4206.

[43] LEDERMAN G, RABE M, SESHIA S, et al., 2020. Learning heuristics for quantified boolean formulas through reinforcement learning[C]//ICLR. [S.l.: s.n.].

[44] LESLIE D S, COLLINS E J, 2006. Generalised weakened fictitious play[J]. Games and Economic Behavior, 56(2): 285-298.

[45] LI J, KOYAMADA S, YE Q, et al., 2020. Suphx: Mastering mahjong with deep reinforcement learning[J]. arXiv preprint arXiv:2003.13590.

[46] LI S, NEGENBORN R R, LODEWIJKS G, 2016. Distributed constraint optimization for addressing vessel rotation planning problems[J]. Engineering Applications of Artificial Intelligence, 48: 159-172.

[47] LI S, ZHANG Y, WANG X, et al., 2021. CFR-MIX: Solving imperfect information extensive-form games with combinatorial action space[C]//IJCAI. [S.l.: s.n.]: 3663-3669.

[48] LITTMAN M L, 1994. Markov games as a framework for multi-agent reinforcement learning[C]//ICML. [S.l.: s.n.]: 157-163.

[49] LIU S, LEVER G, WANG Z, et al., 2021. From motor control to team play in simulated humanoid football[J]. arXiv preprint arXiv:2105.12196.

[50] LOWE R, WU Y, TAMAR A, et al., 2017. Multi-agent actor-critic for mixed cooperative-competitive environments[C]//NeurIPS. [S.l.: s.n.]: 6382-6393.

[51] LYU D, YANG F, LIU B, et al., 2019. SDRL: Interpretable and data-efficient deep reinforcement learning leveraging symbolic planning[C]//AAAI. [S.l.: s.n.]: 2970-2977.

[52] MACALPINE P, TORABI F, PAVSE B, et al., 2018. UT Austin Villa: RoboCup 2018 3D simulation league champions[C]//Robot World Cup. [S.l.: s.n.]: 462-475.

[53] MCMAHAN B, MOORE E, RAMAGE D, et al., 2017. Communication-efficient learning of deep networks from decentralized data[C]//Artificial intelligence and statistics. [S.l.: s.n.]: 1273-1282.

[54] MCMAHAN H B, GORDON G J, BLUM A, 2003. Planning in the presence of cost functions controlled by an adversary[C]//ICML. [S.l.: s.n.]: 536-543.

[55] MENDOZA J P, SIMMONS R, VELOSO M, 2016. Online learning of robot soccer free kick plans using a bandit approach[C]//ICAPS. [S.l.: s.n.]: 504-508.

[56] MIZUKAMI N, TSURUOKA Y, 2015. Building a computer mahjong player based on monte carlo simulation and opponent models[C]//2015 IEEE Conference on Computational Intelligence and Games (CIG). [S.l]: IEEE: 275-283.

[57] MODI P J, SHEN W M, TAMBE M, et al., 2003. An asynchronous complete method for distributed constraint optimization[C]//AAMAS. [S.l.: s.n.]: 161-168.

[58] MORAVČÍK M, SCHMID M, BURCH N, et al., 2017. Deepstack: Expert-level artificial intelligence in heads-up no-limit poker[J]. Science, 356(6337): 508-513.

[59] MULLER P, OMIDSHAFIEI S, ROWLAND M, et al., 2019. A generalized training approach for multiagent learning[C]//ICLR. [S.l.: s.n.].

[60] NAIR V, BARTUNOV S, GIMENO F, et al., 2020. Solving mixed integer programs using neural networks[J]. arXiv preprint arXiv:2012.13349.

[61] NAZARI M, OROOJLOOY A, TAKÁČ M, et al., 2018. Reinforcement learning for solving the vehicle routing problem[C]//NeurIPS. [S.l.: s.n.]: 9861-9871.

[62] OCANA J M C, RICCIO F, CAPOBIANCO R, et al., 2019. Cooperative multi-agent deep reinforcement learning in a 2 versus 2 free-kick task[C]//Robot World Cup. [S.l.]: Springer: 44-57.

[63] PASZKE A, GROSS S, MASSA F, et al., 2019. PyTorch: An imperative style, high-performance deep learning library[J]. NeurIPS, 32: 8026-8037.

[64] PRATES M, AVELAR P H, LEMOS H, et al., 2019. Learning to solve NP-complete problems: A graph neural network for decision TSP[C]//AAAI. [S.l.: s.n.]: 4731-4738.

[65] RABINOVICH Z, GOLDMAN C V, ROSENSCHEIN J S, 2003. The complexity of multiagent systems: The price of silence[C]//AAMAS. [S.l.: s.n.]: 1102-1103.

[66] RASHID T, SAMVELYAN M, SCHROEDER C, et al., 2018. Qmix: Monotonic value function factorisation for deep multi-agent reinforcement learning[C]//ICML. [S.l.: s.n.]: 4295-4304.

[67] RASHID T, FARQUHAR G, PENG B, et al., 2020. Weighted QMIX: Expanding monotonic value function factorisation[J]. arXiv e-prints: arXiv-2006.

[68] RAZEGHI Y, KASK K, LU Y, et al., 2021. Deep bucket elimination[C]//IJCAI. [S.l.: s.n.].

[69] REIJNEN R, ZHANG Y, NUIJTEN W, et al., 2020. Combining deep reinforcement learning with search heuristics for solving multi-agent path finding in segment-based layouts[C]//2020 IEEE Symposium Series on Computational Intelligence (SSCI). [S.l.: s.n.]: 2647-2654.

[70] RISLER M, VON STRYK O, 2008. Formal behavior specification of multi-robot systems using hierarchical state machines in XABSL[C]//AAMAS08-Workshop on Formal Models and Methods for Multi-Robot Systems. [S.l.: s.n.]: 7.

[71] ROSENSCHEIN J S, GENESERETH M R, 1985. Deals among rational agents[C]//IJCAI. [S.l.: s.n.]: 91-99.

[72] SAMVELYAN M, RASHID T, SCHROEDER DE WITT C, et al., 2019. The StarCraft multi-agent challenge[C]//AAMAS. [S.l.: s.n.]: 2186-2188.

[73] SCHÖLKOPF B, LOCATELLO F, BAUER S, et al., 2021. Toward causal representation learning[J]. Proceedings of the IEEE, 109(5): 612-634.

[74] SCHRITTWIESER J, ANTONOGLOU I, HUBERT T, et al., 2020. Mastering Atari, Go, chess and shogi by planning with a learned model[J]. Nature, 588 (7839): 604-609.

[75] SELSAM D, LAMM M, BENEDIKT B, et al., 2018. Learning a SAT solver from single-bit supervision[C]//ICLR. [S.l.: s.n.].

[76] SEMNANI S H, LIU H, EVERETT M, et al., 2020. Multi-agent motion planning for dense and dynamic environments via deep reinforcement learning[J]. IEEE Robotics and Automation Letters, 5(2): 3221-3226.

[77] SILVER D, HUANG A, MADDISON C J, et al., 2016. Mastering the game of Go with deep neural networks and tree search[J]. Nature, 529(7587): 484-489.

[78] SILVER D, SCHRITTWIESER J, SIMONYAN K, et al., 2017. Mastering the game of go without human knowledge[J]. Nature, 550(7676): 354-359.

[79] SILVER D, HUBERT T, SCHRITTWIESER J, et al., 2018. A general reinforcement learning algorithm that masters chess, shogi, and Go through self-play[J]. Science, 362(6419): 1140-1144.

[80] SON K, KIM D, KANG W J, et al., 2019. QTRAN: Learning to factorize with transformation for cooperative multi-agent reinforcement learning[C]//ICML. [S.l.: s.n.]: 5887-5896.

[81] STERN R, STURTEVANT N R, FELNER A, et al., 2019. Multi-agent pathfinding: Definitions, variants, and benchmarks[C]//Twelfth Annual Symposium on Combinatorial Search. [S.l.: s.n.].

[82] STUTZ D, HEIN M, SCHIELE B, 2020. Confidence-calibrated adversarial training: Generalizing to unseen attacks[C]//ICML. [S.l.]: PMLR: 9155-9166.

[83] SUZUKI Y, NAKASHIMA T, 2019. On the use of simulated future information for evaluating game situations[C]//Robot World Cup. [S.l.: s.n.]: 294-308.

[84] TAMBE M, 2011. Security and game theory: Algorithms, deployed systems, lessons learned[M]. [S.l.]: Cambridge University Press.

[85] TAMBE M, JIANG A X, AN B, et al., 2014. Computational game theory for security: Progress and challenges[C]//AAAI spring symposium on applied computational game theory. [S.l.: s.n.].

[86] TUYLS K, OMIDSHAFIEI S, MULLER P, et al., 2021. Game plan: What AI can do for football, and what football can do for AI[J]. Journal of Artificial Intelligence Research, 71: 41-88.

[87] VILLAGE D M. NAGA: Deep learning mahjong AI[EB/OL]. https://dmv.nico/ja/articles/mahjong_ai_naga/.

[88] VINYALS O, FORTUNATO M, JAITLY N, 2015. Pointer networks[C]//NeurIPS. [S.l.: s.n.]: 2692-2700.

[89] VINYALS O, BABUSCHKIN I, CZARNECKI W M, et al., 2019. Grandmaster level in StarCraft II using multi-agent reinforcement learning[J]. Nature, 575(7782): 350-354.

[90] WANG J, REN Z, LIU T, et al., 2020. QPLEX: Duplex dueling multi-agent q-learning[C]//ICLR. [S.l.: s.n.].

[91] WATKINSON W B, CAMP T, 2018. Training a robocup striker agent via transferred reinforcement learning[C]//Robot World Cup. [S.l.]: Springer: 109-121.

[92] XU H, KOENIG S, KUMAR T S, 2018. Towards effective deep learning for constraint satisfaction problems[C]//CP. [S.l.: s.n.]: 588-597.

[93] XUE W, ZHANG Y, LI S, et al., 2021. Solving large-scale extensive-form network security games via neural fictitious self-play[C]//IJCAI. [S.l.: s.n.]: 3713-3720.

[94] YANG Q, LIU Y, CHEN T, et al., 2019. Federated machine learning: Concept and applications[J]. ACM Transactions on Intelligent Systems and Technology (TIST), 10(2): 1-19.

[95] YANG Y, LUO R, LI M, et al., 2018. Mean field multi-agent reinforcement learning[C]//ICML. [S.l.: s.n.]: 5571-5580.

[96] YE D, CHEN G, ZHANG W, et al., 2020. Towards playing full moba games with deep reinforcement learning[J]. arXiv preprint arXiv:2011.12692.

[97] YEOH W, YOKOO M, 2012. Distributed problem solving[J]. AI Magazine, 33(3): 53-53.

[98] ZHA D, XIE J, MA W, et al., 2021. DouZero: Mastering doudizhu with self-play deep reinforcement learning[J]. arXiv preprint arXiv:2106.06135.

[99] ZHU L, HAN S, 2020. Deep leakage from gradients[M]//Federated learning. [S.l.]: Springer: 17-31.

[100] ZINKEVICH M, JOHANSON M, BOWLING M, et al., 2007. Regret minimization in games with incomplete information[C]//NeurIPS. [S.l.: s.n.]: 1729-1736.

第二部分

分布式规划与优化

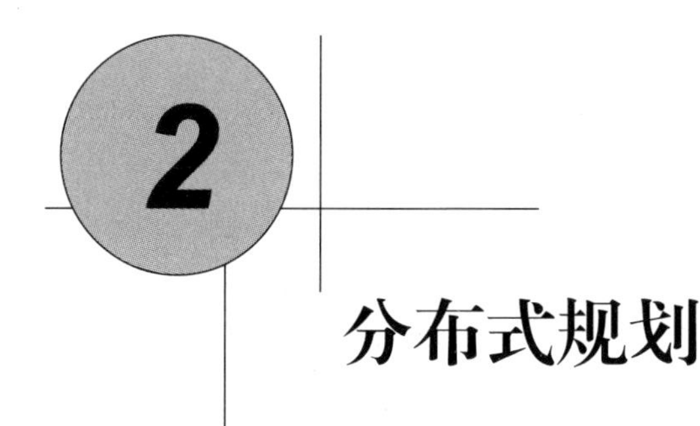

分布式规划

2.1 研究背景

在典型的多智能体系统中，通常有多个独立行动的智能体参与同环境的交互。环境中的每个智能体是一个独立的决策者，根据从环境中获得的观察和已有的领域信息自动做出决策，并执行相应的行动来达成某些目标。在许多实际的应用问题中，如多机器人系统（例如无人机集群）和多传感器网络（例如天气监测雷达阵列）等，多智能体系统需要完成的是多步决策问题，也就是每个智能体不仅要考虑行为的当前效果，还要考虑该行为对未来决策的影响。多步决策问题同时也被称为序列化决策问题，解决这一问题的过程被称作规划。具体地说，分布式规划的过程就是产生一组行动序列，使得每个智能体独立按照这个行动序列执行时都能够达到某些目标，完成指定的集体任务。也就是说，分布式规划并不意味着规划的过程必须是分布式的，而是要求智能体能够分布式地执行规划的结果。先规划后执行的特点决定了分布式规划的智能体通常都是完全合作的关系，而不是自私或者对抗的关系，因为智能体在执行时需要完全遵从规划结果。

和经典规划问题一样，分布式规划的目标是设计算法，输入问题的模型表示，通过计算自动输出智能体所能执行的行动序列。经典规划问题的模型通常由以下基本元素组成：① 问题的状态集；② 智能体的行动集；③ 关于状态转移的描述；④ 问题的目标函数。在人工智能领域很早就开展了对经典规划问题的研究。为了降低问题的复杂性，经典规划问题通常不考虑状态转移的不确定性。但在许多现实问题中，动作的不确定性无处不在。例如机器人从一点移动到另一点时，可能因为轮子打滑等因素，不能准确地运行到目标点。对于分布式规划来说，由于每个智能体的动作执行都是独立的，智能体之间动作不确定性的问题就尤为突出。在多步决策问题中，每一步行动的不确定性都会被不断地积累放大，最终产生规划外的结果。在经典规划中每一步行动的效果都是确定的，无须系统的反馈就可以准确地获知行动的效果。而在不确定性的环境下，动作可能有多种效果，这就需要反馈信息来预测动作实际产生的效果。因此，分布式规划需要在规划的过程中完整地考虑每个动作产生的各种可能效果；同时在执行阶段，要求从环境中获取动作的反馈，从而指导后续动作的执行。不确定性环境下的分布式规划是目前的主流研究方向。如果环境是确定性的，那每个智能体行动的后果都是可以预测的，这类分布式规划问题在本质上和经典的规划问题一致，只是在状态和动作的维度上扩展为多个智能体。也就是说，确定性的分布式规划问题通常只是“大号”的经典规划问题，在计算复杂度上与传统的经典规划问题相当（例如多智能体的路径规划之于单个智能体的路径规划）。因此，本章内容更多是关于具有更高计算复杂度同时也应用更为广泛的，不确定性环境下的分布式规划问题。

马尔可夫决策理论为不确定性环境下的决策和规划提供了标准的模型表示和丰富的数学基础。它抽象地表示出了智能体决策所需要的关键因素，并用数学语言进行精确的描述。这样就能最大限度地忽略智能体之间的个体差异，同时能体现出不同决策问题间的本质区别，方便对不同类别的决策问题进行理论上的分析和算法设计。对于单智能体的决策问题，可以用马尔可夫决策过程（Markov Decision Process，MDP）以及它的一个重要的扩展即局部可观察的马尔可夫决策过程（Partially Observable MDP，POMDP）来进行建模和求解。在 POMDP 中，智能体并不能直接获得系统的状态信息，其对于状态的观察来源于传感器收集到的带噪声的局部信息，因此比 MDP 所要求的“上帝视角”更接近实际情况。在 POMDP 的决策过程中，智能体不仅需要考虑当前的观察信息，也需要考虑过去的历史信息，从而分析从自身所处状态的一个概率分布。这个关于状态的概率分布也被称为信念状态。由于概率分布是一个连续的空间，所以 POMDP 的求解要比 MDP 难得多（POMDP 的复杂度是 PSPACE，而 MDP 的复杂度是 P）。在分布式规划中，由于智能体之间的相互独立，它们获取的信息也是相互独立的。因此每个智能体只能获得世界状态的某个局部信息，其决策过程更接近 POMDP，即需要过去的历史信息而不只是当前的信息。与 POMDP 不同的是，独立的智能体在分布式执行的时候无法自然形成统一的信念状态，也就是每个智能体不仅要考虑状态的不确定性，还要考虑其他智能体行为的不确定性。

分布式老虎问题（Dec-Tiger Problem）[14] 就是这样一个典型的不确定性环境下的分布式规划问题，如图 2.1 所示。在这个问题中，密室里出现了两个机器人，各自能独立地用自己的机械手打开一扇门，也能独立地用自己的传感器监听老虎的叫声，但它们彼此不能通信，即不能互相交换信息。它们的行为被设定成完全合作的：如果其中一个机器人独自打开有老虎的那扇门，则整个团队得到很大的惩罚；但如果两个机器人同时打开有老虎的门，则得到的惩罚较小。也就是在收益函数的设计上，鼓励两个机器人彼此展开合作。但由于机器人间获得的局部信息不一致，且彼此不能交换信息，所以要完成这样的合作是困难的。在多智能体系统研究领域，这类不确定性环境下的分布式规划问题通常利用分布式局部可观察马尔可夫决策过程（Decentralized POMDP，DEC-POMDP）进行建模和求解。

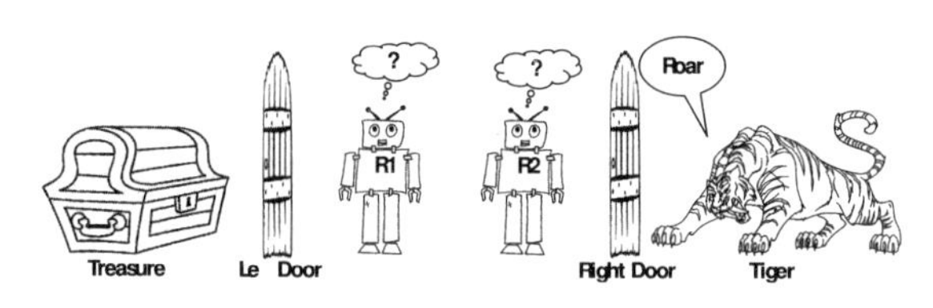

图 2.1 分布式老虎问题

2.2 分布式规划的决策模型

分布式局部可观察马尔可夫决策过程（DEC-POMDP）建模的是一组智能体在不确定性环境下的决策过程，是 POMDP 在多智能体决策问题上的自然扩展。下面给出了其具体的数学定义，并详细解释模型的各个组成部分。

定义 2.1 模型 分布式局部可观察马尔可夫决策过程可以形式化地定义为一个多元组 $\langle I, S, \{A_i\}, \{\Omega_i\}, P, O, R, b^0\rangle$，其中：

- I 表示一个有限的智能体集合。为方便起见，我们将集合中的每个智能体都编号为 $1, 2, \cdots, n$，其中 $n = |I|$。同时注意到当 $n = 1$ 时，DEC-POMDP 等价于单智能体的 POMDP 模型。
- S 表示一个有限的系统状态集合。在马尔可夫决策理论中，一个状态 $s \in S$ 包含了系统决策所需要的所有信息，也就是说，系统的下一个状态由当前

的状态和将采取的行动唯一确定，而与之前的状态和动作无关。这就是所谓的马尔可夫性，可形式化地表示为

$$P(s^{t+1}|s^0,\mathbf{a}^0,\cdots,s^{t-1},\mathbf{a}^{t-1},s^t,\mathbf{a}^t)=P(s^{t+1}|s^t,\mathbf{a}^t)$$

- A_i 表示智能体 i 可采取的动作的集合。通常，一个智能体的动作集可以是连续的，也可以是离散的。在这里，我们只考虑动作集是离散而且是有限的情形。不失一般性，$\mathbf{A}=\times_{i\in I}A_i$ 表示所有智能体的联合动作集，其中 $\mathbf{a}=\langle a_1,a_2,\cdots,a_n\rangle$ 表示一个联合行动。在模型中，我们假定每一步中智能体所采取的行动都不能被其他智能体直接观察到。
- Ω_i 表示智能体 i 可获得的观察的集合。和动作集相似，一个观测集可以是离散的也可以是连续的，这里一律只考虑离散且有限集合的情况。同样，我们也可以定义联合观察集 $\mathbf{\Omega}=\times_{i\in I}\Omega_i$，以及其中的一个联合观察 $\mathbf{o}=\langle o_1,o_2,\cdots,o_n\rangle$。在模型中，我们假定每个智能体只能获得各自的观察 o_i，而不能感知其他智能体的观察。
- $P:S\times\mathbf{A}\times S\to[0,1]$ 表示系统的转移函数。$P(s'|s,\mathbf{a})$ 表示在状态 s 中采取联合行动 $\mathbf{a}$ 后转移到新的状态 s' 的概率。直观上说，转移函数建模了动作和环境的不确定性，在不确定性的环境中采取一个动作后所转移到的状态是不确定的，满足一定的概率分布，这个概率分布就是 $P(\cdot|s,\mathbf{a})$。在这里，我们假定这个概率分布不随时间的变化而变化，是固定的。
- $O:S\times\mathbf{A}\times\mathbf{\Omega}\to[0,1]$ 表示系统的观察函数。$O(\mathbf{o}|s',\mathbf{a})$ 表示采取联合行动 $\mathbf{a}$ 后转移到新状态 s' 时获得联合观察 $\mathbf{o}$ 的概率。直观上说，观测函数建模的是智能体感知的不确定性，即感知的噪声。同时智能体不能直接获得系统的状态信息，只能获得状态的一个表征也就是这里所说的观察，所以我们称智能体对系统的状态是局部可观察的。同时这个观察还带有概率，即不确定性。同样，在这里我们也假定观察函数不随时间的变化而变化，和转移函数一样，也是固定的。
- $R:S\times\mathbf{A}\to\mathbb{R}$ 表示系统的收益函数。$R(s,\mathbf{a})$ 表示的是在状态 s 下采取联合行动 $\mathbf{a}$ 后整个队伍获得的收益，是一个实数值。在一些模型中采取的是代价函数，这与收益函数是等价的，因为代价即是负收益。直观上说，收益函数建模的是智能体所要完成的任务或者目标，收益函数表示了智能体在每个状态下采取特定行动后所能获得的回报。在模型中，我们假定每一

步中的智能体都不能感知到这样的一个收益反馈。

- $b^0 \in \Delta(S)$ 表示系统的初始状态分布。这个初始的状态分布是所有智能体所共知的，智能体根据这个初始状态分布进行它们的动作规划。

例如分布式老虎问题用 DEC-POMDP 可以描述为：第一，系统的状态有两个，分别是老虎在左边门后和老虎在右边门后，即 $S = \{\text{Tiger\_Left}, \text{Tiger\_Right}\}$；第二，每个智能体（机器人）的动作有三个，分别是打开左边的门、打开右边的门和监听老虎的叫声，即 $A_i = \{\text{Open\_Left}, \text{Open\_Right}, \text{Listen}\}$；第三，每个智能体的观察也有三个，分别是听到左边门后传来老虎的叫声、听到右边门后传来老虎的叫声和没有听到老虎的叫声，即 $\Omega_i = \{\text{Roar\_Left}, \text{Roar\_Right}, \text{None}\}$。一开始，老虎和珠宝被随机放置到两个门后。如果放置在哪个门后的概率是相等的，则初始状态分布 $b^0 = \{0.5, 0.5\}$；如果任意的门被打开，则老虎的位置随机重置；如果门没有被打开，则老虎的位置不变。状态转移函数 P 描述的就是这样一个过程。因为每个机器人都可以独立打开门，因此状态转移函数与所有机器人的动作相关。观察函数 O 建模的是机器人监听老虎叫声的准确度，也代表机器人传感器的准确度，显然传感器的准确度越高，越能尽早确定老虎的位置。收益函数 R 决定了机器人之间必须合作，即：共同打开无老虎的门收益最高，即便打开的是有老虎的门，共同行动受到的伤害也较小。如果机器人知道老虎在哪扇门后，也就是说智能体能够直接获得系统的状态，该问题则退化成简单的 MDP 问题。根据其收益函数的定义，其最优策略是显而易见的：如果老虎在左边则打开右边的那扇门；如果老虎在右边则打开左边的那扇门。如果两个机器人是集中式的决策，则在收益函数的驱使下它们必然共同行动，最大的挑战来源于传感器信息的不确定性，因此该问题退化成单个智能体的 POMDP 问题。

在本章中，我们只考虑决策周期是离散的情形。总的决策周期用 T 表示。如图 2.2 所示，在每个决策周期 $t = 0, 1, 2, \cdots, T-1$ 内，每个智能体都做出决策并执行一个动作。所有智能体的联合行动导致系统从一个状态转移到另一个状态，系统进入下一个决策周期。在下一个决策周期中，每个智能体首先从系统获得各自的观察，然后做出决策并执行动作，整个过程周而复始。根据收益函数的定义，在每个决策周期，智能体团队能从联合动作的执行过程中获得一个即时回报 $r(t) = R(s, \mathbf{a})$。所以整个决策过程的累积收益可以简单地定义为 $r(0) + r(1) + r(2) + \cdots + r(T-1)$。注意到在 DEC-POMDP 中，智能体的行动是带有不确定性的，所以最优化决策的依据是求解出这样一个联合策略 $\boldsymbol{q}$，使得

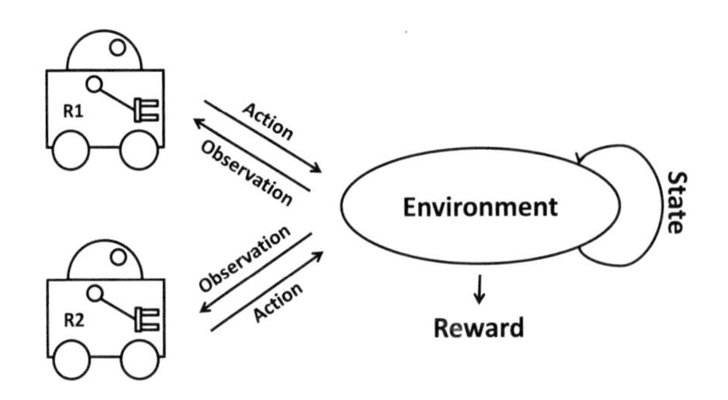

图 2.2　分布式的多智能体决策模型

整个决策过程的期望累积收益值最大，即

$$V(\boldsymbol{q}) \equiv \mathbb{E}\left[\sum_{t=0}^{T-1} R(s,\mathbf{a}) \middle| \boldsymbol{q}, b^0\right] \tag{2.1}$$

定义 2.2 策略　智能体 i 的策略集 Q_i 定义为其观察的历史序列集 Ω_i^* 到动作集 A_i 的一个映射，即 $Q_i : \Omega_i^* \to A_i$。给定一个策略 $q_i \in Q_i$，智能体 i 就能够根据它的观察历史信息 $o_i^* = (o_i^1, o_i^2, \cdots, o_i^t)$，选择一个动作 $a_i \in A_i$。而一个联合策略 $\boldsymbol{q} = \langle q_1, q_2, \cdots, q_n \rangle$ 则定义为所有智能体策略的一个向量。

联合策略的期望累积收益值也被称为策略的值函数。在给定一个状态 s 的情况下，策略 $\boldsymbol{q}$ 的值函数可以利用贝尔曼（Bellman）等式递归的定义得出：

$$V(s,\boldsymbol{q}) = R(s,\mathbf{a}) + \sum_{s' \in S} \sum_{\mathbf{o} \in \boldsymbol{\Omega}} P(s'|s,\mathbf{a}) O(\mathbf{o}|s',\mathbf{a}) V(s',\boldsymbol{q}_{\mathbf{o}}) \tag{2.2}$$

其中 $\mathbf{a}$ 是根据 $\boldsymbol{q}$ 给出的联合行动，而 $\boldsymbol{q}_{\mathbf{o}}$ 是执行动作后根据 $\boldsymbol{q}$ 和所获得的观察信息 $\mathbf{o}$ 给出的联合子策略。如果给定的是状态的概率分布 b，则策略的值函数可以简单地定义为：$V(b,\boldsymbol{q}) = \sum_{s \in S} b(s) V(s,\boldsymbol{q})$。所以求解一个 DEC-POMDP 的过程就是找出这样的一个联合策略 $\boldsymbol{q}$，使得在给定初始状态分布 b^0 的情况下，其策略的值函数 $V(b^0,\boldsymbol{q})$ 最大。这就是 DEC-POMDP 问题求解的最优化标准。

注意到在 DEC-POMDP 中并没有显式地定义多智能体之间的通信，而事实上智能体间的通信已经被包含在了原始模型的定义中。在观察函数的定义中，一个智能体所能获得的观察依赖于系统的状态以及所有智能体的联合行动。所以其他智能体能够通过自己的行动改变其他智能体的观察，从而达到通信的目的。例如甲智能体希望传递某种消息给乙智能体，甲只要执行特定的行动，该行动就能使得乙获得特定的观察，而乙可以通过解析该观察获得这种消息。这种隐式的通信方式与显式的预先约定通信协议的方式在本质上是等价的。例如在分布式老虎问题中，如果一个机器人打开了门，它不需要明确地告诉另一个机器人；另一个机器人可以通过老虎位置的变化来察觉这一点。

在分布式规划问题的研究上，DEC-POMDP 是一个非常通用的模型，是当前研究的主流。此外还有许多相关的模型被不同的学者研究过，在这里做一个简要的介绍。从表达能力和问题的复杂度上说，MTDP（Markov Team Decision Process）[16] 和 POIPSG（Partially Observable Identical Payoff Stochastic Game）[15] 是与 DEC-POMDP 等价的模型。也就是说，适用于 DEC-POMDP 的算法可以几乎不做修改地应用到这些模型中。此外，通过对 DEC-POMDP 模型增加不同的限制条件，可以获得问题复杂度从 NEXP 到 P 的各种子类 [12]。在 DEC-POMDP 中，如果所有的智能体能直接获得系统状态的信息，则这个模型退化成 MMDP（Multi-agent MDP）[7]；如果所有智能体不能直接获得系统的状态，但它们所得到的观察的并集与系统状态一一对应，则这个模型被称为 DEC-MDP（Decentralized MDP）模型。DEC-MDP 与 DEC-POMDP 的差别在于 DEC-MDP 的观察代表的是智能体的一个局部的状态，或者说是系统状态的一个分割，当所有的状态放在一起时，这些局部状态的集合能够构成一个完整的系统状态。DEC-MDP 和 DEC-POMDP 的问题复杂度同样都是 NEXP 的，由此可见求解 DEC-POMDP 问题最困难的地方在于分布式控制，而不仅仅是信息的不确定性。

在 DEC-POMDP 中，智能体的决策是分布式的，也就是每个智能体都根据自己所获得的局部观察信息独立做出决策。模型中并没有显式定义智能体间的合作协议，所以在决策时每个智能体所执行的策略都必须考虑其他智能体的可能行为。解决这个问题的一个直接想法就是在每个智能体中为其他智能体的行为建立一个模型，这样智能体每次决策时都可以根据这个模型来推测其他智能体的行为，然后根据这个推测决定自己将采取的动作。与 DEC-POMDP 类似的交互式 POMDP 模型（Interactive POMDP，I-POMDP）[11] 采取的就是这种方式。因为智能体在建立其他智能体模型时，这个模型需要再考虑这个智能体本身，从理论上说这样的相互推理会无穷递归下去。直观地理解就是，我要想你怎么想的时候，会想到你想我现在在想什么，而我现在在想的东西里面包含了你怎么想。针对这种嵌套信念的推理本身是非常复杂的。与此不同，DEC-POMDP

并不显式地对其他智能体的行为进行建模。在问题求解的过程中，不是直接对嵌套信念进行推理，而是把 DEC-POMDP 的问题求解看成是联合策略空间中的最优规划问题。根据这一思想，DEC-POMDP 的问题求解方式可以简单地分为离线规划和在线规划两种。

2.3 分布式规划的离线算法

离线规划的基本原理是把 DEC-POMDP 的问题求解过程分为离线规划和在线执行两个阶段。在离线规划阶段需要设计一个求解器，输入一个 DEC-POMDP 模型，输出一个联合策略。联合策略的要求是能够方便地分配到每个智能体中执行，这就要求联合策略中每个智能体的策略都不依赖于其他智能体的策略，而且每个智能体的策略仅仅需要局部信息就能执行。有了这样一个联合策略，在线执行阶段就变得十分简单，只需要将每个智能体的策略分配到智能体的执行系统中，智能体就可以根据自己所获得的局部信息来进行动作选择。由此可见，离线规划要解决的问题重点是：第一，可分布式执行的联合策略表示；第二，能计算出最优联合策略的问题求解器。

策略树是 DEC-POMDP 最常用的策略表示方式。每个智能体的策略都是一棵独立的策略树，而联合策略则是所有智能体的策略树的集合（图 2.3）。在策略树中，树的节点代表的是一个将被执行的动作，而树的每一条边代表的是智能体执行动作后所可能获得的观察。树的根节点是智能体将要执行的第一个动作，而树的深度和总的决策步数 T 相等。但这个用策略树表示的联合策略被计算出来后，在策略的执行阶段，每个智能体都获得自己的策略树，并一步一步执行节点上的动作，根据自己所获得的局部观察信息沿着相应的分支转移到下一个节点，直到完成所有的决策。由此可见，策略树的执行是十分简单的，可以说几乎没有计算量，而只是一些简单的分支转移。而且，由于执行的是同一个联合策略，整个团队行为的期望效果是有保证的。所以问题的焦点在于如何在离线规划阶段

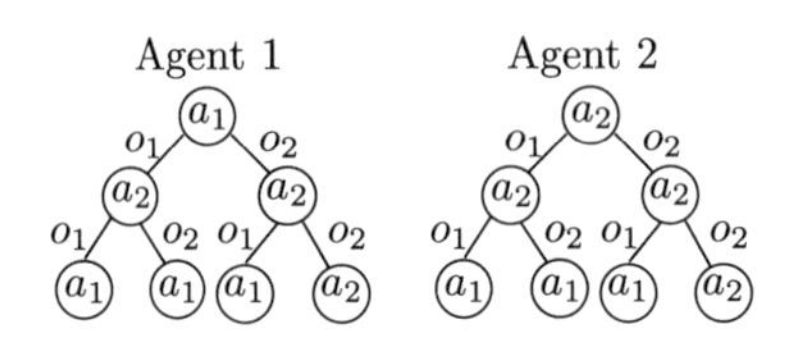

图 2.3　两个智能体的策略树示例

计算出这样的策略树集，使得其执行的希望效果足够好。另一类更加一般的策略表示是使用有限状态机。其原理与策略树类似，只是在有限状态机中，每一个节点根据获得的观察都可以跳转到任意的节点，而不必像策略树一样必须跳转到子节点。

同时注意到，在 DEC-POMDP 中智能体的决策是分布的，但离线阶段的策略计算可以采取集中的方式来进行，只要计算出来的策略树是可以分布式执行的就能够满足要求。这就是所谓的"集中式规划，分布式执行"的求解范式。

2.3.1 离线精确规划算法

计算策略树最直接的想法就是所谓的暴力枚举法，即枚举生成所有可能的策略树，并对每个联合策略计算评价值，然后从中选择最优的联合策略。通过简单的计算，可以知道，所有可能的联合策略的数量大概在以下量级：

$$\mathcal{O}\left(|A_i|^{\frac{(|A_i||\Omega_i|)^T-1}{|A_i||\Omega_i|-1}|I|}\right) \tag{2.3}$$

也就是说，可能的联合策略数是随着决策步数 T 呈双指数级增长的。由此可见，DEC-POMDP 的联合策略空间是极其大的，这也从一个侧面反映了其 NEXP 的问题复杂度。用暴力枚举法来求解，哪怕是针对最小规模的 DEC-POMDP 问题都是不可能完成的，可以说完全不具有实用性。如此巨大的策略空间也成为其他 DEC-POMDP 求解算法的一个巨大障碍。

多智能体的 A 星算法（Multi-Agent A*, MAA*）[24] 是比暴力枚举法更好的策略树枚举算法。从一个完整的联合策略出发，根据联合策略的一个启发值不断展开这个联合策略，直到找出所有最优的联合策略。由于完全展开一个策略树生成的候选策略树的数量十分惊人，所以在 MAA* 中对策略树运用的是从根节点开始逐步展开的方式。每一步展开生成的都是一棵不完全的策略树，也就是这棵策略树有从根节点到 $t-1$ 步的节点，而没有从 t 步到 $T-1$ 步的节点。对于这样一棵不完全策略树的启发式评价值分为两个部分：从根节点到 $t-1$ 步的节点根据贝尔曼等式进行迭代计算，而从 t 步到 $T-1$ 步的节点由于在不完全策略树中没有实际相应的节点，所以采用的是一个启发值。这个值必须是实际值的一个上界，这样 MAA* 才可以保证找到最优解。通常采用的值是 DEC-POMDP 忽略局部观察后退化成 MMDP 后计算出的最优值函数，因为 MMDP 的值函数是实际值的一个上界，而且相对容易计算。MAA* 比暴力枚举法在实际效果上要好得多，而且依然是理论上能保证找到最优联合策略的算法。但是其时间和空间复杂度依然很大，特别是当不完全策略树扩展到一定深度时，开表（open list）中的不完全策略树可能非常多，每一步扩展都需要耗费大量时间和存储空间，所以 MAA* 依然只能解决很小的问题。

另一个遵循枚举策略 DEC-POMDP 的最优化算法是近期提出的效果较好的混合整数线性规划法（Mixed Integer Linear Programming，MILP）[2]。在这个算法中，策略不是表示成策略树，而是采用序列化的表示形式。在序列化的策略表示当中，智能体的策略表示成许多动作观察序列，每个序列都对应于智能体的一个决策轨迹。通过序列化的表示方式，最优化的联合策略生成问题可以等价地转化为一个大的组合优化问题，而这个组合优化问题可以采用已有的混合整数线性规划求解器进行求解。

一类有代表性的最优化算法是多智能体的动态规划算法（Dynamic Programming，DP）[13]，该算法（算法 2.1）是许多其他近似求解算法的基础，而且其思想可以扩展到更加复杂的 POSG（Partially Observable Stochastic Game）问题的求解上。和一般的动态规划算法一样，DEC-POMDP 的动态规划算法也是从最后一步开始逐步向前计算出一个完整的联合策略的。生成策略树的时候，从叶子节点开始，自底向上一步步构建。叶子节点也被称为 0 步策略树，是一棵只有根节点而无分支边的树。对于每个智能体来说，这样的 0 步策略树是很容易枚举的，因为只需要对根节点赋予不同的动作就可以了，所以 0 步策略树的数量等于智能体总的动作数量。在给定 t 步策略树的情况下，生成 $t+1$ 步策略树的步骤被称为备份（Backup），其实是一个 $t+1$ 步策略树的枚举操作：在根节点上赋予不同的动作，然后在每个观察分支赋予 t 步策略树。所以对 $t+1$ 步

算法 2.1 多智能体的动态规划

```
初始化所有深度为 1 的策略树
for t = 1 to T do // 反向构建策略树的过程
    对第 t 步的策略树集合 Q^t 进行完全备份
    评估在 Q^{t+1} 中所有策略树的值
    剔除所有在 Q^{t+1} 中不具有优势的策略树
return 在集合 Q^T 中对于 b^0 而言最优的策略树
```

策略树而言，t 步策略树是它的一个子树。在生成所有的 $t+1$ 步策略树后，对 $t+1$ 步的所有联合策略进行值评价（Evaluation）。评价完之后，将所有可以删减的 $t+1$ 步策略树剔除（Prune），利用剩下的 $t+1$ 步策略树继续生成 $t+2$ 步策略树，直到整棵策略树的高度为 T。虽然在动态规划中采用了一些策略树的剔除方法，但每一步生成的策略树仍然非常多：

$$|Q_i^{t+1}| = \mathcal{O}\left(|A_i||Q_i^t|^{|\Omega_i|}\right) \tag{2.4}$$

其中 Q_i^t 和 Q_i^{t+1} 分别是智能体 i 的 t 步和 $t+1$ 步的策略树集。在最坏情况下，动态规划算法考虑的策略树数量依然随着决策步数的增多呈双指数级增长。也就是说，即使对于很小规模的问题，动态规划生成的策略树都能很快用完所有存储空间。虽然 DEC-POMDP 的最优化算法都无法求解规模较大的问题，但这些方法为设计近似算法提供了参考思路，具有重大的理论意义。

2.3.2 离线近似规划算法

基于联合均衡的策略搜索算法（Joint Equilibrium Search for Policies, JESP）[14] 是第一个 DEC-POMDP 的近似求解算法（算法 2.2）。前面提到，在多智能体的决策问题中，每个智能体不仅要考虑当前的系统状态，还要考虑其他智能体所可能采取的决策。在不知道其他智能体策略的情况下，对其进行嵌套推理是十分困难的。但如果其他智能体可能采取的策略集已经给定，那情况就十分明了了。给定其他智能体的策略集 Q_{-i}，智能体 i 的信念状态可以定义为系统状态和其他智能体策略集的联合概率分布 $b_i \in \Delta(S \times Q_{-i})$。根据这一思想，JESP 首先选定一个智能体 i，然后在固定其他智能体策略集的情况下，对智能体 i 的策略进行改进。改进的方法就是，在这个信念的状态空间给定的前提下，首先生出一系列的候选策略，然后在这些策略当中，选出智能体 i 的当前最好策略。这个过程一直持续下去，并且保证所有智能体都有等概率的机会被选择并进行策略改进，直到所有智能体的策略都无法改进为止。这意味着所有智能体的策略达到了一个纳什均衡（Nash Equilibrium）。注意到纳什均衡点的联合策略不一定是最优策略，但均衡点的策略往往足够好，所以该算法是近似求解算法。JESP 的主要问题在于很容易陷入局部最优策略而无法再进一步改进，同时由于所定义的信念空间可能非常大，所以其求解算法的时间复杂度依然是指数级的。

算法 2.2 基于联合均衡的策略搜索

```
生成一个随机的联合策略
repeat
    for 每个智能体 i do
        除了智能体 i 其他智能体的策略保持不变
        for t=T down to 1 do // 前向更新
            生成所有可能的信念状态的集合
            B^t(·|B^{t+1}, q^t_{-i}, a_i, o_i), ∀a_i ∈ A_i, ∀o_i ∈ Ω_i
        for t=1 to T do // 后向评估
            for 每个 b^t ∈ B^t do
                计算 V^t(b^t, a_i) 的最佳值
        for 全部可能的观察序列 do
            for t=T down to 1 do // 前向更新
                更新信念状态 b^t 在给定 q^t_{-i} 的前提下
                根据 V^t(b^t, a_i) 的值来选择最佳的动作
until 所有智能体的策略都不再有改进
return 当前的联合策略
```

基于信念点的动态规划算法（Point-Based Dynamic Programming，PBDP）[23] 同样是利用生成的多智能体的信念空间来进行问题的求解，不同的是其只考虑巨大信念空间的可达信念状态点。而且该算法（算法 2.3）采用的是自底向上的一步步动态规划的方法来生成策略。多智能体的信念空间虽然是连续的概率分布，但在给定初始的状态分布 b^0 的前提下，很多部分都是不可达的。所谓不可达，就是无论多智能体执行什么样的序列，都无法出现的状态概率分布。所以在求解策略的时候，没有必要考虑整个信念空间，而只需考虑信念空间中那些可达的信念状态点。根据这个观察，在动态规划的第 t 步，PBDP 首先枚举生成所有的 t 步策略树，其次生成一系列的可达信念点，根据这些可达的信念点选出最优的 t 步策略树，最后进入 $t+1$ 步策略树的求解。当所有可达的信念点被完全枚举时，PBDP 能够求解出最优的联合策略。PBDP 采用了可达信念点的分析技巧来避免不必要的计算，但其主要问题还是可达的信念点可能非常多，在最坏的情况下，需要考虑的策略树依然呈双重指数函数式增长。

算法 2.3 基于信念点的动态规划

初始化所有深度为 1 的策略树
for t=1 **to** T **do** // 后向构建
  对集合 Q^t 中的所有策略进行完全备份
  评估集合 Q^{t+1} 中所有策略的值
  for 每个智能体 i **do**
    for 每个可能的历史信息 h_i^{T-t-1} **do**
      生成所有的多智能体信念状态集
      $B(\cdot|h_i^{T-t-1}, Q_{-i}^{t+1})$
      for 每个 $b_i^{t+1} \in B(\cdot|h_i^{T-t-1}, Q_{-i}^{t+1})$ **do**
        为信念状态 q_i^{t+1} 选择最优的策略 b_i^{t+1}
  除了所选的策略，将其他策略都剪除
return 集合 Q^T 中对应于信念状态 b^0 的最优策略

内存有限的动态规划算法（Memory-Bounded Dynamic Programming, MBDP）[19] 的一大改进是使得策略树随求解的步数呈线性增长，所以很多决策步数较多的问题可以被求解。在 MBDP（参见算法 2.4）之前，能被求解的 DEC-POMDP 的总的决策步数 T 都不超过 10 步。而 MBDP 把同类问题的可求解决策步数扩大到了上百步甚至上千步，这也是 MBDP 求解算法的主要贡献。如图 2.4 所示，MBDP 的主要思想与 PBDP 类似，将自顶向下的搜索和自底向上的动态规划相结合来生成策略树。与 PBDP 不同的是，MBDP 在自顶向下的搜索中只考虑状态的分布，而不考虑其他智能体的策略。状态的概率分布在单智能体的 POMDP 中也被称为信念状态，为了与多智能体的信念状态（考虑其他智能体的策略）相区别，仅考虑状态分布的信念状态也被称为联合信念状态。联合信念比多智能体的信念更简单，从而也更容易生成。为了提高效果，使得生成的信念状态更具有代表性，MBDP 使用组合启发函数来生成联合信念。为了避免策略树随求解步数呈指数级的增长，MBDP 在动态规划的每一步迭代中，都只生成固定数量的联合信念状态，用常数 maxTree 来表示，然后在每一步生成的策略树中只保留那些在联合信念点上最好的策略树。这样每一步预留的策略树的数量都是固定的，在下一步的备份操作中，只有有限的策略子树可以选择，所以生成的新的策略树也是固定的。这一做法背后的观察是：很多保留的策略子树在最后都被证明是没有用的，所以在迭代早期被删除可以极大提高算法的效率；此外，通过组合启发函数，可以选定那些具有代表性的策略子树，这些策略子树在下一步的策略生成中可以被重用。而在现实中确实存在这样的情况，比如积木，就是通过有限子模块的组合可以近似完成各种大模块。在这里，每棵子策略树相当于完成一定的子任务的模块。

算法 2.4 内存有限的动态规划

初始化所有深度为 1 的策略树

for t=1 **to** T **do** // 后向构建

　对 Q^t 中的所有策略树进行完全备份

　评估集合 Q^{t+1} 中所有策略的值

　for k=1 **to** maxTrees **do**

　　从启发式集合中选择一个启发式函数 h

　　使用启发式函数 h 生成信念状态 $b \in \Delta(S)$

　　选择最优联合策略 q^{t+1}，即从集合 Q^{t+1} 选取 b 对应的最优策略

　除了所选的策略，将其他的策略都剪除

return 集合 Q^T 中对应于信念状态 b^0 的最优策略

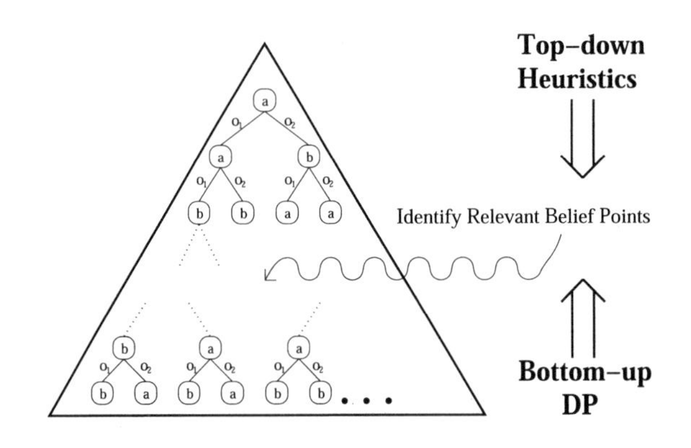

图 2.4　MBDP 算法的求解思想 [19]

在实际问题中，MBDP 表现非常好，这也带动了实用性 DEC-POMDP 近似算法的研究。在此之后，有许多基于 MBDP 思想的算法被提出。在 MBDP 中，从 t 步策略树生成 $t+1$ 步策略树的过程采用的依然是完全备份，也就是枚举所有可能生成的 $t+1$ 步策略树。根据式 (2.4)，所有可能的 $t+1$ 步策略树依然是观察数的指数，如此多的策略树要被生成出来并对每个联合策略进行评

价，计算量将非常大。在改进算法 IMBDP（Improved MBDP）[18] 中，部分备份取代了完全备份。IMBDP 首先对每个智能体在给定联合信念的情况下，计算每个观察可能出现的概率，然后只选择 maxObs 个最可能出现的观察的分支进行备份。对于其他观察分支采取的例如爬山法等局部搜索的方法，赋予一个最好的子策略树。通过此方法可以限制生成策略树的指数爆炸，因为 maxObs 要比 $|\Omega_i|$ 小得多，所以算法的速度提高很多。但由于选择可能出现观察的方法太过武断，所以很多好的策略树可能不会被生成。另一个改进算法 MBDP-OC（MBDP with Observation Compression）[8] 采用了相对精细的方法来压缩备份中观察的数目。MBDP-OC 采用的是对相似观察分支进行合并的方法来减少所要考虑的观察个数，对于观察分支的相似性判断是基于分支合并前和合并后策略值函数的损失来判断的。只要这个损失足够小，就可以在保证质量的前提下，尽可能少地考虑需要备份的观察。但这个方法需要计算策略的值函数，所以算法的时间消耗较大。而且这两个算法只能缓解策略树的指数爆炸，不能从根本上解决问题。

通过对于 MBDP 策略删减方法的进一步分析可以发现，很多策略最终不会被保留，所以也没有必要生成和进行评价。如果能在策略生成的过程中只构造那些可能会被选上的策略树，那就可以大大提高算法的效率。正是基于这样的考虑，提出了基于信念点的增量式策略删减算法，简称 PBIP（Point-Based Incremental Pruning）算法 [9]。它通过在联合策略空间中构建分支定界搜索来代替 MBDP 的完全备份操作。在动态规划的每一步迭代中，PBIP 首先计算出新策略值的上界和下界。然后在策略生成过程中，通过策略值的上下界来提前删减不必要的策略。这个上下界可以通过启发式函数来进行计算，PBIP 算法能够提前去除策略值在上下界之外的策略。但是由于没有考虑到状态的可达性，因此在策略生产的时候依然要考虑各种可能的子策略。增量式策略生成方法被提出并作为 PBIP 算法的重要补充，构成了 PBIP-IPG（PBIP with Incremental Policy Generation）算法 [1]。该算法的重要发现是一个智能体的动作和获得的观察能够确定一个可能的状态分布，而无须考虑其他智能体的行为。因此在选择子策略的时候，可以通过这种状态可达性的分析来筛选子策略。PBIP-IPG 算法首先为每个智能体的动作观察对构建一个可达的子策略集，然后通过这个子策略集生产新的策略。和 PBIP 一样，在生成新策略时，它也通过计算上下界来逐步删除冗余的策略，从而提高策略生成的效率。但即便是 PBIP-IPG 算法也没有彻底改变生成的策略太多的问题，在最坏情况下其增长依然是呈指数级的。从本质上说，

PBIP-IPG 沿袭的依然是 MBDP 算法先生成策略再进行策略选择的求解模式。

尽管 DEC-POMDP 的近似算法在可求解的问题规模上比最优化算法有了很大的提高，但对于较大规模的问题，以上提到的近似算法依然无能为力，主要原因仍在于在每一步迭代的过程中生成的策略树太多。而事实上，这些算法生成的策略树与实际可能存在的策略树相比，已经是非常少的了。一方面组合启发函数并不能准确定位那些有用的策略树，另一方面有用的策略树数量本身就有很多。所以要提高问题求解的质量，最直接的方法就是增加 maxTree 的值。但增加 maxTree 的值反过来又有可能导致生成的策略树的数量大规模增长。针对这一问题，基于信念点的策略生成算法（Point-Based Policy Generation，PBPG）[28] 提出了 MBDP 算法的一个改进。PBPG 的主要目标是引入一种全新的策略生成方法，使得在保留较多子策略的情况下更有效地生成策略，从而更快、更好地对大规模 DEC-POMDP 问题进行求解。PBPG 算法的主要观察是，可以根据每个信念点直接生成最优的策略，而无须像完全备份一样首先枚举出所有可能的策略，然后进行选择。也就是说 PBPG 合并了 MBDP 中策略枚举和策略选择这两个步骤，改成了直接构建基于信念点的联合策略。这就从本质上避免了对所有策略的枚举，因此大大提高了 MBDP 算法的效率。而且当 PBPG 生成的策略最优时，效果与 MBDP 的完全备份等价。这从理论上证明了 PBPG 算法策略生成的质量。

策略评价是 MBDP 算法的另一个瓶颈。在动态规划的每一步迭代中，都需要对生成的联合策略进行评价，具体的做法是对每一个联合策略都计算一个值函数。但由于每个智能体一步生成的策略已经非常多，而联合策略是每个智能体生成策略的一个组合，其数量随着智能体数量的增加呈指数级的增长。同时，每个联合策略的值函数是关于每个状态的映射值，因此对于状态数很多的问题，保存和处理值函数可能需要耗费大量的空间和时间。更重要的是，多智能体的问题在于由于系统的状态是每个智能体自身状态的一个组合，所以常常具有非常大的状态数。这一问题的根源在马氏决策论中被称为“维度诅咒”。克服维度诅咒最根本的方法就是分析值函数的结构，对值函数进行近似的表示和计算。其中基于测试的方法最为常用，被广泛应用于单智能体的 MDP 和 POMDP 问题求解。针对这一问题，基于测试反馈的近似动态规划算法（Trial-Based Dynamic Programming，TBDP）[27] 被提出。需要说明的是，TBDP 依然是 MBDP 的一个改进，因此在构建策略树时采用的还是自底向上的动态规划。在每一步的迭代过程中，TBDP 首先通过测试的方法自顶向下采样一组状态，然后根据这组状态组成的状态分布来对联合策略进行参数改进。其中，策略评价也采用足够多的测试集来完成。TBDP 通过对概率上最可能状态的分析，来避免不必要的计算并对策略进行近似评价。同单智能体的实时动态规划算法（Real-Time Dynamic Programming，RTDP）[3] 一样，TBDP 在大规模问题的计算中具有很强的可扩展性，同时能够很好地利用当前流行的多核多处理器的计算资源来加速问题的求解。值得一提的是，在多智能体的离线规划算法中，TBDP 是首个能利用多处理器资源的近似算法。

在大规模问题求解中，另一个制约因素就是如何为问题建立 DEC-POMDP 模型。在许多问题中，系统状态的变化都牵扯到复杂的物理过程，这些过程用 DEC-POMDP 的状态转移函数和观察函数是不易描述的。而且 DEC-POMDP 的求解算法对模型完全已知的假设对于很多实际问题来说都是不现实的。求解在时间域上的智能体控制问题通常使用的是强化学习 [22] 算法。在强化学习中，蒙特卡洛采样（Monte-Carlo Sampling）是一类可以让智能体仅从同环境的交互中学习策略的方法。针对离线模式提出的 DecRSPI（Decentralized Rollout Sampling Policy Iteration）规划算法 [29] 主要基于蒙特卡洛采样的思想来进行问题求解，因此无须事先建立完整的 DEC-POMDP 模型，而只需要问题的一个仿真环境。因此在实际应用上，该算法可以应用在更大规模的问题求解上。和 TBDP 算法一样，DecRSPI 算法的求解过程也可以分为信念生成、策略评估和改进这三个过程。不同的是在 DecRSPI 算法中，这三个过程都是在不需要完整模型的情况下利用蒙特卡洛采样进行的。在使用仿真器的时候，算法假设仿真器中系统的状态可以根据需要进行设置，而且系统在执行完联合行动后的信息（状态、观察等）可以被获取。事实上，在规划阶段，这些信息通常是已知的。注意到这些信息并不等同于 DEC-POMDP 模型的状态转移和观察函数的信息，它是仿真器实时维护的一组量，用于表示系统的状态。在算法开始时，DecRSPI 首先通过为第一层到最后一层的节点给定随机参数来进行策略初始化。策略表示成分层的结构，一层策略代表一个决策周期。每一层上都有固定数量的决策节点，而在每个节点上都包含动作选择函数和节点转移函数。节点转移函数定义的是在给定观察时，从上层节点转移到下层某节点的概率。在规划阶段，算法为每个智能体都离线计算出一个这样的策略。在执行阶段，每个智能体根据决策节点的动作分布选择一个动作，然后根据从环境中获得的观察转移到下一层的某个决策节点。对于离线算法来说，策略的执行都是简单明了的，所以重点是介绍在规划阶段算法如何生成这样的策略。在每一步迭代中，DecRSPI 首先为每个智能体都选择一个决策节点，然后计算出一个到这些节点可能的状态分布，最后根据这个分布对这些决策节点进行优化改进。整个过程不断持续下去，直到智能体的策略不能再进一步改进为止。

2.4 分布式规划的在线算法

在线规划的基本原理是智能体在决策周期内一边规划一边执行动作。其主要优势在于，智能体无须考虑所有的可能，而仅仅需要对当前遇到的情况进行规划，这就大大缩小了需要规划的策略空间。例如在机器人足球中，如果当前队伍的比分占优，则只需要考虑在巩固成绩的同时如何扩大战果，无须像比分落后时一样，孤注一掷地进行破釜沉舟式的拼搏；而在离线规划中，需要同时考虑两种情况。在线规划的另一个好处在于它可以随时改变模型或者规划算法来处理一些突发事件，而离线规划中的联合策略是事先计算好的，在执行的时候无法改变。相比于离线规划，在线规划的主要劣势在于用于规划的时间往往非常有限，因为许多多智能体系统每个决策的周期都非常短，有些甚至是实时控制。比如在仿真机器人足球问题中，每个决策周期都只有大约 100 毫秒的时间。在这么短的时间进行大规模的精细规划显然是不现实的。而离线规划的时间没有太多的限制，根据应用背景可以是一天、一个月、甚至一年，所以在线规划算法一般结合一些离线计算的启发式信息进行快速规划。

2.4.1 在线协调机制

除了时间限制，DEC-POMDP 的在线规划算法还需要考虑多智能体之间的协调与合作。因为在 DEC-POMDP 中，每个智能体获得的信息是各自不同的局部信息，如何根据这些不同的局部观察信息进行协作是多智能体在线规划算法需要解决的主要问题。例如在机器人足球中，因为视觉定位的误差，甲机器人根据它获得的信息觉得乙机器人离球近一些，应该由乙去抢球；而乙根据它的信息又觉得甲离球更近，应该由甲去抢。由于甲乙之间不能通信和协商，造成的结果是甲乙两个机器人都不去抢球。而实际的情况是甲和乙离球的距离都差不多，由甲或者乙去抢球都是可以接受的，但实际的结果却是甲和乙谁都不去抢球。这就是多智能体系统在线规划中可能出现误协调的一个例子。根据 DEC-POMDP 的问题设定，每个智能体获得的都是不同的局部信息，根据这些不同的局部信息进行规划就有可能产出误协调。在实际问题中，误协调的后果往往是不可预测的，可能对系统造成非常严重的后果。在多智能体的在线规划中，由于时间限制，要求最优化决策往往不现实，所以如何很好地协调智能体之间的行动，产生好的团队决策就是多智能体在线规划的基本要求。

避免误协调最根本的解决办法就是在规划时考虑其他智能体可能采取的策略。由于在一般 DEC-POMDP 问题的设定中，智能体之间不能通信和协商，所以在执行的过程中无法直接获得其他智能体的实际策略。因此，在线规划时只能对其他智能体的行为进行大致预测。进行预测的方式大体可以分为两种：一种是考虑其他智能体决策的最坏可能情况；另一种是考虑其他智能体决策的平均可能情况。最坏可能情况假设是一种非常强的假设，也就是无论其他智能体的决策有多么糟糕，它都能尽自己最大的可能来弥补；同时这也是一个非常悲观的假设，多数情况下其他智能体的行为都不遵循这个假设。例如在上面提到的两个机器人抢球的例子中，按照最坏可能情况假设，甲乙都会同时去抢球。随着甲乙两个机器人与球距离的减小，它们的信息也会越来越准确，最终会有一个放弃而另一个更适合抢球的机器人继续抢球。在这个例子中，甲乙中可能有一个机器人因为不必要的移动产生一些消耗，但毕竟有机器人去抢球，这个消耗和误协调比起来是非常小的。由此可见，最坏可能情况假设也有一定的合理性，它能以少量的代价最大限度避免误协调带来的灾难。在平均可能情况假设中，通过一定的方式保证甲乙两个机器人有同等概率去抢球，所以不会出现同时抢球的情况。在该假设中，智能体会忽略一些局部的不一致信息，用等概率的方式取代该信息，从而达到信息的一致性。这么做可能出现的后果是，可能导致离球较远一些的机器人去抢球，但通常也不会远太多，所以带来的额外消耗和误协调相比都是可以接受的。

序列贝叶斯博弈近似（Bayesian Game Approximation，BaGA）算法[10] 是典型的最坏假设在线规划算法。BaGA 将 DEC-POMDP 问题分解成一系列小的贝叶斯博弈问题，通过求解这些小的贝叶斯博弈问题获得每一步的策略。而每一个小的贝叶斯博弈问题都通过轮换最大化方法来求解。为了使得每个智能体能够有足够的信息来独立构建相同的博弈问题，算法为每个智能体维护了一个类型空间，空间中的信息是关于智能体可能获得的历史观察序列。在动作选择上，BaGA 算法考虑的是最坏情况下其他智能体的可能行为。这个最坏情况包含了两层意思：首先它可能被执行的概率最大；其次它被执行后获得的收益最小。因此，BaGA 的策略是趋向于保守的策略，即考虑到其他智能体可能的最坏情况，然后选择对整个团队最安全的行动。

可能联合信念推理（Decentralized Communication，Dec-Comm）算法[17]是典型的平均假设在线规划算法。在每一步的决策中，Dec-Comm 首先维护一个可能的联合信念集合，然后计算这个联合信念集合构成的平均状态分布。利用事先离线计算好的 Q_{POMDP} 启发式函数，每个智能体就可以通过这个平均状态分布来计算一个期望值最高的行动。很显然，在选择动作时 Dec-Comm 考虑的是平均情况。也就是在某些情况下，Dec-Comm 的动作选择可能会过于乐观，因为实际情况可能要比平均情况差。为了避免智能体之间的误协调，在 Dec-Comm 算法的信念更新中尽可能少地使用智能体当前获得的局部信息。由于在 DEC-POMDP 问题的设定中，每个智能体获得的观察都不一样，而且智能体也不能得知其他智能体的观察，所以只有在尽量少地使用局部信息的情况下才能保证每个智能体计算出来的平均状态分布能选择出相同的联合行动。在使用局部信息的方法上，Dec-Comm 算法利用了智能体之间的通信。

2.4.2 在线通信策略

智能体间的通信是多智能体系统决策和规划的一个焦点问题。智能体可以通过彼此间的通信进行信息共享和策略协商。虽然 DEC-POMDP 通过动作观察的方式隐式地表达了智能体间的通信，但这种间接的通信方式是在模型建立时就已经确定好的，无法在问题求解的时候进行决策通信。所谓的决策通信就是对智能体信念和策略等相关决策信息进行通信，智能体间的通信往往与智能体自身所采用的决策算法有关。决策通信对 DEC-POMDP 在线规划的作用是不言而喻的，因为显式的通信提供了智能体之间交换决策信息的一个快速通道。在没有决策通信时，智能体之间只能通过推理大概估计其他智能体的决策行为。应用了决策通信后，智能体可以直接并准确地从其他智能体获得它感兴趣的决策信息，这就大大简化了多智能体的决策过程。事实上，在通信没有限制的多智能体系统中，所有的智能体都可以共享各自的观察信息，分布式控制的 DEC-POMDP 变为了集中式控制的 POMDP，问题复杂度也从 NEXP 变为 NSPACE。在实际问题中，智能体间的通信往往受物理条件的限制，所以通信对决策而言是有代价的。例如在地下或者其他星球上工作的机器人，可能需要移动到特殊的部位才能够互相通信。即使能够通信，由于通信媒介的限制，可能存在信息丢失需要不断重传的情况。即使能够进行可靠的通信，由于带宽限制也不可能一次性传递太多信息，加上通信距离可能比较远，需要较多时间。即使在物理媒介近乎完美的室内，通信仍然要消耗大量的计算资源，导致机器人反应迟钝。

由于通信的种种限制，在线规划算法在利用通信时需要解决以下几个问题：① 如何在不能通信的情况下也能进行决策；② 如何在能通信时只在必要时进行通信；③ 在通信时如何最小化通信量。这也体现了在线规划和智能体的协商在利用通信上的差别，前者旨在利用通信提高决策质量，而后者需要智能体间进行反复通信协商才能够获得策略。所以在线规划算法往往利用通信来进行信息共享，而不是用来生成策略。共享的信息往往是各自动作和观察的历史信息，因为在 DEC-POMDP 模型中，这些是每个智能体所拥有的最原始的私有信息。在通信方式上，可以是广播式的通信，也可以是点对点的通信。其中广播式的通信较为简单且满足信息的一致性，主要是一个智能体发出一个信息，其他所有智能体同时收到该信息。点对点的通信比较复杂，需要考虑跟谁进行通信，而且通信以后只有部分信息发生变化，决策过程较为复杂。DEC-POMDP 是完全合作的问题，智能体之间没有隐私可言，所以通常只采用较为简单的广播式通信。在广播式通信中还分为主动通信和被动通信，主动通信是广播者自动发起通信，而被动通信是其他智能体请求广播者进行通信。

在通信策略中，最为简单的是在通信可用时，智能体间进行定时的信息广播。定时广播的优点在于实现起来非常简单，无须考虑智能体的决策过程，这同时也是它的主要缺陷。因为没有考虑到决策过程中对信息的需求，定时广播可能会浪费掉一些宝贵的通信资源。如果决策过程严格依赖定时通信，那么在通信资源不可用的情况下就无法做出决策。考虑决策过程的通信策略一般可以分为两种，一种是基于策略的结构，另一种是基于策略的值评价。这类通信决策的基本原理就是预测通信前和通信后求解出的策略之间的差别。例如在 Dec-Comm 算法中，智能体先根据没有通信的情况计算出一套策略，然后在假设有通信的情况下计算出另一套的策略。如果两个策略有差别，就说明通信能导致策略的改变，而通信后求解的策略一般会更好，则说明这个通信是有价值的。如果通信前后的策略一致，则说明对当前这个智能体的决策来说没有通信的必要，自然就无须浪费宝贵的通信资源。但是，策略的不同并不代表策略的效果不同。存在两个结构不同的策略，其值评价是完全相同的，所以更好的办法不是比较策略的结构，而是比较前后的策略值。使用策略的值评价的另一个特点就是可以量化通信的代价，通常通信后的策略值减去通信前的策略值，再减去相应的通信代价，得到的差值也被称为通信的信息值[5]。使用通信的信息值可以更好地衡量一次通信对于决策的价值，因此能够更好地利用有限的通信资源。这种考虑通信对于策略差别的办法主要的问题在于无法准确评估通信后的策略，因为通信决策是在实际通信发生前做出的，无法确切知道通信时能获得什么样的信息，所以对于通信后策略的评估只能是一个预测。而这种预测通常都无法很准确，从而无法准确体现通信的价值。

前面提到过在在线规划算法中，通信的作用通常是共享信息而不是用于策略协商。所以考虑通信对策略的影响来评价通信的价值其实是一种间接的手段，更直接的手段是考虑通信对于信息更新的价值。例如在 dec_POMDP_Valued_Com（DEC-POMDP with Valued Communication）[25] 中，考虑的就是智能体信念的改变，而非把通信看成对智能体信念进行修正的一个手段。具体做法是在某个决策周期设立一个信念状态的参考点，在随后的几个决策周期中，假定其他智能体不获得信息的前提下，根据智能体自己的信息更新信念状态。如果当前自己的信念状态与参考点的 KL 距离超过一定的阈值，则说明在这几个决策周期中，智能体的信息发生了较大的变化，需要通过通信来同步变化后的信息。该方法与基于策略的通信方法不同，直接考虑了智能体信息对于通信的需求以及通信对于智能体信息的影响，因此在通信的使用上更加有效。其重要缺陷在于，对于其他智能体不获得新信息的假设一般是不成立的，所以对实际通信的需求会产生相应的误判断。

针对这些问题，一种新型的通信受限的多智能体在线规划算法（Multi-Agent Online Planning with Communication，MAOP-COMM）[26,30] 被提出（参见算法 2.5），旨在解决在线规划中智能体间的策略协调和通信资源的有效利用问题。策略协调的关键是智能体在分布式的环境中能够独立计算出一套相同且足够好的联合（团队）策略。使用 MAOP-COMM 算法时，每个智能体并行运行该算法，在每个决策周期内进行策略规划和动作执行。也就是说，在每一步的决策过程中，MAOP-COMM 可以具体分为策略规划、动作执行和信息更新三个阶段。在 MAOP-COMM 算法中，每个智能体维护的都是一个相同的关于全体队员的

算法 2.5 通信受限的在线规划

Input: b^0, seed$[1..T-1]$

for each $i \in I$ (并行处理) **do**

- $a^0 \leftarrow \arg\max_a Q(a, b^0)$
- 执行动作 a_i^0 并初始化 h_i^0
- $H^0 \leftarrow \{a^0\};\ B^0 \leftarrow \{b^0\};\ \tau_{\text{comm}} \leftarrow false$
- **for** $t = 1$ **to** $T-1$ **do**
  - 将随机种子设置为 seed$[t]$
  - $H^t, B^t \leftarrow$ 扩展集合 H^{t-1}, B^{t-1} 中的历史和信念状态
  - $o_i^t \leftarrow$ 从环境中获得当前的观察
  - $h_i^t \leftarrow$ 更新智能体 i 自身的局部历史，增加当前观察 o_i^t
  - **if** H^t 与当前观察 o_i^t 不一致 **then**
    - $\tau_{\text{comm}} \leftarrow true$
  - **if** $\tau_{\text{comm}} = true$ **and** 通信资源可使用 **then**
    - 将局部历史 h_i^t 向其他智能体进行广播
    - $\tau_{\text{comm}} \leftarrow false$
  - **if** 智能体在进行通信 **then**
    - $h^t \leftarrow$ 构建通信后得到的联合历史信息
    - $b^t(h^t) \leftarrow$ 利用 h^t 计算一个联合的信念状态
    - $a^t \leftarrow \arg\max_{\mathbf{a}} Q(a, b^t(h^t))$
    - $H^t \leftarrow \{h^t\};\ B^t \leftarrow \{b^t(h^t)\}$
  - **else**
    - $\pi^t \leftarrow$ 利用 H^t, B^t 搜索获得随机策略
    - $a_i^t \leftarrow$ 根据策略 $\pi^t(a_i|h_i^t)$ 选择一个动作
    - $H^t, B^t \leftarrow$ 基于策略 π^t 进行信息的合并
  - $h_i^t \leftarrow$ 更新智能体 i 自身的局部历史信息，增加当前动作 a_i^t
  - 执行当前动作 a_i^t

信念池。这就保证了每个智能体能分布式地计算出一个相同的联合策略，从而保证它们行为的协调性。虽然在算法中采用了某些随机的方式进行策略生成，但算法在生成这些伪随机数的时候采用了完全相同的随机种子，这就保证了这些步骤拥有完全相同的随机行为。在这里需要再次强调的是，每个智能体在进行规划

时都是基于完全相同的前提信息。给定相同的信念池和相同的随机行为，每个智能体就能够计算出一个完全相同的联合策略。而每个智能体所获得的局部观察只用于联合策略的执行。每个智能体在决策周期开始时，利用自己新获得的观察检测信念池中信念的不一致性。一旦发现不一致且当前通信资源可用，则由该智能体发起通信。通信的方式是该智能体将自己新获得的观察信息广播给全队。这样其他队员就可以根据广播后的信息更新自己的信息池，然后利用这个更新后的信息池进行规划，并计算出一个联合策略。在该决策周期末，每个智能体再利用自己获得的观察来执行该联合策略，并且最后根据联合策略再次更新信息池中的信息。注意到，通信对于 MAOP-COMM 来说并不是保证团队协作的根本要素，而是一种用于提高团队协作效果的可选方式。这就使得通信的使用可以更加灵活，特别是对于某些领域中通信资源并不是一直可获得的情况。通信的过程可以很方便地整合到给出的在线决策的框架中，只需要将其放置在规划阶段开始前，作为更新信念池的一个额外组件。无论有无通信，智能体之间的团队协作都依然可以得到保证，因为通信给出的信息是公共的，每个智能体利用这一公共信息对信息池进行相同的更新。换句话说，每个智能体所维护的信念池无论有无通信都将是相同的。广播式的通信保证了每个智能体在通信过程中都获得相同的通信信息。

2.5 当前热点与挑战

不确定性环境下的分布式规划问题是一类计算复杂度很高的问题。DEC-POMDP 模型的问题复杂度是 NEXP 难的 [6]，所以无法精确求解较小规模的问题。而实际环境中的问题一般都是规模巨大的问题，要求解这些问题就需要设计相应的近似求解算法。总的来说，分布式规划的求解模式可以分为离线规划和在线规划两类。所谓离线规划就是在给定模型的基础上，离线地计算出可以被执行的完整策略。离线规划的优势在于没有时间限制，而且在计算策略时可以是集中式的，只要求被计算出来的策略能够被每个智能体分布式地执行。已有的 DEC-POMDP 上的工作大多数属于这一类。虽然离线规划算法往往能够获得较好的收益值，而且一旦策略被计算出来，在执行阶段便可以完全不需要通信；但由于需要完整考虑各种可能的情况，需要考虑的策略空间极其庞大，所以通常只能求解很小的问题。而在线规划算法只需要为当时当地所遇见的情况做出决策，因此不需要考虑完整的情况，能够求解更大规模的问题。但是要分布式地保证智能体之间行为的协调性是十分复杂的，而且每一步可以用于规划的时间非常有限，所以在进行在线规划时通常使用和有选择的通信策略相结合的做法，来改进在线规划的效果。但是通信资源往往是受限的，或者说对其频繁使用是有代价的，因此在规划的过程中还需要考虑如何更好地使用通信资源即通信决策。

在现实应用中，设计近似算法的一个关键就是如何充分利用已有问题的特殊结构。对于有些问题，特有的结构是明确的，而且可以通过 DEC-POMDP 模型中的概念来清楚界定。比如独立状态转移 [4] 问题，就代表了一类智能体的局部状态转移不依赖其他智能体行为的问题。但在很多情况下，问题的结构是不明确的，需要算法通过相应的方法来发现和利用这些结构，比如 TBDP 算法利用的就是可达状态较小这个问题结构。DEC-POMDP 问题求解的目标之一就是能够求解智能体数量较多的问题。目前多数基于 DEC-POMDP 模型的算法只能求解很少数量智能体的问题，一般少于 10 个。DecRSPI 算法在这方面具有很强的可扩展性，在实验中对一般的 DEC-POMDP 问题求解的智能体数量超过了 20 个，而且证明了该算法具有与智能体数量相关的线性时间和空间复杂度。DEC-POMDP 算法发展的倾向就是要能求解成百上千个智能体的问题。这是和实际应用相关的，例如普通的 Internet 用户就上亿了，而且每个主机都可以看成是一个智能体。当需要求解如此大规模的问题时，当前的 DEC-POMDP 近似算法就不能满足要求。但主导的思想依然不变，即充分利用实际问题的结构。在类似 Internet 这样的问题中，主要的结构就是网状的交互式结构，也就是说每个智能体只跟网络上有限数量的邻居互相交互。如何有效利用这个局部式交互的特点将是今后 DEC-POMDP 模型研究的一个重点。

随着 DEC-POMDP 规划技术的不断发展，其在现实社会中的应用也将会越来越多，一个重要的变化就是在多智能体协作当中考虑人的因素。虽然在过去的几十年中，多智能体合作技术有了长足的发展，但这些技术或多或少依赖一定的预协调。一些算法 [20] 假设策略的规划过程能够完全在离线的环境下完成，然后每个智能体都严格遵循规划好的策略执行。这对有人类参与的问题来说基本行不通，因为人的决策行为极其复杂，不可能完全在离线的环境中完成。另外即便能够计算出完整的策略，在执行阶段，人也不可能像一般智能体一样严格遵照这些策略执行。另一些算法 [31] 允许智能体在执行阶段进行规划，但是假定了每个智能体执行的是相同的规划算法，而且按照事先规定好的协议进行通信，而人不可能做到这一点。最近一个被称为“乌合”团队（Ad Hoc Team）[21] 的问题被提出，并作为多智能体研究一个长期的挑战。其主要关注的问题就是智能体需要在未预协调的情况下，参与到团队合作之中。而智能体设计的目的就是要能与这些“乌合之众”进行协作，并最终完成预订的任务。这个问题很适合有人参与到智能体团队中的情况，因为人很少能与智能体或机器人在合作之前进行预协调。而智能体需要实时观察人类的行为，在配合人类行为的同时进行相应的引导。当然，“乌合”团队问题的意义还不仅于此。其最终目标是能够即时地同某些未知的团队成员合作，这些未知的团队成员可能是人，也可能是某个位置的机器人，或者是网络上某台刚刚上线的主机。因此，分布式规划的在线算法便很适合处理该问题，但原有的预协调机制都将改变，例如独立维护一个共同的信念信息和使用相同的启发式函数等。取而代之的是通过观察队友的行为进行学习的能力，以及利用学习到的信息进行推理，然后计算出相对于未知队友更加合适的策略。

通常对于智能体的决策问题，在模型已知的情况下通过规划算法求解，而在模型未知的情况下利用强化学习计算策略。但这种分别并不是绝对的，例如 DecRSPI 算法不需要模型的显式表示借鉴的就是强化学习的采样思想。而目前多智能体强化学习的“集中式学习，分布式执行”的范式，同样可以用来求解复杂的 DEC-POMDP 问题。事实上，这些采用集中式学习的多智能体强化学习算法都无一例外地需要一个仿真器，这个仿真器事实上起到了规划中模型的作用，只是它不能直接给出模型的参数，只能给出采样，因此也被称为“生成式”模型。因此，目前由深度强化学习带动而兴起的深度多智能体强化学习算法同样能应用于分布式规划问题的求解。得益于深度神经网络的强大表示能力和高效的训练方法，这将有望成为求解大规模分布式规划问题的一个重要方向。

参考文献

[1] AMATO C, DIBANGOYE J S, ZILBERSTEIN S, 2009a. Incremental policy generation for finite-horizon DEC-POMDPs[C]//Proceedings of the 19th International Conference on Automated Planning and Scheduling. [S.l.: s.n.]: 2-9.

[2] ARAS R, DUTECH A, CHARPILLET F, 2007. Mixed integer linear programming for exact finite-horizon planning in decentralized POMDPs[C]//Proceedings of the 17th International Conference on Automated Planning and Scheduling. [S.l.: s.n.]: 18-25.

[3] BARTO A G, BRADTKE S J, SINGH S P, 1995. Learning to act using real-time dynamic programming[J]. Artificial Intelligence, 72(1-2): 81-138.

[4] BECKER R, ZILBERSTEIN S, LESSER V R, et al., 2004b. Solving transition independent decentralized Markov decision processes[J]. Journal of Artificial Intelligence Research, 22: 423-455.

[5] BECKER R, LESSER V R, ZILBERSTEIN S, 2005. Analyzing myopic approaches for multi-agent communication[C]//Proceedings of the 2005 IEEE/WIC/ACM International Conference on Intelligent Agent Technology. [S.l.: s.n.]: 550-557.

[6] BERNSTEIN D S, ZILBERSTEIN S, IMMERMAN N, 2000. The complexity of decentralized control of markov decision processes[C]//Proceedings of the 16th Conference on Uncertainty in Artificial Intelligence. [S.l.: s.n.]: 32-37.

[7] BOUTILIER C, 1996. Planning, learning and coordination in multiagent decision processes[C]//Proceedings of the 6th Conference on Theoretical Aspects of Rationality and Knowledge. [S.l.: s.n.]: 195-210.

[8] CARLIN A, ZILBERSTEIN S, 2008. Value-based observation compression for DEC-POMDPs[C]//Proceedings of the 7th International Joint Conference on Autonomous Agents and Multi-Agent Systems. [S.l.: s.n.]: 501-508.

[9] DIBANGOYE J S, MOUADDIB A, CHAIB-DRAA B, 2009. Point-based incremental pruning heuristic for solving finite-horizon DEC-POMDPs[C]//Proceedings of the 8th International Joint Conference on Autonomous Agents and Multi-Agent Systems. [S.l.: s.n.]: 569-576.

[10] Emery-Montemerlo R, GORDON G J, SCHNEIDER J G, et al., 2004. Approximate solutions for partially observable stochastic games with common payoffs[C]// Proceedings of the 3rd International Joint Conference on Autonomous Agents and Multi-Agent Systems. [S.l.: s.n.]: 136-143.

[11] GMYTRASIEWICZ P J, DOSHI P, 2005. A framework for sequential planning in multiagent settings[J]. Journal of Artificial Intelligence Research, 24: 49-79.

[12] GOLDMAN C V, ZILBERSTEIN S, 2004. Decentralized control of cooperative systems: Categorization and complexity analysis[J]. Journal of Artificial Intelligence Research, 22: 143-174.

[13] HANSEN E A, BERNSTEIN D S, ZILBERSTEIN S, 2004. Dynamic programming for partially observable stochastic games[C]//Proceedings of the 19th National Conference on Artificial Intelligence. [S.l.: s.n.]: 709-715.

[14] NAIR R, TAMBE M, YOKOO M, et al., 2003. Taming decentralized POMDPs: Towards efficient policy computation for multiagent settings[C]//Proceedings of the 18th International Joint Conference on Artificial Intelligence. [S.l.: s.n.]: 705-711.

[15] PESHKIN L, KIM K E, MEULEAU N, et al., 2000. Learning to cooperate via policy search[C]//Proceedings of the 16th Conference on Uncertainty in Artificial Intelligence. [S.l.: s.n.]: 489-496.

[16] PYNADATH D V, TAMBE M, 2002. The communicative multiagent team decision problem: Analyzing teamwork theories and models[J]. Journal of Artificial Intelligence Research, 16: 389-423.

[17] ROTH M, SIMMONS R G, VELOSO M M, 2005. Reasoning about joint beliefs for execution-time communication decisions[C]//Proceedings of the 4th International Joint Conference on Autonomous Agents and Multiagent Systems. [S.l.: s.n.]: 786-793.

[18] SEUKEN S, ZILBERSTEIN S, 2007a. Improved memory-bounded dynamic programming for decentralized POMDPs[C]//Proceedings of the 23rd Conference in Uncertainty in Artificial Intelligence. [S.l.: s.n.]: 344-351.

[19] SEUKEN S, ZILBERSTEIN S, 2007b. Memory-bounded dynamic programming for DEC-POMDPs[C]//Proceedings of the 20th Internationall Joint Conference on Artificial Intelligence. [S.l.: s.n.]: 2009-2015.

[20] SEUKEN S, ZILBERSTEIN S, 2008. Formal models and algorithms for decentralized decision making under uncertainty[J]. Journal of Autonomous Agents and Multi-Agent Systems, 17(2): 190-250.

[21] STONE P, KAMINKA G A, KRAUS S, et al., 2010. Ad hoc autonomous agent teams: Collaboration without pre-coordination[C]//Proc. of the 24th AAAI Conf. on Artificial Intelligence. [S.l.: s.n.]: 1504-1509.

[22] SUTTON R, BARTO A, 1998. Reinforcement learning: An introduction[M]. Cambridge, MA: MIT Press.

[23] SZER D, CHARPILLET F, 2006. Point-based dynamic programming for DEC-POMDPs[C]//Proceedings of the 21st National Conference on Artificial Intelligence. [S.l.: s.n.]: 1233-1238.

[24] SZER D, CHARPILLET F, ZILBERSTEIN S, 2005. MAA*: A heuristic search algorithm for solving decentralized POMDPs[C]//Proceedings of the 21st Conference on Uncertainty in Artificial Intelligence. [S.l.: s.n.]: 576-590.

[25] WILLIAMSON S A, GERDING E H, JENNINGS N R, 2009. Reward shaping for valuing communications during multi-agent coordination[C]//Proceedings of the 8th International Joint Conference on Autonomous Agents and Multiagent Systems. [S.l.: s.n.]: 641-648.

[26] WU F, ZILBERSTEIN S, CHEN X, 2009a. Multi-agent online planning with communication[C]//Proceedings of the 19th International Conference on Automated Planning and Scheduling (ICAPS). Thessaloniki, Greece: [s.n.]: 321-329.

[27] WU F, ZILBERSTEIN S, CHEN X, 2010a. Trial-based dynamic programming for multi-agent planning[C]//Proceedings of the 24th AAAI Conference on Artificial Intelligence (AAAI). Atlanta, United States: [s.n.]: 908-914.

[28] WU F, ZILBERSTEIN S, CHEN X, 2010b. Point-based policy generation for decentralized pomdps[C]//Proceedings of the 9th International Conference on Autonomous Agents and Multi-Agent Systems (AAMAS). Toronto, Canada: [s.n.]: 1307-1314.

[29] WU F, ZILBERSTEIN S, CHEN X, 2010c. Rollout sampling policy iteration for decentralized pomdps[C]//Proceedings of the 26th Conference on Uncertainty in Artificial Intelligence (UAI). Catalina, United States: [s.n.]: 666-673.

[30] WU F, ZILBERSTEIN S, CHEN X, 2011a. Online planning for multi-agent systems with bounded communication[J/OL]. Artificial Intelligence (AIJ), 175(2): 487-511. DOI: 10.1016/j.artint.2010.09.008.

[31] WU F, ZILBERSTEIN S, CHEN X, 2011b. Online planning for multi-agent systems with bounded communication[J]. Artificial Intelligence, 175:2: 487-511.

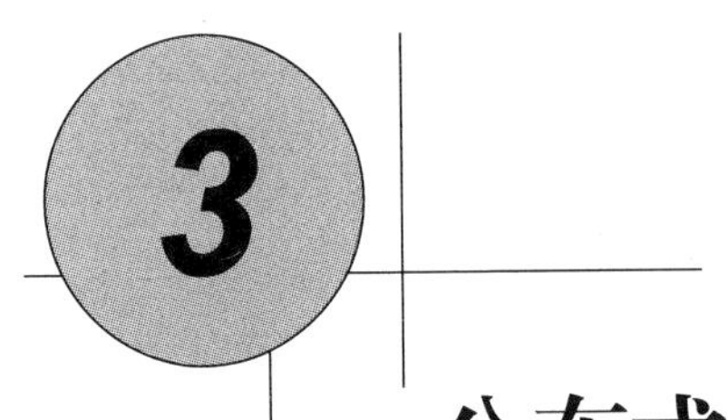

分布式约束优化

多智能体系统[4] 是由多个可交互的自治智能体所组成的计算系统。在该系统中，智能体可以相互协作去完成一个共同目标或相互竞争而使得个体利益最大化。分布式约束优化问题（Distributed Constraint Optimization Problem，DCOP）是多智能体系统协作问题的重要而有用的抽象，其基于约束规划（Constraint Programming，CP）[38] 思想，强调利用本地局部交互获得全局最优，是解决分布式智能系统建模和协同优化的有效技术。本章将系统地介绍 DCOP 的形式化定义、表示、现有求解算法分类以及经典的求解算法，同时介绍 DCOP 常用测试问题和算法评价指标以及典型应用，最后将对该方向的未来发展和挑战进行讨论。

3.1 研究背景

约束规划包括在符合离散变量或区间变量上的逻辑、算术或函数约束的前提下优化函数，或者针对离散变量或区间变量上的逻辑、算术或函数约束定义的问题查找可行解。由于在现实问题中广泛存在约束关系，因此约束规划技术被用于对实际问题的优化决策建模与求解。约束满足问题（Constraint Satisfaction Problem，CSP）[38] 是基于约束规划的典型范例，也是人工智能领域最重要的模型之一。约束满足问题是在一定的值域范围内为所有变量寻找满足它们彼此间约束关系的赋值组合，可对 n 皇后、图着色等经典问题以及时序安排、计划编制、资源分配等大型应用问题进行建模求解。为了适应分布式环境的需求，Yokoo 等[46] 将 CSP 用于对多智能体系统协作问题建模，提出了分布式约束满足问题（Distributed Constraint Satisfaction Problem，DCSP）。DCSP 的目标是通过智能体之间的交互协调各智能体的决策行为，最终找到一组赋值组合满足它们之间的约束关系。

一个 DCSP 包含一组智能体，每个智能体都控制一个或多个变量，每一个变量都有各自的赋值值域，相邻智能体之间可以通过消息通信来获取局部信息。这些变量的赋值组合通过一个映射函数来决定智能体之间的约束关系是否得到满足。由于变量的赋值是由各个智能体自主决定的，而每个智能体只拥有局部信息，因此每个智能体都需要通过相互通信、协调来使得所有的约束得到满足。然而，并不是所有的 DCSP 都是可解的，在现实生产生活中还存在一些问题不存在满足所有约束的解，并且有的约束关系并不只有满足和不满足两种情况，还涉及最优性约束，即相互约束智能体的赋值组合所对应的约束映射函数可以量化为不同的代价或收益。因此，分布式约束优化问题（Distributed Constraint Optimization Problem，DCOP）[44] 被提出。与 DCSP 类似，DCOP 也是由一组智能体、一系列变量、值域、约束组成的，但智能体之间的约束在不同的变量赋值下对应着不同的收益/代价，智能体需要通过相互协作，使得所有约束收益/代价的总和最大/最小。DCOP 是 DCSP 的一般化模型，具有更强的建模能力，可对多智能体系统领域中许多复杂问题进行建模，在会议调度、资源分配、传感器网络等实际问题 [15] 中已经有了广泛应用。然而，与 DCSP 旨在找到一个满足所有约束的可行解不同，DCOP 的目标是获得一个使得所有约束收益/代价之和最大/最小的最优解。因此，求解 DCOP 具有更大的挑战。

3.2 分布式约束优化问题

分布式约束优化问题是传统约束网络的分布式扩展，本小节将首先介绍约束网络，然后具体描述分布式约束优化问题的基本概念，具体包括形式化定义、图表示方式和通信结构。本小节的内容是后继章节求解算法和模型应用的基础。

3.2.1 约束网络

约束网络（Constraint Network）由一个三元组 $\langle X, D, F\rangle$ 组成，其中：

- $X = \{x_1, \cdots, x_n\}$ 是变量的集合；
- $D = \{D_1, \cdots, D_n\}$ 是值域的集合，其中值域 D_i 包含了变量 x_i 的所有可能赋值 d_i；

- $F = \{f_1, \cdots, f_q\}$ 是一组约束函数的集合。一个约束函数 f_i 所涉及的变量集合为 $S_i \subseteq X$，f_i 也被称为 r 元函数。这里，$r = |S_i|$。函数 f_i 可以分为硬约束函数和软约束函数两种类型。

硬约束函数 f_i^h 被定义为变量集合 S_i 中所有变量值域笛卡尔积的子集，该子集中所有的赋值组合满足约束，即：$f_i^h \subseteq \times_{x_i \in S_i} D_i$。软约束函数 f_i^s 被定义为变量集合 S_i 中所有变量值域笛卡尔积到一个非负实数的映射，即：$f_i^s : \times_{x_i \in S_i} D_i \to \mathbb{R}^+ \cup \{0\}$。

约束函数集合仅包含硬约束函数的约束网络被称为约束满足问题（CSP）。对于约束满足问题中变量集合 X 的一组赋值 $\sigma = \{(x_i, d_i) | \forall x_i \in X\}$，若有 $\sigma_{[S_i]} \in f_i^h$，则称其满足硬约束函数 f_i^h；否则，称该赋值组合违背硬约束函数 f_i^h。这里，$\sigma_{[S_i]}$ 为赋值组合 σ 在变量集合 S_i 上的切片（即赋值组合）。问题的求解目标是找到 X 的一组赋值 σ^*，使得约束网络中所有的约束都得到满足，即：$\sigma^*_{[S_i]} \in f_i^h, \forall f_i^h \in F$。对于约束集合仅包含软约束函数的约束网络，我们称其为约束优化问题（Constraint Optimization Problem，COP）[1]。对于一个约束优化问题，其求解目标是找到变量集合 X 的一组赋值 $\sigma^* = \{(x_i, d_i) | \forall x_i \in X\}$，使得所有约束函数之和最小（这里以最小化为例），即：$\sigma^* = \arg\min\limits_{X} \sum_{f_i \in F} f_i(S_i)$。通过将约束满足问题中的每一个硬约束函数编码成对应的软约束函数，约束满足问题就可以转换为约束优化问题。具体地，对于不满足硬约束函数的赋值组合，可以设置其对应的软约束函数值为无穷；反之，可以将其设置为 0。因此，对于转换后的约束优化问题，使得所有约束函数之和为 0 的赋值组合即为原始约束满足问题的解。

3.2.2 基础概念

分布式约束处理问题将集中式的约束处理框架（即约束网络）扩展到分布式场景。其中，变量由智能体控制，智能体仅知道问题的局部信息（即自己控制变量的赋值以及涉及控制变量的约束函数集合）。智能体之间通过消息传递，为自己所控制的变量赋值，最终实现问题的求解。基于约束网络中约束函数的类型，分布式约束处理问题可以分为分布式约束满足问题（DCSP）和分布式约束优化问题（DCOP）两种类型。

[1]也称为加权约束满足问题（Weighted Constraint Satisfaction Problem，WCSP）

1. 形式化定义

分布式约束优化问题（DCOP）由一个四元组 $\langle A, X, D, F\rangle$ 组成，其中：

- $A = \{a_1, \cdots, a_m\}$ 是智能体的集合，一个智能体负责为一个或多个变量赋值；
- $X = \{x_1, \cdots, x_n\}$ 是变量的集合，一个变量仅由一个智能体控制；
- $D = \{D_1, \cdots, D_n\}$ 是值域的集合，其中变量 x_i 从值域 D_i 中赋值；
- $F = \{f_1, \cdots, f_q\}$ 是一组约束代价/收益函数的集合，每个约束函数 $f_i : \times_{x_i \in S_i} D_i \to \mathbb{R}^+ \cup \{0\}$ 都是与该函数相关联的变量集合 S_i 的每个赋值组合到一个非负代价/收益的映射。

不失一般性，DCOP 的求解目标是使得所有约束代价函数之和最小且包含所有变量的赋值组合，即：

$$\sigma^* = \arg\min_X \sum_{f_i \in F} f_i(S_i)$$

为便于理解和讨论，我们假设一个智能体仅控制一个变量（即 $m = n$）且所有约束函数都是二元函数。这里，二元约束函数指仅涉及两个变量的约束函数，即 $f_{ij} : D_i \times D_j \to \mathbb{R}^+ \cup \{0\}$。因此，在本章中智能体、节点和变量可以被认为是同一个概念，且可以相互替换。DCOP 的最优解可以被定义为

$$\sigma^* = \mathop{\arg\min}_{d_i \in D_i, d_j \in D_j} \sum_{f_{ij} \in F} f_{ij}\left(x_i = d_i, x_j = d_j\right)$$

2. 约束图表示

DCOP 可以用约束图来直观地表示。在约束图中，一个节点代表一个智能体，一条边代表一个约束关系。图 3.1 给出了一个 DCOP 的实例，其中左边是

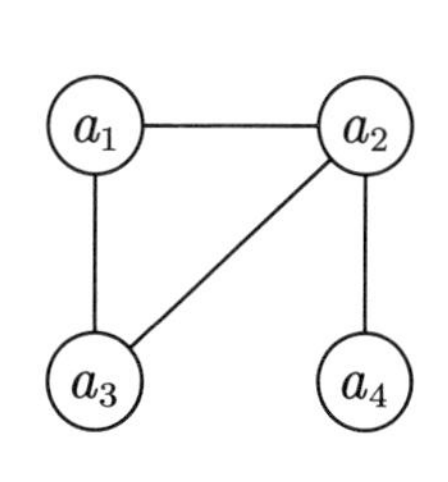

x_1	x_2	f_{12}
0	0	4
0	1	3
1	0	5
1	1	1

x_1	x_3	f_{13}
0	0	1
0	1	3
1	0	2
1	1	4

x_2	x_3	f_{23}
0	0	2
0	1	5
1	0	1
1	1	4

x_2	x_4	f_{24}
0	0	1
0	1	3
1	0	5
1	1	2

图 3.1　DCOP 实例

其约束图，右边是对应的约束代价矩阵。在这个实例中，每个变量的值域都是 $\{0,1\}$，其最优解赋值为 $\{x_1=1,x_2=1,x_3=0,x_4=1\}$，该解对应的全局代价是 6。

3. 因子图表示

因子图是 DCOP 的一种二部图表示方式,可直接描述含有多元约束的 DCOP。因子图由变量节点和函数节点组成，其中变量节点对应 DCOP 中的变量，函数节点对应 DCOP 中的约束函数。并且，函数节点仅与其相关的变量节点相连。图 3.2(a) 给出了图 3.1 中 DCOP 实例的因子图表示形式。其中，圆形节点为变量节点，矩形节点为函数节点。

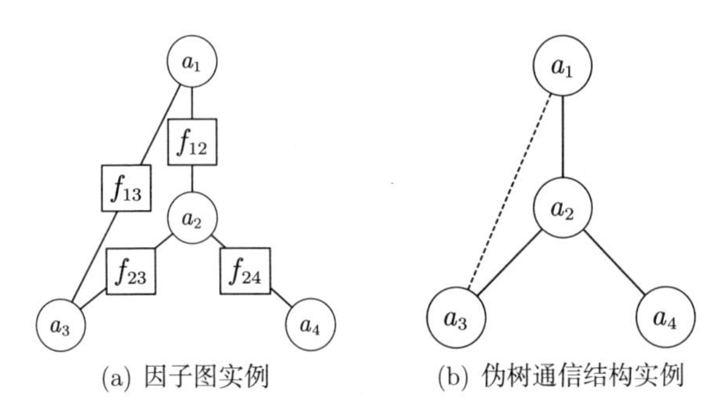

(a) 因子图实例　(b) 伪树通信结构实例

图 3.2　因子图与伪树通信结构实例

4. 通信结构

在完备求解算法中，为实现对解空间进行不重、不漏的遍历，必须对解空间进行有序的排列。这种排序体现在智能体内部时就是规定值域搜索顺序，而体现在智能体之间时就是通信结构。也就是说，通信结构是一种特殊的、有向的约束图。在通信结构下，各个智能体按照规定的方向实现消息的收发和决策，最终实现对解空间的遍历。常见的通信结构有：无结构、链式结构和伪树结构。无结构通常适用于那些不需要完整遍历解空间的非完备算法。在这类算法中，智能体一般无法获得全局信息，仅能通过局部信息（例如邻居的状态）调整自己的赋值来优化全局目标。链式结构指各个智能体按照某个优先级排成一条链，广泛地应用于早期的完备搜索算法中。由于在链式结构中，一个时刻仅有一个智能体在执行运算，因此其并发性较差，极大浪费了分布式系统的计算资源与优势。此外，在链式结构中，一个智能体可能会与另外一个不相邻的智能体通信，这破坏了 DCOP 中利用局部交互获得全局最优的理念，增加了隐私泄露的风险。

为了克服链式结构的上述问题，研究者提出了基于伪树的通信结构。其通过对原约束图进行深度优先遍历，将所有的约束边都分为树边和伪边（即非树边）。需要指出的是，在一棵伪树中，一个智能体的各个树边分支是相互独立的，因此算法可以利用这一特性不断地将问题划分为更小的子问题来并行地求解。所以，很多完备和非完备采样算法都采用伪树作为其通信结构。图 3.2(b) 给出了图 3.1 中约束图的一种可能的伪树通信结构，其中实线代表树边，虚线代表伪边。

为了更好地介绍本章所描述的算法，下面以图 3.2(b) 为例介绍伪树中的基本概念。

- N_i：a_i 的所有邻居节点（Neighbor）的集合，即所有与 a_i 有约束关系的节点，如 $N_2 = \{a_1, a_3, a_4\}$。
- $P(a_i)$：a_i 的父节点（Parent），即与 a_i 通过树边直接相连的上层邻居节点，如 $P(a_3) = a_2$。
- $\text{PP}(a_i)$：a_i 的所有伪父节点（Pseudo Parent）的集合。其中伪父节点指与 a_i 通过伪边直接相连的上层邻居节点的集合，如 $\text{PP}(a_3) = \{a_1\}$。
- $\text{AP}(a_i)$：a_i 的所有父节点和伪父节点的集合，即：$\text{AP}(a_i) = P(a_i) \cup \text{PP}(a_i)$，如 $\text{AP}(a_3) = \{a_1, a_2\}$。
- $C(a_i)$：a_i 的所有孩子节点（Child）的集合。其中孩子节点指与 a_i 通过树边直接相连的下层节点，如 $C(a_1) = \{a_2\}$。
- $\text{PC}(a_i)$：a_i 的所有伪孩子节点（Pseudo Child）的集合。其中伪孩子节点指与 a_i 通过伪边直接相连的下层节点，如 $\text{PC}(a_1) = \{a_3\}$。
- $\text{Sep}(a_i)$：a_i 子问题的分离器节点的集合，其包括 AP 及与其下层节点通过伪边直接相连的上层邻居节点的集合，如 $\text{Sep}(a_3) = \{a_1, a_2\}$。

3.3 求解算法分类

DCOP 求解的难点是如何在缺失全局信息的情况下找到全局目标最优解。图 3.3 给出了 DCOP 求解算法的大致分类。根据能否保证求得最优解，DCOP 求解算法大体可分为完备算法和非完备算法。

完备算法旨在遍历解空间，最终保障找到全局最优解，可分为部分集中式求解算法与完全分散式求解算法两大类。部分集中式求解算法 [17] 需要中心节点收集其他智能体的约束函数和值域信息，会造成隐私性方面的损失。此外，

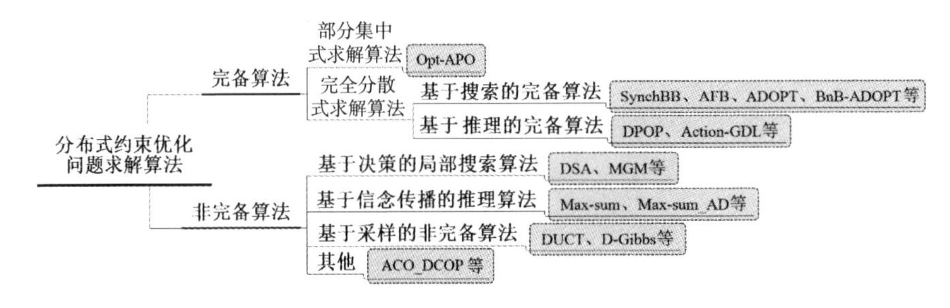

图 3.3 求解算法分类

在该类算法中仅有部分智能体执行计算，无法充分利用多智能体系统的计算资源。因此，对完备算法的研究更多地集中于完全分散方式。按照算法求解策略的不同，完全分散式求解算法又可分为基于搜索的完备算法和基于推理的完备算法。其中，基于搜索的完备算法采用分布式回溯搜索策略实现不重、不漏地遍历整个解空间，包括基于链式通信结构的 SynchBB [19] 和 AFB [16] 以及基于伪树通信结构的 ADOPT [28] 和 BnB-ADOPT [45] 等。不同于基于搜索的完备算法需要显式地遍历解空间，基于推理的完备算法采用动态规划的思想来求得最优解。DPOP [34] 是最典型的完备推理算法，它是桶消元（Bucket Elimination）[11] 在伪树结构上的分布式实现。Action_GDL [42] 是另外一种基于广义分配率（Generalized Distribution Law，GDL）[1] 的完备推理算法，它是 DPOP 算法在分布式联合树上的泛化。

DCOP 本身是一个 NP 难问题，随着问题规模的增加，完备算法在求解过程中所需的计算量和通信量都会呈指数级增长，这大大限制了 DCOP 在实际工程中的应用。与完备算法不同，非完备算法更注重求解效率，即以较小的计算和通信代价得到一个较优的解，其大体可分为三类。① 基于决策的局部搜索算法是非完备算法中发展最早且最活跃的研究方向。在该类算法中，智能体与邻居之间只传递自身状态信息，每个智能体都根据收到的信息和自身的约束函数进行决策，例如：DSA [48]、MGM [25] 和 GDBA [30] 等。然而，由于基于决策的局部搜索算法多采用贪心思想探索解空间，算法容易陷入局部最优。② 基于信念传播的推理算法是当前的研究热点，基于 GDL 的最大和（Max-sum）算法 [13] 是这类算法的基础。Max-sum 算法通过在因子图上传播和累积信念（Belief）来实现全局效用函数的边际化。然而，该算法仅保证在无环因子图中收敛，对于有环问题通常无法获得较好的解。③ 基于采样的非完备算法是求解 DCOP 的新研究方向，通过统计推理等方法让智能体按照某概率分布采样来逼近最优解。Ottens 等 [31] 首先提出基于上置信界的分布式 UCT（Distributed Upper Confidence Tree, DUCT）算法，其也是 UCT [2] 和 UCB [21] 在分布式环境下的扩展。Nguyen 等 [29] 则将 DCOP 映射为马尔可夫随机场的极大似然估计（Maximum Likelihood Estimation, MLE）问题，提出了分布式吉布斯采样（Distributed Gibbs，D-Gibbs）算法。此外，有学者尝试利用群智能 [7] 或进化算法 [26] 来解决 DCOP，为求解 DCOP 提供了新的研究思路。本章将在下面的小节中对典型的完备求解算法和非完备求解算法做详细的介绍。

3.4 完备求解算法

本节将介绍典型的分布式约束优化问题完备求解算法，包括基于搜索的完备求解算法（ADOPT）和基于推理的完备求解算法（DPOP）以及两类算法的研究现状。

3.4.1 基于搜索的完备求解算法：ADOPT

1. ADOPT 算法原理

ADOPT（Asynchronous Distributed Optimization）算法 [28] 是首个求解 DCOP 的分布式异步完备求解算法。其利用深度优先搜索（DFS）伪树作为通信结构，并采用最佳优先搜索（Best-First search，BFS）策略与分布式回溯搜索实现整个解空间的探索以得到最优解。为了实现 ADOPT 算法，每个智能体 $a_i \in A$ 都需要持有如下变量（以求解最小化问题为例）。

- 上文 Context_i：a_i 搜索的上文，其包含 $\text{Sep}\,(a_i)$ 的当前赋值。
- 上界 UB_i 和下界 LB_i：以 a_i 为根节点的子问题最优解对应的上界和下界（也称当前的搜索结果）。其中，上界为子问题中已探索过的最优解所对应的代价，下界为子问题的最优解所对应的部分或全部代价。
- 上界 $\text{UB}_i\,(d_i)$ 和下界 $\text{LB}_i\,(d_i)$：给定 a_i 赋值为在 $d_i \in D_i$ 下，以 a_i 为根节点的子问题最优解对应的上界和下界。
- 上界 $\text{ub}_i^{\text{c}}\,(d_i)$ 和下界 $\text{lb}_i^{\text{c}}\,(d_i)$：给定 a_i 赋值为在 $d_i \in D_i$ 下，以孩子节点 $a_{\text{c}} \in C\,(a_i)$ 为根节点的子问题最优解对应的上界和下界；在初始化时，

$\mathrm{ub}_i^{\mathrm{c}}(d_i)$ 和 $\mathrm{lb}_i^{\mathrm{c}}(d_i)$ 将分别被设为 ∞ 和 0。

- 本地约束代价之和 $\delta_i(d_i)$：给定 a_i 赋值为在 $d_i \in D_i$ 下，a_i 与 $\mathrm{AP}(a_i)$ 相关联的所有约束代价之和，其计算公式如下：

$$\delta_i(d_i) = \sum\nolimits_{a_j \in \mathrm{AP}(a_i)} f_{ij}(d_i, \mathrm{Context}_i(x_j)) \tag{3.1}$$

其中，$\mathrm{Context}_i(x_j)$ 是 x_j 在上文中的赋值。

此外，为实现智能体之间的协调决策，ADOPT 算法包含 VALUE、COST、THRESHOLD 和 TERMINATE 四种消息类型（如图 3.4 所示）。其中，VALUE 消息由 a_i 发送给其孩子和伪孩子节点，消息内容包含 a_i 的当前赋值用于通知下层节点更新搜索的上文。COST 消息由 a_i 发送给其父节点，消息内容包含自己搜索子问题对应的上界 UB_i、下界 LB_i 以及计算该上界和下界所依赖的上文 $\mathrm{Context}_i$，用于更新其父节点的上界和下界以及当前赋值；THRESHOLD 消息由 a_i 发送给其孩子节点，消息内容包含 a_i 根据当前上文和本地信息为其孩子节点计算的阈值。

$\mathrm{VALUE}(d_i)$

$\mathrm{COST}(\mathrm{Context}_i, \mathrm{LB}_i, \mathrm{UB}_i)$

$\mathrm{THRESHOLD}\ (\mathrm{Context}_i, \mathrm{th}_i^{\mathrm{c}}(d_i))$

$\mathrm{TERMINATE}(\ )$

图 3.4 ADOPT 算法中的消息类型

当 a_i 收到父节点或伪父节点发送的 VALUE 消息时，它将其上文 $\mathrm{Context}_i$ 中父节点或伪父节点的赋值更新为 VALUE 消息中的值，并根据式 (3.1) 计算 $\delta_i(d_i)$。此外，若存在 $a_{\mathrm{c}} \in C(a_i)$ 使得 $\mathrm{Context}_{\mathrm{c}}$ 与更新后的 $\mathrm{Context}_i$ 不兼容，则 $\mathrm{ub}_i^{\mathrm{c}}(d_i)$ 和 $\mathrm{lb}_i^{\mathrm{c}}(d_i)$ 分别被初始化为 ∞ 和 0；然后，更新 $\mathrm{UB}_i(d_i)$、$\mathrm{LB}_i(d_i)$、UB_i 和 LB_i 的值。当 a_i 收到由其孩子节点 a_{c} 发送的 COST 消息且消息中的上文 $\mathrm{Context}_{\mathrm{c}}$ 与 $\mathrm{Context}_i$ 兼容，那么 a_i 将分别用 COST 消息中的上界 UB_{c} 和下界 LB_{c} 更新 $\mathrm{ub}_i^{\mathrm{c}}(d_i)$ 和 $\mathrm{lb}_i^{\mathrm{c}}(d_i)$，然后更新 $\mathrm{UB}_i(d_i)$ 和 $\mathrm{LB}_i(d_i)$ 以及 UB_i 和 LB_i。具体的上界和下界的更新公式如下：

$$\mathrm{lb}_i^{\mathrm{c}}(d_i) = \max\{\mathrm{lb}_i^{\mathrm{c}}(d_i), \mathrm{LB}_{\mathrm{c}}\} \tag{3.2}$$

$$\mathrm{LB}_i(d_i) = \delta_i(d_i) + \sum_{a_{\mathrm{c}} \in C(a_i)} \mathrm{lb}_i^{\mathrm{c}}(d_i) \tag{3.3}$$

$$\mathrm{LB}_i = \min_{d_i \in D_i} \{\mathrm{LB}_i(d_i)\} \tag{3.4}$$

$$\mathrm{ub}_i^{\mathrm{c}}(d_i) = \min\left\{\mathrm{ub}_i^{\mathrm{c}}(d_i), \mathrm{UB}_{\mathrm{c}}\right\} \tag{3.5}$$

$$\mathrm{UB}_i(d_i) = \delta_i(d_i) + \sum_{a_{\mathrm{c}} \in C(a_i)} \mathrm{ub}_i^{\mathrm{c}}(d_i) \tag{3.6}$$

$$\mathrm{UB}_i = \min_{d_i \in D_i}\left\{\mathrm{UB}_i(d_i)\right\} \tag{3.7}$$

其中，d_i 为 $\mathrm{UB_c}$ 和 $\mathrm{LB_c}$ 所依赖的上文 $\mathrm{Context_c}$ 中 a_i 的赋值，即：$d_i = \mathrm{Context_c}(x_i)$。

随着搜索过程的推进，下层子问题的搜索结果被不断地通过 COST 消息向上层节点传递，与此同时上界和下界被不断地更新。由下界更新式 (3.2) ～式 (3.4) 可以看到，在固定上文情况下，下界 $\mathrm{lb}_i^{\mathrm{c}}(d_i)$、$\mathrm{LB}_i(d_i)$ 和 LB_i 保持单调递增；类似地，由上界更新式 (3.5) ～式 (3.7) 可以看到，在固定上文情况下，上界 $\mathrm{ub}_i^{\mathrm{c}}(d_i)$、$\mathrm{UB}_i(d_i)$ 和 UB_i 保持单调递减。若 $\mathrm{LB}_i = \mathrm{UB}_i$，则得到子问题的最优解。若 a_i 为根节点，则得到全局最优解。此时，根节点通过向其孩子节点发送 TERMINATE 消息以终止算法运行。每个收到 TERMINATE 消息的智能体都首先将该消息发送给其孩子节点，然后终止自己的算法运行。

在最佳优先搜索策略中，由于智能体无须等待搜集到足够的信息以确保被放弃的值为次优值，因此算法具有很高的并行度。但与此同时该策略也会引起大量的解重构，即：曾经被探索过的部分解会被重新探索。ADOPT 通过引入阈值变量（threshold）提高解重构的有效性。其中，阈值变量为子问题的下界，若当前赋值所对应的下界小于阈值变量的值，则保持当前赋值不变，从而避免了已探索的次优部分解的再次被探索。在 ADOPT 中，阈值变量是由父节点来计算的，并通过 THRESHOLD 消息发送给当前节点。具体地，父节点通过预定的规则将以其为根的子问题对应的下界划分为各子分支的阈值。为了正确高效地实现阈值的划分，智能体需要维护如下阈值变量：

- 阈值 TH_i：以 a_i 为根节点的子问题最优解代价对应的阈值，TH_i 的值介于 UB_i 和 LB_i 之间；
- 对于 a_i 的每个赋值 $d_i \in D_i$，孩子节点 $a_{\mathrm{c}} \in C(a_i)$ 为根的子问题最优解代价对应的阈值 $\mathrm{th}_i^{\mathrm{c}}(d_i)$。

在 ADOPT 中，智能体通过式 (3.8) 将本地阈值划分给各子问题的阈值 $\mathrm{th}_i^{\mathrm{c}}(d_i)$。

$$\mathrm{TH}_i = \delta_i(d_i) + \sum_{a_{\mathrm{c}} \in C(a_i)} \mathrm{th}_i^{\mathrm{c}}(d_i) \tag{3.8}$$

其中，d_i 为 a_i 的当前赋值。同时，为保证划分给各子问题的阈值的正确性，在 ADOPT 中采用式 (3.9) 来约束 $\mathrm{th}_i^{\mathrm{c}}(d_i)$。

$$\mathrm{lb}_i^{\mathrm{c}}(d_i) \leqslant \mathrm{th}_i^{\mathrm{c}}(d_i) \leqslant \mathrm{ub}_i^{\mathrm{c}}(d_i) \tag{3.9}$$

由于 $\mathrm{lb}_i^{\mathrm{c}}(d_i)$ 和 $\mathrm{ub}_i^{\mathrm{c}}(d_i)$ 在搜索过程中不断更新，因此 $\mathrm{th}_i^{\mathrm{c}}(d_i)$ 的值会随着消息的传递进行动态调整。a_i 通过 THRESHOLD 消息将 $\mathrm{th}_i^{\mathrm{c}}(d_i)$ 发送给其孩子 a_{c}。当 a_i 收到其父节点的 THRESHOLD 消息时，将 TH_i 的值更新为 THRESHOLD 中的阈值。

2. ADOPT 运行实例

以图 3.1 中的 DCOP 为例，图 3.5 给出了 ADOPT 的一种可能运行实例的前三轮。为了方便描述，这里忽略了 THRESHOLD 消息。

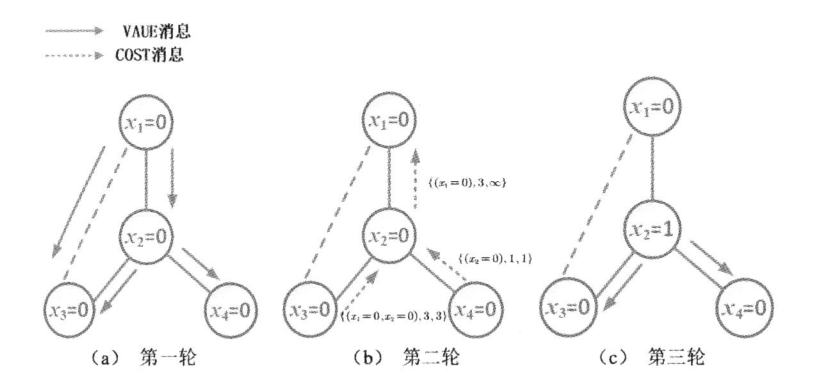

图 3.5　ADOPT 运行实例

第一轮：每个 a_i 分别初始化它的上界 ($\mathrm{ub}_i^{\mathrm{c}}(d_i)$，$\mathrm{UB}_i(d_i)$ 和 UB_i) 和下界 ($\mathrm{lb}_i^{\mathrm{c}}(d_i)$，$\mathrm{LB}_i(d_i)$ 和 LB_i) 为 ∞ 和 0。这里假设所有智能体选择其当前值为 0，并通过 VALUE 消息将当前值发送给它们的（伪）孩子节点。

第二轮：每个 a_i 都根据式 (3.2)～式 (3.7) 计算它在当前上文下的上界与下界。以 a_3 为例，它的当前上文 $\mathrm{Context}_3 = \{(x_1 = 0, x_2 = 0)\}$，在该上文下 $\mathrm{LB}_3 = \mathrm{UB}_3 = \delta_3(0) = 3$。$a_i$ 将更新后的 UB_i 和 LB_i 通过 COST 消息发送给它的父节点。

第三轮：在收到孩子节点发送的 COST 消息后，每个 a_i 都根据式 (3.2)～式 (3.7) 更新它的上界与下界，并根据最佳优先搜索策略将其当前值更新为导致最小下界的赋值，将更新后的赋值通过 VALUE 消息发送给其（伪）孩子节点。对于 a_2，由于 $\mathrm{LB}_2(0) = \delta_2(0) + \mathrm{lb}_2^3(0) + \mathrm{lb}_2^4(0) = 4 + 3 + 1 = 8$，$\mathrm{LB}_2(1) = \delta_2(1) + \mathrm{lb}_2^3(1) + \mathrm{lb}_2^4(1) = 3 + 0 + 0 = 3$，所以其将当前赋值更新为 1，并将该值发送给孩子节点 a_3 与 a_4。随后的智能体执行与上述类似的操作，直到根节点 a_1 满足 $\mathrm{LB}_1 = \mathrm{UB}_1$，算法终止运行。

3. 基于搜索的完备求解算法研究现状

基于伪树的完备搜索算法是基于搜索的完备求解算法的研究热点，然而即便该类算法采用伪树来划分搜索空间，其求解所传递的消息数量仍与问题的智能体数量呈指数关系。因此，有效的搜索和剪枝策略是减少探索空间从而加快搜索速度的关键。根据智能体更新局部信息的方式，该类算法又可分为同步算法和异步算法。ADOPT 是基于最佳优先搜索策略的首个异步算法，优先搜索根据当前最优赋值的子空间，但不能保证被放弃的值是次优值，因此导致频繁的解重构。BnB-ADOPT 则采用深度优先搜索策略和分支定界思想避免了 ADOPT 的解重构问题，有效提高了求解效率。此外，有学者引入软弧一致性（AC）[10] 来提升下界的紧度，提出了 BnB-ADOPT+-AC/FDAC 算法 [18]。不同于异步算法允许每个智能体仅根据其当前所获得的局部信息更新赋值，同步算法则需探索完当前上文下的子问题后才可以回溯，保证所有智能体的上文相互兼容。同步算法大多采用分支定界技术减少探索空间。PT-FB [23] 是基于伪树的分布式同步搜索算法，采用向前定界技术获得高效的下界，以提高剪枝效率。最近，Chen 等人 [5] 提出了 HS-CAI，利用基于上文的近似推理来构建更紧的下界。然而，基于界的剪枝技术需要搜集更多的约束信息，往往导致大的通信消耗。因此，Liu 等人 [24] 提出了一种不依赖界的剪枝技术——BIP，仅利用局部约束和上文实现对解空间的剪枝，并将其应用于基于伪树的同步和异步搜索算法中，极大地提高了该类算法的求解效率。

3.4.2 基于推理的完备求解算法：DPOP

1. DPOP 算法原理

分布式伪树优化过程（Distributed Pseudo tree Optimization Procedure, DPOP）[34] 是一种典型的基于动态规划的完备推理算法，其可视为桶消元（Bucket Elimination）思想的分布式实现。DPOP 采用伪树作为通信结构，自下而上地计算并传递赋值组合所对应的效用（Utility），通过对联合效用矩阵的消元操作求得最优解。DPOP 的求解过程可分为三个阶段：初始化阶段、效用传播阶段和值传播阶段。初始化阶段用于建立伪树通信结构；效用传播阶段开始于叶子节点，智能体合并子树的联合效用矩阵并将消元操作后的效用向上传播至根节点；值传播阶段从根节点开始，智能体根据上一阶段所得到的联合效用矩阵和父节点传输的最优赋值计算本地的最优赋值，并将已得到的最优赋值组合向下传递，直到所有叶子节点完成赋值，算法结束。为更清楚地描述 DPOP 求解过程，我们先给出以下的相关定义（以求解最小化问题为例）。

- 消元：设约束函数（或效用表）f 是定义在变量集合 $\mathrm{Dim}_f = (x_1, x_2, \cdots, x_k)$ 的函数，则该函数针对变量 x_i 消元 $\bigoplus\limits_{x_i} f$ 的定义为

$$\bigoplus_{x_i} f = \min_{x_i} f\left(x_i, x_{-i}\right) \tag{3.10}$$

  其中，$x_{-i} = \mathrm{Dim}_f \backslash \{x_i\}$。

- 联合：设约束函数（或效用表）f 和 g 在变量集合 Dim 上的值域空间分别为 $D_f = \times_{x_i \in \mathrm{Dim}_f} D_i$ 和 $D_g = \times_{x_i \in \mathrm{Dim}_g} D_i$，则二者联合 $f \otimes g$ 的定义为

$$(f \otimes g)(d) = f\left(d_f\right) + g\left(d_g\right), d \in D_{f \otimes g} \tag{3.11}$$

接下来我们对 DPOP 的效用传播阶段和值传播阶段进行详细说明。

在效用传播阶段，叶子节点通过 UTIL 消息向它的父节点传播消元后的本地效用表 $\bigoplus\limits_{x_i} \mathrm{localUtil}_i$，其中 $\mathrm{localUtil}_i = \otimes_{a_j \in \mathrm{AP}(a_i)} f_{ij}$。智能体 a_i 在收到所有孩子节点的效用表 (即 $\mathrm{util}_{\mathrm{c} \to i}, \forall a_{\mathrm{c}} \in C\left(a_i\right)$) 后，将其与自己本地效用表 $\mathrm{localUtil}_i$ 进行联合后得到联合约束表 $\mathrm{jointUtil}_i$；随后，a_i 通过本地消元来消除自己控制的变量并将消元后的效用表 $\mathrm{util}_{i \to p}$ 通过 UTIL 消息向上传播到父节点 $P(a_i)$；当根节点收到了所有孩子节点的 UTIL 消息并将它们联合时，效用传播阶段结束。其中，a_i 发送给父节点的效用表 $\mathrm{util}_{i \to p}$ 由式 (3.12) 求得：

$$\mathrm{util}_{i \to p} = \min_{x_i} \left(\mathrm{localUtil}_i \otimes \bigotimes_{a_{\mathrm{c}} \in C(a_i)} \mathrm{util}_{\mathrm{c} \to i} \right) \tag{3.12}$$

在值传播阶段，根节点根据效用传播阶段所得到的 $\mathrm{jointUtil}_i$ 来选择最优赋

值，并通过 VALUE 消息将该赋值发送给所有孩子节点。当 a_i 收到父节点发送的最优赋值消息 PA* 后，结合效用传播阶段所得的 jointUtil_i 计算其最优赋值 d_i^*，并通过 VALUE 消息将该赋值和 PA* 一起发送给所有孩子节点；当所有叶子节点收到其父节点发送的 VALUE 消息并计算出自己的最优赋值后，值传播阶段结束。具体地，d_i^* 的计算公式如下：

$$d_i^* = \mathop{\arg\min}_{d_i \in D_i} \left(\text{localUtil}_i\left(\text{PA}^*\right) \otimes \left(\bigotimes_{a_c \in C(a_i)} \text{util}_{c \to i}\left(\text{PA}^*\right) \right) \right) \tag{3.13}$$

2. DPOP 运行实例

以图 3.1 中的 DCOP 为例，我们演示 DPOP 的运行过程（如图 3.6 所示）。

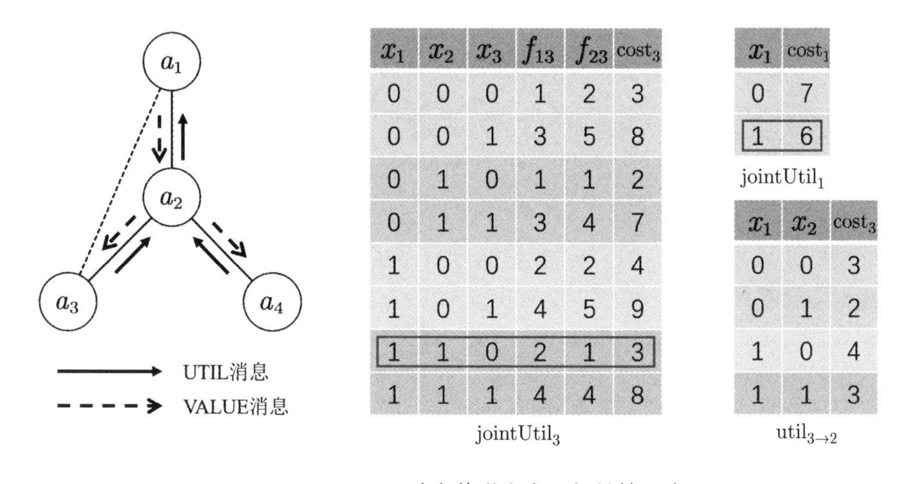

x_1	x_2	x_3	f_{13}	f_{23}	cost_3
0	0	0	1	2	3
0	0	1	3	5	8
0	1	0	1	1	2
0	1	1	3	4	7
1	0	0	2	2	4
1	0	1	4	5	9
1	1	0	2	1	3
1	1	1	4	4	8

jointUtil_3

x_1	cost_1
0	7
1	6

jointUtil_1

x_1	x_2	cost_3
0	0	3
0	1	2
1	0	4
1	1	3

$\text{util}_{3\to2}$

图 3.6　DPOP 消息传递方向及相关效用表

首先，构建如图 3.2(b) 所示的伪树通信结构。接着，开始效用传播阶段，叶子节点 a_3 和 a_4 根据式 (3.12) 计算效用表，通过 UTIL 消息发送给父节点 a_2。图 3.6 显示 a_3 本地联合后的 jointUtil_3 以及消除自己后传给父节点 a_2 的效用表 $\text{util}_{3\to2}$。当 a_2 收到 a_3 和 a_4 所发送的 UTIL 消息之后，将其与上层智能体 a_1 的本地约束 f_{12} 联合得到 jointUtil_2。然后，消除自己得到效用表 $\text{util}_{2\to1}$，通过 UTIL 消息将该效用表传播给其父节点 a_1。当 a_1 收到 a_2 发出的 UTIL 消息后，得到图中所示的联合效用表 jointUtil_1。此时，效用传播阶段结束，值传播阶段开始。在值传播阶段中，a_1 根据联合效用表 jointUtil_1，依照式 (3.13) 确定其最优赋值 ($d_1^* = 1$) 并将该赋值通过 VALUE 消息发送给孩子节点 a_2。最后，

a_2 根据联合效用表 jointUtil_2 在 $d_1^* = 1$ 时计算出自己的最优赋值 ($d_2^* = 1$)，并将 ($x_1 = 1, x_2 = 1$) 通过 VAULE 消息发送给所有的孩子节点。孩子节点收到消息后进行相同的操作得到自身的最优赋值 d_i^*，至此算法结束。图 3.6 中的框中分别显示了 a_1 和 a_3 选择的最优赋值项。此时，算法得到该问题的全局最优解 $\{x_1 = 1, x_2 = 1, x_3 = 0, x_4 = 1\}$，其所对应的最优代价为 6。

3. 基于推理的完备求解算法研究现状

目前，基于推理的完备求解算法都是 DPOP 的变体。DPOP 具有线性的消息数，但在效用传播阶段所发送的消息大小随伪树的诱导宽度 w 呈指数级增长，其中诱导宽度 $w = \max_{a_i \in A} \{|\text{Sep}(a_i)|\}$。因此，内存的指数级消耗成为限制该算法适用性的主要原因。而如何在内存受限的情况下应用该算法来解决问题便成为该类算法的研究热点。为了增强 DPOP 的适用性，MB-DPOP [36] 和 RMB-DPOP [9] 通过将一次推理拆分为基于部分上文的迭代推理以降低向上传递的效用表的维度。BrC-DPOP [14] 和 BT-DPOPf [3] 则分别利用分支一致性（Branch consistency）和函数过滤（Function Filtering) 技术对推理空间剪枝从而减少效用表的大小。此外，ADPOP [35] 对消息中效用表的最大维度进行了限制，对超出限制的维度进行最大/最小化投影而得到效用表的上/下界，该算法以牺牲最优性来适应内存限制，是 DPOP 的近似版本。

3.5 非完备求解算法

本节将介绍典型的分布式约束优化问题非完备求解算法，包括基于决策的局部搜索算法（DSA 和 MGM）和基于信念传播的推理算法（Max-sum）以及两类算法的研究现状。

3.5.1 基于决策的局部搜索算法

在详细介绍基于决策的局部搜索算法之前，我们首先定义以下概念（以求解最小化问题为例）。

本地视野（local view）：a_i 邻居节点的赋值信息，即

$$\text{local\_view}_i = \{(x_j, d_j) \,|\forall x_j \in N_i\}$$

局部代价（local cost）：本地视野为 local_view$_i$ 下，自己赋值为 $x_i = d_i$，a_i 的所有本地约束函数代价总和，即

$$\text{cost}_i(x_i = d_i, \text{local\_view}_i) = \sum_{x_j \in N_i} f_{ij}\left(x_i = d_i, x_j = \text{local\_view}_i(x_j)\right)$$

最佳响应：本地视野为 local_view$_i$ 下，使得 a_i 局部代价最小的赋值，即

$$d_i^* = \underset{d_i \in D_i}{\arg\min} \sum_{x_j \in N_i} f_{ij}\left(x_i = d_i, x_j = \text{local\_view}_i(x_j)\right)$$

增益 ($\varDelta$)：在自己当前赋值为 $x_i = d_i$，本地视野为 local_view$_i$ 下，a_i 赋值为 d_i' 对应的局部代价与当前赋值 d_i 对应的局部代价之差，即

$$\varDelta_i(d_i', d_i, \text{local\_view}_i) = \text{cost}_i(x_i = d_i, \text{local\_view}_i) - \text{cost}_i(x_i = d_i', \text{local\_view}_i)$$

在基于决策的局部搜索算法的每一轮迭代轮次（Round）中，智能体与约束图中的邻居智能体进行通信，发送自己的状态信息并接收邻居智能体的状态信息（包括变量赋值、增益等），智能体会根据接收到的邻居状态在值域中进行选值，然后再依据不同的策略来决定是否更换当前赋值。在 DSA 算法中，智能体依据预定的概率来决定是否替换当前赋值；而在 MGM 算法中，仅有能获得最大增益的智能体才能替换其当前赋值。

1. DSA

DSA（Distributed Stochastic Algorithm）算法 [48] 是最简单的局部搜索算法，它的基本设计思路简单，即：依照一个预定的概率来进行决策。首先，智能体进行一轮初始化操作，智能体为自己控制的变量随机赋初值，并且将该赋值发送给所有邻居结点，随后各个智能体进入重复的迭代过程直至满足终止条件。在每一轮迭代中，智能体首先接收邻居所发送的赋值消息来更新自己的本地视野，基于所有邻居在本轮不发生赋值变化的假设前提，根据本地视野遍历自己的值域，计算得到最佳响应及其对应的增益。对于增益大于 0 的智能体，其依据概率来确定自己是否改变自己当前赋值为最佳响应。这里，终止条件一般设置为当前迭代轮次是否达到预设定的最大迭代轮次。

2. MGM

MGM（Maximum Gain Message）算法[25] 是一种策略上相对保守的算法，智能体之间通过竞争确保只有增益最大的智能体才能改变自身的赋值，否则只能等待下一轮的决策。MGM 算法的基本结构与 DSA 类似，智能体同样先执行初始化操作，随后进行迭代直至终止条件。与 DSA 不同的是，MGM 每一轮迭代需要进行两轮消息通信：首先，发送一轮变量的赋值信息，随后根据邻居的赋值，假设其不变的情况下搜索当前变量的最佳响应并计算增益 Δ；然后，各邻居智能体间相互交换增益，以增益作为竞争标准，只有增益最大的智能体才能改变自身变量的当前赋值。在这种决策方式下，每一个邻居区域内只有一个智能体可以进行赋值改变，这样可以避免邻居智能体同时改变造成结果的不确定性，从而使解的质量随着算法的迭代稳步提升。

3. 基于决策的局部搜索算法运行实例

以图 3.1 中的 DCOP 为例，图 3.7 给出了基于决策的局部搜索算法（DSA）的运行例子图。图 3.7(a) 给出了各个智能体的初始状态（即第一轮），智能体随机为自己赋初始值（各个节点赋值为 $x_1 = 0$，$x_2 = 1$，$x_3 = 0$ 以及 $x_4 = 0$），并将初始值发送给其邻居节点。收到邻居节点的赋值信息后，每个节点计算自己每一个赋值对应的局部代价（cost）及其对应的增益（Δ）（如智能体旁的表格所示）。各个智能体依据表格计算自己的最佳响应和最佳响应对应的增益，即：$x_1 = 1, \Delta_1 = 1, x_2 = 0, \Delta_2 = 2, x_3 = 0, \Delta_3 = 0$ 以及 $x_4 = 1, \Delta_4 = 3$。在 DSA 中，对应最佳响应增益大于 0 的智能体以预定的概率（这里假设预定的概率为 1）变换自己的赋值到最佳响应。因此，在 DSA 算法的第二轮中，变量 x_1, x_2 和 x_4 改变赋值，各个智能体的状态如图 3.7(b) 所示。随后，智能体重复上述操作，直至迭代轮次终止。而在 MGM 中，算法的第二轮为智能体向其邻居广播自己

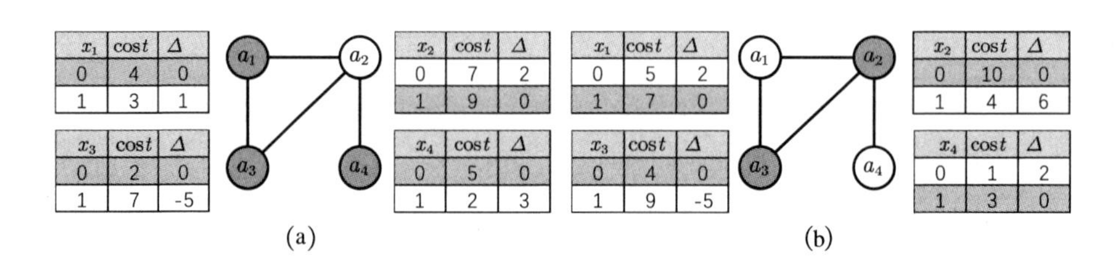

图 3.7　基于决策的局部搜索算法运行例子图
(a) 智能体的初始状态 (b) DSA 算法运行的第二轮

的增益，进行增益比较。只有当智能体对应的增益大于其邻居节点增益时，才改变自己的赋值。因此，在 MGM 算法的第一轮中，仅有变量 x_4 改变赋值。随后，智能体重复上述操作，直至迭代轮次终止。

4. 基于决策的局部搜索算法研究现状

基于决策的局部搜索算法具有简单的逻辑结构和灵活的决策方式，可以进行大量扩展和优化。但是，由于该类算法采用贪心思想进行求解，并且智能体只能采用局部信息进行决策，导致算法容易过早收敛，无法保证求解质量。因此，学者们先后提出了 k-优、任意时间局部搜索算法（Anytime Local Search，ALS）框架和部分决策机制（Partial Decision Scheme，PDS）等改进机制对局部搜索算法进行优化。其中，k-优 [32] 思想是通过令相邻 k 个智能体组成一个联合体，并在联合体中选择一个智能体作为调停者，而后该调停者基于这 k 个智能体的赋值与约束信息进行决策。最终，算法能收敛到 k 优状态，即算法不能再通过改变这个联合体中的一个或多个智能体的赋值以提高解的质量。显然，当 k 值等于智能体数时，算法的求解目标则是找到全局最优解。然而，随着 k 值的增加，算法的求解代价也将变大。由于在局部搜索算法中，智能体仅凭局部信息进行寻优，因此使得算法无法保证当前所找到的解一定优于历史中已经找到过的解（即算法不具备 Anytime 性）。因此，Zivan 等人提出 ALS 框架 [50]，该框架通过一棵广度优先搜索树收集和记录所有智能体的约束代价并于根结点汇总得到全局约束代价和，进而记录下算法找到的当前最优解。随着 ALS 框架的提出，一些较为激进的启发式思想得以用于局部搜索算法中以提高局部搜索算法的探索能力，例如 DSA-SDP 和 DSA-PPIRA。Yu 等人 [47] 提出基于局部搜索算法的部分决策机制，该机制在智能体检测到自己以及邻居节点陷入局部最优后，通过让智能体忽略部分邻居赋值来打破邻居赋值对自身决策的束缚，进而帮助智能体跳出局部最优。

3.5.2 基于信念传播的推理算法：Max-sum

概率图模型是一种用于表示随机变量之间相互依赖关系的重要方法 [22]。推理（inferencing）是概率图模型中十分重要的部分，其主要用于解决模型中在给定证据变量时求其他变量的后验概率。目前，推理方法包括精确推理（exact inference）和近似推理（approximate inference）。精确推理是用于计算目标变量的边际概率分布或条件分布的常用方法，包括变量消去算法以及信念传播算法。在后者中，边际概率分布的计算是通过累乘各个节点所收到其邻居节点发送的消息而实现的，由于该过程包含了加和与乘积，此算法也被称为和积算法（Sum-product）。在此基础上，为了求最大后验的边际概率分布，有学者对和积算法做出了改进，提出了最大积算法（Max-product）。简单地说，最大积算法就是将和积算法中的求和符号替换成取最大符号。在此基础上，由于乘法操作可能会造成数值下溢问题，映射至对数空间的加法操作被引入，最大和算法（Max-sum）便首次被提出。

不难发现，Max-sum 算法基于消息传递的计算方式，与分布式环境的计算要求十分契合。于是有学者提出将 Max-sum 算法应用于分布式环境下的 DCOP 求解[13]。

1. Max-sum 介绍

Max-sum 算法是一种基于信念传播的非完备推理算法，其执行于因子图中。在表示一个 DCOP 的因子图中，变量节点对应于 DCOP 的变量，函数节点则对应于 DCOP 中的约束函数。不失一般性，通常假设一个变量节点由一个智能体控制，而一个函数节点则由其所关联的变量节点之一所属的智能体进行控制。特别地，如果与函数节点相连的变量节点的数量均为二，此时为二元最大和问题。如果存在相连变量节点数量大于二的情况，则称为多元最大和问题。

在 Max-sum 中，每个智能体会不断地与其邻居交换信息，完成对全局信息的收集与探索。紧接着，每个智能体将会根据从邻居节点收集来的全局信息进行决策。具体地说，在因子图中不断传播的消息包括查询消息（Query Message）和响应消息（Response Message）。查询消息是变量节点向函数节点发送的消息。当一个变量节点计算查询消息时，其会将除目标节点外的所有邻居节点发送过来的消息进行累加，式 (3.14) 给出了变量节点 x_j 发送给函数节点 F_k 的查询消息的计算过程。

$$Q_{x_j \to F_k}(x_j) = \alpha_{jk} + \sum_{F_i \in N_j \backslash F_k} R_{F_i \to x_j}(x_j) \tag{3.14}$$

其中 $N_j \backslash F_k$ 表示除了目标节点 F_k 的变量节点 x_j 邻居函数节点的集合；$R_{F_i \to x_j}(x_j)$ 则表示函数节点 F_i 发送给变量节点 x_j 的消息；α_{jk} 是一个正则化因子，用于避免消息在有环因子图中无限制增大。其计算公式如下：

$$\alpha_{jk} = -\frac{1}{|D_j|} \sum_{d_j \in D_j} Q_{x_j \to F_k}(d_j) \tag{3.15}$$

响应消息则指从函数节点到变量节点的消息，包含了在当前信念和本地函数下，对于目标变量节点的每一个取值所对应的最佳收益（以求解最大化问题为例）。在一般的最大和算法中，响应消息的计算过程包括加和过程（即 sum）和取极大过程（即 max）。在加和过程中，一个函数节点需要累加除目标变量节点外的所有邻居变量节点发送过来的查询消息，得到当前的信念。在取极大过程中，变量节点对当前信念和本地函数的加和对除目标节点之外的变量取极大。式 (3.16) 给出了函数节点 F_k 向变量节点 x_i 计算响应消息的过程：

$$R_{F_k \to x_i}(x_i) = \max_{\mathbf{x}_k \backslash x_i} \left[F_k(\mathbf{x}_k) + \sum_{x_j \in \mathbf{x}_k \backslash x_i} Q_{x_j \to F_k}(x_j) \right] \tag{3.16}$$

其中，$\mathbf{x}_k \backslash x_i$ 是除 x_i 外的所有 F_k 涉及的变量的集合。当一个变量节点做决策时，它首先累加来自所有邻居的响应消息，计算出其每一个取值所对应的信念：

$$z_i(x_i) = \sum_{F_k \in N_i} R_{F_k \to x_i}(x_i) \tag{3.17}$$

然后根据该信念选择一个收益最大的赋值，即

$$d_i^* = \arg\max_{d_i \in D_i} z_i(x_i) \tag{3.18}$$

2. Max-sum 执行过程

接下来介绍 Max-sum 的具体执行过程。Max-sum 的执行过程包含三个阶段：查询消息传播阶段，响应消息传播阶段以及决策阶段。在查询消息传播阶段，每个变量节点依次发送查询消息给目标函数节点。相应地，在响应消息传播阶段，每个函数节点也会依次发送响应消息给其邻居变量节点。此后，每个智能体将会根据收到的响应消息计算本地信念，选取出最优赋值（即决策阶段）。上述三个阶段在每一轮次中顺序执行，当执行到指定轮次后，算法终止。

下面以图 3.1 的 DCOP 实例转换后的因子图（如图 3.8 所示）中所给出的

约束关系为例，详细说明上述三个阶段的执行过程（注意：该实例是最小化问题，因此 Max-sum 公式中的 max 操作变为 min 操作）。图 3.9 展示了在 Max-sum 算法执行过程中，Q 消息（左图）与 R 消息（右图）的传播方向。

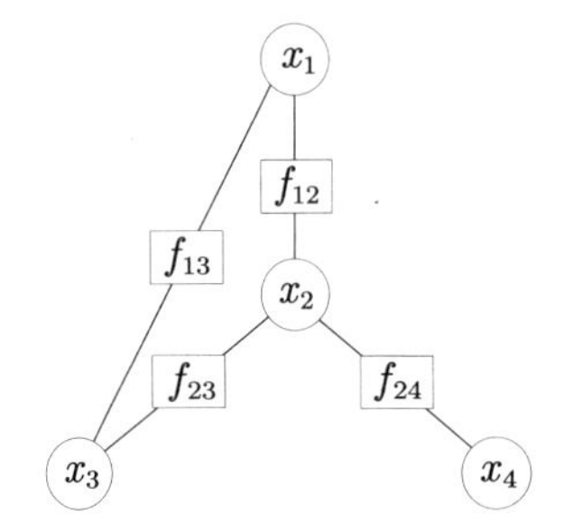

x_1 \ x_2	0	1
0	4	3
1	5	1

x_1 \ x_3	0	1
0	1	3
1	2	4

x_2 \ x_3	0	1
0	2	5
1	1	4

x_2 \ x_4	0	1
0	1	3
1	5	2

图 3.8　DCOP 的因子图表示

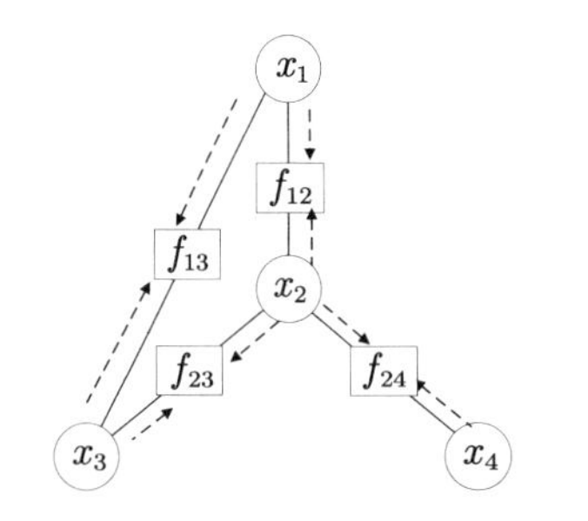

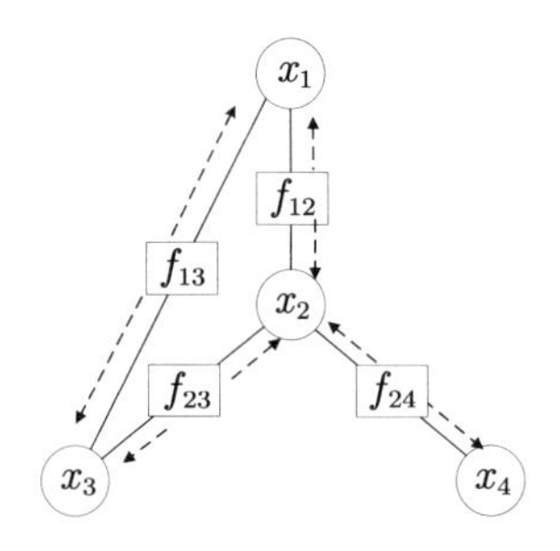

图 3.9　Q 消息与 R 消息的传播方向

假设 Max-sum 总共执行 k 轮迭代，具体过程如下。

第一轮

第一阶段：查询消息传播阶段

说明：第一轮第一阶段也为初始化阶段，每个智能体将向邻居函数节点发送全零的查询消息。

$Q_{x_1\to f_{12}}:[0,0]$　$Q_{x_1\to f_{13}}:[0,0]$　$Q_{x_2\to f_{12}}:[0,0]$　$Q_{x_2\to f_{23}}:[0,0]$

$Q_{x_2\to f_{24}}:[0,0]$　$Q_{x_3\to f_{13}}:[0,0]$　$Q_{x_3\to f_{23}}:[0,0]$　$Q_{x_4\to f_{24}}:[0,0]$

第二阶段：响应消息传播阶段

说明：该阶段中，每个函数节点收到并利用第一阶段自身邻居变量节点发送的查询消息（全零的查询消息），同时结合本地约束函数，根据式 (3.16) 为每个邻居变量计算响应消息。

$R_{f_{12}\to x_1}:[3,1]$ $R_{f_{12}\to x_2}:[4,1]$ $R_{f_{13}\to x_1}:[1,2]$ $R_{f_{13}\to x_3}:[1,3]$

$R_{f_{23}\to x_2}:[2,1]$ $R_{f_{23}\to x_3}:[1,4]$ $R_{f_{24}\to x_2}:[1,2]$ $R_{f_{24}\to x_4}:[1,2]$

第三阶段：决策阶段

说明：该阶段中，每个变量节点收到并累加阶段二中所有自身邻居函数节点发送的响应消息，并根据式 (3.17) 和式 (3.18) 得到本轮自身的信念，并选择约束代价最小的赋值。

信念：$z_1=[4,3]$ $z_2=[7,4]$ $z_3=[2,7]$ $z_4=[1,2]$

赋值：$d_1^*=1$ $d_2^*=1$ $d_3^*=0$ $d_4^*=0$

第二轮

第一阶段：查询消息传递阶段

说明：在该阶段中，每个变量节点收到并利用上一轮函数节点发送来的响应消息，同时根据式 (3.14) 为自身邻居变量节点计算查询消息。

$Q_{x_1\to f_{12}}:[1,2]$ $Q_{x_1\to f_{13}}:[3,1]$ $Q_{x_2\to f_{12}}:[3,3]$ $Q_{x_2\to f_{23}}:[5,3]$

$Q_{x_2\to f_{24}}:[6,2]$ $Q_{x_3\to f_{13}}:[1,4]$ $Q_{x_3\to f_{23}}:[1,3]$ $Q_{x_4\to f_{24}}:[0,0]$

第二阶段：响应消息传递阶段

说明：计算过程同第一轮的第二阶段

$R_{f_{12}\to x_1}:[6,4]$ $R_{f_{12}\to x_2}:[5,3]$ $R_{f_{13}\to x_1}:[2,3]$ $R_{f_{13}\to x_3}:[3,5]$

$R_{f_{23}\to x_2}:[3,2]$ $R_{f_{23}\to x_3}:[4,7]$ $R_{f_{24}\to x_2}:[1,2]$ $R_{f_{24}\to x_4}:[7,4]$

第三阶段：决策阶段

说明：计算过程同第一轮的第三阶段

信念：$z_1=[8,7]$ $z_2=[9,7]$ $z_3=[7,12]$ $z_4=[7,4]$

赋值：$d_1^*=1$ $d_2^*=1$ $d_3^*=0$ $d_4^*=1$

……

第 k 轮

……

上述迭代过程累计执行 k 次，并将最后一轮结束后将每个智能体的赋值情况作为 Max-sum 找到的最优解。

3. 基于信念传播的推理算法研究现状

Max-sum 作为一种近似推理算法，能够很快找到树形或者单环问题的最优解；同时在计算过程中的通信开销与节点的数量呈线性关系。因此，Max-sum 目前也已经被广泛应用于解决现实问题。

然而，Max-sum 同时也存在诸多问题。首先，Max-sum 在解决因子图有环问题时不保证收敛。相关文献报道中指出 [43,51]，Max-sum 在解决多环问题时，得到的解质量往往较差。其主要原因是，在多环问题中变量节点接受的信念消息往往在多个环路中反复传播，即经过“重复计算（double counting）”，这种重复计算使得变量节点在做累计信念操作［见式 (3.17)］时无法得到准确的全局消息，从而无法准确取得使全局最优的赋值。目前，针对该问题主要有两种解决方案。一种是将有环因子图转换为无环因子图 [37]，该方法通过删掉原问题中的边实现破环，然后在破环后的树形结构中执行 Max-sum，用近似问题最优解作为原问题的最优解。另一种解决方法是将无向有环因子图转化为有向有环因子图 [6,49]，然后在有向图中执行 Max-sum，并引入值传播来获得问题的解。

其次，Max-sum 在解决多元约束问题时可扩展性不足。其原因在于函数节点在计算响应消息的过程中［即式 (3.16)］，最大化操作的计算开销与该函数节点所涉及的变量数量呈指数级关系。因此，如何在保证算法最优性的前提下降低算法的计算开销，同样也是 Max-sum 亟待解决的问题。针对该问题，目前有两类加速方法：基于排序的加速方法 [12,20] 和基于分支定界的加速方法 [8]。基于排序的加速方法会对本地约束函数效用值的大小进行排序，为每个变量的取值值域进行剪枝，之后仅探索剪枝后的赋值组合来寻求最优解。基于分支定界的算法则基于本地函数为变量节点的每个取值组合计算效用预估，将当前搜索到的最优解作为下界，效用预估作为待搜索部分解的上界执行分支定界过程，完成对搜索空间的剪枝。

3.6 基准测试问题和典型应用

本小节将介绍用于测试 DCOP 求解算法的基准测试问题和评价指标，并简要介绍两个可以用于 DCOP 建模的实际应用。

3.6.1 基准测试问题和评价指标

常用的 DCOP 基准测试问题包括随机 DCOP、无尺度网络以及加权图着色问题，分述如下。

随机 DCOP（Random DCOP）。该类测试问题代表了一般化的无结构 DCOP。在这类问题中，智能体之间随机建立约束关系，直到达到给定的约束密度。对于每一个约束关系，每一个赋值组合对应的代价都是均匀地从给定的区间范围内随机选取的。具体地，该问题可以由如下参数定义：智能体个数定义了问题中智能体的数量，反映了问题的规模；约束图密度定义了问题中约束关系的占比（即：约束密度），反映了问题的复杂程度；值域大小定义了问题中每个变量的取值范围，反映了问题的规模；代价范围 [最小代价值, 最大代价值] 定义了约束函数中代价的取值区间。

无尺度网络（Scale-free Networks）。该类测试问题指拓扑结构中节点的度分布为幂率分布（Power-law）的问题，反映了自然世界中普遍存在的“马太效应”。它通常用来测试算法求解拓扑高度结构化的问题时的性能。一般使用“BA 模型”来生成无尺度网络问题的拓扑结构。具体地，给定含有 m_1 个智能体的初始图后，迭代地加入剩余的智能体。每次迭代都加入一个新的智能体，并根据一定概率选择 m_2 个智能体相连，直至所有智能体都加入图中。其中，一个智能体被连接的概率与其度数成正比。显然，参数 m_1 和 m_2 反映了问题的结构化程度。当 m_1 越小、m_2 越大时，节点的度数分布越不均衡，问题的结构化程度就越高。该类问题的智能体数量、值域大小和代价范围的定义与随机 DCOP 相同。

加权图着色问题（Weighted Graph-coloring Problem）。该类问题是图着色问题的扩充，用来评估算法在求解约束代价函数高度结构化问题时的性能。在该类问题中，需要为每一个顶点（即智能体）涂色，且每两个相邻顶点不能被涂成相同的颜色（即赋值）。如果违反了该要求，则会带来相应的代价。每一个违反代价都是从给定的范围内均匀随机选取的。该类问题的智能体数量、值域大小、图密度和代价范围的定义与随机 DCOP 类似。需要指出的是，根据四色定理，4 种颜色即可完成任意图的着色。因此，在实验中，通常选取 3 种颜色作为值域大小。

不同类型算法的性能指标不尽相同。在评价完备算法时，由于保证获得最优解，因此更关注求得最优解所付出的代价，如消息数、网路负载、非并发约束检查、运行时间等。在评价非完备算法时，求解质量和速度是考察的首要因素，因此我们更关注最终代价/收益和每轮代价/收益。

消息数（Message number）。消息数指算法求解过程中所交换的全部消息的数量，该指标反映了算法产生的网络通信代价。因此，在设计算法时应尽可能减少消息发送的数量。

网络负载（Network Load）。网络负载指算法在运行过程中所交换的全部消息大小的总和。同消息数一样，该指标反映了算法产生的网络通信代价。在评价时，网络负载越小说明算法性能越佳。

非并发约束检查（Non-concurrent Constraint Checks，NCCCs）。该指标表示处理时间和通信时间之和，反映了算法在不同通信环境下的性能。为了计算该指标，每个智能体内部维护一个 NCCCs 变量。当一个智能体执行约束检查时，该变量就增加 1。此外，智能体间传递的消息包含了发送者的 NCCCs 值。当一个智能体收到另外一个智能体的消息时，其更新自己 $\text{NCCCs} = \max\left\{\text{NCCCs}, \text{NCCCs}' + t\right\}$。其中，NCCCs′ 为发送者的并发约束检查值，$t$ 为通信时间。在实验中，一般用 $t = 0$ 模拟快速通信，用 $t = 100$ 模拟慢速通信。算法最终的 NCCCs 值为所有智能体中最大的 NCCCs。

模拟运行时间（Simulated runtime）指算法执行结束时（如找到最优解或满足某一终止条件），各轮次所有智能体最长执行时间之和。该时间反映了算法在分布式环境下求解真实问题时所耗费的实际时间。

最终代价/收益。最终代价/收益反映了算法终止时所得出的最终解对应的所有约束代价/收益之和。该指标用于评价和比较非完备算法的质量以及进行显著性分析。

每轮代价/收益。每轮代价/收益指在同步算法的每一轮中，各个智能体赋值所对应的所有约束代价/收益之和。该指标通常以折线图的方式存在，每轮代价/收益形成的折线显示了算法的寻优速度和收敛趋势。

3.6.2 典型应用

1. 会议调度

会议调度是典型的资源调度问题，其包含了会议、参与者和会议召开时间段（时间戳）三种要素。简单而言，多个会议即将在几个各自可选的时间段内召开，每个参与者可能要参加其中一个或多个会议。其中有两个必须满足的硬约束：一是每个参与者在某一特定时间段中只能参加一个会议，二是每个会议只能在各自可选时间段中选取一个时间段召开。此外，每个参与者拥有对参加会议时间段的不同偏好。由上述说明，每一场待召开会议的参与者和可选的召开时间段是已知条件，在满足两个硬约束的情况下，合理地安排一个尽量满足所有参与者个人偏好的会议召开时间表是该问题需要解决的目标。该问题在集中式环境下很容易被建模成一个约束优化问题，但集中式的建模方式过于理想化，不能很好地应用到实际问题当中。例如，在现实世界中由于召开的会议过多等原因可能不存在一个统筹全部参与者的中心人员，由于隐私问题每个参与者不想让其他参与者知晓自己的参会计划，等等。因此，将该问题建模为分布式约束优化问题（DCOP）来求解更符合现实情况。

目前，学者们提出了多种关于会议调度问题的 DCOP 建模方式，这里对其中的一种进行介绍，其形式化表示如下 [33]。

- $A=\{a_1,\cdots,a_m\}$ 是 m 个智能体集合，每个 a_i 表示一个参与者。
- $M=\{M_1,\cdots,M_n\}$ 是 n 个会议的集合，每个 M_i 可以有多个参与者。
- $T=\{t_1,\cdots,t_n\}$ 是 n 个时间戳的集合，每个 t_i 表示会议 M_i 所有可行的召开时间段。
- $X=\{x_1,\cdots,x_k\}$ 是 k 个变量的集合，每个 x_i 是一个 $\langle a_i,M_j\rangle$ 的键值对，表示参与者 a_i 要去参与 M_j 会议。
- $P=\{p_1,\cdots,p_m\}$ 是 m 个映射的集合，每个 $p_i\subseteq M$ 表示参与者 a_i 需要参加的所有会议。
- $F=\{f_1,\cdots,f_m\}$ 是 m 个效用函数的集合，每个 $f_i:z_i\rightarrow\mathbb{R}$ 表示参与者 a_i 对他参与会议（单个会议、多个会议之间）召开时间的个人偏好。其中 z_i 是 p_i 的一个子集，即 $z_i\subseteq p_i$。
- $C=\{c_1,\cdots,c_n\}$ 是 n 个硬约束的集合，每个 c_i 表示会议 M_i 的所有参与者必须协商出一个相同的参会时间段。

建模后的 DCOP 最终目标是在满足所有硬约束的条件下，求解一个使得所有效用函数（个人偏好）之和最大化的会议时间安排表。

考虑图 3.10 的例子，有 3 个分别为 $\{a_1,a_2,a_3\}$ 的参与者和 3 个分别为 $\{M_1,M_2,M_3\}$ 的待召开会议，每个参与者均需要参与 2 个会议，参与者和会议之间的对应关系如左图所示。每个会议有 3 个可选的时间戳：8AM—9AM, 9AM—10AM, 10AM—11AM。对该问题的 DCOP 建模图例如中图所示，其中用大椭圆表示参与者，小椭圆表示变量节点，另外使得同一会议 M_i 的所有参与者在相同时间参会的约束 c_i 用细实线表示，同一参与者 a_i 对其参与会议的个人偏好约束 f_i 用粗实线表示。这里我们只展示了参与者 a_1 的会议偏好效用表：在

$f_1(\{M_1\})$ 中，参与者 a_1 希望会议 M_1 召开的时间越晚越好；在 $f_1(\{M_1, M_3\})$ 中，参与者 a_1 希望会议 M_1 在会议 M_3 之后举行，因此效用表的右上部分的效用值全为 0，且用效用值负无穷表示同一时间戳内一个参与者不能同时参加两个会议的硬约束。

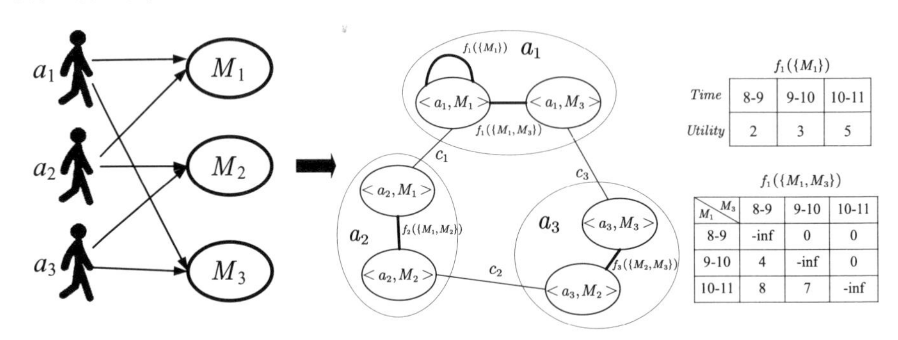

$f_1(\{M_1\})$

Time	8-9	9-10	10-11
Utility	2	3	5

$f_1(\{M_1, M_3\})$

M_1 \ M_3	8-9	9-10	10-11
8-9	-inf	0	0
9-10	4	-inf	0
10-11	8	7	-inf

图 3.10　会议调度问题建模 DCOP 图例

2. 传感器网络

传感器网络是空间上随机分布的传感器节点形成的自治网络，它们协作地感测周围区域的物理环境状况，比如温度、声音、震动等。在传感器网络中，每个传感器都是一个完整的个体，被视为独立的处理单元。由于个体传感器的尺寸较小，这些处理单元往往在计算能力、存储能力、电源供给以及通信带宽等方面都受到一定的限制。传感器网络的分布式性质以及一些通信和传感约束的存在，使 DCOP 很自然地适合于相关应用，目前 DCOP 已被应用于目标追踪问题、机器人网络优化问题、移动传感器团队问题、传感器睡眠调度问题等相关问题的建模 [15]。下面我们以传感器睡眠调度问题为例进行介绍。

传感器睡眠调度问题是传感器网络中的一个研究热点，因为工作环境或成本原因，传感器节点通常受到能量限制，因此提高能量有效性、延长网络寿命成为传感器网络设计的关键。为解决这一问题，睡眠调度策略提出在一定时间内对特定的传感器节点组件 (如传感器或无线电) 进行开关，以保证电能的节约，使传感器网络的寿命最大化。

图 3.11 给出了一个简单的传感器网络场景。该图中共有三个传感器，每个传感器都有其任务作用范围（例如检测半径，可视半径等），不同传感器的作用范围会存在公共部分（overlap）。在睡眠调度问题中，$A = \{a_1, \cdots, a_m\}$ 表示 m 个智能体，每个智能体代表一个传感器；$X = \{x_1, \cdots, x_m\}$ 表示控制传感器状

态的变量；$D=\{D_1,\cdots,D_m\}$ 表示传感器的状态，其中 D_i 为离散的常数集合，不同的常数表示传感器的不同状态，例如 $D_i=\{0,1\}$ 中用状态 0 表示传感器休眠，用状态 1 表示传感器启动；$U_i(\mathbf{x}_{\boldsymbol{i}})$ 表示能耗约束函数，其中 $\mathbf{x}_{\boldsymbol{i}}=\{x_i\}\cup N_i$，$x_i$ 为传感器 a_i 控制的变量，N_i 为传感器 a_i 的邻居节点所控制的变量集合，函数值取决于当前传感器的状态与邻居传感器的状态，每个智能体拥有一个能耗约束函数[40]。在此设置中，我们希望找一个包含所有变量的赋值组合 σ^*，使得各个智能体的效用总和最大化：

$$\sigma^*=\arg\max_X\sum_{i=1}^m U_i\left(\mathbf{x}_{\boldsymbol{i}}\right) \tag{3.19}$$

通过上述方式，我们将传感器睡眠调度问题简单建模为 DCOP。

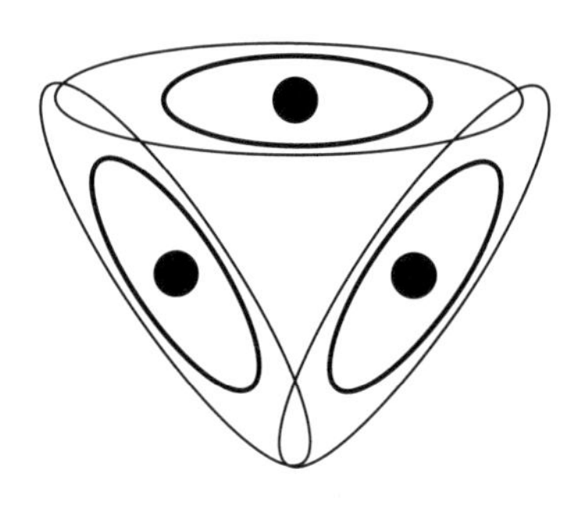

图 3.11 传感器网络

3.7 当前热点与挑战

DCOP 可以对多智能体系统协作问题进行有效建模，自提出以来得到了学术界的广泛关注，特别是 2000 年以后逐渐成为智能体和多智能体系统领域较活跃的研究方向之一。然而，随着研究的不断深入，DCOP 模型的缺陷逐渐显现，特别是面对复杂的现实问题，该模型与求解算法很难满足实际应用的需求。目前对其研究的热点与挑战主要集中在以下几个方面。

- DCOP 模型的扩展研究: 经典的 DCOP 基于约束规划，仅能刻画静态和确定性约束关系，约束收益和代价需要在约束智能体之间共享，并且优化目标单一。这些限制使其无法适应动态、不确定环境下的复杂应用。因此，对

DCOP 模型的扩展研究使其适应更复杂的现实应用成为该方向的研究热点。目前，学者们已提出了动态 DCOP（Dynamic DCOP）、概率 DCOP（Probabilistic DCOP）、非对称 DCOP（Asymmetric DCOP）、多目标 DCOP（Multi-objective DCOP）等[15]。这些扩展模型具有更强的建模能力，但面对复杂的现实问题，单一模型很难刻画现实中的约束关系，因此扩展模型的混合以及与其他多智能体系统模型的结合是未来的研究方向。

- 基于"智能"引导和质量保证的求解算法研究：虽然已提出了大量的 DCOP 求解算法，但这些算法大多基于传统的约束规划求解思路，求解策略较单一，针对智能体自身的智能性研究不足。特别是针对 DCOP 扩展模型，现有的求解策略无法达到求解目标。因此，需要提出更具智能引导的求解框架和机制。另外，从应用的角度看，非完备求解算法仍是该方向的研究热点，特别是质量保证的非完备求解算法将是未来研究的重点和难点。
- 实际应用的推进：随着近年来多智能体系统应用范围的拓宽，DCOP 的实际应用需求也随之加强。除了在会议调度、目标跟踪、资源分配等领域发挥优势，DCOP 也被应用于智能电网[27]、智能家居[39]、多机器人系统[41]等方面，但受模型和求解算法性能的限制，真正部署在实际场景的应用较少。然而，不同 DCOP 扩展模型的出现和更高效的求解算法的提出，将推动其向更实用的方向发展。

参考文献

[1] AJI S M, MCELIECE R J, 2000. The generalized distributive law[J]. IEEE Transactions on Information Theory, 46(2): 325-343.

[2] AUER P, CESA-BIANCHI N, FISCHER P, 2002a. Finite-time analysis of the multiarmed bandit problem[J]. Machine Learning, 47(2): 235-256.

[3] BRITO I, MESEGUER P, 2010. Improving dpop with function filtering[C]//Proceedings of the 9th International Conference on Autonomous Agents and Multi-Agent Systems: volume 1. [S.l.: s.n.]: 141-148.

[4] CERQUIDES J, FARINELLI A, MESEGUER P, et al., 2014. A tutorial on optimization for multi-agent systems[J]. The Computer Journal, 57(6): 799-824.

[5] CHEN D, DENG Y, CHEN Z, et al., 2020a. Hs-cai: A hybrid dcop algorithm via combining search with context-based inference[C]//Proceedings of the AAAI Conference on Artificial Intelligence: volume 34. [S.l.: s.n.]: 7087-7094.

[6] CHEN Z, DENG Y, WU T, 2017. An iterative refined max-sum_ad algorithm via single-side value propagation and local search[C]//Proceedings of the 16th Conference on Autonomous Agents and Multi-Agent Systems. [S.l.: s.n.]: 195-202.

[7] CHEN Z, WU T, DENG Y, et al., 2018. An ant-based algorithm to solve distributed constraint optimization problems[C]//Proceedings of the AAAI Conference on Artificial Intelligence: volume 32. [S.l.: s.n.]: 4654–4661.

[8] CHEN Z, JIANG X, DENG Y, et al., 2019. A generic approach to accelerating belief propagation based incomplete algorithms for dcops via a branch-and-bound technique[C]//Proceedings of the AAAI Conference on Artificial Intelligence: volume 33. [S.l.: s.n.]: 6038-6045.

[9] CHEN Z, ZHANG W, DENG Y, et al., 2020. Rmb-dpop: Refining mb-dpop by reducing redundant inferences[C]//Proceedings of the 19th International Conference on Autonomous Agents and Multi-Agent Systems. [S.l.: s.n.]: 249-257.

[10] COOPER M C, DE GIVRY S, SÁNCHEZ M, et al., 2010. Soft arc consistency revisited[J]. Artificial Intelligence, 174(7-8): 449-478.

[11] DECHTER R, 1999. Bucket elimination: A unifying framework for reasoning[J]. Artificial Intelligence, 113(1-2): 41-85.

[12] DENG Y, AN B, 2021. Speeding up incomplete gdl-based algorithms for multi-agent optimization with dense local utilities[C]//IJCAI. [S.l.: s.n.]: 31-38.

[13] FARINELLI A, ROGERS A, PETCU A, et al., 2008. Decentralised coordination of low-power embedded devices using the max-sum algorithm[C]//Proceedings of the 7th International Conference on Autonomous Agents and Multi-Agent Systems. [S.l.: s.n.]: 639-646.

[14] FIORETTO F, LE T, YEOH W, et al., 2014. Improving dpop with branch consistency for solving distributed constraint optimization problems[C]//International Conference on Principles and Practice of Constraint Programming. [S.l.]: Springer: 307-323.

[15] FIORETTO F, PONTELLI E, YEOH W, 2018. Distributed constraint optimization problems and applications: A survey[J]. Journal of Artificial Intelligence Research, 61: 623-698.

[16] GERSHMAN A, MEISELS A, ZIVAN R, 2009. Asynchronous forward bounding for distributed cops[J]. Journal of Artificial Intelligence Research, 34: 61-88.

[17] GRINSHPOUN T, MEISELS A, 2008. Completeness and performance of the apo algorithm[J]. Journal of Artificial Intelligence Research, 33: 223-258.

[18] GUTIERREZ P, MESEGUER P, 2010. Bnb-adopt+ with several soft arc consistency levels.[C]//ECAI. [S.l.: s.n.]: 67-72.

[19] HIRAYAMA K, YOKOO M, 1997. Distributed partial constraint satisfaction problem[C]//International Conference on Principles and Practice of Constraint Programming. [S.l.]: Springer: 222-236.

[20] KHAN M, TRAN-THANH L, JENNINGS N, et al., 2018. A generic domain pruning technique for gdl-based dcop algorithms in cooperative multi-agent systems[C]//Proceedings of the 17th International Conference on Autonomous Agents and Multi-Agent Systems. [S.l.: s.n.]: 1595-1603.

[21] KOCSIS L, SZEPESVÁRI C, 2006. Bandit based monte-carlo planning[C]//European Conference on Machine Learning. [S.l.]: Springer: 282-293.

[22] KOLLER D, FRIEDMAN N, 2009. Probabilistic graphical models: principles and techniques[M]. [S.l.]: MIT press.

[23] LITOV O, MEISELS A, 2017. Forward bounding on pseudo-trees for dcops and adcops[J]. Artificial Intelligence, 252: 83-99.

[24] LIU X, CHEN Z, CHEN D, et al., 2021. A bound-independent pruning technique to speeding up tree-based complete search algorithms for distributed constraint optimization problems[C]//27th International Conference on Principles and Practice of Constraint Programming (CP 2021). [S.l.]: Schloss Dagstuhl-Leibniz-Zentrum für Informatik: 41.

[25] MAHESWARAN R T, PEARCE J P, TAMBE M, 2006. A family of graphical-game-based algorithms for distributed constraint optimization problems[M]//Coordination of Large-Scale Multiagent Systems. [S.l.]: Springer: 127-146.

[26] MAHMUD S, CHOUDHURY M, KHAN M, et al. 2019. Aed: An anytime evolutionary dcop algorithm[C]//Proceedings of the 19th International Conference on Autonomous Agents and Multi-Agent Systems. [S.l.: s.n.]: 825–833.

[27] MILLER S, RAMCHURN S D, ROGERS A, 2012. Optimal decentralised dispatch of embedded generation in the smart grid[C]//Proceedings of the 11th International Conference on Autonomous Agents and Multi-Agent Systems. [S.l.: s.n.]: 281-288.

[28] MODI P J, SHEN W M, TAMBE M, et al., 2005. Adopt: Asynchronous distributed constraint optimization with quality guarantees[J]. Artificial Intelligence, 161(1-2): 149-180.

[29] NGUYEN D T, YEOH W, LAU H C, et al., 2019. Distributed gibbs: A linear-space sampling-based dcop algorithm[J]. Journal of Artificial Intelligence Research, 64: 705-748.

[30] OKAMOTO S, ZIVAN R, NAHON A, et al., 2016. Distributed breakout: Beyond satisfaction.[C]//IJCAI. [S.l.: s.n.]: 447-453.

[31] OTTENS B, DIMITRAKAKIS C, FALTINGS B, 2017. Duct: An upper confidence bound approach to distributed constraint optimization problems[J]. ACM Transactions on Intelligent Systems and Technology (TIST), 8(5): 1-27.

[32] PEARCE J P, MAHESWARAN R T, TAMBE M, 2005. How local is that optimum? k-optimality for dcop[C]//Proceedings of the 4th International Joint Conference on Autonomous Agents and Multi-Agent systems. [S.l.: s.n.]: 1303-1304.

[33] PETCU A, 2009. A class of algorithms for distributed constraint optimization: volume 194[M]. [S.l.]: Ios Press.

[34] PETCU A, FALTINGS B, 2005a. Dpop: A scalable method for multiagent constraint optimization[C]//IJCAI. [S.l.: s.n.]: 266-271.

[35] PETCU A, FALTINGS B, 2005b. Approximations in distributed optimization[C]// International Conference on Principles and Practice of Constraint Programming. [S.l.]: Springer: 802-806.

[36] PETCU A, FALTINGS B, 2007. Mb-dpop: A new memory-bounded algorithm for distributed optimization.[C]//IJCAI. [S.l.: s.n.]: 1452-1457.

[37] ROGERS A, FARINELLI A, STRANDERS R, et al., 2011. Bounded approximate decentralised coordination via the max-sum algorithm[J]. Artificial Intelligence, 175 (2): 730-759.

[38] ROSSI F, VAN BEEK P, WALSH T, 2006. Handbook of constraint programming[M]. [S.l.]: Elsevier.

[39] RUST P, PICARD G, RAMPARANY F, 2016. Using message-passing dcop algorithms to solve energy-efficient smart environment configuration problems.[C]// IJCAI. [S.l.: s.n.]: 468-474.

[40] STRANDERS R, FARINELLI A, ROGERS A, et al., 2009. Decentralised control of continuously valued control parameters using the max-sum algorithm[C]// Proceedings of the 8th International Conference on Autonomous Agents and Multi-Agent Systems: volume 1. [S.l.: s.n.]: 601-608.

[41] SUSLOVA E, FAZLI P, 2020. Multi-robot task allocation with time window and ordering constraints[C]//2020 IEEE/RSJ International Conference on Intelligent Robots and Systems (IROS). [S.l.]: IEEE: 6909-6916.

[42] VINYALS M, RODRIGUEZ-AGUILAR J A, CERQUIDES J, et al., 2009. Generalizing dpop: Action-gdl, a new complete algorithm for dcops.[C]//Proceedings of the 8th International Conference on Autonomous Agents and Multi-Agent Systems. [S.l.: s.n.]: 1239-1240.

[43] WEISS Y, FREEMAN W T, 2001. On the optimality of solutions of the max-product belief-propagation algorithm in arbitrary graphs[J]. IEEE Transactions on Information Theory, 47(2): 736-744.

[44] YEOH W, YOKOO M, 2012. Distributed problem solving[J]. AI Magazine, 33(3): 53-53.

[45] YEOH W, FELNER A, KOENIG S, 2010. Bnb-adopt: An asynchronous branch-and-bound dcop algorithm[J]. Journal of Artificial Intelligence Research, 38: 85-133.

[46] YOKOO M, DURFEE E H, ISHIDA T, et al., 1998. The distributed constraint satisfaction problem: Formalization and algorithms[J]. IEEE Transactions on Knowledge and Data Engineering, 10(5): 673-685.

[47] YU Z, CHEN Z, HE J, et al., 2017. A partial decision scheme for local search algorithms for distributed constraint optimization problems[C]//Proceedings of The 16th Conference on Autonomous Agents and Multi-Agent Systems. [S.l.: s.n.]: 187-194.

[48] ZHANG W, WANG G, XING Z, et al., 2005. Distributed stochastic search and distributed breakout: properties, comparison and applications to constraint optimization problems in sensor networks[J]. Artificial Intelligence, 161(1-2): 55-87.

[49] ZIVAN R, PELED H, 2012. Max/min-sum distributed constraint optimization through value propagation on an alternating dag[C]//Proceedings of the 11th International Conference on Autonomous Agents and Multi-Agent Systems-Volume 1. [S.l.: s.n.]: 265-272.

[50] ZIVAN R, OKAMOTO S, PELED H, 2014. Explorative anytime local search for distributed constraint optimization[J]. Artificial Intelligence, 212: 1-26.

[51] ZIVAN R, LEV O, GALIKI R, 2020. Beyond trees: Analysis and convergence of belief propagation in graphs with multiple cycles[C]//Proceedings of the AAAI Conference on Artificial Intelligence: volume 34. [S.l.: s.n.]: 7333-7340.

第三部分

多智能体博弈

扫码免费学

纳什均衡求解

4.1 研究背景

本章旨在从算法与复杂性的角度介绍与纳什均衡求解相关的背景知识和前沿问题。

纳什均衡是博弈论中最重要的概念之一，用以刻画与预测博弈过程中参与者行为的稳态。我们假设博弈中的参与者都是理性的，即希望获得尽可能高的收益。那么通俗地讲，当博弈处在纳什均衡状态时，每一位玩家即使观察到其他玩家的行为策略，依然不会改变自身的策略（或者说单独改变自身的策略不会提高收益）。约翰·纳什[19]证明，在任何的有限博弈问题中都存在着纳什均衡。这一结果无论是从数学上或是哲学上都具有划时代的意义。但美中不足的是纳什给出的证明是非构造性的，也就是说只是证明了均衡的存在性。如何有效地找到这样的纳什均衡成为了一个公开难题。在长期毫无进展的情况下，计算机科学家开始尝试证明求解纳什均衡问题本身就是困难的，即不存在有效的求解方法。1994 年，Papadimitriou 定义了复杂类 PPAD 并证明纳什均衡的求解问题属于 PPAD。2006 年，Chen 和 Deng 证明了二人博弈纳什均衡求解是 PPAD 完全问题。这中间经历了十几年的时间，科学家们在纷繁复杂的算法世界中提出了很多新颖的想法。这一章我们将从纳什均衡的定义出发，挑选部分最为基本且本质的结果呈现给读者。

本章的组织结构如下：首先介绍博弈和纳什均衡的严格数学定义，然后给出纳什均衡定理（即纳什均衡存在性）的描述和证明；其次着重介绍其中最基础的二人博弈中的纳什均衡并给出三种算法，分别是支持枚举算法，Lemke-Howson

算法和 Lipton-Markakis-Mehta 算法；再次简单介绍一下求解中复杂性的相关结果；最后向读者介绍这一领域的研究热点和挑战。由于篇幅有限，更多与算法博弈论相关的方向和结果，我们建议读者参阅文献 [20, 22]。本章的数学符号体系和部分内容参考文献 [12] 与文献 [16]。

4.2 正规形式博弈

既然要研究博弈中的纳什均衡，首先要给出博弈的严格数学定义，通常称之为正规形式博弈（Normal Form Game）。

定义 4.1 正规形式博弈 一个正规形式博弈由以下部分构成：

- 玩家（player）的人数 n，我们也将所有玩家记为 $[n] = \{1, 2, \cdots, n\}$；
- 对于其中的每一个玩家 $i \in [n]$，我们记其可以使用的策略（也称为纯策略）集合为 S_i；
- 还需要考虑的是其收益函数 $u_i : \times_{j\in[n]} S_j \to \mathbb{R}$，用以表示当给定所有玩家的策略时，玩家 i 的收益。

我们记正规形式博弈为 $G = (n, \{S_i\}_{i\in[n]}, \{u_i\}_{i\in[n]})$。本章中我们考虑的都是完全信息博弈，也就是上述信息对于所有玩家是公开的。

这样的数学定义有些让人摸不到头脑，我们举一个简单的例子让大家清楚其中的对应关系。“剪刀石头布”是我们最为熟悉的博弈游戏。我们将正规形式博弈与剪刀石头布进行对应，来解释上述的定义。我们以表 4.1 的形式描述剪刀石头布的规则。首先我们有 $n = 2$，即这个博弈由两个玩家参与，分别为表格中行/列对应的玩家，记为玩家 1 和玩家 2；其次 $S_1 = S_2 = \{$剪刀，石头，布$\}$；最后收益函数以表格的形式展现，其中格子里的第一个元素表示玩家 1 的收益，第二个元素表示玩家 2 的收益，例如 u_1(剪刀，石头) $= -1, u_2$(布，剪刀) $= 1$。

表 4.1 剪刀石头布的规则

	石头	剪刀	布
石头	$0, 0$	$1, -1$	$-1, 1$
剪刀	$-1, 1$	$0, 0$	$1, -1$
布	$1, -1$	$-1, 1$	$0, 0$

为了介绍纳什均衡的概念，我们还需要一些数学定义。其中最重要的就是混合策略[1] 的概念，也就是玩家可以利用随机性进行策略选择，从而引出期望收益的概念。这一点不难理解，混合策略可以想成是一个纯策略上的随机变量，而收益是由策略决定的，从而也是一个随机变量。

定义 4.2 混合策略等数学概念 对于一个正规形式博弈 $G=(n,\{S_i\}_{i\in[n]},\{u_i\}_{i\in[n]})$，我们定义：

- 在进行博弈前，每位玩家 $i\in[n]$ 从 S_i 中选择一个纯策略 s_i，一起拼成策略向量（Strategy Vector）$\boldsymbol{s}=\{s_1,s_2,\cdots,s_n\}$，我们记 $S:=\times_{i\in[n]}S_i$ 为纯策略集合（Pure Strategy Set）。所以我们有 $\boldsymbol{s}\in S$。
- 玩家 i 的混合策略（Mixed Strategy）包含于其策略集合 S_i 上的所有概率分布，记作：

$$\Delta^{S_i}:=\left\{\mathbf{x}_i\in\mathbb{R}^{S_i}\mid\sum_{s_i\in S_i}x_{i,s_i}=1\text{ 且 }x_{i,s_i}\geqslant 0,\forall s_i\in S_i\right\}$$

- 我们也将 $\Delta=\times_{i\in[n]}\Delta^{S_i}$ 称为混合策略集合，其中的元素 $\boldsymbol{x}\in\Delta$ 记为混合策略向量（Mixed Strategy Vector）。
- 当玩家使用混合策略时，我们可以看成玩家 $i\in[n]$ 同时以 Δ^{S_i} 独立地来采样出一个纯策略，并以此计算个人的收益。于是当我们给定混合策略向量 $\boldsymbol{x}\in\Delta$ 后，我们可以计算期望收益（Expected Payoff）为

$$u_i(\boldsymbol{x}):=\mathbb{E}_{\boldsymbol{s}\sim\boldsymbol{x}}[u_i(\boldsymbol{s})]=\sum_{\boldsymbol{s}\in S}u_i(\boldsymbol{s})\prod_{j\in[n]}x_{j,s_j}\tag{4.1}$$

  其中 $\boldsymbol{s}\sim\boldsymbol{x}$ 表示玩家 $i\in[n]$ 以混合策略 $\boldsymbol{x}_i\in\Delta^{S_i}$ 从 S_i 中进行采样 s_i 后共同组成向量 $\boldsymbol{s}\in S$。

4.3 纳什均衡与纳什定理

有了上面的数学定义，现在我们可以正式地介绍纳什均衡。

定义 4.3 纳什均衡 对于一个正规形式博弈 $G=(n,\{S_i\}_{i\in[n]},\{u_i\}_{i\in[n]})$，

[1]引入混合策略最重要的原因是纯策略情况下可能不会存在纳什均衡。

一组混合策略向量 $\boldsymbol{x} \in \Delta$ 是一个纳什均衡，当且仅当对于任意玩家 $i \in [n]$ 和任意策略 $\boldsymbol{x}'_i \in \Delta^{S_i}$，我们有

$$u_i(\boldsymbol{x}) \geqslant u_i(\boldsymbol{x}'_i, \boldsymbol{x}_{-i})$$

其中 $\boldsymbol{x}_{-i}$ 表示除玩家 i 之外其余玩家组成的混合策略向量。

该定义也可以解释为：当博弈处于纳什均衡状态下，任意玩家无法通过单独改变自身的策略（定义中玩家 i 由策略 $\boldsymbol{x}$ 改为 $\boldsymbol{x}'_i$，同时其余玩家依然是 $\boldsymbol{x}_{-i}$）来获得更多的收益。请读者停留思考一下，一定会发现这个解概念（Solution Concept）是如此优美，从直觉上极为符合我们对于博弈稳态的理解。约翰·纳什提出并给出了著名的纳什定理，即任意有限博弈都存在纳什均衡。例如在表 4.1 中，纳什均衡就是两位玩家均采用 $(1/3, 1/3, 1/3)$ 的策略，即均匀随机地在剪刀、石头和布这三个策略中取一个进行博弈。其实也不难用反证法证明这一博弈实例中的纳什均衡是唯一的。

定理 4.1 纳什定理[19] 当博弈中的玩家数是有限个，且每个玩家仅有有限个纯策略时，该博弈一定存在纳什均衡。

下面给出的证明是经过简化以后的版本，其中需要使用布劳威尔不动点定理（Brouwer's Fixed Point Theorem）。首先我们先介绍一下布劳威尔不动点定理。一个直观的解释是如果你将一张世界地图放在地上，根据该定理，你可以声明这上面一定存在一个地图上的点，和地面上的点是重合的。

定理 4.2 布劳威尔不动点定理 令 C 是一个有界凸闭集，如果函数 $f: C \to C$ 是一个连续函数，那么一定存在不动点 $\boldsymbol{x} \in C$，使得 $f(\boldsymbol{x}) = \boldsymbol{x}$。

纳什定理的证明思路是这样的：通过构造一个连续函数 $f: \Delta \to \Delta$，回忆一下 Δ 包含了所有的混合策略向量，函数 f 的作用是将每位玩家的混合策略向收益更多的纯策略上倾斜，最终停止时说明已无法再提升收益，即满足纳什均衡的定义。

纳什定理的证明 以如下方式定义函数 f：给定任意混合策略向量 $\boldsymbol{x} \in \boldsymbol{\Delta}$，对于任意 $i \in [n]$ 和 $s_i \in S_i$，我们定义

$$y_{i,s_i} := \frac{x_{i,s_i} + \mathrm{Gain}_i(\boldsymbol{x}, s_i)}{1 + \sum_{s'_i \in S_i} \mathrm{Gain}_i(\boldsymbol{x}, s'_i)} \tag{4.2}$$

其中有一个新定义的函数

$$\text{Gain}_i(\boldsymbol{x}, s_i) := \max\left(u_i(s_i, \boldsymbol{x}_{-i}) - u_i(\boldsymbol{x}), 0\right)$$

即玩家 i 改变为仅使用纯策略 s_i 后增加的收益，如果收益反而减少则设成 0。这一函数可以认为是寻找是否有更好的纯策略选择来代替原有的混合策略。

首先需要说明这样的构造满足布劳威尔不动点定理的条件：函数 f 是连续的，定义域 Δ 是有界凸闭集。于是根据布劳威尔不动点定理，我们有函数 f 存在不动点。

接下来要证明，函数 f 所有的不动点都可以还原为原博弈问题的纳什均衡。而这等价于证明，给定任意不动点 $\boldsymbol{x}$，对于任意玩家 $i \in [n]$ 和 $s_i \in S_i$，有 $\text{Gain}_i(\boldsymbol{x}, s_i) = 0$，否则我们可以找到一个新的混合策略，使得该玩家的期望收益提升。

我们利用反证法证明这一结果。假设存在玩家 $i \in [n]$ 和其纯策略 $s_i \in S_i$，使得 $\text{Gain}_i(\boldsymbol{x}, s_i) > 0$，即 $u_i(s_i, \boldsymbol{x}_{-i}) > u_i(\boldsymbol{x})$。首先我们注意到 $x_{i,s_i} > 0$，否则根据式 (4.2) 函数 f 的定义，$y_{i,s_i} > 0$，这与 $x_{i,s_i} = 0$ 和 $\boldsymbol{x}$ 是不动点矛盾。为了保证 $u_i(\boldsymbol{x}) = \sum_{s_i' \in S_i} x_{i,s_i'} \cdot u_i(s_i', \boldsymbol{x}_{-i})$，同时 $x_{i,s_i} > 0$ 和 $u_i(s_i, \boldsymbol{x}_{-i}) > u_i(\boldsymbol{x})$，便一定存在某一个纯策略 s_i'' 使得 $x_{i,s_i''} > 0$ 和 $u_i(s_i'', \boldsymbol{x}_{-i}) < u_i(\boldsymbol{x})$，即 $\text{Gain}_i(\boldsymbol{x}, s_i'') = 0$。于是我们有

$$y_{i,s_i''} = \frac{x_{i,s_i''} + \text{Gain}_i(\boldsymbol{x}, s_i'')}{1 + \sum_{s_i' \in S_i} \text{Gain}_i(\boldsymbol{x}, s_i')} < x_{i,s_i''}$$

这说明 $\boldsymbol{x}$ 不是不动点，矛盾！从而我们的假设前提出现错误，则对于任意玩家 $i \in [n]$ 和 $s_i \in S_i$，$\text{Gain}_i(\boldsymbol{x}, s_i) = 0$ 一定成立，也就是 $\boldsymbol{x}$ 是一个纳什均衡。

4.4 二人博弈纳什均衡求解算法

前面我们介绍了博弈和纳什均衡的定义，以及纳什定理的证明。但是并没提及如何找到给定博弈的纳什均衡。我们将重心移到最为简单的博弈问题，即二人博弈，在其中探索一些算法方面的结果。本节是这一章的重点内容。我们将介绍三种关于二人博弈纳什均衡的求解算法，前两种是精确求解算法，第三种是近似算法。在介绍算法之前，我们先将二人博弈通过矩阵形式进行简化；然后以此介绍三种算法，它们分别是支持枚举算法、Lemke-Howson 算法以及 Lipton-Markakis-Mehta 算法。

4.4.1 二人博弈的表示形式

二人博弈是正规形式博弈中最简单的情况，我们不妨假设这两个玩家各有 n 个纯策略，可以将其记为 $[n]=\{1,2,\cdots,n\}$。收益函数可以用矩阵的形式表示，记为 $\boldsymbol{A},\boldsymbol{B}\in\mathbb{R}^{n\times n}$，其中 $A_{i,j}$ 和 $B_{i,j}$ 分别表示当玩家 1 使用纯策略 i，玩家 2 使用纯策略 j 时玩家 1 和玩家 2 的收益。零和二人博弈指 $\boldsymbol{A}+\boldsymbol{B}=\boldsymbol{0}$，如果了解线性规划的读者可以通过课程 [12] 去了解零和二人博弈的纳什均衡求解，在这里不予讨论。不难观察到当二者混合策略分别为 $\boldsymbol{x},\boldsymbol{y}\in\Delta^n$ 时，期望收益分别为 $\boldsymbol{x}^{\mathrm{T}}\boldsymbol{A}\boldsymbol{y}$ 和 $\boldsymbol{x}^{\mathrm{T}}\boldsymbol{B}\boldsymbol{y}$。在本章后续我们不妨假设 $\boldsymbol{A},\boldsymbol{B}\in[0,1]^{n\times n}$，这是因为对收益矩阵同时加上定值或者同时乘上一个正数不会改变纳什均衡的结构。

出于算法设计的考虑，我们定义混合策略的*支持*是在其上包含所有使用概率不为零的纯策略的集合。例如，剪刀石头布中，一个混合策略可能是 (剪刀 : 1/2, 石头 : 1/2, 布 : 0)，那么其支持即为 {剪刀，石头}。我们还需要定义*最优响应*（Best Response）。在二人博弈中，玩家 1 策略 $\boldsymbol{x}$ 的最优响应是能够最大化玩家 2 期望收益的混合策略 $\boldsymbol{y}$，即 $\arg\max_{\boldsymbol{y}\in\Delta^n}\boldsymbol{x}^{\mathrm{T}}\boldsymbol{B}\boldsymbol{y}$；同理，玩家 2 的最优响应是 $\arg\max_{\boldsymbol{x}\in\Delta^n}\boldsymbol{x}^{\mathrm{T}}\boldsymbol{A}\boldsymbol{y}$。由此我们不难观察，**一对纳什均衡 $(\boldsymbol{x},\boldsymbol{y})$ 其实就是一组混合策略，它们互为对方的最优响应。**

我们不难观察一个关于最优响应的特性。

引理 4.1 最优响应特性 *给定二人博弈的混合策略分别为 $\boldsymbol{x},\boldsymbol{y}\in\Delta^n$，那么 $\boldsymbol{x}$ 是混合策略 $\boldsymbol{y}$ 的一个最优响应的充要条件为 $\boldsymbol{x}$ 的支持中任一纯策略均为混合策略 $\boldsymbol{y}$ 的最优响应，即*

$$x_i>0\Rightarrow(\boldsymbol{A}\boldsymbol{y})_i=\max\{(\boldsymbol{A}\boldsymbol{y})_k\mid k\in[n]\}$$

证明思路同样是利用反证法，如果 $(\boldsymbol{A}\boldsymbol{y})_i\neq\max\{(\boldsymbol{A}\boldsymbol{y})_k|k\in[n]\}$ 但是 $x_i>0$，那么我们可以构造一个新的混合策略 $\boldsymbol{x}'$，使得既提高了行玩家的收益，也同时满足题中的限制条件。

4.4.2 支持枚举算法

给定一个矩阵形式的二人博弈问题 $G=(\boldsymbol{A},\boldsymbol{B})$，如果想求解纳什均衡，由于我们仅仅知道它应该是两个长度为 n 的概率分布 $\boldsymbol{x},\boldsymbol{y}$，其他的一无所知，所以这看上去会异常复杂。如果加强条件：知道 $\boldsymbol{x}$ 和 $\boldsymbol{y}$ 中哪些纯策略是可能会使用的（即其余的策略概率为零），这样是否能够容易一些呢？答案是肯定的，这就是我们即将介绍的支持枚举算法。

假设已知二人的混合策略中的支持，记为 $S_A, S_B \subseteq [n]$。回顾支持的定义，我们有当 $i \in S_A$ 时 $x_i > 0$ 和 $j \in S_B$ 时 $y_j > 0$，那么可以列出以下关于变量 $\boldsymbol{x}$ 和 $\boldsymbol{y}$ 的线性规划：

$$
\begin{aligned}
&\max 0 \\
\text{使得 } &\boldsymbol{e}_i^{\mathrm{T}}\boldsymbol{A}\boldsymbol{y} \geqslant \boldsymbol{e}_j^{\mathrm{T}}\boldsymbol{A}\boldsymbol{y}, \forall i \in S_A, \forall j \in [n] \\
&\boldsymbol{x}^{\mathrm{T}}\boldsymbol{B}\boldsymbol{e}_i \geqslant \boldsymbol{x}^{\mathrm{T}}\boldsymbol{B}\boldsymbol{e}_j, \forall i \in S_B, \forall j \in [n] \\
&\sum_{i\in[n]} x_i = 1 \text{和} \sum_{j\in[n]} y_j = 1 \\
&x_i \geqslant 0\ \forall i \in [n]; x_i = 0\ \forall i \notin S_A \\
&y_j \geqslant 0\ \forall j \in [n]; y_j = 0\ \forall j \notin S_B
\end{aligned}
$$

限制条件中前两行表示了支持中的纯策略一定是其最优响应，第三行是对于混合策略作为概率分布的限制，最后两行是支持的定义。由此我们可以求解以上线性规划来获得最终的纳什均衡，我们知道线性规划的求解具有多项式时间的算法。上面的情况是已知 S_A 和 S_B，如果事先不知道，可以通过枚举支持来完成，也就是求解 $2^n \cdot 2^n = 2^{2n}$ 次线性规划。枚举支持的方法可以帮我们找到博弈实例的全部纳什均衡。

4.4.3 Lemke-Howson 算法

这一节将要介绍一个全新的算法 [15]，即 Lemke-Howson 算法。在本节中，我们称之为 LH 算法。与之前的算法需要求解线性规划不同，LH 算法的本质是组合的，也就是相关的结构为离散属性的。我们首先将对一般二人博弈的纳什均衡求解归约到对称博弈中；然后在对称博弈的前提下进行算法的描述，这样做的原因是在对称情况下的 LH 算法描述更为简单；之后我们将给出一个简单的实例来实际操作此算法。尽管 LH 算法在实际应用中效率不错，但是 Savani 和 Von Stengel [25] 证明了利用 LH 算法求解纳什均衡在最坏情况下的时间复杂度也是指数大小的，在算法理论中我们认为这一结果说明了该算法不是一个有效方法。

1. 对称博弈的难度

在二人博弈中，对称博弈 $G=(\boldsymbol{A},\boldsymbol{B})$ 具有 $\boldsymbol{B}=\boldsymbol{A}^{\mathrm{T}}$ 的性质，所以我们也用矩阵 $\boldsymbol{A}$ 来代表二人对称博弈。本节中我们不妨假设 $\boldsymbol{A}$ 中所有元素均为正数。这样的博弈看似具有更为简单的结构，但是接下来我们将要证明对称纳什均衡一定存在对称纳什均衡，且找到一个对称纳什均衡不比在一般博弈中找到纳什均衡简单，也就是一般二人博弈问题的纳什均衡求解问题归约到对称博弈的对称纳什均衡求解问题。

定理 4.3 *对称二人博弈一定存在对称纳什均衡，而且如果可以求解对称二人博弈中的对称纳什均衡，那么也可以高效求解一般二人博弈中的纳什均衡。*

证明 对称纳什均衡的存在性可以通过修改纳什定理（定理 4.1）的证明来得出，原证明中的映射 f 是从任意玩家的策略映射到自身，此处可以将其改为两个玩家之间的策略变化，不再赘述。

对于第二部分，我们对于原二人博弈实例 $G=(\boldsymbol{A},\boldsymbol{B})$ 构造一个对称博弈 $\mathbf{C}=\begin{pmatrix}\mathbf{0} & \boldsymbol{A}\\ \boldsymbol{B}^{\mathrm{T}} & \mathbf{0}\end{pmatrix}$，假设 $\boldsymbol{A},\boldsymbol{B}\in[0,1]^{n\times n}$。如果知道对称博弈 $\boldsymbol{C}$ 的一个对称纳什均衡 $(\boldsymbol{x};\boldsymbol{y})$，其中 $\mathrm{size}(\boldsymbol{x})=\mathrm{size}(\boldsymbol{y})=n$，那么将 $\left(\frac{\boldsymbol{x}}{\sum_{i=1}^{n}x_i},\frac{\boldsymbol{y}}{\sum_{j=1}^{n}y_j}\right)$ 记为原二人博弈 $(\boldsymbol{A},\boldsymbol{B})$ 的一个纳什均衡。由于 $(\boldsymbol{x};\boldsymbol{y})$ 是对称博弈 $\boldsymbol{C}$ 的对称纳什均衡，那么根据引理 4.1 及对称纳什均衡的定义，我们得出 $\boldsymbol{x}$ 是 $\boldsymbol{y}$ 的最优响应且 $\boldsymbol{y}$ 是 $\boldsymbol{x}$ 的最优响应。此处，不难用反证法证明 $\boldsymbol{x},\boldsymbol{y}$ 都不可能是零向量，即我们构造的混合策略是良定义的。从而可知，$\left(\frac{\boldsymbol{x}}{\sum_{i=1}^{n}x_i},\frac{\boldsymbol{y}}{\sum_{j=1}^{n}y_j}\right)$ 是原博弈 $(\boldsymbol{A},\boldsymbol{B})$ 的一个纳什均衡。

2. 对称博弈中的 LH 算法

前面证明了任意二人博弈问题可以归约到对称博弈问题，所以下面仅考虑对称博弈的情况，从而简化算法描述。对于一般二人博弈的 LH 算法描述，可以参考文献 [20] 中的第三章。现在我们考虑一个对称二人博弈 $\boldsymbol{C}\in[0,1]^{n\times n}$，其中 $\boldsymbol{C}$ 是非负矩阵，且没有一行是全为零的[2]。由于在纳什均衡状态下，混合策略 $\boldsymbol{z}\in\Delta^n$ 的支持中所有的纯策略都是对手的最优响应，我们希望知道这个最优的收益取值。可以想一下，其实可以通过放松策略分布之和为 1 的限制，让最优收益设为 1。即我们有 $\boldsymbol{Cz}\leqslant\mathbf{1}$，其中 $\boldsymbol{z}\geqslant\mathbf{0}$，这样便得到了 $2n$ 个不等式

[2]这是因为，如果存在一行全为零，那么行玩家将不会使用此行对应的纯策略，所以可以删除这一行，和列玩家收益矩阵中对应的列。

限制条件。根据我们对于 $\boldsymbol{C}$ 做出的假设，可以证明由上述不等式所定义的区域是一个凸多面体，记为 P。这里需要有一个假设，假定凸多面体 P 是非退化的（nondegenerate），即 P 上所有的顶点都是上述 $2n$ 个不等式中恰好有 n 个取等号时所满足的。这一假设是数学规划领域中最具常识性的假设之一。读者会问，退化情况该如何处理？简单介绍一下，首先出现退化情况的几率十分小；万一出现这样的情况，可以通过对收益矩阵中的所有元素进行十分微弱的扰动（例如加上一个均值为 0 的微小随机变量），来提高博弈所定义的多面体转化成非退化情况的概率。因为扰动的幅度足够小，有理由相信扰动后的博弈问题中求解得到的纳什均衡依然足够接近于原博弈问题中的纳什均衡解。

下面我们将多面体 P 和博弈结合起来，即多面体中的每一个点都可以对应一个混合策略，所以下面将不再区分点和策略。首先定义 P 的顶点 $\boldsymbol{z} \in P$ 包含纯策略 $i \in [n]$，如果 $\boldsymbol{z}$ 满足 $z_i = 0$ 或者 $(\boldsymbol{Cz})_i = 1$ 中至少一个的话。细心的读者会发现，这里所谓的“包含”定义其实就是最优响应的两种情况。根据定义，我们有下面的引理。

引理 4.2 如果 P 上的顶点 $\boldsymbol{z} \neq \boldsymbol{0}$，且 $\boldsymbol{z}$ 包含所有的纯策略 $i \in [n]$，那么 $\boldsymbol{x}$ 便是对称博弈 $\boldsymbol{C}$ 的一个对称纳什均衡，其中 $x_i := z_i / \sum_{i=1}^{n} z_i$。

证明 首先 $\boldsymbol{z} \neq \boldsymbol{0}$ 且 $\boldsymbol{z} \geqslant \boldsymbol{0}$，所以 $\boldsymbol{x}$ 是良定义（well-defined）的。

接下来如果 $\boldsymbol{z}$ 包含所有的纯策略，那么对于任意 $i \in [n]$，我们有 $z_i > 0 \iff (\boldsymbol{Cz})_i = 1$，也就是玩家 1 的混合策略 $\boldsymbol{z}$ 支持中的纯策略都是玩家 2 使用策略 $\boldsymbol{z}$ 时的最优响应。根据引理 4.1，玩家 1 的混合策略 $\boldsymbol{z}$ 是玩家 2 的混合策略 $\boldsymbol{z}$ 的一个最优响应，再由对称性不难得到 $\boldsymbol{x}$ 即为对称博弈 $\boldsymbol{C}$ 的一个对称纳什均衡。

上面已经证明，如果顶点包含了所有的纯策略，那么这个顶点就对应了一个纳什均衡。接下来需要证明这样的顶点是真实存在的。我们的方法同支持枚举法类似，也是去猜最终纳什均衡时的支持是什么，只不过算法是局部调整的。大致的想法是以 P 上一部分顶点为点集构建一个有向图，这个图足够简单，每个顶点的出度和入度都至多为 1，其中构成的路径的两个端点都是纳什均衡点。这样沿着有向路径一直走下去就可以了。

为了让顶点间进行局部调整，需要对当前的顶点做一些变换。需要选择一个纯策略，例如 1，当然这是任意的。接下来考虑所有不包含策略 1 的顶点和包含所有纯策略的顶点，将它们的集合记为 V。我们从顶点 $v_0 = \boldsymbol{0}$ 出发，一步一步

在顶点集 V 中构造出整条路径 $v_0, v_1, \cdots$。这里假设多面体 P 是非退化的，那么根据定义，顶点 v_0 有 n 个相邻的顶点，每一个顶点与 v_0 的限制条件相比，仅有一个取等号的条件不同。我们取其中不包含策略 1 的顶点，也就是同时不满足 $z_1 = 0$ 和 $(\boldsymbol{C}\boldsymbol{z})_1 = 1$，称其为 v_1。这时 v_1 不包含策略 1，但同样因为非退化性，导致其包含了另一个纯策略 i 两次，也就是 $z_i = 0$ 与 $(\boldsymbol{C}\boldsymbol{z})_i = 1$ 同时满足。我们对二者任一条件进行放松，可以获得两个顶点，其中一个是 v_0，而另一个就是我们要找的 v_2。如果 v_2 包含所有纯策略，那么算法停止，根据引理 4.2，可以找到一个纳什均衡，否则将继续沿路径寻找。

接下来开始分析，LH 算法一定能找到纳什均衡吗？根据引理 4.2 和 LH 算法，如果答案是否定的，唯一的可能是我们的路径在某一个位置重复回到了访问过的顶点，形成一个有向环。如算法描述，每一个路径上的顶点都至多有一个前序和一个后继，如果其中出现有环，那只可能是回到了 v_0 点。这显然是不可能的，因为 v_0 只有一个相邻顶点是不包含策略 1 的！

因此，证明了由于多面体上的顶点数量有限，我们一定会在某一时刻结束算法，也即找到了一个包含所有纯策略的顶点，也就是能够找到一个纳什均衡。

备注 1　根据这样的定义，可以将点集 V 中所有的点进行连接，根据奇偶性原理和引理 4.2，可以证明非退化二人博弈中纳什均衡的数量是奇数多个，因为其中包含了零向量。这样的图也引发了 PPAD 复杂类的定义（见图 4.2）。

接下来我们借助一个实例来具体描述一下 LH 算法，希望能够对读者深入理解这一算法有帮助。我们考虑一个对称博弈

$$\boldsymbol{C} = \begin{pmatrix} 0 & 2 & 0 \\ 0 & 0 & 2 \\ 1 & 1 & 0 \end{pmatrix}$$

于是可以构造出其对应的多面体 P，如图 4.1 所示。每一个顶点都是由三个限制条件规定的，所以这样的多面体是非退化的。于是我们对图中每个顶点标出其所包含的纯策略，例如 $1^2 2$ 带上标表示这个顶点满足策略 1 的两个限制条件。于是我们沿着虚横线路径（中间顶点不包含策略 1）或者通过虚点线路径（中间顶点不包含策略 3）找到纳什均衡。而最终纳什均衡对应的顶点 $\boldsymbol{z} = (1/2, 1/2, 1/2)^{\mathrm{T}}$，所以最终的纳什均衡为 $\boldsymbol{x} = (1/3, 1/3, 1/3)^{\mathrm{T}}$。

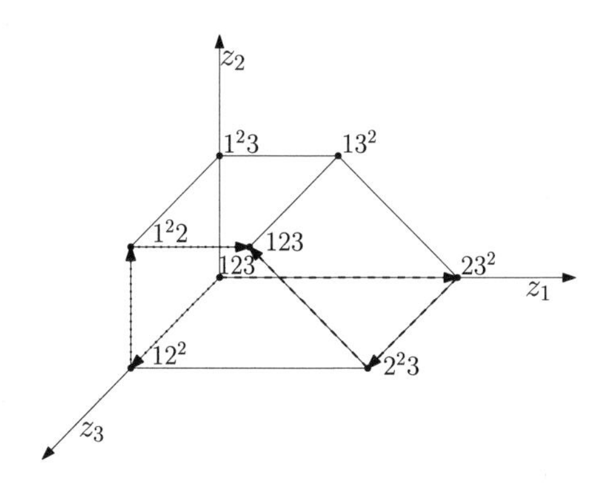

图 4.1 LH 算法实例演示

4.4.4 Lipton-Markakis-Mehta 算法

前面介绍的两个算法都是精确求解纳什均衡的算法，现在我们来介绍一个近似算法。首先我们定义近似纳什均衡的概念，然后通过概率方法证明求解的近似纳什均衡满足的性质，最后通过这个性质来获得最后的算法。

定义 4.4 ϵ-近似纳什均衡 给定 $\epsilon > 0$ 和二人博弈 $G = (\boldsymbol{A}, \boldsymbol{B})$，其中 $\boldsymbol{A}, \boldsymbol{B} \in [0,1]^{n\times n}$，我们称 $(\boldsymbol{x}, \boldsymbol{y})$ 是一组 ϵ-近似纳什均衡，当且仅当对于任意的混合策略 $\boldsymbol{x}', \boldsymbol{y}' \in \Delta^n$，我们有 $\boldsymbol{x}^{\mathrm{T}}\boldsymbol{A}\boldsymbol{y} \geqslant \boldsymbol{x}'^{\mathrm{T}}\boldsymbol{A}\boldsymbol{y} - \epsilon$ 和 $\boldsymbol{x}^{\mathrm{T}}\boldsymbol{B}\boldsymbol{y} \geqslant \boldsymbol{x}^{\mathrm{T}}\boldsymbol{B}\boldsymbol{y}' - \epsilon$。

换言之，当博弈处于近似纳什均衡状态下仅通过改变自身策略不会使收益提高很多（这里指大于 ϵ）。

Lipton，Markakis 和 Mehta [16] 证明，存在支持数很小的近似纳什均衡，严格地，即：给定 $\epsilon > 0$，二人博弈至少存在一个 ϵ-近似纳什均衡，其中二人的支持数仅为 $O(\log n/\epsilon^2)$（请注意，二人都具有 n 个纯策略）。

首先我们定义混合策略 x 的一个 k-经验策略，是以分布 x 独立随机采样 k 次得到多重集[3] S，然后在 S 中随机选取一个纯策略进行博弈，例如 $(1/3, 1/3, 1/3)^{\mathrm{T}}$ 的一个 100-经验策略可能是 $(.3, .3, .4)^{\mathrm{T}}$。LMM 算法依赖于下面的结论，而这种对于纳什均衡结构的探索在后续的研究中也得到了广泛的应用。

定理 4.4 [16] 给定 $\epsilon > 0$，对于任意二人博弈 $G = (\boldsymbol{A}, \boldsymbol{B})$ 及其任意纳什均衡 $(\boldsymbol{x}, \boldsymbol{y})$，一定存在一组关于 $(\boldsymbol{x}, \boldsymbol{y})$ 的 k-经验策略 $(\boldsymbol{x}', \boldsymbol{y}')$，其中 $k > 12\log n/\epsilon^2$，满足以下条件：

[3] 多重集是集合概念的拓展。在一个集合中相同的元素只能出现一次，但是在多重集中，同一个元素可以出现多次。

- $(\boldsymbol{x}', \boldsymbol{y}')$ 是博弈 G 的一个 ϵ'-近似纳什均衡；
- $|\boldsymbol{x}'^{\mathrm{T}}\boldsymbol{A}\boldsymbol{y}' - \boldsymbol{x}^{\mathrm{T}}\boldsymbol{A}\boldsymbol{y}| < \epsilon$，即玩家 1 得到的期望收益与实际的纳什均衡状态下的收益相差不大；
- $|\boldsymbol{x}'^{\mathrm{T}}\boldsymbol{B}\boldsymbol{y}' - \boldsymbol{x}^{\mathrm{T}}\boldsymbol{B}\boldsymbol{y}| < \epsilon$，即玩家 2 也有同样性质。

直觉上来说，如果一个经验分布与实际分布足够"接近"，那么我们有理由相信这两个分布分别得到的期望收益也不会相差太多，从而经验分布下得到的混合策略极有可能是一个近似纳什均衡。

证明 这一结果的证明使用的是概率方法，也就是证明在完全随机的情况下，我们期待的事件（即存在支持数很少的近似纳什均衡这一性质）能够成立的概率严格大于零。

如上所述，我们令 $\boldsymbol{x}'$ 为混合策略 $\boldsymbol{x}$ 的一个 k-经验策略，$\boldsymbol{y}'$ 同理。我们再令 $\boldsymbol{e}_i \in \mathbb{R}^n$ 表示一个长度为 n 的向量，其中第 i 个元素为 1，其余均为 0。首先我们定义一系列事件：

$$
\begin{aligned}
\phi_1 &:= \left\{|\boldsymbol{x}'^{\mathrm{T}}\boldsymbol{A}\boldsymbol{y}' - \boldsymbol{x}^{\mathrm{T}}\boldsymbol{A}\boldsymbol{y}| < \epsilon/2\right\} \\
\pi_{1,i} &:= \left\{\boldsymbol{e}_i^{\mathrm{T}}\boldsymbol{A}\boldsymbol{y}' < \boldsymbol{x}'^{\mathrm{T}}\boldsymbol{A}\boldsymbol{y}' + \epsilon\right\}, \quad \forall i \in [n] \\
\phi_2 &:= \left\{|\boldsymbol{x}'^{\mathrm{T}}\boldsymbol{B}\boldsymbol{y}' - \boldsymbol{x}^{\mathrm{T}}\boldsymbol{B}\boldsymbol{y}| < \epsilon/2\right\} \\
\pi_{2,j} &:= \left\{\boldsymbol{x}'^{\mathrm{T}}\boldsymbol{B}\boldsymbol{e}_j < \boldsymbol{x}'^{\mathrm{T}}\boldsymbol{B}\boldsymbol{y}' + \epsilon\right\}, \quad \forall j \in [n] \\
E_{\text{good}} &:= \phi_1 \cap \phi_2 \cap_{i=1}^n \pi_{1,i} \cap_{j=1}^n \pi_{2,j}
\end{aligned}
$$

显然，如果 E_{good} 成立，那么我们发现定理中的条件均可以符合，所以接下来的任务就是证明 $\Pr\left[E_{\text{good}}\right] > 0$。根据联合界（Union Bound）定理，有

$$
\begin{aligned}
\Pr[\overline{E_{\text{good}}}] &= \Pr[\overline{\phi_1 \cap \phi_2 \cap_{i=1}^n \pi_{1,i} \cap_{j=1}^n \pi_{2,j}}] \\
&= \Pr[\overline{\phi_1} \cup \overline{\phi_2} \cup_{i=1}^n \overline{\pi_{1,i}} \cup_{j=1}^n \overline{\pi_{2,j}}] \\
&\leqslant \Pr[\overline{\phi_1}] + \Pr[\overline{\phi_2}] + \sum_{i=1}^n \Pr[\overline{\pi_{1,i}}] + \sum_{j=1}^n \Pr[\overline{\pi_{2,j}}] < 1
\end{aligned}
$$

最后一步是我们希望证明的。接下来将会对最后一行的各个部分分别进行推导，证明结论是正确的。

直接限定 $\phi_i, (i=1,2)$ 成立的概率，我们似乎没有什么办法，原因是这里有两个随机变量 $\boldsymbol{x}', \boldsymbol{y}'$。还需要定义两个子事件 $\phi_{1,a}, \phi_{1,b}$，我们有 $\phi_{1,a} \cap \phi_{1,b} \subseteq \phi_1$。

$$\phi_{1,a} := \left\{|\boldsymbol{x}'^{\mathrm{T}}\boldsymbol{A}\boldsymbol{y} - \boldsymbol{x}^{\mathrm{T}}\boldsymbol{A}\boldsymbol{y}| < \epsilon/4\right\}$$

$$\phi_{1,b} := \left\{|\boldsymbol{x}'^{\mathrm{T}}\boldsymbol{A}\boldsymbol{y}' - \boldsymbol{x}'^{\mathrm{T}}\boldsymbol{A}\boldsymbol{y}| < \epsilon/4\right\}$$

以第一个事件为例进行分析，注意到 $\boldsymbol{x}'^{\mathrm{T}}\boldsymbol{A}\boldsymbol{y}$ 中只有一个随机变量 $\boldsymbol{x}'$，而且 $\mathbb{E}[\boldsymbol{x}'^{\mathrm{T}}\boldsymbol{A}\boldsymbol{y}] = \boldsymbol{x}^{\mathrm{T}}\boldsymbol{A}\boldsymbol{y}$，所以想到了切诺夫界（Chernoff Bound）。

定理 4.5 切诺夫界 令 $X_1, X_2, \cdots, X_m$ 为 m 个在 $[0,1]$ 上独立的随机变量（分布不需要相同）。对于任意 $\epsilon > 0$，$X = \sum_{i=1}^{m} X_i/m$，我们有

$$\Pr\left[|X - \mathbb{E}[X]| \geqslant \epsilon\right] \leqslant 2\exp\left(-2m\epsilon^2\right)$$

直接利用切诺夫界：

$$\Pr[\overline{\phi_{1,a}}] = \Pr\left[|\boldsymbol{x}'^{\mathrm{T}}\boldsymbol{A}\boldsymbol{y} - \boldsymbol{x}^{\mathrm{T}}\boldsymbol{A}\boldsymbol{y}| \geqslant \epsilon/4\right] \leqslant 2\exp(-k\epsilon^2/8)$$

同理还有

$$\Pr[\overline{\phi_{1,b}}] = \Pr\left[|\boldsymbol{x}'^{\mathrm{T}}\boldsymbol{A}\boldsymbol{y}' - \boldsymbol{x}'^{\mathrm{T}}\boldsymbol{A}\boldsymbol{y}| \geqslant \epsilon/4\right] \leqslant 2\exp(-k\epsilon^2/8)$$

因此有 $\Pr[\overline{\phi_1}] \leqslant 4\exp(-k\epsilon^2/8)$，同理 $\Pr[\overline{\phi_2}]$ 也是成立的。

接下来要定义事件：

$$\psi_{1,i} := \left\{\boldsymbol{e}_i^{\mathrm{T}}\boldsymbol{A}\boldsymbol{y}' < \boldsymbol{e}_i^{\mathrm{T}}\boldsymbol{A}\boldsymbol{y} + \epsilon/2\right\}, \quad \forall i \in [n]$$

$$\psi_{2,j} := \left\{\boldsymbol{x}'^{\mathrm{T}}\boldsymbol{A}\boldsymbol{e}_j < \boldsymbol{x}^{\mathrm{T}}\boldsymbol{A}\boldsymbol{e}_j + \epsilon/2\right\}, \quad \forall j \in [n]$$

由于对于 $i \in [n]$，有 $\psi_{1,i} \cap \phi_1 \subseteq \pi_{1,i}$。所以根据切诺夫界可以获得

$$\Pr\left[\overline{\pi_{1,i}}\right] \leqslant \Pr[\overline{\psi_{1,i}}] + \Pr[\overline{\phi_1}] \leqslant \exp(-k\epsilon^2/2) + 4\exp(-k\epsilon^2/8)$$

综上，

$$\Pr[\overline{E_{\text{good}}}] \leqslant 8\exp(-k\epsilon^2/8) + 2n \cdot \left(\exp(-k\epsilon^2/2) + 4\exp(-k\epsilon^2/8)\right) < 1$$

考虑到 $k > 12\log n/\epsilon^2$，则 $\Pr[E_{\text{good}}] > 0$，命题成立。

这一定理也提供了一个求解近似纳什均衡的算法：只需枚举所有可能出现的多重集，利用其对应的经验策略代入博弈问题中进行验证即可，这样的方法需

要 $n^{O(\log n/\epsilon^2)}$，我们也称这样的时间复杂度为*拟多项式时间*（quasi-polynomial time）。与支持枚举算法相同，这个方法也可以得到对应所有纳什均衡的近似解。通过概率法证明稀疏支持的近似纳什均衡的存在性也得到了更多的运用。例如 Barman 也给出了另一个结果[3]。最近，Rubinstein 证明[23]，假设某种较为人们接受的假设（PPAD 中的指数时间假设）成立，那么求解 ϵ-近似纳什均衡需要 $n^{\log^{1-o(1)} n}$ 时间，这也意味着 LMM 算法的时间复杂度基本是紧的。

4.4.5 三种算法的总结与对比

本节我们介绍了三种二人博弈纳什均衡求解的算法，分别为支持枚举算法、Lemke-Howson 算法以及 LMM 算法。第一种算法是利用数学规划算法求解，可以认为是一种连续优化的应用。第二种算法本质上可以看成一种组合算法，其中的所有点都是离散出现在问题中的，利用一些组合结构进行相互联系。第三种算法与前两种不同，通过概率方法给出了近似解的深层结构，从而进行暴力枚举。这也对应了算法设计中的三种不同思路：离散或连续优化问题的求解，以及对问题结构进行深入探索并给出更奇妙的算法。

4.5 纳什均衡的计算复杂性

通过上一节中几个算法的介绍，有些读者可能会提出这样一个疑问：纳什均衡求解是否有多项式算法？目前我们还不清楚。遇到这样的问题，理论计算机科学会通过划分复杂类的方法对问题进行总结。Papadimitriou[21] 于 1994 年定义了复杂类 PPAD，并证明了包括离散不动点、纳什均衡、市场均衡等问题都是属于 PPAD 的。

由于计算复杂性这一课题不是本书的重点，我们将简单介绍 PPAD 和 PPA 的定义，以及已有的结果。对这一方面感兴趣的读者可以参考文献 [20, 21] 等。

1. 复杂类 PPAD

在定义具体的复杂类之前，我们需要解释什么是归约（Reduction）。

定义 4.5 归约 *搜索问题 P 可以将多项式时间归约到搜索问题 Q，如果存在一对多项式时间可计算的函数 (f,g) 使得对于任意 P 的实例 x，我们有 $f(x)$*

是问题 Q 的实例；并且对于 $f(x)$ 的任意解 y，$g(y)$ 是原实例 x 的解。

Lemke-Howson 算法给出了二人博弈纳什均衡存在的另一种证明方法，基于这一观察，可以定义如下问题，称作 End-of-A-Line。

定义 4.6 End-of-A-Line 给定两个布尔电路 $S, P:\{0,1\}^n \to \{0,1\}^n$，同时满足 $P(0^n)=0^n \neq S(0^n)$。输出一个向量 $\boldsymbol{x} \in \{0,1\}^n$ 使得 $P(S(x)) \neq x$ 或者 $S(P(x)) \neq x \neq 0$。

如图 4.2 所示，电路 S 和 P 定义了一个指数多的点集构成的有向图，其中每个点的出度和入度都至多为 1，那么可以发现这个图中可能会存在有向的路径、有向环以及一些孤立点。其中 0^n 是一个特殊点，它的出度为 1 但入度为 0。根据奇偶性论证，一定存在一个点的出入度是不相等的，这正是我们寻找的可行解。

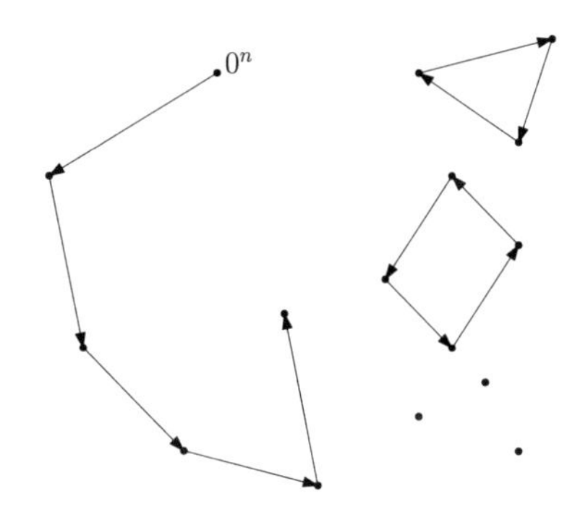

图 4.2 End-of-A-Line 示意图

定义 4.7 复杂类 PPAD 复杂类 PPAD（Polynomial Parity Argument in Directed graphs）是所有能够多项式时间归约到 End-of-A-Line 的问题集合。如果存在一个从 End-of-A-Line 问题到该问题的多项式时间归约，我们称一个问题是 PPAD 难的。如果该问题既属于 PPAD，同时也是 PPAD 难的，我们称此问题是 PPAD 完全的。

2. 纳什均衡与不动点

由于篇幅限制，接下来仅向读者展示一些重要结果，并附上参考文献。感兴趣的读者可以阅读原文献来更深入地了解纳什均衡的求解。

Papadimitriou [21] 证明了包括求解纳什均衡、多种离散不动点（3D Brouwer 不动点，Sperner 不动点等）以及一些图论等问题都是与 PPAD 或 PPA 相关的。

其中作为 PPAD 完全问题的 3D Brouwer 是我们故事的开端。这一问题是一个离散版本的布劳威尔不动点定理，离散指一个单位正方体切成很多大小相同的小正方体。Goldberg 和 Papadimitrou [14] 提出了一个有趣的构造：他们利用博弈问题的构造去模拟不动点问题中函数 f 的设计，并且当多人博弈处在纳什均衡时恰好能找到不动点。利用这一构造，他们与 Daskalakis [13] 一同拓展这个方法（被称为 DGP 框架），成功证明了四人博弈的纳什均衡求解是 PPAD 完全的，并猜想二人博弈时是有多项式时间算法的。此时，Chen 和 Deng [6] 证明了 2D Brouwer 也是 PPAD 完全的，将 DGP 框架和结果拓展到二人博弈上 [5]，并和 Teng 一起将原有的近似程度也进行了放松 [9]，从而对 DGP 给出的猜想得出了负向的结果。

随后关于纳什均衡求解复杂性的研究主要集中在三个方面。

（1）更为多样的博弈：研究者考虑具有一定限制条件的多人博弈，由于自身有特殊的结构，所以收益函数依然可以用关于人数的某个多项式级别的长度来描述，我们称这样的博弈为简洁博弈（Succinct Games），其中包括多矩阵博弈（Polymatrix Game）、匿名博弈（Anonymous Game）以及图博弈（Graphical Game）等，这方面的工作包括文献 [2,10,11,18,24] 等。

（2）更为简单的博弈：既然我们知道最坏情况下二人博弈纳什均衡求解是困难的，那么来考虑收益函数简单的情况，这里主要考虑稀疏博弈（即收益矩阵中大多数元素为 0）和输赢博弈（即收益矩阵本身就是 0-1 矩阵）。这方面的工作包括文献 [1,2,7,8,17,18]。

（3）更为简单的均衡：这一方向希望放松对均衡解的限制，例如原先要求是多项式小的近似，现在改成常数小的近似，我们知道近似程度要求降低可能会提高求解效率。这方面的工作包括文献 [2–4,16,23]。

4.6 当前热点与挑战

本节列举纳什均衡求解领域备受关注的研究问题，希望对读者有所启发。

1. 更多纳什均衡复杂性及算法

纳什均衡在理论计算机方向上的问题还有很多，包括在简单博弈下的近似纳什均衡求解、市场博弈问题中的近似纳什均衡求解等。此外，包括 SMITH 在内的与 PPA 相关问题的研究，也是一个重要的研究方向。PPA 与 PPAD 最大的区别在于图中的边没有了方向，其余都是一样的。显然 PPAD $\subseteq$ PPA，因为只要忽略 PPAD 中的方向，就成为 PPA 问题了。

这里我们给出 SMITH 问题的定义，这一问题的可行解是由史密斯引理保证的。

引理 4.3 史密斯引理 给定一个 3-正则图 $G=(V,E)$ 及其上的一条边 $e \in E$，存在偶数多个哈米尔顿回路包含 e。

这样的引理也给出了一个寻找第二条哈米尔顿回路的问题,我们称为 SMITH 问题。

定义 4.8 SMITH [21] 给定图 G 和其上的哈米尔顿回路，要求输出另一个哈米尔顿回路。

我们现在已知 SMITH 问题是属于 PPA 的，但是是否属于 PPA 难，则至今没有相关的研究。其中主要的难点在于如何通过离散的哈米尔顿回路来模拟一个定义 PPA 实例的布尔电路。

2. 实际博弈中的纳什均衡求解算法

虽然纳什均衡求解问题已经是 PPAD 完全的，但是文献中构造的实例是经过精心设计的，也就是说这种实例似乎很难在现实生活中遇到。那么我们就会问，是否现实中的博弈具有良好的性质，可以通过这些性质给出一些高效的算法？或者如果放松要求，不期望算法具有理论保证，那可以尝试包括启发式算法等具有一定实际效果的算法。这样我们将纳什均衡求解问题看成一个组合优化问题进行求解。也可以考虑根据已有的数据积累，是否可以学到博弈中的某些模式，以期带给人们不同的观察角度。上述都是计算机研究人员亟待解决的问题。

3. 强化学习与纳什均衡

多智能体强化学习研究如何利用多个智能体之间通信、协作的方法共同完成一个任务或博弈。这一方向十分适合应用在求解多人纳什均衡以及合作博弈均衡上，尤其是各种随机博弈（Stochastic Games）的纳什均衡求解问题。而对于生成对抗网络（Generative Adversarial Network），本质上是生成器与判别器之间进行博弈的问题。科学界已经在纳什均衡分析上取得了一定的成果，在这个方向上的进一步探索也是研究热点。

参考文献

[1] ABBOTT T, KANE D, VALIANT P, 2005. On the complexity of two-player win-lose games[C]//46th Annual IEEE Symposium on Foundations of Computer Science (FOCS'05). [S.l.]: IEEE: 113-122.

[2] BABICHENKO Y, PAPADIMITRIOU C, RUBINSTEIN A, 2016. Can almost everybody be almost happy?[C]//Proceedings of the 2016 ACM Conference on Innovations in Theoretical Computer Science. [S.l.: s.n.]: 1-9.

[3] BARMAN S, 2018. Approximating nash equilibria and dense subgraphs via an approximate version of carathéodory's theorem[J]. SIAM Journal on Computing, 47 (3): 960-981.

[4] BOODAGHIANS S, BRAKENSIEK J, HOPKINS S B, et al., 2020. Smoothed complexity of 2-player nash equilibria[C]//2020 IEEE 61st Annual Symposium on Foundations of Computer Science (FOCS). [S.l.]: IEEE: 271-282.

[5] CHEN X, DENG X, 2006a. Settling the complexity of two-player nash equilibrium[C]//2006 47th Annual IEEE Symposium on Foundations of Computer Science (FOCS'06). [S.l.]: IEEE: 261-272.

[6] CHEN X, DENG X, 2009a. On the complexity of 2d discrete fixed point problem[J]. Theoretical Computer Science, 410(44): 4448-4456.

[7] CHEN X, DENG X, TENG S H, 2006b. Sparse games are hard[C]//International Workshop on Internet and Network Economics. [S.l.]: Springer: 262-273.

[8] CHEN X, TENG S H, VALIANT P, 2007. The approximation complexity of win-lose games[C]//SODA: volume 7. [S.l.]: Citeseer: 159-168.

[9] CHEN X, DENG X, TENG S H, 2009b. Settling the complexity of computing two-player nash equilibria[J]. Journal of the ACM (JACM), 56(3): 1-57.

[10] CHEN X, DURFEE D, ORFANOU A, 2015. On the complexity of nash equilibria in anonymous games[C]//Proceedings of the forty-seventh annual ACM symposium on Theory of computing. [S.l.: s.n.]: 381-390.

[11] CHEN X, PAPARAS D, YANNAKAKIS M, 2017. The complexity of non-monotone markets[J]. Journal of the ACM (JACM), 64(3): 1-56.

[12] DASKALAKIS C, 2011. 6.853: Topics in algorithmic game theory[EB/OL]. http://people.csail.mit.edu/costis/6853fa2011/.

[13] DASKALAKIS C, GOLDBERG P W, PAPADIMITRIOU C H, 2009. The complexity of computing a nash equilibrium[J]. SIAM Journal on Computing, 39(1): 195-259.

[14] GOLDBERG P W, PAPADIMITRIOU C H, 2006. Reducibility among equilibrium problems[C]//Proceedings of the thirty-eighth annual ACM symposium on Theory of computing. [S.l.: s.n.]: 61-70.

[15] LEMKE C E, HOWSON J T, Jr, 1964. Equilibrium points of bimatrix games[J]. Journal of the Society for industrial and Applied Mathematics, 12(2): 413-423.

[16] LIPTON R J, MARKAKIS E, MEHTA A, 2003. Playing large games using simple strategies[C]//Proceedings of the 4th ACM Conference on Electronic Commerce. [S.l.: s.n.]: 36-41.

[17] LIU Z, SHENG Y, 2018. On the approximation of nash equilibria in sparse win-lose games[C]//Proceedings of the AAAI Conference on Artificial Intelligence: volume 32. [S.l.: s.n.].

[18] LIU Z, LI J, DENG X, 2021. On the approximation of nash equilibria in sparse win-lose multi-player games[C]//Proceedings of the AAAI Conference on Artificial Intelligence: volume 35. [S.l.: s.n.]: 5557-5565.

[19] NASH J, 1951. Non-cooperative games[J]. Annals of mathematics: 286-295.

[20] NISAN N, ROUGHGARDEN T, TARDOS E, et al., 2007. Algorithmic game theory[M]. USA: Cambridge University Press.

[21] PAPADIMITRIOU C H, 1994. On the complexity of the parity argument and other inefficient proofs of existence[J]. Journal of Computer and system Sciences, 48(3): 498-532.

[22] ROUGHGARDEN T, 2016. Twenty lectures on algorithmic game theory[M]. 1st ed. USA: Cambridge University Press.

[23] RUBINSTEIN A, 2016. Settling the complexity of computing approximate two-player nash equilibria[C]//2016 IEEE 57th Annual Symposium on Foundations of Computer Science (FOCS). [S.l.]: IEEE: 258-265.

[24] RUBINSTEIN A, 2018. Inapproximability of nash equilibrium[J]. SIAM Journal on Computing, 47(3): 917-959.

[25] SAVANI R, VON STENGEL B, 2006. Hard-to-solve bimatrix games[J]. Econometrica, 74(2): 397-429.

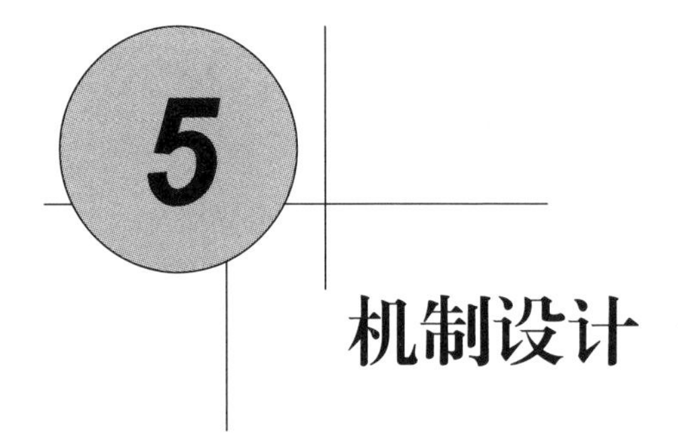

5 机制设计

5.1 研究背景

在过去的几十年中，机制设计已经成为经济学中最重要的研究课题之一。近年来，随着互联网在线广告拍卖领域的蓬勃发展，计算机科学领域对机制设计也进行了深入研究。2018 年，世界上最大的搜索引擎公司 Google 利用在线广告业务获得 1163 亿美元的收入 [2]，最大的中文搜索引擎百度也从其桌面和移动广告平台获利 119 亿美元 [1]。

Google 和百度等公司一般有两种出售广告的渠道：搜索引擎和广告交易平台。通过搜索引擎出售广告的方式一般被称为付费搜索拍卖（sponsored search auction）。当一个用户在搜索引擎中搜索一个关键词时，搜索引擎会列出与该关键词相关的一系列网页，而在除这些结果之外，一般还会同时展示几条广告，这些广告往往出现在结果页面的最上方或最下方。我们一般把包含一条广告的区域称为一个槽位（slot）或广告位。而在广告交易平台中，Google 或百度扮演一个中间商的角色，将第三方网站（一般也称内容发布者，包含新闻、个人博客等类型的网站）上的槽位出售给广告主。搜索引擎和广告交易平台使用拍卖来出售这些槽位，其中，机制设计在定义拍卖规则中扮演了重要角色。

本章我们首先介绍广义的机制设计。然后，将讨论机制设计理论在拍卖中的应用，并从理论上探究如何优化机制设计的几个常用目标。接下来，介绍互联网广告拍卖中常用的一些机制。最后，讨论机制设计的研究前沿和未来的研究方向。

5.2 什么是机制

机制设计（mechanism design）通常也称逆向博弈论，即博弈论的逆过程。博弈论主要研究理性的博弈参与者是如何进行交互的，即给定一套博弈规则，我们需要研究博弈参与者在该规则下的最优策略是什么。而机制设计则与之相反，其研究的目标是，应该如何设计一套规则，使得博弈参与者在该规则的激励下形成某种期望的策略，或达到某期望的目标。例如，在刑事案件的调查审理中，我们希望嫌疑人能够主动交代犯罪事实，而为了激励此种行为，我们通常会采取“坦白从宽，抗拒从严”的刑事政策。

5.2.1 社会选择函数

机制设计者的目标是在智能体或博弈参与者具有策略性思维的环境下，产生一个期望的结果（outcome）。该结果可以是对某种稀缺资源的分配，或者一个公共设施的兴建地点。我们记 O 为所有可能结果的集合，N 为所有智能体的集合，并假设 $|N| = n$。每个智能体 i 可以拥有自己对于不同结果的偏好 $\succ_i$。例如，对于 $o_1, o_2 \in O, o_1 \succ_i o_2$ 表示智能体 i 喜欢结果 o_1 胜过 o_2。令 $\boldsymbol{\succ} = (\succ_1, \succ_2, \cdots, \succ_n)$ 为所有智能体偏好组成的偏好组合，P 为所有可能的偏好组合构成的集合。在给定所有智能体偏好的情况下，一个社会选择函数（social choice function）将从 O 中选择一个结果。

定义 5.1 社会选择函数 社会选择函数 C 是从 P 到 O 的映射：$C : P \mapsto O$。

社会选择函数是根据智能体群体偏好选择结果的函数。效用函数（utility function）$u_i : O \mapsto \mathbb{R}$ 也被广泛地用来描述智能体的偏好。例如，$u_i(o_1) > u_i(o_2)$ 表示智能体 i 喜欢结果 o_1 胜过 o_2。效用函数不是一个具体的函数，在不同的博弈中会对应不同的事物。如效用函数可以是投资得到的回报，或游戏中的得分。当使用效用函数时，相应的社会选择函数则变成 $C : U \mapsto O$，其中 U 是所有可能的效用函数向量的集合。本章内容均基于效用函数来讨论。

5.2.2 机制的实现与显示原理

机制可以看成一个将智能体的偏好或效用函数聚集起来作为输入，并输出一个结果 o 的函数。在设计具体机制时，我们一般结合对智能体偏好或效用函数的先验认识来尽量优化机制。在理论分析中，一个常用的情况是贝叶斯博弈环境[11]，即机制设计者不清楚智能体具体的效用函数，而只知道其分布信息。具体而言，在贝叶斯博弈环境中，每个智能体的效用函数是由该智能体的类型（type）决定的。记智能体 i 的类型为 θ_i，通常，假设智能体类型的向量 $\boldsymbol{\theta}=(\theta_1,\theta_2,\cdots,\theta_n)$ 是一个随机变量，服从一个联合分布 $f(\boldsymbol{\theta})$，并且假设该联合分布对所有人都是已知的，但仅有智能体 i 自己知道 θ_i 的具体值。

定义 5.2 贝叶斯博弈环境 贝叶斯博弈环境是一个五元组 $(N,O,\Theta,f,\boldsymbol{u})$，其中：

- N 是智能体集合；
- O 是结果集合；
- $\Theta=\Theta_1\times\Theta_2\times\cdots\times\Theta_n$ 是所有可能的智能体类型向量组成的集合；
- $f:\Theta\mapsto\mathbb{R}_+$ 是关于 Θ 的分布密度函数；
- $\boldsymbol{u}:\Theta\times O\mapsto\mathbb{R}^n$ 是智能体的效用函数向量。

在这样的贝叶斯博弈环境下，我们定义机制（mechanism）如下。

定义 5.3 机制 对应于贝叶斯博弈环境 (N,O,Θ,f,u) 的机制，是一个二元组 (A,M)，其中：

- $A=A_1\times A_2\times\cdots\times A_n$ 是智能体所有可能的动作向量集合；
- $M:A\mapsto O$ 是一个根据智能体行为向量选择结果的函数。

一般而言，在实际执行机制时，每个智能体 i 需要先了解机制的具体定义，即 (A,M)，然后，再从其动作集合 A_i 中以某种方式选取一个动作 a_i 并执行，随后，机制将观察到动作向量 $\boldsymbol{a}=(a_1,a_2,\cdots,a_n)$，并最终采用函数 M 来输出一个结果 $o=M(\boldsymbol{a})$。

在贝叶斯博弈环境中，一旦将机制 (A,M) 告知所有智能体之后，将自然地得到一个贝叶斯博弈（Bayesian game）。在该贝叶斯博弈中，智能体 i 的行为集合为 A_i，其期望效用函数为 $v_i:\Theta_i\times A_i\mapsto\mathbb{R}$：

$$v_i(\theta_i;\boldsymbol{a})=\mathop{\mathbb{E}}_{\boldsymbol{\theta}_{-i}}\left[u_i(\boldsymbol{\theta};M(\boldsymbol{a}))\right]$$

其中 $\boldsymbol{\theta}_{-i}=(\theta_1,\cdots,\theta_{i-1},\theta_{i+1},\cdots,\theta_n)$ 是除去智能体 i 后其他所有智能体的类型向量。如果每个智能体采用纯策略[1] s_i，那么智能体 i 在该贝叶斯博弈中的效

[1]贝叶斯博弈中的纯策略是一个由类型到动作的确定性映射 $s_i:\Theta_i\mapsto A_i$。

用函数将变为

$$v_i(\theta_i;\boldsymbol{s})=\mathop{\mathbb{E}}_{\boldsymbol{\theta}_{-i}}[u_i[\boldsymbol{\theta};M(\boldsymbol{s}(\boldsymbol{\theta}))]]$$

其中 $\boldsymbol{s}(\boldsymbol{\theta})=(s_1(\theta_1),s_2(\theta_2),\cdots,s_n(\theta_n))$ 是所有智能体的动作向量。

现在我们考虑智能体的策略性行为。给定机制 (A,M)，在其对应的贝叶斯博弈中，智能体的策略将形成某种均衡。这里我们考虑两种可能的均衡：占优策略均衡（dominant strategy equilibrium）和贝叶斯纳什均衡（Bayesian Nash equilibrium）[2]。

若策略向量 $\boldsymbol{s}^*$ 形成占优策略均衡，那么无论其他智能体的类型 $\boldsymbol{\theta}_{-i}$ 和策略 $\boldsymbol{s}_{-i}$ 是什么，采取均衡策略 s_i^* 都是每个智能体的最佳选择，即

$$s_i^*\in\arg\max_{s_i}u_i\left[\theta_i,\boldsymbol{\theta}_{-i};M(s_i(\theta_i),\boldsymbol{s}_{-i}(\boldsymbol{\theta}_{-i}))\right],\forall\boldsymbol{\theta}_{-i}\in\Theta_{-i},\forall\boldsymbol{s}_{-i},\forall i\in N$$

显然，机制输出的结果 $M(\boldsymbol{a})$ 依赖于智能体的动作向量 $\boldsymbol{a}$，而智能体的动作又依赖于它们具体的效用函数 $\boldsymbol{u}$（或类型 $\boldsymbol{\theta}$）。所以机制最本质上是效用函数或类型到最终结果的映射，即每一个机制 (A,M) 最终实际上都是对某个社会选择函数的实现（implementation）。

然而，并非所有的社会选择函数都可以被实现。智能体的策略性行为导致它们会选择对它们有利的策略，这将会使得某些社会选择函数输出的结果无法通过机制和智能体的动作被选择。为了研究可实现的社会选择函数，有如下定义。

定义 5.4 占优策略意义下的实现 给定社会选择函数 C，如果一个机制 (A,M) 所产生的贝叶斯博弈存在占优策略均衡 $\boldsymbol{s}^*$，且对于每一个类型向量 $\boldsymbol{\theta}$，都有 $M(\boldsymbol{s}^*(\boldsymbol{\theta}))=C(\boldsymbol{u}^{\boldsymbol{\theta}})$，其中 $\boldsymbol{u}^{\boldsymbol{\theta}}(o)=u(\boldsymbol{\theta};o)=(u_1(\theta_1;o),u_2(\theta_2;o),\cdots,u_n(\theta_n;o))$ 是所有智能体的真实效用函数向量。我们称一个机制 (A,M) 是一个社会选择函数 C 在占优策略意义下的实现。

类似地，若机制产生的贝叶斯博弈中存在贝叶斯纳什均衡 $\boldsymbol{s}^*$，则在假设其他智能体均采取均衡策略 $\boldsymbol{s}_{-i}^*$ 的前提下，每个智能体采取均衡策略 s_i^* 将最大化其期望效用函数，即

$$s_i^*\in\arg\max_{s_i}v_i(\theta_i;s_i,\boldsymbol{s}_{-i}^*)=\arg\max_{s_i}\mathop{\mathbb{E}}_{\boldsymbol{\theta}_{-i}}\left\{u_i\left[\boldsymbol{\theta};M(s_i(\theta_i),\boldsymbol{s}_{-i}^*(\boldsymbol{\theta}_{-i}))\right]\right\},\forall i\in N$$

[2]在本章中，我们假设均衡总是存在的。

同样，我们也可以定义社会选择函数在贝叶斯纳什均衡意义下的机制实现。

定义 5.5 贝叶斯纳什均衡意义下的实现 给定社会选择函数 C，如果在一个机制 (A, M) 所产生的贝叶斯博弈中存在贝叶斯纳什均衡 $\boldsymbol{s}^*$，且对于每一个类型向量 $\boldsymbol{\theta}$，都有 $M(\boldsymbol{s}^*(\boldsymbol{\theta})) = C(\boldsymbol{u}^{\boldsymbol{\theta}})$，其中 $u^{\boldsymbol{\theta}}(o) = u(\boldsymbol{\theta}; o)$ 是所有智能体的真实效用函数向量，我们称一个机制 (A, M) 是一个社会选择函数 C 在贝叶斯纳什均衡意义下的实现。

在以上的讨论中，每个智能体的类型集合 Θ_i 与其动作集合 A_i 可能并不相同。我们称此类机制为间接机制（indirect mechanism）。类似地，如果对所有的智能体 i，都有 $\Theta_i = A_i$，我们称这类机制为直接机制（direct mechanism）。在直接机制中，因为 $\Theta_i = A_i$，故智能体从 A_i 中选择一个动作执行并被机制观察到的过程等价于智能体直接从 Θ_i 中选择一个类型报告给机制。直接机制一个显而易见的问题是，智能体存在谎报其类型的动机。而如果在一个直接机制中，任何类型的智能体都没有谎报类型的动机，则称该机制满足激励兼容（incentive compatibility）性质。

定义 5.6 激励兼容 给定一个直接机制 (Θ, M)，如果在其产生的贝叶斯博弈中存在一个占优策略均衡 $\boldsymbol{s}^*$，且满足 $\boldsymbol{s}^*(\boldsymbol{\theta}) = \boldsymbol{\theta}$，就称该直接机制是占优策略激励兼容的；类似地，如果在其产生的贝叶斯博弈中存在一个贝叶斯纳什均衡 $\boldsymbol{s}^*$，且满足 $\boldsymbol{s}^*(\boldsymbol{\theta}) = \boldsymbol{\theta}$，就称该直接机制是贝叶斯激励兼容的。

以上定义表明，在一个占优策略激励兼容的直接机制 (Θ, M) 中，对于每个智能体而言，无论其余智能体的类型如何，报告其真实类型永远是其最优策略，即

$$\theta_i = \arg\max_{t_i \in \Theta_i} u_i(\boldsymbol{\theta}, M(t_i, \boldsymbol{\theta}_{-i})), \forall \boldsymbol{\theta} \in \Theta, \forall i \in N$$

而在一个贝叶斯激励兼容的直接机制中，每个智能体报告其真实类型都可以最大化其期望效用：

$$\theta_i = \arg\max_{t_i \in \Theta_i} \mathop{\mathbb{E}}_{\boldsymbol{\theta}_{-i}} \left[u_i(\boldsymbol{\theta}, M(t_i, \boldsymbol{\theta}_{-i}))\right], \forall \theta_i, \forall i \in N$$

换言之，若一个机制具有激励兼容的性质，则在该机制下，每个智能体都会将自己的真实类型报告给机制。

初看上去，间接机制似乎能够比直接机制实现更多的社会选择函数，因为直

接机制对智能体的行为集合加上了更多的限制条件。另外，直接机制可能并不激励兼容，因此如果智能体存在谎报类型的动机，机制可能无法选择出某些结果。然而，下面的显示原理（revelation principle）表明，在实现社会选择函数方面，激励兼容的直接机制与间接机制有着相同的能力。

定理 5.1 显示原理 [7] 如果一个社会选择函数 C 可以被某个间接机制在占优策略（或贝叶斯纳什均衡）意义下实现，那么它也一定能被一个激励兼容的直接机制在占优策略（或贝叶斯纳什均衡）意义下实现。

证明 我们仅针对贝叶斯纳什均衡意义下的实现来证明，在占优策略意义下的实现与之类似。假设社会选择函数 C 被间接机制 (A, M) 在贝叶斯纳什均衡意义下实现，且均衡策略为 $\boldsymbol{s}^*$。如图 5.1 所示，我们构造一个直接机制 (Θ, M')，其中 $M'(\boldsymbol{\theta}) = M(\boldsymbol{s}^*(\boldsymbol{\theta})), \forall \boldsymbol{\theta} \in \Theta$。接下来，我们证明新机制 (Θ, M') 是激励兼容的。

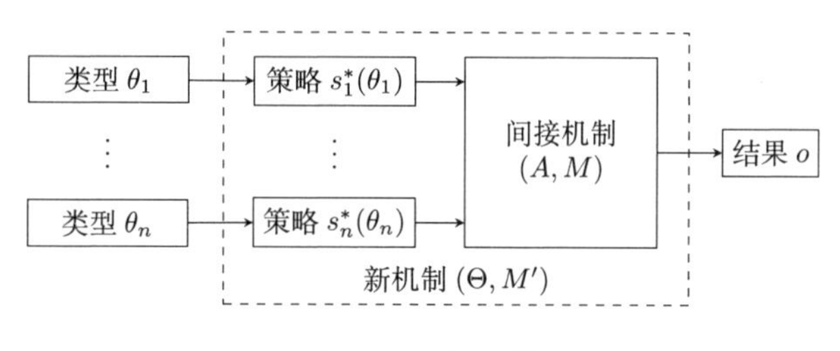

图 5.1 显示原理

在间接机制 (A, M) 生成的贝叶斯博弈中，$\boldsymbol{s}^*$ 是一个贝叶斯纳什均衡，所以 $\forall \boldsymbol{\theta} \in \Theta$ 及 $i \in N$，

$$s_i^* \in \arg\max_{s_i} \mathop{\mathbb{E}}_{\boldsymbol{\theta}_{-i}} \left\{ u_i \left[\boldsymbol{\theta}; M(s_i(\theta_i), \boldsymbol{s}_{-i}^*(\boldsymbol{\theta}_{-i})) \right] \right\}$$

令 $a_i^* = s_i^*(\theta_i)$，则上式等价于

$$\mathop{\mathbb{E}}_{\boldsymbol{\theta}_{-i}} \left\{ u_i \left[\boldsymbol{\theta}; M(a_i^*, \boldsymbol{s}_{-i}^*(\boldsymbol{\theta}_{-i})) \right] \right\} \geqslant \mathop{\mathbb{E}}_{\boldsymbol{\theta}_{-i}} \left\{ u_i \left[\boldsymbol{\theta}; M(a_i, \boldsymbol{s}_{-i}^*(\boldsymbol{\theta}_{-i})) \right] \right\}, \forall a_i \in A_i \quad (5.1)$$

此时下式一定成立：

$$\mathop{\mathbb{E}}_{\boldsymbol{\theta}_{-i}} \{ u_i [\boldsymbol{\theta}; M'(\theta_i, \boldsymbol{\theta}_{-i})] \} \geqslant \mathop{\mathbb{E}}_{\boldsymbol{\theta}_{-i}} \{ u_i [\boldsymbol{\theta}; M'(\theta_i', \boldsymbol{\theta}_{-i})] \}, \forall \theta_i' \in \Theta_i \quad (5.2)$$

否则，假设存在 $\theta'' \in \Theta_i$，使得

$$\underset{\boldsymbol{\theta}_{-i}}{\mathbb{E}}\{u_i[\boldsymbol{\theta};M'(\theta_i,\boldsymbol{\theta}_{-i})]\}<\underset{\boldsymbol{\theta}_{-i}}{\mathbb{E}}\{u_i[\boldsymbol{\theta};M'(\theta_i'',\boldsymbol{\theta}_{-i})]\}$$

根据直接机制 (Θ, M') 的定义，这等价于

$$\underset{\boldsymbol{\theta}_{-i}}{\mathbb{E}}\left\{u_i\left[\boldsymbol{\theta};M(s_i^*(\theta_i),\boldsymbol{s}_{-i}^*(\boldsymbol{\theta}_{-i}))\right]\right\}<\underset{\boldsymbol{\theta}_{-i}}{\mathbb{E}}\left\{u_i\left[\boldsymbol{\theta};M(s_i^*(\theta_i''),\boldsymbol{s}_{-i}^*(\boldsymbol{\theta}_{-i}))\right]\right\}$$

即

$$\underset{\boldsymbol{\theta}_{-i}}{\mathbb{E}}\left\{u_i\left[\boldsymbol{\theta};M(a_i^*,\boldsymbol{s}_{-i}^*(\boldsymbol{\theta}_{-i}))\right]\right\}<\underset{\boldsymbol{\theta}_{-i}}{\mathbb{E}}\left\{u_i\left[\boldsymbol{\theta};M(a_i'',\boldsymbol{s}_{-i}^*(\boldsymbol{\theta}_{-i}))\right]\right\}$$

其中 $a_i''=s_i^*(\theta_i'')$。但这与式 (5.1) 矛盾，故式 (5.2) 成立。这表明，在直接机制 (Θ, M') 生成的贝叶斯博弈中，每个智能体报告其真实的类型构成了一个贝叶斯纳什均衡，即机制 (Θ, M') 是激励兼容的。

最后我们证明社会选择函数 C 能被机制 (Θ, M') 实现，而该步骤是显然的（只需注意到 $C(\boldsymbol{u}^{\boldsymbol{\theta}})=M(\boldsymbol{s}^*(\boldsymbol{\theta}))=M'(\boldsymbol{\theta})$）。

显示原理背后的直觉是，既然在原来的机制中，智能体会采取均衡策略 $\boldsymbol{s}^*(\boldsymbol{\theta})$，那么我们可以设计一个新的机制，并直接让新的机制为智能体采取以上策略，此时，智能体没有必要再采取策略性行动，因为新机制会“代表”智能体做出符合其利益的策略性选择。

根据定理 5.1，激励兼容的直接机制和间接机制能够实现的社会选择函数集合相同。因此，我们可以不失一般性地只考虑激励兼容的直接机制。

5.3 拍卖机制设计

在本节中，我们讨论机制设计最重要的应用之一：拍卖机制设计。拍卖被广泛应用于售卖各类商品，如艺术品、红酒、鲜花、牲畜、矿山开采权、无线频谱、在线广告、二氧化碳排放权等。目前一般认为最早的拍卖是公元前 500 年左右的巴比伦新娘拍卖，即将女子拍卖给男子而形成婚姻。因此，拍卖的应用远早于机制设计理论的提出。

作为本节的开始，我们列出几种常见的拍卖机制如下。

- 英式拍卖。由卖家提出一个较低的起始出价，买家在此基础上不断加价，报价最高的买家赢得拍卖，并向卖家支付其报价值。因此英式拍卖也被称为

上升式拍卖，常用于艺术品、古董等场景。

- 荷兰式拍卖。由卖家提出一个较高起始出价，并随着时间不断降低价格，直至有买家愿意接受此价格，因此荷兰式拍卖也被称为下降式拍卖，常用于荷兰、中国云南等地的鲜花拍卖。

5.3.1 性质与设计目标

在拍卖中，卖家有一个待售物品，我们假设每个买家 i 对该待售物品有一个估值 v_i，该估值只有买家自己知道，而对其他买家而言是未知的。记 $\boldsymbol{v}=(v_1,v_2,\cdots,v_n)$ 为所有买家的估值组成的向量。此时，该估值扮演类型的角色，它将唯一决定该买家对拍卖结果的评价方式（即效用函数）。拍卖机制输出的结果 o 通常包含两个部分：谁是赢家和每个买家应支付的价格。根据显示原理（定理 5.1），我们可以不失一般性地仅考虑激励兼容的直接机制，即每个买家直接将其估值报告给机制，而机制给出谁是赢家和买家应支付的价格。因此一个直接拍卖机制由两个函数构成，即 $M=(\boldsymbol{x},\boldsymbol{p})$，其中：

- **分配规则**（allocation rule）$\boldsymbol{x}:\mathbb{R}^n\mapsto[0,1]^n$ 以所有买家的估值作为输入，并输出每个买家是否赢得该物品。例如 $x_i(\boldsymbol{v})=1$ 表示买家 i 赢得该物品，而 $x_i(\boldsymbol{v})=0.6$ 可以理解成买家 i 将以 0.6 的概率赢得该物品。
- **付费规则**（payment rule）$\boldsymbol{p}:\mathbb{R}^n\mapsto\mathbb{R}^n$ 以所有买家的估值作为输入，并输出每个买家需要支付的价格。

一般情况下，仅有拍卖的赢家需要付费，但也有一些拍卖机制中，非赢家也需要支付一定的费用（如全支付拍卖等）。

记 $u_i(\boldsymbol{v})$ 为智能体 i 的效用函数。在理论分析中，我们一般假设每个智能体的效用函数都是拟线性（quasi-linear）的：

$$u_i(\boldsymbol{v})=v_ix_i(\boldsymbol{v})-p_i(\boldsymbol{v})$$

该假设比较符合直觉，$x_i(\boldsymbol{v})$ 是买家 i 期望赢得物品的数量，则 $v_ix_i(\boldsymbol{v})$ 是该买家对物品分配结果的期望估值，而 p_i 则是该智能体需要向机制付出的费用。

下面我们讨论拍卖机制设计中需要实现的目标，或拍卖机制需要满足的性质，一个重要且显而易见的目标是确保每个买家都不能因参与机制而损失，即保证每个智能体的效用函数都是非负的，否则有的买家可能决定不参与拍卖。我们一般称该性质为个体理性（individual rationality）。

定义 5.7 个体理性 我们称一个机制满足事后（ex-post）个体理性，如果无论其他买家的估值如何，每个买家 i 的效用始终是非负的，即

$$u_i(\boldsymbol{v}) \geqslant 0, \forall \boldsymbol{v}, \forall i \in N$$

我们称一个机制满足事中（interim）个体理性，如果对于每个买家而言，在知道自己的估值后，其期望效用是非负的：

$$u_i(v_i) = \mathop{\mathbb{E}}_{\boldsymbol{v}_{-i}}\left[u_i(v_i, \boldsymbol{v}_{-i})\right] \geqslant 0, \forall v_i, \forall i \in N$$

类似地，我们称一个机制满足事前（ex-ante）个体理性，如果对于每个买家而言，在知道自己的估值前，其期望效用是非负的：

$$\mathop{\mathbb{E}}_{\boldsymbol{v}}\left[u_i(\boldsymbol{v})\right] \geqslant 0, \forall i \in N$$

当然，既然我们考虑的是激励兼容的直接机制，激励兼容自然也是需要满足的性质，在拍卖场景下，占优策略激励兼容等价于下式：

$$u_i(\boldsymbol{v}) = v_i x_i(\boldsymbol{v}) - p_i(\boldsymbol{v}) \geqslant v_i x_i(v_i', \boldsymbol{v}_{-i}) - p_i(v_i', \boldsymbol{v}_{-i}), \forall v_i', \forall \boldsymbol{v}, \forall i \in N$$

注意上式不等号右端与分配结果相乘的是买家真实的估值，但分配函数与付费函数的输入都是其可以选择的谎报估值。

类似地，贝叶斯激励兼容等价于下式：

$$\begin{aligned} u_i(v_i) &= \mathop{\mathbb{E}}_{\boldsymbol{v}_{-i}}\left[v_i x_i(v_i, \boldsymbol{v}_{-i}) - p_i(v_i, \boldsymbol{v}_{-i})\right] \\ &\geqslant \mathop{\mathbb{E}}_{\boldsymbol{v}_{-i}}\left[v_i x_i(v_i', \boldsymbol{v}_{-i}) - p_i(v_i', \boldsymbol{v}_{-i})\right], \forall v_i', \forall \boldsymbol{v}, \forall i \in N \end{aligned}$$

如 5.2 节开篇所述，机制设计的任务是设计一套博弈规则，以优化某设计目标。在拍卖中，拍卖机制一般由卖家设计，但不同卖家通常会有不同的目标，在此我们介绍几个拍卖机制设计中常用的设计目标。

既然拍卖机制会向买家收费，我们可以将机制的收益（revenue）定义为其向所有买家收取的全部费用。

定义 5.8 收益 机制 $(\boldsymbol{x},\boldsymbol{p})$ 的期望收益是

$$\mathrm{Rev}(\boldsymbol{x},\boldsymbol{p})=\mathop{\mathbb{E}}_{\boldsymbol{v}}\left[\sum_{i\in N}p_i(\boldsymbol{v})\right]$$

我们也可以定义机制的社会福利（social welfare）如下。

定义 5.9 社会福利 机制 $(\boldsymbol{x},\boldsymbol{p})$ 的社会福利是

$$\mathrm{Wel}(\boldsymbol{x},\boldsymbol{p})=\mathop{\mathbb{E}}_{\boldsymbol{v}}\left[\sum_{i\in N}v_ix_i(\boldsymbol{v})\right]$$

在某些文献中，社会福利也被称为效率（efficiency），如果一个机制最大化了社会福利，那么称该机制是高效的。注意，社会福利与收益的差实际上是所有买家效用之和，而如果定义卖家的效用函数是该机制的期望收益，即所有买家支付费用的总和，则社会福利实际上是卖家收益与所有买家的期望效用。

5.3.2 社会福利最大化机制：VCG 机制

在本节中，我们讨论如何优化社会福利，即如何设计高效机制。首先考虑以下的 Groves 机制。

定义 5.10 Groves 机制 Groves 机制 $(\boldsymbol{x},\boldsymbol{p})$ 定义如下：

$$\boldsymbol{x}(\boldsymbol{v})=\arg\max_{\boldsymbol{x}}\sum_{i\in N}v_ix_i(\boldsymbol{v})$$

$$p_i(\boldsymbol{v})=c_i(\boldsymbol{v}_{-i})-\sum_{j\neq i}v_jx_j(\boldsymbol{v})$$

其中 $c_i(\boldsymbol{v}_{-i})$ 是不取决于 v_i 的函数。

Groves 机制显然是直接机制，且根据定义，该机制总是选取能够最大化社会福利的分配 $\boldsymbol{x}$，因此，只要每个买家都如实报告其估值 v_i，那么该机制就可以最大化社会福利。而实际上，Groves 机制是占优策略激励兼容的，即每个买家如实报告估值确实是最优策略。要证明这一点，我们假设在该机制下，买家 i 的策略是在 v_i 的估值下报告 v_i'，此时买家 i 的效用函数是

$$v_ix_i(v_i',\boldsymbol{v}_{-i})-p_i(v_i',\boldsymbol{v}_{-i})=\left[\sum_{j\in N}v_jx_j(v_i',\boldsymbol{v}_{-i})\right]-c_i(\boldsymbol{\theta}_{-i})\leqslant\left[\sum_{j\in N}v_jx_j(\boldsymbol{v})\right]-c_i(\boldsymbol{\theta}_{-i})$$

上述不等式来源于 Groves 机制的定义，而不等式右端是该买家如实报告其估值时得到的效用。因此，上式表明，Groves 机制是占优策略激励兼容的。

特别地，我们可以令

$$c_i(\boldsymbol{v}_{-i}) = \sum_{j \neq i} v_j x_j(\boldsymbol{v}_{-i})$$

注意上式中，分配规则 $\boldsymbol{x}$ 的输入是 $\boldsymbol{v}_{-i}$，即买家 i 不参与拍卖时的所有买家估值向量。该机制被称为 Vickrey-Clarke-Groves 机制（VCG 机制）。

定义 5.11 Vickrey-Clarke-Groves 机制 VCG 机制满足：

$$\boldsymbol{x}(\boldsymbol{v}) = \arg\max_{\boldsymbol{x}} \sum_{i \in N} v_i x_i(\boldsymbol{v})$$

$$p_i(\boldsymbol{v}) = \sum_{j \neq i} v_j x_j(\boldsymbol{v}_{-i}) - \sum_{j \neq i} v_j x_j(\boldsymbol{v})$$

VCG 拍卖机制有一个很容易理解的经济学解释。买家 i 的加入，会增加拍卖的竞争，并降低其他买家赢得拍卖的可能，从而降低他们的社会福利。付费函数 $p_i(\boldsymbol{v})$ 的第一项是当买家 i 不参与拍卖时其他买家得到的社会福利，而第二项则是买家 i 参与拍卖时其他买家的社会福利，因此 $p_i(\boldsymbol{v})$ 实际上是由于买家 i 的加入所导致的其他买家社会福利的降低值。

事实上，VCG 机制的适用范围并不局限在拟线性效用函数的情况上，也不局限在拍卖问题上。并且，由于 VCG 机制是占优策略激励兼容的，即使是非贝叶斯博弈环境（即每个智能体对其他智能体的类型并没有先验的认识），VCG 机制也可以工作。但在我们本节讨论的单物品拟线性环境中，VCG 机制可以简化成所谓的维克里拍卖（Vickrey auction）[13] 或第二价格拍卖（second-price auction）机制。

定义 5.12 第二价格拍卖 在第二价格拍卖中，出价最高者赢得拍卖，支付的费用是第二高出价，即：

$$x_i(\boldsymbol{v}) = \begin{cases} 1 & \text{若} v_i \geqslant v_j, \forall j \in N \\ 0 & \text{其他情况} \end{cases}$$

$$p_i(\boldsymbol{v}) = \begin{cases} v_{(2)} & \text{若} x_i(\boldsymbol{v}) = 1 \\ 0 & \text{其他情况} \end{cases}$$

其中 $v_{(2)}$ 是所有买家中的次高出价。

在一般的机制设计问题中，设计符合目标的直接机制通常是非常困难的，而 VCG 在很多复杂情况下几乎是满足激励兼容的唯一选择，但 VCG 也存在其自身的问题，如计算复杂度高、可能导致机制出现亏损等。限于篇幅，在本书中不予讨论。

5.3.3 收益最大化机制：最优拍卖

本节讨论如何设计收益最大化机制，该问题在 20 世纪 80 年代被 Myerson 解决[7]。与上文讨论的 VCG 机制不同，本节主要集中研究贝叶斯博弈环境，即假设每个买家的类型 v_i 是一个服从某分布的随机变量。为了分析方便，假设 v_i 可能的取值构成区间 $[0, \bar{v}_i]$，即 v_i 的分布是连续的，记 v_i 的累积分布函数为 $F_i(v_i)$，并假设 $F_i(v_i)$ 是可导的，对应的密度函数为 $f_i(v_i)$。买家 i 自己知道 v_i，但其他买家和机制的设计者（一般是卖家）只知道分布 $F_i(v_i)$。考虑所有买家的估值分布是独立的情况，即

$$f(\boldsymbol{v}) = \prod_{i \in N} f_i(v_i)$$

卖家的目标是最大化收益函数，且希望机制同时满足事后个体理性和占优策略激励兼容，故该机制设计问题可以写成以下的优化问题：

$$\begin{aligned}
\text{最大化} \quad & \text{Rev}(\boldsymbol{x}, \boldsymbol{p}) = \mathop{\mathbb{E}}_{\boldsymbol{v}}\left[\sum_{i \in N} p_i(\boldsymbol{v})\right] && && (5.3)\\
\text{约束条件} \quad & u_i(\boldsymbol{v}) \geqslant 0 && \forall \boldsymbol{v}, \forall i \in N && (5.4)\\
& u_i(\boldsymbol{v}) \geqslant u_i(v_i'; \boldsymbol{v}) && \forall v_i', \forall \boldsymbol{v}, \forall i \in N && (5.5)\\
& \sum_{i \in N} x_i(\boldsymbol{v}) \leqslant 1 && \forall \boldsymbol{v} && \\
& x_i(\boldsymbol{v}) \geqslant 0 && \forall \boldsymbol{v}, \forall i \in N &&
\end{aligned}$$

其中 $u_i(v_i'; \boldsymbol{v}) = v_i x_i(v_i', \boldsymbol{v}_{-i}) - p_i(v_i', \boldsymbol{v}_{-i})$ 是买家 i 在真实估值为 v_i 的情况下谎报 v_i' 时得到的效用。在上述优化问题中，最后两个约束条件可以保证分配规则确实是合理的，且不会出现超售的情况。为求解该收益最大化的问题，直接求解

上述优化问题并不现实，因为根据假设，v_i 的分布是连续的[3]。我们从理论上分析该问题。首先，证明如下的 Myerson 引理：

引理 5.1 Myerson 引理 [7] 一个直接机制 $(\boldsymbol{x}, \boldsymbol{p})$ 是占优策略激励兼容的，当且仅当下面的条件成立：

- 固定任意的 $\boldsymbol{v}_{-i}$，函数 $x_i(v_i, \boldsymbol{v}_{-i})$ 对 v_i 是单调递增的，即

$$x_i(v_i, \boldsymbol{v}_{-i}) \geqslant x_i(v_i', \boldsymbol{v}_{-i}), \forall v_i \geqslant v_i'$$

- 固定任意的 $\boldsymbol{v}_{-i}$，函数 $p_i(v_i, \boldsymbol{v}_{-i})$ 满足：

$$p_i(v_i, \boldsymbol{v}_{-i}) - p_i(0, \boldsymbol{v}_{-i}) = \int_0^{v_i} s \, \mathrm{d}x_i(s, \boldsymbol{v}_{-i}) \tag{5.6}$$

注意在上面的积分式中，函数 $x_i(s)$ 并非总是可微的，但是在广义函数的意义下，上述积分式总是正确的。

证明 我们仅证明上述两个条件的必要性，充分性则留给读者作为练习。首先我们分析激励兼容条件，即式 (5.5)：

$$\begin{aligned} u_i(v_i'; \boldsymbol{v}) &= v_i x_i(v_i', \boldsymbol{v}_{-i}) - p_i(v_i', \boldsymbol{v}_{-i}) \\ &= v_i' x_i(v_i', \boldsymbol{v}_{-i}) - p_i(v_i', \boldsymbol{v}_{-i}) + (v_i - v_i') x_i(v_i', \boldsymbol{v}_{-i}) \\ &= u_i(v_i', \boldsymbol{v}_{-i}) + (v_i - v_i') x_i(v_i', \boldsymbol{v}_{-i}) \end{aligned}$$

上式最后一行第一项是当买家 i 的真实估值是 v_i' 且诚实报告时的效用，于是式 (5.5) 等价于

$$u_i(v_i', \boldsymbol{v}_{-i}) + (v_i - v_i') x_i(v_i', \boldsymbol{v}_{-i}) \leqslant u_i(v_i, \boldsymbol{v}_{-i})$$

整理可得

$$(v_i - v_i') x_i(v_i', \boldsymbol{v}_{-i}) \leqslant u_i(v_i, \boldsymbol{v}_{-i}) - u_i(v_i', \boldsymbol{v}_{-i})$$

注意，在上式中，v_i 是买家 i 的真实估值，而 v_i' 则是买家 i 可能的谎报估值。由于上式对任意的 v_i, v_i' 都成立，所以，当买家 i 的真实估值是 v_i'，而谎报 v_i 时，

[3] 若 v_i 的分布是离散的，求解该优化问题则是可能的，但直接求解优化问题就无法得到关于该问题的解的结构。

我们仅需交换上式中的 v_i 和 v_i' 即可：

$$(v_i' - v_i)x_i(v_i, \boldsymbol{v}_{-i}) \leqslant u_i(v_i', \boldsymbol{v}_{-i}) - u_i(v_i, \boldsymbol{v}_{-i})$$

结合以上两式可得：

$$(v_i - v_i')x_i(v_i', \boldsymbol{v}_{-i}) \leqslant u_i(v_i, \boldsymbol{v}_{-i}) - u_i(v_i', \boldsymbol{v}_{-i}) \leqslant (v_i - v_i')x_i(v_i, \boldsymbol{v}_{-i}) \tag{5.7}$$

于是

$$(v_i - v_i')[x_i(v_i', \boldsymbol{v}_{-i}) - x_i(v_i, \boldsymbol{v}_{-i})] \leqslant 0$$

即函数 $x_i(v_i, \boldsymbol{v}_{-i})$ 关于 v_i 是单调的。

接下来我们证明第二个条件。令 $v_i > v_i'$，根据式 (5.7)，还可以得到

$$x_i(v_i', \boldsymbol{v}_{-i}) \leqslant \frac{u_i(v_i, \boldsymbol{v}_{-i}) - u_i(v_i', \boldsymbol{v}_{-i})}{v_i - v_i'} \leqslant x_i(v_i, \boldsymbol{v}_{-i})$$

再令 $v_i' \to v_i$，利用极限的定义和夹逼定理，还可以得到

$$x_i(v_i, \boldsymbol{v}_{-i}) = \frac{\mathrm{d}u_i(v_i, \boldsymbol{v}_{-i})}{\mathrm{d}v_i} \tag{5.8}$$

虽然 u_i 是一个多元函数，但此处我们已将 $\boldsymbol{v}_{-i}$ 当作常数，故并未采用偏微分符号。我们继续分析付费规则。

$$\begin{aligned}
p_i(v_i, \boldsymbol{v}_{-i}) - p_i(0, \boldsymbol{v}_{-i}) &= \int_0^{v_i} \frac{\mathrm{d}p_i(s, \boldsymbol{v}_{-i})}{\mathrm{d}s} \mathrm{d}s \\
&= \int_0^{v_i} \frac{\mathrm{d}}{\mathrm{d}s} \left[s x_i(s, \boldsymbol{v}_{-i}) - u_i(s, \boldsymbol{v}_{-i}) \right] \mathrm{d}s \\
&= \int_0^{v_i} \left[x_i(s, \boldsymbol{v}_{-i}) + s \frac{\mathrm{d}x_i(s, \boldsymbol{v}_{-i})}{\mathrm{d}s} - \frac{\mathrm{d}}{\mathrm{d}s} u_i(s, \boldsymbol{v}_{-i}) \right] \mathrm{d}s \\
&= \int_0^{v_i} s \, \mathrm{d}x_i(s, \boldsymbol{v}_{-i})
\end{aligned}$$

注意在引理 5.1 中，付费规则 $p_i(\boldsymbol{v})$ 几乎由分配规则 $x_i(\boldsymbol{v})$ 唯一确定了（除了 $p_i(0, \boldsymbol{v}_{-i})$ 的值）。这说明，要设计激励兼容的直接机制，只需要设计一个单调递增的分配规则，再确定 $p_i(0, \boldsymbol{v}_{-i})$ 这个边界值，整个分配规则会由以上两个部分唯一确定。

接下来分析如何优化机制的期望收益。但直接优化期望收益函数是困难的，因为期望收益中仅包含付费规则，而付费规则是由分配规则间接定义的。因此希望能利用上面分配规则与付费规则之间的关联，将收益函数改写为仅包含分配规则的函数。为此定义如下的虚拟价值函数（virtual value function）。

定义 5.13 虚拟价值函数[7] 若买家 i 的估值 v_i 服从分布 $F_i(v_i)$，则 v_i 对应的虚拟价值函数为

$$\varphi_i(v_i) = v_i - \frac{1 - F_i(v_i)}{f_i(v_i)}$$

利用以上定义，最终可以将收益函数表达成仅包含分配规则的函数。

引理 5.2 给定一个激励兼容的直接机制 $(\boldsymbol{x}, \boldsymbol{p})$，该机制的期望收益可用下式表示：

$$\operatorname{Rev}(\boldsymbol{x}, \boldsymbol{p}) = \mathop{\mathbb{E}}_{\boldsymbol{v}}\left[\sum_{i \in N} x_i(\boldsymbol{v}) \varphi_i(v_i) + p_i(0, \boldsymbol{v}_{-i})\right] \tag{5.9}$$

注意上式中 $p_i(0, \boldsymbol{v}_{-i})$ 是一个边界值，因此 $\operatorname{Rev}(\boldsymbol{x}, \boldsymbol{p})$ 仅包含分配规则，而并不与完整的付费规则直接相关。为方便分析，我们定义如下的符号。

- 事中分配规则：

$$x_i(v_i) = \mathop{\mathbb{E}}_{\boldsymbol{v}_{-i}}[x_i(\boldsymbol{v})]$$

- 事中付费规则：

$$p_i(v_i) = \mathop{\mathbb{E}}_{\boldsymbol{v}_{-i}}[p_i(\boldsymbol{v})] = v_i x_i(v_i) - u_i(v_i)$$

证明 根据定义 $p_i(\boldsymbol{v}) = v_i x_i(\boldsymbol{v}) - u_i(\boldsymbol{v})$，代入式 (5.3) 得

$$\begin{aligned}
\operatorname{Rev}(\boldsymbol{x}, \boldsymbol{p}) &= \mathop{\mathbb{E}}_{\boldsymbol{v}}\left[\sum_{i \in N} v_i x_i(\boldsymbol{v}) - u_i(\boldsymbol{v})\right] \\
&= \sum_{i \in N}\left\{\mathop{\mathbb{E}}_{\boldsymbol{v}}[v_i x_i(\boldsymbol{v})] - \mathop{\mathbb{E}}_{\boldsymbol{v}}[u_i(\boldsymbol{v})]\right\}
\end{aligned}$$

将式 (5.8) 代入上式，得到

$$
\begin{aligned}
\operatorname{Rev}(\boldsymbol{x},\boldsymbol{p}) &= \sum_{i\in N}\left\{\mathop{\mathbb{E}}_{\boldsymbol{v}}\left[v_i x_i(\boldsymbol{v})\right] - \mathop{\mathbb{E}}_{\boldsymbol{v}}\left[\int_0^{v_i} x_i(s,\boldsymbol{v}_{-i})\,\mathrm{d}s + u_i(0,\boldsymbol{v}_{-i})\right]\right\} \\
&= \sum_{i\in N}\left\{\mathop{\mathbb{E}}_{\boldsymbol{v}}\left[v_i x_i(\boldsymbol{v})\right] - \mathop{\mathbb{E}}_{\boldsymbol{v}}\left[\int_0^{v_i} x_i(s,\boldsymbol{v}_{-i})\,\mathrm{d}s\right] - \mathop{\mathbb{E}}_{\boldsymbol{v}}\left[u_i(0,\boldsymbol{v}_{-i})\right]\right\} \\
&= \sum_{i\in N}\left\{\mathop{\mathbb{E}}_{v_i}\left[v_i x_i(v_i)\right] - \mathop{\mathbb{E}}_{v_i}\left[\int_0^{v_i} x_i(s)\,\mathrm{d}s\right] - \mathop{\mathbb{E}}_{\boldsymbol{v}}\left[0\cdot x_i(0,\boldsymbol{v}_{-i}) - p_i(0,\boldsymbol{v}_{-i})\right]\right\} \\
&= \sum_{i\in N}\left\{\int_0^{\bar{v}_i} v_i x_i(v_i) f_i(v_i)\,\mathrm{d}v_i - \int_0^{\bar{v}_i} f_i(v_i)\int_0^{v_i} x_i(s)\,\mathrm{d}s\mathrm{d}v_i + \mathop{\mathbb{E}}_{\boldsymbol{v}}\left[p_i(0,\boldsymbol{v}_{-i})\right]\right\}
\end{aligned}
$$

交换第二项的积分次序可得

$$
\begin{aligned}
\operatorname{Rev}(\boldsymbol{x},\boldsymbol{p}) &= \sum_{i\in N}\left\{\int_0^{\bar{v}_i} v_i x_i(v_i) f_i(v_i)\,\mathrm{d}v_i - \int_0^{\bar{v}_i} x_i(s)\int_s^{\bar{v}_i} f_i(v_i)\,\mathrm{d}v_i\mathrm{d}s + \mathop{\mathbb{E}}_{\boldsymbol{v}}\left[p_i(0,\boldsymbol{v}_{-i})\right]\right\} \\
&= \sum_{i\in N}\left\{\int_0^{\bar{v}_i} v_i x_i(v_i) f_i(v_i)\,\mathrm{d}v_i - \int_0^{\bar{v}_i} x_i(s)\left[1-F_i(s)\right]\mathrm{d}s + \mathop{\mathbb{E}}_{\boldsymbol{v}}\left[p_i(0,\boldsymbol{v}_{-i})\right]\right\} \\
&= \sum_{i\in N}\left\{\int_0^{\bar{v}_i} x_i(v_i)\left[v_i - \frac{1-F_i(v_i)}{f_i(v_i)}\right] f_i(v_i)\,\mathrm{d}v_i + \mathop{\mathbb{E}}_{\boldsymbol{v}}\left[p_i(0,\boldsymbol{v}_{-i})\right]\right\} \\
&= \sum_{i\in N}\left\{\mathop{\mathbb{E}}_{v_i}\left[x_i(v_i)\varphi_i(v_i)\right] + \mathop{\mathbb{E}}_{\boldsymbol{v}}\left[p_i(0,\boldsymbol{v}_{-i})\right]\right\} \\
&= \mathop{\mathbb{E}}_{\boldsymbol{v}}\left[\sum_{i\in N} x_i(v)\varphi_i(v_i) + p_i(0,\boldsymbol{v}_{-i})\right]
\end{aligned}
$$

在式 (5.9) 中，第一项与第二项相对独立，我们先考虑第二项。显然，要最大化期望收益，需要 $p_i(0,\boldsymbol{v}_{-i})$ 尽可能大，但约束条件式 (5.4) 要求 $u_i(0,\boldsymbol{v}_{-i}) = -p_i(0,\boldsymbol{v}_{-i}) \geqslant 0$，即 $p_i(0,\boldsymbol{v}_{-i}) \leqslant 0$。故我们取 $p_i(0,\boldsymbol{v}_{-i}) = 0$。

接下来我们优化式 (5.9) 中的第一项。假设买家 j 是使得 $\varphi_i(v_i)$ 最大的买家，那么显然，要最大化第一项，应该将 $x_j(\boldsymbol{v})$ 置为 1，即分配规则应让买家 j 赢得拍卖。但当所有买家的虚拟价值函数都小于 0 时，应该让 $x_i(\boldsymbol{v}) = 0, \forall i \in N$，否则会对期望收益造成负面影响。

但上述分配规则仍然存在一些问题，即如果虚拟价值函数 $\varphi_i(v_i)$ 并不是单调的，那么 $x_i(\boldsymbol{v})$ 也有可能不是单调的，此时，需要使用所谓的“熨烫”（ironing）技术将 $\varphi_i(v_i)$ 改造成一个单调函数，该技术相对复杂，本书在此不予讨论。因此，一般情况下，我们会假设 $\varphi_i(v_i)$ 函数是单调的。

总结以上的分析可以得到：

定理 5.2 最优拍卖机制 假设对每个买家 i，其虚拟价值函数 $\varphi_i(v_i)$ 都是单调递增的。令 r_i 满足 $\varphi_i(r_i)=0$，那么收益最大化的机制是

$$x_i(\boldsymbol{v})=\begin{cases}1 & v_i \geqslant r_i \text{且} \varphi_i(v_i) \geqslant \varphi_j(v_j), \forall j \in N \\ 0 & \text{其他情况}\end{cases}$$

$$p_i(\boldsymbol{v})=\begin{cases}\varphi_i^{-1}\left(\varphi_{(2)}(v_{(2)})\right) & \text{若} x_i(\boldsymbol{v})=1 \\ 0 & \text{其他情况}\end{cases}$$

其中 $\varphi_i^{-1}(\cdot)$ 是 $\varphi_i(\cdot)$ 的逆函数，$\varphi_{(2)}(v_{(2)})$ 是所有买家虚拟价值函数中的第二大值。

可以验证，上述付费规则与式 (5.6) 是等价的。我们一般将 r_i 称为“保留价”（reserve price）。

5.4 付费搜索拍卖

在付费搜索拍卖中，待售物品是搜索结果页面中的槽位，买家是希望将该槽位用于展示广告的广告主。获胜的广告主将广告内容发送至搜索引擎结果页面展示给用户，因此每次用户在搜索引擎中搜索，都会发出一次拍卖。广告主将广告展示给用户的目的自然是希望用户被广告所吸引，从而进入广告主网站进行消费。但用户是否会点击该广告在拍卖之前则是未知的，因此在广告拍卖中，一般定义广告主的估值 v_i 为用户点击后期望给广告主带来的价值，而非对槽位的直接估值。一般用点击率（click-through rate）来描述用户点击该广告的概率，在本章中，我们用符号 $\rho_{i,k}$ 来表示将广告 i（广告主 i 的广告）置于第 j 个槽位时的点击率。搜索引擎通常会使用机器学习技术来得到一个点击率的模型，但为了方便理论分析，我们通常会假设点击率只与槽位的位置有关。我们用 ρ_k 来表示第 k 个槽位的点击率，一般而言，ρ_k 是随着槽位 k 递减的，即越靠上的位置被点击的概率越高。

搜索引擎的结果页面一般会有多个待售槽位（通常是 $3\sim4$ 个），绝大部分搜索引擎会采用所谓的广义第二价格拍卖[4]（generalized second-price auction）来出售这些槽位。

[4]广义第二价格拍卖有时会根据点击率等模型的不同，有不同的定义方式。

定义 5.14 广义第二价格拍卖 设共有 K 个待售槽位，广告主 i 的出价为 b_i。不失一般性，假设 $b_1 \geqslant b_2 \geqslant \cdots, b_n$。则广义第二价格拍卖将 b_1 对应的广告置于第 1 个槽位，将 b_2 对应的广告置于第 2 个槽位，直至 K 个槽位被填满。当用户点击广告时，对应广告主的付费为

$$p_i = \begin{cases} b_{i+1} & i \leqslant K \\ 0 & i > K \end{cases}$$

若参与竞价的广告主不超过 K 个，则排名倒数第一位的广告主付费为 0。

上式中，排名第 i 高的广告主需要支付的费用是其保证该排名所需的最小出价，且只有当用户点击广告时，广告主才需付费，但根据式 (5.6) 可知，广义第二价格拍卖并非是激励兼容的。然而该机制简单易懂，广告主的学习成本低，且计算方便，因此一直被各大搜索引擎应用至今。

广义第二价格拍卖机制在各大搜索引擎的应用中一直有着不错的表现和效果，且不少广告主似乎并不在意该机制是否是激励兼容的，所以一些研究者试图从理论上为该现象提供一些解释，其中比较成功的解释是提出了一种新的均衡概念，即局部无嫉妒均衡（locally envy-free equilibrium）[5]。在该均衡概念中，每个广告主均不愿意与其相邻的广告主交换槽位，即对于任意 i

$$\rho_j(v_i - p_i) \geqslant \rho_{i+1}(v_i - p_{i+1}) \quad 且 \quad \rho_j(v_i - p_i) \geqslant \rho_{i-1}(v_i - p_{i-1})$$

我们首先分析 VCG 机制的结果，并最终将 VCG 机制的结果与局部无嫉妒均衡概念进行比较。我们用符号 (i) 来表示估值第 i 大的广告主，即 $v_{(1)} \geqslant v_{(2)} \geqslant \cdots \geqslant v_{(n)}$。由于 VCG 机制是高效的，所以 VCG 机制会将第 i 个槽位分配给广告主 (i)。根据 VCG 机制的付费规则，我们知道，每次用户点击广告主的广告时，广告主须付费：

$$p_{(i)}^V = \frac{1}{\rho_i}\left[(\rho_i - \rho_{i+1})v_{(i+1)}\right] + \frac{\rho_{i+1}}{\rho_i}p_{(i+1)}^V = \frac{1}{\rho_i}\sum_{j=i}^{K}(\rho_j - \rho_{j+1})v_{(j+1)}$$

其中，为了方便起见，我们令 $\rho_K = 0$。下面的结果表明，VCG 机制的结果是一种局部无嫉妒均衡。

定理 5.3 在 GSP 机制下，若广告主 (i) 出价为

$$b_{(i)} = \begin{cases} v_{(1)} & i = 1 \\ p^V_{(i-1)} & 1 < i \leqslant K \end{cases}$$

则 GSP 机制的结果与 VCG 机制的结果一致。

证明 首先证明，在 GSP 机制下，广告槽位的分配与 VCG 一致，为此，只需证明 $b_{(i)} \geqslant b_{(i+1)}, \forall 1 \leqslant i \leqslant K-1$。

$$p^V_{(i)} = \frac{1}{\rho_i}\sum_{j=i}^{K}(\rho_j - \rho_{j+1})v_{(j+1)} \leqslant \frac{1}{\rho_i}\sum_{j=i}^{K}(\rho_j - \rho_{j+1})v_{(i)} = v_{(i)}$$

其中，不等式是因为 $v_{(1)} \geqslant v_{(2)} \geqslant \cdots \geqslant v_{(n)}$。所以当 $i=1$ 时，$b_{(1)} = v_{(1)} \geqslant p^V_{(1)} = b_{(2)}$，当 $1 < i \leqslant K-1$ 时，利用上式，我们有

$$\begin{aligned} b_{(i)} = p^V_{(i-1)} &= \frac{1}{\rho_{i-1}}\left[(\rho_{i-1} - \rho_i)v_{(i)}\right] + \frac{\rho_i}{\rho_{i-1}}p^V_{(i)} \\ &\geqslant \frac{1}{\rho_{i-1}}\left[(\rho_{i-1} - \rho_i)p^V_{(i)}\right] + \frac{\rho_i}{\rho_{i-1}}p^V_{(i)} \\ &= p^V_{(i)} \\ &= b_{(i+1)} \end{aligned}$$

其中的不等式利用了点击率 ρ_i 是随槽位 i 单调递减的假设。至此，我们证明了在两个机制下，广告槽位的分配一致，而两个机制下付费结果一致则是显然的。

5.5 当前热点与挑战

在拍卖领域，我们已经知道如何为单物品拍卖场景设计收益最大化机制，但将该结果扩展至多物品拍卖的场景却异常困难，虽然世界各地的研究者为此付出了巨大的努力，但目前的结果仍远不能令人满意。当售卖两个物品给一个买家时，现有的研究仅仅可以得到一些简单特殊情况下的最优拍卖机制，例如当买家对两个物品的估值是严格正相关 [3] 或严格负相关时 [12]，或者当买家对两个物品的估值是独立、对称、且服从均匀分布时 [8]。Daskalakis 等人 [4] 利用优化理论

中的对偶方法，得到了一个多物品拍卖机制是最优的充分和必要条件，并且得到了双物品拍卖在一些简单估值分布下的最优解。在多物品、多买家的情况下，到本章写作时为止，仅有 Yao [14] 给出了两个物品、两个买家，且买家估值分布是二值、独立的情况下的最优机制。

机制设计有着漂亮的理论，但这些理论的成立需要较强的假设，例如假设机制的参与者是理性的。而在实际应用场景中，这类假设很可能并不成立，机制参与者可能并非理性，甚至并不能用效用函数来进行描述，他们的行为也可能非常复杂而难以刻画。在这样的情况下，理论分析一般很难得到理想的结果。我们可以将整个机制看作一个系统，当整个系统的行为无法进行精确刻画时，优化系统通常是困难的，也很难从理论上有所突破。因此机制设计的一个重要前沿是与机器学习等技术相结合，在系统或机制参与者的行为未知的情况下，通过不断的交互来更新和优化机制。例如，Shen 等人 [10] 利用深度神经网络拟合付费搜索拍卖中的用户行为，并利用强化学习技术来优化广告的定价；Zheng 等人 [15] 考虑税收政策优化问题，利用机器学习方法求解机制参与者的行为，并在此基础上优化税收策略。

目前机制设计理论已在许多领域得到了广泛应用，除拍卖外，机制设计还在诸如保护野生动物和公共安全、政策设计等方面有所应用。例如，Pita 等人 [9] 为机场设计了针对不同航站楼的保护策略，并被洛杉矶机场采用；Fang 等人 [6] 设计了保护野生动物的随机巡逻策略，取得了比传统巡逻方式更好的效果。

参考文献

[1] ANON. Baidu investor home[EB/OL]. http://ir.baidu.com/.

[2] ANON. Alphabet investor relations[EB/OL]. https://abc.xyz/investor/.

[3] ARMSTRONG M, 1996. Multiproduct nonlinear pricing[J]. Econometrica: Journal of the Econometric Society: 51-75.

[4] DASKALAKIS C, DECKELBAUM A, TZAMOS C, 2013. Mechanism design via optimal transport[C]//Proceedings of the fourteenth ACM conference on Electronic commerce. [S.l.: s.n.]: 269-286.

[5] EDELMAN B, OSTROVSKY M, SCHWARZ M, 2007. Internet advertising and the generalized second-price auction: Selling billions of dollars worth of keywords[J]. American economic review, 97(1): 242-259.

[6] FANG F, STONE P, TAMBE M, 2015. When security games go green: Designing defender strategies to prevent poaching and illegal fishing[C]//Twenty-fourth international joint conference on artificial intelligence. [S.l.: s.n.].

[7] MYERSON R B, 1981. Optimal auction design[J]. Mathematics of Operations Research, 6(1): 58-73.

[8] PAVLOV G, 2011. Optimal mechanism for selling two goods[J]. The BE Journal of Theoretical Economics, 11(1).

[9] PITA J, JAIN M, ORDÓNEZ F, et al., 2008. Armor security for los angeles international airport.[C]//AAAI. [S.l.: s.n.]: 1884-1885.

[10] SHEN W, PENG B, LIU H, et al., 2020. Reinforcement mechanism design: With applications to dynamic pricing in sponsored search auctions[C]//Proceedings of the AAAI Conference on Artificial Intelligence: volume 34. [S.l.: s.n.]: 2236-2243.

[11] SHOHAM Y, LEYTON-BROWN K, 2008. Multiagent systems: Algorithmic, game-theoretic, and logical foundations[M]. [S.l.]: Cambridge University Press.

[12] TANG P, WANG Z, 2017. Optimal mechanisms with simple menus[J]. Journal of Mathematical Economics, 69: 54-70.

[13] VICKREY W, 1961. Counterspeculation, auctions, and competitive sealed tenders[J]. The Journal of finance, 16(1): 8-37.

[14] YAO A C C, 2017. Dominant-strategy versus bayesian multi-item auctions: Maximum revenue determination and comparison[C]//Proceedings of the 2017 ACM Conference on Economics and Computation. [S.l.: s.n.]: 3-20.

[15] ZHENG S, TROTT A, SRINIVASA S, et al., 2020. The ai economist: Improving equality and productivity with ai-driven tax policies[J]. arXiv preprint arXiv:2004.13332.

合作博弈与社会选择

6.1 研究背景

智能体指具有自主性、社会性、反应性和预动性等基本特性的实体，此处的智能体可以是相应的软件程序，也可以是实物，例如人、车辆、机器人、人造卫星等。多智能体系统（Multi-agent System，MAS）是以智能体为基础组成的聚集，通过许多个体的有效聚集弥补个体工作能力的不足。

智能体的自主性表明其作为一个独立的计算主体拥有自己独立的感知能力、推理能力、行动能力以及在进行各种动作时体现出的个体理性和社会性。个体理性体现在每个智能体能有效计算自己各种策略的效用，并且以追求最大化个体效用为目标，个体理性是每个个体参与社会互动的理性基础；而社会性体现在当个体无法完成或者无法更好地完成任务时，就会产生与其他智能体合作求解的动机和意图，并通过相互通信、合作、竞争等方式，完成单个智能体不能完成的复杂工作。

智能体联盟是一组自利、平等、协作、共同承担任务的智能体集合，智能体间通过组成联盟达到提高求解能力，获得更多收益的目的。关于联盟的研究集中在能否以及如何形成联盟，以及形成联盟后，如何进行获益分配，从而保障联盟的稳定性上，所有这些内容都与博弈论（Game Theory），尤其是合作博弈论，息息相关。

博弈论的思想在古代就已经存在，但作为一门学科单独研究起始于 20 世纪初。1944 年，冯·诺依曼（John Von Neumann）和摩根斯特恩（Oskar Morgenstern）出版的 *Theory of Game and Economic Behavior* 中首次系统地阐释了博弈论。严格来说，博弈论研究个人或者团队在一定的规则下，依据各自掌握的关于别人选择的行为或策略选择，决定自身行为或策略选择的过程 [5]。因为涉及收益计算，博弈论便与经济学产生了必然的联系，所以从其诞生起就成为经济学的一个重要工具和理论概念[1]。

博弈论从一开始就分为两个分支：一个是非合作博弈论（Non-cooperative Game Theory），另一个是合作博弈论（Cooperative Game Theory）。博弈论的早期开创者，如纳什（John Nash）、夏普利（Lloyd Shapley）、哈萨尼（John C. Harsanyi）、泽尔腾（Reinhard Selten）和奥曼（Robert John Aumann）等人，对非合作博弈论和合作博弈论都做出了奠基性的贡献。后来两个分支在不同时期得到了不同程度的重视。20 世纪后期信息经济学发展，非合作博弈论在研究不对称信息情况下市场机制的效率问题中发挥了重要的作用，从而在经济学中占据了主流地位。合作博弈论在理论上得到发展并取得重大突破在很大程度上源于夏普利在 1953 年提出的 Shapley 值的概念及公理化刻画。由于合作博弈论能够解决人与人之间合作与联盟中的很多问题，所以对合作博弈的研究开始从经济领域扩展到其他领域，如反恐分析、社交网络分析等。

从博弈论的视角研究多智能体系统，博弈论关注的是智能体之间的交互，社会选择理论则将这样一群相互交互的智能体作为一个整体来研究。社会选择理论研究的是“个体与集体关系”，即“将个人利益、个人判断或个人福利聚合为社会福利、社会判断或社会选择的某种总和概念”，其研究的根本问题是选取何种聚合规则能在最大程度上保留个体意见的同时得到集体意见。社会选择理论通常被认为是经济理论的一部分，但是除了经济学家，政治科学家、哲学家和数学家也对它作为一门独立学科的发展做出了重大贡献 [1,3,6,7]。

本章对合作博弈论和社会选择理论作扼要的技术梳理、应用研判及研究展望，后续的章节结构安排如下：6.2 节介绍合作博弈论的定义、在博弈论中的地位以及其一般表示方式；6.3 至 6.5 节分别介绍合作博弈论中的几个基本概念：核、核仁、Shapley 值及其对应的求解方式和应用示例；6.6 节介绍社会选择理论的相关理论和应用示例；6.7 节概要介绍合作博弈和社会选择的若干应用（场景）；6.8 节概要介绍合作博弈和社会选择的研究趋势。

[1]早期使用数学解决经济问题的思路大多照搬物理学的方式进行，即针对一个系统建立导数方程，并通过导数方程来预测可能发生的情况；冯·诺依曼没有把经济生活看成一个已知系统，而是将其看成一个由多人参与的博弈：参与者需遵循一定的规则，并试图让自身利益最大化。

6.2 合作博弈论

博弈论研究的是决策主体的行为发生直接交互作用时的决策以及这种决策的均衡问题，因此它也被称为对策论（Theory of Interactive Decision）。

如前所述，博弈论可以分为合作博弈论和非合作博弈论。非合作博弈论关心的是在利益相互影响的局势中如何选择策略使自己的收益最大（关注的是个体理性）。合作博弈使得博弈双方或者多方的利益都有所增加，从而实现“双赢”，或者说，至少使一方的利益增加，而另一方的利益不受损害，这种合作关系也被称为是有效率的。因此合作博弈关注的是集体理性，强调的是公平和效率。当公平和效率发生冲突时，不同的合作博弈解会强调公平或效率的不同层面。非合作博弈强调个体理性和个体决策最优，其结果可能是无效率的（比如“损人不利己”），也可能是有效率的。

6.2.1 合作博弈论的提出

合作博弈论中最重要的两个概念是联盟和分配，前者指多个个体形成联盟获得合作剩余；后者指的是如何分配这种合作剩余，至于合作剩余在博弈各方之间如何分配，取决于博弈各方的力量对比和技巧运用。因此，合作剩余的分配既是合作的结果，也是达成合作的条件。

综上，合作博弈存在的两个基本条件是：

（1）对联盟来说，整体收益大于其每个成员单独经营时的收益之和；

（2）对联盟内部而言，应存在具有帕累托最优[2]性质的分配规则，即每个成员都能获得比不加入联盟时多一些的收益。

因此，能够使得合作存在、巩固和发展的一个关键因素是寻找某种分配原则，使得联盟内部参与者之间可以有效地配置资源或者分配利益，使其达到帕累托最优。

在合作博弈中，对于合作的不同情形可以分为以下三种类型。

（1）如果事先达成有约束力的合作协议，则使用合作博弈的方法，这种方法仅专注于合作的结果，而不考虑参与者之间讨价还价的细节，比如**联盟博弈**

[2]帕累托最优（Pareto Optimality），也称为帕累托效率（Pareto efficiency），指资源分配的一种理想状态，该状态下不可能再有更多的帕累托优化的余地。帕累托优化（Pareto Improvement），也称为帕累托改善或帕累托改进，是以意大利经济学家帕累托（Vilfredo Pareto）命名的，指的是在没有使任何人境况变坏的前提下，使得至少一个人变得更好。

(Coalitional Games);

（2）如果事先无法达成有约束力的合作协议（或者达成合作协议的成本太高），则使用合作结果的非合作方法，这类博弈专注于分析合作达成的具体过程，如**讨价还价博弈**（Bargaining Games）;

（3）**无限次重复博弈**（Infinitely Repeated Games），即参与者之间长期重复进行博弈。以“囚徒困境”[3] 为例，进行无限次非合作博弈，仍有可能达成合作的结果。

本章重点讨论第一种类型的合作博弈。

6.2.2 合作博弈的一般表示

联盟是合作博弈中的一个重要概念。合作博弈一个暗含的重要假设是，所有的参与者一般是能够组成大联盟的，但是当参与者之间组成的联盟的行为对其他参与者的收益产生外部性[4] 时，大联盟不一定能形成。而当大联盟不能形成时，什么样的联盟更可能达成及其稳定性问题就是合作博弈论关注的重要问题。

定义 6.1 联盟 在 n 人博弈中，参与者集用 $N=\{1,2,\cdots,n\}$ 表示，N 的任意子集 $S\subseteq N$ 称为参与者之间的一个**联盟**（Coalition）。

空集 $\emptyset$、全集 N、单点集 $\{i\},i\in N$ 都可以看成联盟。

定义 6.2 合作博弈 给定一个 n 人博弈，S 是任意联盟，定义一个实函数 $v(S)$，该函数满足条件：

（1）$v(\emptyset)=0$

（2）当 $S_1\cap S_2=\emptyset$，$S_1\subset N$，$S_2\subset N$ 时，$v(S_1\cup S_2)\geqslant v(S_1)+v(S_2)$

用 (N,v) 表示参与者集为 N，特征函数为 v 的合作博弈（也称联盟型合作博弈），其中 v 是定义在 2^N 上的实值映射，也称联盟函数。条件（2）也被称为超可加性，如果一个合作博弈的特征函数不满足超可加性，那么其成员没有动机形成联盟，已经形成的联盟将面临解散的威胁。

在很多情况下，一个联盟能获得的支付依赖于其他参与者所采取的行动。$v(S)$ 有时被解释为联盟 S 独立于联盟 $N\backslash S$ 的行动可保证的最大支付。

[3]囚徒困境是非零和博弈中具代表性的例子，反映的是个人做出理性选择却导致集体的非理性。

[4]外部性又称为溢出效应、外部影响等，指一个人或一群人的行动和决策使另一个人或一群人受损或受益的情况。

根据联盟中参与者的获益能否通过任何形式分配效用值 v 而获得，联盟型合作博弈又可分为**可转移效用**（Transferable Utility）的联盟型合作博弈和**不可转移效用**（Non-Transferable Utility）联盟型合作博弈。其中，可转移效用联盟型合作博弈指的是联盟中的各参与者获得的效用可以相互转移，或存在一种在参与者之间可以自由流通的交换媒介（比如货币），每个参与者的效用和它是线性相关的。可转移意味着由实数表示的总效用可以在联盟参与者之间以任何方式进行分配。虽然可转移效用特征函数可以对绝大多数合作博弈进行建模，但是在很多情况下，联盟的效用值不能被分配单个实数，或者对效用的分布存在严格的限制。这些联盟型合作博弈就是不可转移效用联盟型合作博弈。简化起见，若非特别说明，本章提及的合作博弈均属于可转移效用联盟型合作博弈。

根据联盟函数 v 的性质，联盟博弈又可分为**划分函数型**（Partition Function）联盟博弈和**特征函数型**（Characteristic Function）联盟博弈。

定义 6.3 划分函数型联盟博弈 *给定一个 n 人博弈，S 是任意联盟，如果分配效用值 $v(S)$ 不仅与联盟 S 中参与者的数量、行动有关，还与 $N\backslash S$ 中参与者的行动有关，则称联盟函数 v 具有划分函数型，这个联盟称为划分函数型联盟博弈。*

定义 6.4 特征函数型联盟博弈 *给定一个 n 人博弈，S 是任意联盟，如果分配效用值 $v(S)$ 仅与联盟 S 中参与者的数量、行动有关，而与 $N\backslash S$ 中参与者的行动无关，则称联盟函数 v 具有特征函数型，这个联盟称为特征函数型联盟博弈。*

根据特征函数的性质，联盟型合作博弈又可分为如下几类：

（1）如果 $v(S)$ 仅与 S 的数量有关，则 (N,v) 称作**对称合作博弈**；

（2）如果 $v(S)+v(N\backslash S)=v(N)$，则 (N,v) 称作**常和合作博弈**；

（3）如果 $v(S)=\begin{cases}0 & S=\{i\}\\ 1 & S=N\end{cases}$，则 (N,v) 称作**简单合作博弈**；

（4）如果 $v(S)+v(T)\leqslant v(S\cup T)+v(S\cap T)$，则 (N,v) 称作**凸博弈**。凸博弈的直观含义就是：参与者对于联盟的边际效应[5] 随着联盟的规模扩大而增加。显然，凸博弈是超加性的。

[5]边际效应指其他投入固定不变时，连续地增加某一种投入，所新增的产出或收益反而会逐渐减少。

6.2.3 合作博弈的解

合作博弈需要解决的最重要的问题是所有参与者合作时所获得的收益如何在个体参与者之间进行分配。显然，联盟的形成是建立在所有参与者对博弈中的分配方案都同意的基础上，该分配方案称为合作博弈的解。根据分配时采用的方法不同，合作博弈存在多种解。

定义 6.5 分配解 合作博弈 (N,v) 的一个分配指对 n 个参与者而言，存在一个 n 维向量 $\boldsymbol{x}=(x_1,x_2,\cdots,x_n)$ 满足：

（1）$\sum_{i=1}^{n} x_i = v(N)$

（2）$\forall i \in N, x_i \geqslant v(\{i\})$

则称 $\boldsymbol{x}=(x_1,x_2,\cdots,x_n)$ 是该博弈的一个分配解。

这两个条件表明：

（1）每个参与者在合作时分配的收益总和是组成总联盟的最大收益，称为集体理性；

（2）联盟中的每个参与者分配到的收益不小于非合作时的所得收益，称为个体理性；

合作博弈各种类型的解都属于以下两种类型之一：基于稳定性的解或者基于公平的解。核（见 6.3 节）属于基于稳定性的解；核仁（见 6.4 节）和 Shapley 值（见 6.5 节）属于基于公平性的解；同时，核与稳定集属于集值解，而 Shapley 值与核仁属于单点解。

定义 6.6 解集 对于合作博弈 (N,v)，由于 $\Delta \boldsymbol{a} = v(N) - \sum_{i=1}^{n} v(\{i\}) > 0$，存在无限个正向量 $\boldsymbol{a}=(a_1,a_2,\cdots,a_n)$，满足 $\Delta \boldsymbol{a} = \sum_{i=1}^{n} a_i$，显然 $\boldsymbol{x} = (x_1,x_2,\cdots,x_n)$ 都是分配解，其中 $x_i = v(\{i\}) + a_i, i \in N$。用 $E(v)$ 表示一个合作博弈 (N,v) 的所有分配解组成的集合。

定义 6.7 优超 合作博弈 (N,v) 的两个分配 $\boldsymbol{x}=(x_1,x_2,\cdots,x_n)$ 和 $\boldsymbol{y} = (y_1,y_2,\cdots,y_n)$，$S \subset N$，如果分配方案满足：

（1）$x_i > y_i, \forall i \in S$

（2）$\sum_{i \in S} x_i \leqslant v(S)$

则称分配 $\boldsymbol{x}$ 在联盟 S 上优超（也称强占优，Strongly Dominate）于 y，记为 $\boldsymbol{x} \succ_S \boldsymbol{y}$。单个参与者的联盟与总联盟 N 上不可能有优超关系，因此，如果在 S 上有优超关系，则 $2 \leqslant |S| \leqslant n-1$。优超关系是 $E(v)$ 上的一个偏序关系。对

于相同的联盟 S，优超关系具有传递性，即：$\boldsymbol{x} \succ_S \boldsymbol{y}, \boldsymbol{y} \succ_S \boldsymbol{z}$，则 $\boldsymbol{x} \succ_S \boldsymbol{z}$。对于不同的联盟 S，优超关系不具有传递性。

6.3 核与稳定集

本节介绍了核和稳定集的定义，并对核的计算方式进行了应用示例。

6.3.1 核的提出

显然，如果分配方案 $\boldsymbol{x}$ 在联盟上优超于 $\boldsymbol{y}$，则联盟会拒绝分配方案 $\boldsymbol{y}$，或者说，方案 $\boldsymbol{y}$ 得不到切实执行。因此，对于一个可行分配集合 $E(v)$ 而言，尽管其间有无限个分配，但很多分配是不会被执行的。或者说，只有不被优超的分配才是令参与者满意的。因此，真实可行的分配方案应该剔除劣分配方案。

定义 6.8 核 在一个 n 人合作博弈 (N, v) 中，所有不被优超的分配方案形成的集合称为博弈的核（Core），记为 $C(v)$。显然有 $C(v) \subseteq E(v)$，需要说明的是：

（1）核 $C(v)$ 是 $E(v)$ 中的一个闭的凸集；

（2）若 $C(v) \neq \emptyset$，则将 $C(v)$ 中的向量 $\boldsymbol{x}$ 作为分配，$\boldsymbol{x}$ 既满足个人理性，又满足集体理性；

（3）用核作为博弈的解，其最大缺陷是 $C(v)$ 可能是空集。

根据定义，核不仅要满足整体理性，还要满足集合 N 中每个小联盟 S 的"理性"。否则 S 的成员的整体支付便没有进行最优化。

定义 6.9 直接占优 给定合作博弈 (N, v) 的两个分配 $\boldsymbol{x} = (x_1, x_2, \cdots, x_n)$ 和 $\boldsymbol{y} = (y_1, y_2, \cdots, y_n)$，$S \subset N$，如果分配方案 $\boldsymbol{x}$ 和 $\boldsymbol{y}$ 满足：

（1）$x_i \geqslant y_i, \forall i \in S$

（2）$\sum_{i \in S} x_i = v(S)$

则称分配 $\boldsymbol{x}$ 在联盟 S 上**直接占优**（Directly Dominate，也称弱占优）于分配 $\boldsymbol{y}$，记为：$\boldsymbol{x} \succ_D^S \boldsymbol{y}$，并称联盟 S 为**改善联盟**（Improving Coalition）。这里的"占优"不是严格意义上的：只要改善联盟中有参与者情况严格变好而没有参与者严格变坏即可（不要求所有的参与者都严格变好）。

定义 6.10 间接占优 分配方案 $\boldsymbol{x}$ **间接占优**（Indirectly Dominate）于分配方案 $\boldsymbol{y}$（记为 $\boldsymbol{x} \succ_I \boldsymbol{y}$），如果 $E(v)$ 中存在有限个配置 $\{y_1, y_2, \cdots, y_m\}$，同时存在有限个联盟 $\{S_0, S_1, \cdots, S_m\}$，满足 $\boldsymbol{y}_1 \succ_D^{S_0} \boldsymbol{y}$；$\boldsymbol{y}_j \succ_D^{S_{j-1}} \boldsymbol{y}_{j-1}, j = 2, 3, \cdots, m$；$\boldsymbol{x} \succ_D^{S_m} \boldsymbol{y}_m$。

令 K 是可行分配方案的集合，如果 K 中不存在间接占优于 K 中其他分配方案的方案，则称 K 是**间接内部稳定**（Indirectly Internal Stability）的；如果对于任意不在 K 中的配置，K 都存在分配方案能够间接占优于它，则称 K 是**间接外部稳定**（Indirectly External Stability）的。

可以证明：在任意核非空的联盟型可转移效用合作博弈中，对于任意不在核的分配方案，都被核中的某分配方案所间接占优。核是同时符合间接内部稳定和间接外部稳定的集合[78]。

6.3.2 核的计算方式

吉尔斯（DB. Gillies）于 20 世纪 50 年代提出了核的概念，可以认为核是最早出现的合作博弈的解，同时它也是其他解出现的基础。定理 6.1 是用于求解博弈核的基础。

定理 6.1 n 人合作博弈 (N, v) 中的核由所有满足以下条件的 n 维分配向量 $\boldsymbol{x} = (x_1, x_2, \cdots, x_n)$ 组成：

（1）$\sum_{i \in S} x_i \geqslant v(S), \forall S \subset N$

（2）$\sum_{i \in N} x_i = v(N)$

以下用一个具体的例子来说明如何求解核。

例 6.1 三人社会合作

用 $N = \{1, 2, 3\}$ 代表三个人的集合，如果三人合作组成一个三人大联盟，那么能创造出 30 个单位的总收益。而如果其中二人合作并组成联盟（另外一个人独自为政），那么这两个人能创造出 $a, a \in (12, 30)$ 且 $a \in \mathbb{N}$ 个单位的获益（且该 a 个单位的获益仅供二人分享），而剩下的独自为政的人只能创造出 6 个单位的获益。

解：现在将以上的三人社会转换为一个支付可转移的联盟博弈：（1）$v(\emptyset) = 0$；（2）$v(\{i\}) = 6, i \in N$；（3）当 $|S| = 2$ 时，$v(S) = a$；（4）当 $|S| = 3$ 时，$v(S) = 30$。

其中 $|S|$ 代表联盟 S 的成员数。由于这个博弈共有三位局中人，因而核是一个由非负支付向量 $(\boldsymbol{x}_1,\boldsymbol{x}_2,\boldsymbol{x}_3)$ 所组成的集合。在此博弈中，核要满足整体理性，即

$$x(N)=30$$

同时，核要满足一位或者两位博弈者所组成的小联盟 S 的理性，即

$$x(S)\geqslant a,|S|=2$$
$$x(S)\geqslant 6,|S|=1$$

当 $a<20$，核便是由无数个支付向量所组成，即

$$(6+a_1,6+a_2,6+a_3)\,,a_i\in(0,24-a),i\in N,\sum_{i\in N}a_i=12$$

即：每位博弈者至少可以获得独自为政时的支付，但最多只可以得到整体合作下和其他二人合作下的利益差。

当 $a=20$，核便只包括一个支付向量 $(10,10,10)$。

当 $a>20$，核为空，即这个社会不存在合作方案。

6.3.3 稳定集

定义 6.11 稳定集 在一个 n 人合作博弈 (N,v) 中，分配集 $X\subset E(v)$ 称为稳定集（Stable Set），当且仅当 X 既符合内部稳定性，也符合外部稳定性。即：

（1）若分配方案 $\boldsymbol{x},\boldsymbol{y}\in X$，则 $\boldsymbol{x}$ 不能优超 $\boldsymbol{y}$，$\boldsymbol{y}$ 不能优超 $\boldsymbol{x}$；

（2）若 $\boldsymbol{y}\notin X$，则存在 $\boldsymbol{x},\boldsymbol{x}\in X$ 使得 $\boldsymbol{x}\succ_S\boldsymbol{y}$。

上述定义的第一个条件，被称为**内部稳定性**（Internal Stability），即集合中任意两个分配不存在强占优关系；第二个条件被称为**外部稳定性**（External Stability），即对于集合外的任意分配，联盟 S 都存在某分配占优于集合外的分配。

显然，核是比稳定集更强的一个概念。同时符合间接内部稳定性和间接外部稳定性的解一定同时满足内部稳定性和外部稳定性，反之则不然。这一点可总结为定理 6.2。

定理 6.2 在一个 n 人合作博弈 (N,v) 中，假设其稳定集为 X，核为 $C(v)$，则

$$C(v) \subseteq X$$

尽管稳定集的存在性比核要强一些，但也并不总是存在的，而且即使存在，也有可能不唯一。下面将基于一个例子介绍一下三人零和博弈下的稳定集求解方法。

例 6.2 设有三人 A、B、C 零和博弈，其中任何两个人结盟后，都可从剩下的那个未加盟的局中人手中得到 1 个单位的收入。因此，博弈的特征函数为

$$\begin{cases} v(\emptyset) = v(I) = 0 \\ v(\{1\}) = v(\{2\}) = v(\{3\}) = -1 \\ v(\{1,2\}) = v(\{2,3\}) = v(\{1,3\}) = 1 \end{cases}$$

解：假定二人联盟内成员将平均分配联盟的总收入，于是：

（1）如果 A 和 B 结盟，则分配 $a = (1/2, 1/2, -1)$ 是合理的，否则：令其他方法 $a^* = (1/2+\epsilon, 1/2-\epsilon, -1)$，如果 $\epsilon > 0$，则 B 不满意，会产生脱离 A 的动机（转而和 C 结盟）；如果 $\epsilon < 0$，则 A 不满意，会产生脱离 B 的动机（转而和 C 结盟）；

同样道理可得：

（2）如果 A 和 C 结盟，则分配 $b = (1/2, -1, 1/2)$ 是合理的；

（3）如果 B 和 C 结盟，则分配 $c = (-1, 1/2, 1/2)$ 是合理的。

综上所述，$W = \{a, b, c\}$ 是稳定集，因为：

（1）a,b,c 之间没有优超关系；

（2）对于 W 之外的任何一个分配，必然被 W 中某个方案优超。

稳定集作为博弈解的不足之处在于：

（1）这种解不能指导局中人如何进行决策；

（2）它不像核那样是唯一确定的一个集合，一个博弈可以有多个不同的稳定集，而要找出所有的稳定集，则是十分困难的事情；

（3）表面上看稳定集似乎不会是空集，然而卢卡斯（W. F. Lucas）在 1968 年发现了一个没有稳定集的 10 人合作博弈 [59]，这个反例使得稳定集作为博弈解也遇到了与核类似的困难。

6.4 核仁

本节介绍核仁（Nucleolus）的定义，并对其计算方式进行应用示例。

6.4.1 核仁的提出

为了定义核仁，首先要给出剩余（也称“超出值”）的定义。

定义 6.12 剩余 对于 n 人合作博弈 (N,v)，S 为一个联盟，$\boldsymbol{x}=(x_1,x_2,\cdots,x_n)$ 是一个收益向量（不一定是一个分配），令 $\boldsymbol{x}(S)=\sum_{i\in S}x_i$，$e(S,\boldsymbol{x})=v(S)-\boldsymbol{x}(S)$，则 $e(S,\boldsymbol{x})$ 为联盟 S 关于 $\boldsymbol{x}$ 的剩余。

$e(S,\boldsymbol{x})$ 的存在说明合作博弈的参与者采用向量 $\boldsymbol{x}$ 进行分配时不能实现联盟 S 收益的完全分配，即会产生某种损失。$e(S,\boldsymbol{x})$ 的数值越大，则联盟 S 中的参与者总损失越大，每个参与者承担的损失就越大，参与者对分配向量 $\boldsymbol{x}$ 就越不满意。所以，超出值 $e(S,\boldsymbol{x})$ 也可以用来衡量参与者或者联盟对于分配向量的满意度，核仁的基本思想是找到一个分配向量 $\boldsymbol{x}$ 使所有联盟的不满意度最小。

对于一个 n 人合作博弈 (N,v)，存在 2^n 种联盟的组合，设该博弈中的任意一种分配方案为 $\boldsymbol{x}$，因此 $e(S,\boldsymbol{x})$ 的数量也为 2^n。假设 $\boldsymbol{x}$ 和 $\boldsymbol{y}$ 是 (N,v) 中两个不同联盟的分配向量，分别计算两个联盟的剩余 $e(S,\boldsymbol{x})$ 和 $e(S,\boldsymbol{y})$，则剩余小的为更优分配。将联盟所有的剩余值按照从大到小排序，得到一个 2^n 的向量：

$$\theta(\boldsymbol{x})=(\theta_1(\boldsymbol{x}),\theta_2(\boldsymbol{x}),\cdots,\theta_{2^n}(\boldsymbol{x})) \tag{6.1}$$

其中 $\theta_j(\boldsymbol{x})=e(\theta_j,\boldsymbol{x}),j=1,2,\cdots,2^n,\theta_1(\boldsymbol{x})\geqslant\theta_2(\boldsymbol{x})\geqslant\cdots\geqslant\theta_{2^n}(\boldsymbol{x})$。

对于两个不同的分配 $\boldsymbol{x}$、$\boldsymbol{y}$，分别计算出 $\theta(\boldsymbol{x})$、$\theta(\boldsymbol{y})$。如果 $\theta(\boldsymbol{x})$ 较小，则联盟对 $\boldsymbol{x}$ 的满意度大于联盟对 $\boldsymbol{y}$ 的满意度，自然 $\boldsymbol{x}$ 优于 $\boldsymbol{y}$。当然这种向量大小的比较不同于数字的比较，是采用字典序的比较方法。字典序的比较方法如下：

对于向量 $\theta(\boldsymbol{x})=(\theta_1(\boldsymbol{x}),\theta_2(\boldsymbol{x}),\cdots,\theta_{2^n}(\boldsymbol{x}))$ 和 $\theta(\boldsymbol{y})=(\theta_1(\boldsymbol{y}),\theta_2(\boldsymbol{y}),\cdots,\theta_{2^n}(\boldsymbol{y}))$，存在一个下标 k，使得 $\theta_j(\boldsymbol{x})=\theta_j(\boldsymbol{y}),1\leqslant j\leqslant k-1$，$\theta_k(\boldsymbol{x})<\theta_k(\boldsymbol{y})$，则称 $\theta(\boldsymbol{x})$ 字典序小于 $\theta(\boldsymbol{y})$，表示为 $\theta(\boldsymbol{x})\prec\theta(\boldsymbol{y})$。

定义 6.13 核仁 对于 n 人合作博弈 (N,v)，核仁指集合 $\ddot{N}$：

$$\ddot{N}(v)=\{\boldsymbol{x}\mid\boldsymbol{x}\in E(v):\theta(\boldsymbol{x})\prec\theta(\boldsymbol{y}),\forall\boldsymbol{y}\in E(v),\boldsymbol{y}\neq\boldsymbol{x}\} \tag{6.2}$$

即任取一个 $\boldsymbol{x} \in \ddot{N}(v)$，$\theta(\boldsymbol{x})$ 都是字典序最小的。

6.4.2 核仁的计算方式

施迈德勒 (David Schmeidler) 给出了以下关于核仁的 4 条性质 [77]，细则以及对应的理解如表 6.1 所示。

表 6.1　核仁的性质

	性质描述	说明
性质 1	核仁解具有群体合理性和个体合理性	核仁解满足合作博弈解的一般要求
性质 2	一个合作博弈的核仁由唯一一个分配向量构成	核仁具有“存在且唯一”的特征，但是求解过程非常困难
性质 3	若合作博弈有核，则核仁解包含于核解	给出了求解核仁的思路：先求核，再求核仁
性质 4	核仁解中处于对称地位的参与者分配的收益相同	在合作博弈中的参与者应当被平等对待，当他们在联盟中地位相同时，所获收益不应当有区别

以下给出一个“先求核，再求核仁”的示例。

例 6.3　假设有 A、B、C 三人经商：(1) 若 A 独自经商，每人能获利 4 万元；(2) 若 B 或 C 独自经商，每人能获利 0 万元；(3) 若 A 和 B 合作，可获利 5 万元；(4) 若 A 和 C 合作，可获利 7 万元；(5) 若 B 和 C 合作，可获利 6 万元；(6) 若三人一起合作，可获利 10 万元；

求该博弈的核仁。

解：根据题目条件将博弈的特征函数表述如表 6.2 所示。

表 6.2　特征函数

S	A	B	C	A+B	A+C	B+C	A+B+C	$\emptyset$
$v(S)$	4	0	0	5	7	6	10	0

先求核，令 $\boldsymbol{x} = (x_1, x_2, x_3) \in C(v)$ 表示 A、B、C 的分配，根据核的充要条件：

$$
\begin{cases}
x_1 \geqslant 4, x_i \geqslant 0, i = 2,3 \\
x_1 + x_2 \geqslant 5 \\
x_1 + x_3 \geqslant 7 \\
x_2 + x_3 \geqslant 6 \\
x_1 + x_2 + x_3 = 10
\end{cases}
$$

解此不等式，得到 $C(v) = (4, 6-a, a), 3 \leqslant a \leqslant 5$，求 $e(S,\boldsymbol{x}) = v(S) - \sum_{i\in S} x_i, x_i \in C(v)$，见表 6.3。

表 6.3 $e(S,\boldsymbol{x})$ 的计算步骤

	S	$v(S)$	$e(S,\boldsymbol{x})$
S_1	{A}	4	$4-4=0$
S_2	{B}	0	$0-(6-a)=a-6$
S_3	{C}	0	$0-(a)=-a$
S_4	{A,B}	5	$5-(4+6-a)=a-5$
S_5	{A,C}	7	$7-(4+a)=3-a$
S_6	{B,C}	6	$6-(6-a+a)=0$
S_7	{A,B,C}	10	$10-(4+6-a+a)=0$

$e(S,\boldsymbol{x})$ 的取值是 $\{a-6, -a, a-5, 3-a, 0\}$，核是不满意度最小的那个，即 $e(S,\boldsymbol{x})$ 最大情况下的最小值，先求其 $e(S,\boldsymbol{x})$ 最大值（最坏情况），再求该情况下的最小值：

（1）由于 $a-6 < a-5$ 且 $-a < a-5$，所以 $e(S,\boldsymbol{x})$ 最大的不满意度是 $\max\{a-5, 3-a\}$；

（2）$\max\{a-5, 3-a\}$ 最小值是 $a=4$ 时，即：当 $3 \leqslant a \leqslant 5$，$\theta_1 = \min \max\limits_{3\leqslant a\leqslant 5}\{a-5, 3-a\}$，求得 $a=4$，故核仁为 $\ddot{N} = \{4, 2, 4\}$。

6.4.3 计算实例

社会本就是由多个不同的利益群体组成的，强者和弱者是最为敏感的关系。保护弱者不仅是社会的进步，还是全社会人们的义务和责任。特别是在资源不足的态势下进行资源分配时，保护弱者就更加重要。如何保护呢？下面给出一个塔

木德财产继承案的具体实例加以说明，因为其分配方法不仅具有“保护弱者”的性质，也符合核仁的概念（使不满意度最小）。

1. 塔木德遗产继承问题

1985 年，两位经济学家罗伯特·苏蔓（Roobert J Aumann）和迈克尔·马希勒（Michael Maschler）对来自《塔木德》[6] 中的财产继承案进行博弈理论分析 [12]，成功地解决了这个问题。这个财产继承案的原型如下。

一个富翁娶了 3 位妻子，娶妻时承诺，如果自己死亡或者离婚，三位妻子可分别获得 100、200 和 300 个金币。后来这位富翁去世了，但是这位富翁并没有留下足够的遗产（令为 x），那么如何根据承诺来公平地分配 x 呢？

《塔木德》给出的解决方案是：

（1）如果 $x = 100$，则 3 位妻子平分，分别分得：100/3、100/3、100/3；

（2）如果 $x = 200$，则 3 位妻子分别分得：50、75、75；

（3）如果 $x = 300$，则 3 位妻子分别分得：50、100、150。

两位经济学家从现代博弈论的角度分析了《塔木德》分配方案的合理性（后文会有专门推导），我们可以看出，这种分配方案特别表现了“当资产有限的时候，保护弱者”的动机。体现在：当遗产在 300 以下的时候并没有按照承诺书的比例来进行（因为如果按比例的话，第一位妻子获得的太少了）。

《塔木德》的分配方案基于了一种原则“争议部分均分法”（Equal Division of the Contested Sum），具体体现在：

（1）争执双方（遗产继承、债券继承等）只分割有争议的部分，不涉及无争议的部分；

（2）争执中债权更高的声明者不得少于债权较低声明者的所得。

2. 二人争产问题

二人争产问题可描述如下：设债权人 A 与 B 要求获得的财产分别为 $c(1)$, $c(2), c(1) \leqslant c(2)$，可供分配的总财产为 E。

债权人所要求的总财产为 $c(1,2) = c(1) + c(2)$，令 A 与 B 能分到的财产为 $x(1), x(2)$。按照文献 [10] 的分配方案：

（1）当 $E \leqslant c(1)$ 时，两人平分 E；

[6]《塔木德》是由塔木德（Talmud）编写的书籍，2 世纪末—6 世纪初由 Mesorah Pubns Ltd 出版社出版。

（2）当 $c(1) \leqslant E \leqslant E_1$ 时，增长部分全部给 B（备注：E_1 是一个临界点，此时，A 和 B 的损失相同）；

（3）当 $E > E_1$ 时，增长部分仍然由两人平分。

这个原则可以用表 6.4 来表示。

表 6.4　两人争产分配原则

	A	B	备注
	$c(1)$	$c(2)$	
$E \leqslant c(1)$	$x(1) = \dfrac{E}{2}$	$x(2) = \dfrac{E}{2}$	两人都对全部财产提出声明，所以采取平均分
$c(1) < E \leqslant c(2)$	$x(1) = \dfrac{c(1)}{2}$	$x(2) = E - \dfrac{c(1)}{2}$	B 声明获得全部财产，A 声明为 $c(1)$，所以 A 获得声明值的一半，剩下的都给 B
$E > c(2)$	$x(1) = \dfrac{E + c(1) - c(2)}{2}$ $x(2) = \dfrac{E + c(2) - c(1)}{2}$		AB 先分无争议的部分，即 A 分得 $E - c(2)$，B 分得 $E - c(1)$，剩余 $c(2) + c(1) - E$ 由两者均分

表 6.4 中，当 $E = c(2)$ 时，$x(1) = \frac{c(1)}{2}$，$x(2) = c(2) - \frac{c(1)}{2}$，此时 A 的损失是 $\frac{c(1)}{2}$，B 的损失也是 $\frac{c(1)}{2}$，即此时 A 和 B 损失相同。

下面举一个具体的例子。

例 6.4　设债权人 A 和 B 分别要求获得的财产是 $c(1) = 30$ 和 $c(2) = 70$，$E = 10 \sim 100$，基数为 10，每次递增 10，计算塔木德计算方案，具体数值如表 6.5 所示。

3. 三人争产问题

三人争产问题可描述如下：设债权人 A、B、C 分别要求获得的财产分为 $c(1), c(2), c(3), c(1) \leqslant c(2) \leqslant c(3)$，可供分配的总财产为 E。

债权人所要求的总财产为 $c(1,2,3) = c(1) + c(2) + c(3)$，令 A、B 与 C 能分到的财产为 $x(1), x(2), x(3)$。

第一分界点 $E^{*} = c(1) \times \frac{3}{2}$；

第三分界点 $E^{**} = c(1,2,3) - c(1) \times \frac{3}{2}$。

可以将三人争产问题转换为两个“二人争产问题”加以解决，具体思路是：

（1）$E \leqslant E^{*}$ 时，采取平均分配方式；

表 6.5　两人争产计算步骤

	A	B	备注
	$c(1)=30$	$c(2)=70$	
10	5	5	
20	10	10	
30	15	15	$E=c(1)$ 被称为第一分界点，记为 E^*，意义是：$E<E^*$ 时，二人是均分的；$E>E^*$ 时，两者的分配差距拉开
40	15	25	
50	15	35	$E=\dfrac{c(1)+c(2)}{2}$ 被称为第二分界点，此时是总债务的一半
60	15	45	
70	15	55	$E=c(2)$ 被称为第三分界点，记为 E^{**}，此时 A 和 B 损失一致
80	20	60	
90	25	65	
100	30	70	

（2）$E>E^{**}$ 时，总财产继续增长的部分由三个债权人平分，对应的分配方案是：

$$x(E)=\left(x(1)+\frac{d}{3},x(2)+\frac{d}{3},x(3)+\frac{d}{3}\right)$$

（3）$E^*<E\leqslant E^{**}$ 时，将三人争产问题转化为二人争产问题，具体步骤如下。

首先，先将 A、B、C 三人分为两组：$\{A\}$、$\{B,C\}$，分组原则：声明最少的单独为一组，其他人为另一组，其要求获得的财产分别是：$c(1),c(2)+c(3)$；

其次，由于 $\{B，C\}$ 要求获得的财产 $c(2)+c(3)>c(1)$，所以争议为 $\{A\}$ 要求获得的 $c(1)$，即 $\{A\}$ 获得声明部分的一半，即 $\frac{c(1)}{2}$；$\{B,C\}$ 获得剩余的部分，即 $E-\frac{c(1)}{2}$，然后再按照二人争产问题的塔木德算法，在 $\{B,C\}$ 继续进行二次分配。

下面举一个具体的例子。

例 6.5　设债权人 A、B、C 分别要求获得的财产分为 $c(1)=100,c(2)=200,c(3)=300$，待分配的总财产为 $E=100\sim600$，基数为 100，每次递增 50。

解：按照上述算法思路，

三人声明的总债权是 $c(1,2,3) = c(1) + c(2) + c(3) = 600$；

第一分界点 $E^{*} = c(1) \times \frac{3}{2} = 150$；

第三分界点 $E^{**} = c(1,2,3) - c(1) \times \frac{3}{2} = 450$。

具体数值如表 6.6 所示。

表 6.6　三人争产计算步骤

	A	B	C	备注
	$c(1) = 100$	$c(2) = 200$	$c(3) = 300$	
100	$\frac{100}{3}$	$\frac{100}{3}$	$\frac{100}{3}$	
150	50	50	50	第一分界点
200	50	75	75	
250	50	100	100	
300	50	100	150	
350	50	100	200	
400	50	125	225	
450	50	150	250	第三分界点
500	$66\frac{2}{3}$	$166\frac{2}{3}$	$266\frac{2}{3}$	
550	$83\frac{1}{3}$	$183\frac{1}{3}$	$283\frac{1}{3}$	
600	100	200	300	

对照表 6.6 中的 $E = 100$、$E = 200$ 和 $E = 300$ 对应的分配方案，可以发现，它和前文提及的塔木德财产继承案分配方案完全一致。

上述计算相对烦琐，Marek Kaminski 教授在 2000 年提出的液压分配方法（Hydraulic Rationing）利用图示法很好地解决了这个问题[55]。

以三人遗产为例：设债权人 A、B、C 分别要求获得的财产分为 $c(1) = 100, c(2) = 200, c(3) = 300$，可供分配的总财产为 E。令 A、B 与 C 能分到的财产为 $x(1), x(2), x(3)$。

液压分配方法如图 6.1 所示，Kaminski 教授把遗产价值换成液体（比如“油”）装在储油罐中，$c(1), c(2), c(3)$ 分别是三个底为 1、高为 $\max\{c(1), c(2), c(3)\}$ 的油桶，所有油桶都被分成上下等量的两份，中间以皮管相连，最后，储油罐和油桶用输油管相连，皮管体积忽略不计，最后打开油罐中的油阀，每个人所分财产则为其相应的油桶所得的分配。

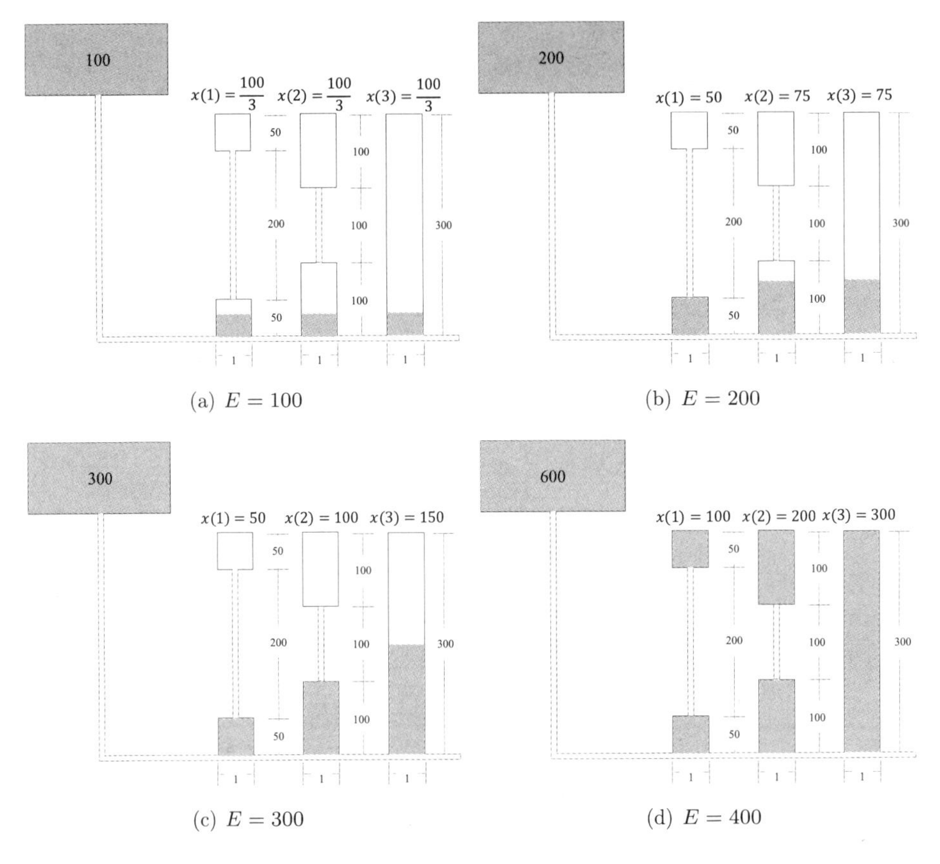

(a) $E = 100$

(b) $E = 200$

(c) $E = 300$

(d) $E = 400$

图 6.1　液压分配方法示例（其中 $c(1) = 100, c(2) = 200, c(3) = 300$）

6.5 Shapley 值

本节介绍 Shapley 值的定义及其计算方式，并给出一个计算实例。

6.5.1 Shapley 值的提出

如前所述，合作博弈的核可能是空集，而且，如果不是空集，核分配方案也有可能不唯一。有唯一值的解的概念，被称为“值”，Shapley 值便是其中的典型代表。目前，Shapley 值已经得到了广泛的研究，并且在经济、政治以及计算机技术应用等领域有大量的应用。

定义 $\mathrm{SC}_i = c(N) - c(N\backslash i)$ 为参与者 i 的可分成本，即为了给参与者 i 提供服务所需要额外增加的成本。按照这个定义可以计算出所有参与者的可分成本，则剩下的部分自然就是不可分成本，记为 NSC。NSC 计算公式为

$$\mathrm{NSC} = c(N) - \sum_{i \in N}(c(N) - c(N\backslash i)) \tag{6.3}$$

需要注意的是 NSC 可能为正，也可能为负。

定义 6.14 不可分成本的平均分摊解 不可分成本的平均分摊解（Equal Allocation of Nonseparable Costs，EANS）是

$$x_i = \mathrm{SC}_i + \frac{1}{n}\mathrm{NSC} = \frac{1}{n}\left[c(N) + \sum_{j \in N} c(N\backslash j)\right] - c(N\backslash i) \tag{6.4}$$

EANS 的分摊方法非常直观，就是每个参与者承担各自的可分成本，然后把不可分成本在所有参与者之间进行平均分配。如果将上述的成本换成获益，就成为不可分获益的平均分摊解。这种分摊方法适合于所有的可转移效用合作博弈。

EANS 的一个明显不足就是它忽略了除大联盟和包含 $(n-1)$ 个参与者的联盟以外的其他联盟，而这些包含参与者数较少的联盟很可能会对分配的结果产生影响。与此相反，Shapley 值的一个优点就是它将成本或获益按照所有的边际贡献进行分摊，即：参与者 i 所应承担的成本或所应获得的获益等于该参与者对每一个它参与的联盟的边际贡献的平均值。

6.5.2 Shapley 值的计算方式

针对获益分配或成本分摊问题，1953 年，夏普利归纳出三条基本原则，即在 n 人合作博弈 (N, v) 中，参与者 i 从 n 人大联盟所得的获益 $\varphi_i(v)$ 应当满足的基本性质（用公理化形式表示），进而证明满足这些基本性质的合作博弈解是唯一存在的，从而妥善地解决了问题。这三条分配原则如下。

（1）对称性原则：每个参与者获得的分配与他在集合 $N = \{1, 2, \cdots, n\}$ 中的排列位置无关；

（2）有效性原则：若参与者对他所在的联盟无贡献，则给他的分配为 0，即：任意 $i \in S \subseteq N$，若 $v(S) = v(S\backslash\{i\})$，则 $\varphi_i(v) = 0$。除此之外，有效性原则还包括完全分配原则（所有获益全部分完），即：$\sum_{i\in N}\varphi_i(v) = v(N)$；

（3）可加性原则：n 人同时进行两项互不影响的合作，则两项合作的分配也应该互不影响，每人的分配额是两项单独合作进行时的应分配数之和，即：对 N 上任意两个特征函数 u 和 v，则 $\varphi(u+v) = \varphi(u) + \varphi(v)$。

满足上述三条分配原则的 $\varphi_i(v)$ 称为 Shapley 值。

定理 6.3 对每个博弈 (N, v) 存在唯一的 Shapley 值 $\varphi(v) = (\varphi_1(v), \varphi_2(v), \cdots, \varphi_n(v))$，其中：

$$\varphi_i(v) = \sum_{s\subseteq N; i\in S} \frac{(|S|-1)!(n-|S|)!}{n!}(v(S) - v(S\backslash\{i\})) \tag{6.5}$$

其中 $|S|$ 表示联盟 S 的参与者数，$v(\emptyset) = 0$。

Shapley 值的主要特点在于其必定存在，并且是唯一的。需要注意的是，Shapley 值可能不是一个分配，即可能不满足理性约束 $\varphi_i(v) > v(\{i\})$。Shapley 值的思想可以从概率的角度来理解。

（1）假设参与者按照随机顺序形成联盟，每种顺序发生的概率相等，均为 $\frac{1}{n!}$；

（2）参与者 i 与其前面 $(|S|-1)$ 的人形成联盟 S，参与者 i 对该联盟的边际贡献为 $(v(S) - v(S\backslash\{i\}))$；

（3）由于 $S\backslash\{i\}$ 与 $N\backslash S$ 的参与者共有 $(|S|-1)!(n-|S|)!$ 种，因此，每种排序出现的概率就是 $\frac{(|S|-1)!(n-|S|)!}{n!}$。

综上，参与者 i 在联盟 S 中的边际贡献的期望获益就是 Shapley 值。

6.5.3 计算实例

Shapley 值在很多领域都得到了广泛的应用，本节给出一个具体的计算实例。

例 6.6 三人合作经商的利益分配

假设有 A、B、C 三人经商：（1）若每个人独自经商，每人能获利 1 万元；（2）若 A 和 B 合作，可获利 7 万元；（3）若 A 和 C 合作，可获利 5 万元；（4）若 B 和 C 合作，可获利 4 万元；（5）若三人一起合作，可获利 10 万元。

问：三人合作时如何合理分配 10 万元的获益？

解：根据题目条件，博弈的特征函数表述如表 6.7 所示。

表 6.7　特征函数

S	A	B	C	A+B	A+C	B+C	A+B+C	$\emptyset$
$v(S)$	1	1	1	7	5	4	10	0

由表 6.7 可知：$v(ABC)$=10，且：（1）$v(ABC)>v(AB)+v(C)$；（2）$v(ABC)>v(BC)+v(A)$；（3）$v(ABC)>v(AC)+v(B)$；即：三人合作获益最大。本题的目标是设计一个分配方案：

$$\varphi(v)=(\varphi_A(v),\varphi_B(v),\varphi_C(v))$$

利用 Shapley 值的计算工具，可以计算出参与者 A 的分配值 $\varphi_A(v)=4$，见表 6.8。同理可以计算出参与者 B 和 C 的分配值分别是 $\varphi_B(v)=3.5$，$\varphi_C(v)=2.5$。

表 6.8　Shapley 值计算示意

S	A	A+B	A+C	A+B+C
$v(S)$	1	7	5	10
$v(S\backslash A)$	0	1	1	4
$v(S)-v(S\backslash A)$	1	6	4	6
$\|S\|$	1	2	2	3
$(n-\|S\|)!(\|S\|-1)!$	2	1	1	2
$\frac{(\|S\|-1)!(n-\|S\|)!}{n!}$	1/3	1/6	1/6	1/3
$\varphi_A(v)$	4			

综上，三人合作经商的利益分配方案是

$$\varphi(v)=(\varphi_A(v),\varphi_B(v),\varphi_C(v))=(4,3.5,2.5)$$

6.6　社会选择

社会选择理论、博弈论与机制设计理论也被认为是研究诸如“人类社会是怎样运行的、人们生活的目标是什么、通过什么样的方式实现这样目标”的标准工具。图 6.2 所示的 Mount-Reiter 三角表示的是由社会选择理论、博弈论与机制设计理论所构成的社会科学标准范式：

（1）博弈论研究人们的行为如何相互影响，即人们是如何在相互作用下做出自己的行为选择和行为决策的；

（2）社会选择理论研究的是对于每一种社会环境（Environment，E），我们能否以及如何确定一个满足价值规范的社会目标或收益（Outcome，O）集合；

（3）如果（1）的回答是肯定的，并且认可人们是按照博弈论所刻画的方式进行行为决策的，那么，机制设计理论则探讨能否以及如何提供一个博弈框架（Game Form，GF），使得在这个框架下的博弈均衡解在社会选择目标的集合中。

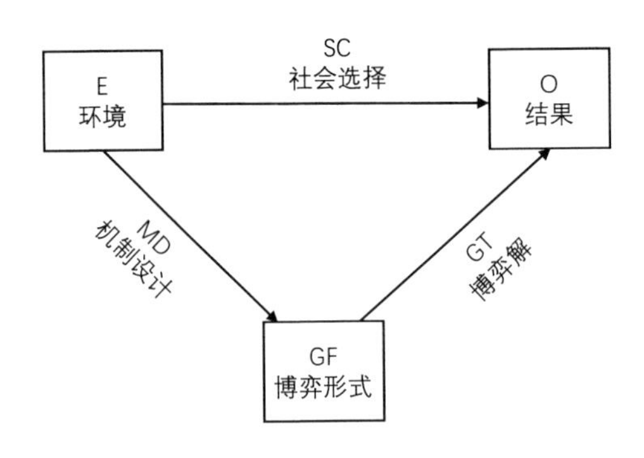

图 6.2　Mount-Reiter 三角

通常假设每个个体都有自身偏好（Individual Preference），社会选择理论就是从一组看似合理的社会选择公理出发，对个人意见、偏好、利益或福利进行概括，以形成社会福利函数，从而达到某种意义上的集体决策或社会福利的理论框架。

如何以透明而合理的方式做出这类决策？是否存在一个确定的评价标准还是有若干可以选择的标准？是否可能存在被称为社会福利函数的构造来说明社会福利是这个社会所有成员的个体福利水平的一个函数？以及如果存在这个函数的话，如何获得这个函数[7]。因此，关于社会选择的研究，很大程度上是在寻找“最优公共选择公理”并形成社会福利函数。

社会选择理论主要分析个人偏好和集体选择之间的关系，研究可以对不同社会状态进行公正的排序或者以其他方式加以评价的方法，借此调和个体价值与集体价值的冲突。社会选择理论不仅适用于政治等公共领域，也适用于文化、体育等社会活动中的选优与排名，对于提高社会决策效率和增强社会福利水平有重要价值。

6.6.1 社会选择理论的提出

社会是由有理性的个人组成的，每个人都有自己的价值偏好和评价标准，且这些偏好和标准往往是相互矛盾和冲突的。在坚持个人理性的前提下和尊重个人价值偏好的基础上，如何建立一种社会偏好和社会选择标准，为人们的社会决策和行为选择提供依据，就是社会选择理论的研究内容。

目前关于社会选择理论的定义和理解有如下四个研究视角。

1. 偏好论

社会选择理论主要研究个人偏好与集体选择之间的关系、社会各项决策能否反映并满足个人偏好。基于此种视角的研究持有的主要观点有：

（1）人是有理性的，每个人都有自己的价值偏好和评价标准；

（2）个人之间的偏好和标准往往是相互矛盾和冲突的；

（3）社会选择理论研究将有差别的个人偏好汇集成一个最终的社会偏好的问题。

2. 福利论

社会选择理论建立的是基于个人价值和集体决策之间的关系，其基本的问题是社会的偏好能否在总体上从其成员的偏好推断出来。如果可以，那么应该如何推导，即是否可以对不同的社会形态进行评价，从而形成有关的社会福利政策。因此社会选择理论是福利经济学的基础内容。基于此种视角的研究持有的主要观点有以下几种。

（1）整个社会是由个人组成的，每个人都有自己的价值偏好，从而形成一套自我的评价标准；

（2）在福利经济学中，核心的内容是如何建立一套社会的评价标准；

（3）社会选择理论就是研究如何在尊重个人价值偏好的基础上建立一种社会偏好或社会选择标准。

3. 决策论

社会选择就是把社会中各成员的偏好模式集结成单一的、社会整体的偏好，因此，社会选择是典型的集体决策问题。从决策学的角度分析，虽然社会选择属于集体决策，但是社会选择不同于集体决策，具体区别见表 6.9。

表 6.9 社会选择理论与集体决策理论的区别

不同点	社会选择理论	集体决策理论
研究对象不同	研究个体之间有利益冲突的群体的决策过程	研究个体之间没有利益冲突（或利益冲突可以忽略）的群体的决策过程
研究目的不同	为了最大化社会福利函数或满足某些规范标准，从而整合个人偏好的问题	拥有共同利益、不同的信息和决策能力的群体成员如何联合起来充分利用群体成员的决策资源做出最佳决策
决策目标不同	价值导向的，其意义存在于其集结的规则和过程本身之中，追求的是集结规则和过程本身的公平合理。而集结的结果只体现了个体的偏好和相互之间的利益协调，并无客观上的正误之分	目标取向的，其决策结果的正误与优劣是可以客观衡量的，因而个体的方案选择及最终的集结结果一般有客观上的正误之分

4. 投票论

社会选择理论研究的是个人价值与社会选择之间的冲突与一致性的条件，又因为市场机制的本质是用货币来投票，理性的社会选择问题可以用投票模型描述，所以社会选择理论不仅适用于政治等公共领域，也适用于社会活动的其他方面，如在国际组织、政府机关的评估和决策以及在文化、教育和体育活动中的选优和排名等，各种社会选择规则都起着重要的作用。

总体而言，所谓社会选择，在数学上表达为一个建立在所有个人偏好上的函数，该函数代表了一定的价值规范，比如公民主权、全体性、匿名性、目标中性、帕累托最优性、无独裁性。其核心在于把个人偏好变为社会偏好，把个人选择上升为社会选择。常用的集体选择规则包括：简单多数原则、波尔达排列-排序规则、功利主义方法、最大化最不利人的处境、最大化效用的乘积等[4]，事实上还有更多的其他分析方法，此处不再详述。

社会选择最重要的问题是：这些价值规范之间逻辑上是否协调。在这个意义上而言，社会选择领域一直被笼罩在两个不可能定理的巨大身影下，即阿罗不可能性定理和森的帕累托自由不可能定理。

6.6.2 阿罗不可能性定理

社会选择的思想渊源出现得很早，从公元前 4 世纪古希腊的柏拉图（Plato）、亚理斯多德（Aristotle）和古印度的考底利耶（Kautilya）开始研究民主决策开始，到中世纪雷蒙（Ramon）和努拉斯（Nuolas）对投票规则的探索，特别是在18世纪法国革命时期人们对民主的要求日益高涨，法国思想家孔多塞（Condorcet）就提出过著名的“投票悖论”，反映了直观上良好的“民主程序”潜在的不协调。

例 6.7 投票悖论实例

假设甲乙丙三人，面对ABC三个备选方案，有如下的偏好排序：甲（A>B>C）、乙（B>C>A）、丙（C>A>B）。

解：以下分三步将上述偏好在两两之间进行偏好次序排列，然后进行汇总。

参见表6.10（最后一行），三个社会偏好次序是：（A>B）、（B>C）、（C>A），即通过投票得到：社会偏好A胜于B、偏好B胜于C、偏好C胜于A，显然这种社会偏好次序包含内在的矛盾。

表 6.10 偏好排列

	A 和 B 对决	B 和 C 对决	A 和 C 对决
甲	（A>B）	（B>C）	（A>C）
乙	（B>A）	（B>C）	（C>A）
丙	（A>B）	（C>B）	（C>A）
投票次序排列	（A>B）	（B>C）	（C>A）

1972年肯尼思·阿罗（Kenneth Arrow）在20世纪50年代出版的著作《社会选择与个人价值》中，运用数学工具把孔多塞的观念严格化和一般化，并证明了不存在同时满足如下四个条件的社会选择函数。这就是著名的阿罗不可能性定理，或者称为阿罗悖论。这四个基本条件是：

第一，条件 U（定义域不受限制）：任何逻辑上可能的个人偏好都不应当先验地被排除；

第二，条件 D（非独裁性）：社会偏好不以一个人或少数人的偏好所决定；

第三，条件 P（帕累托最优）：即如果所有人都偏好A胜于B，则社会也偏好A胜于B；

第四，条件 I（无变化的独立性）：即关于一对社会目标的社会偏好序不受其他目标偏好序变化影响。

定理 6.4 阿罗不可能性定理 对于有限数量的个人并且至少存在三个不同的社会可选择项，那么不存在一个社会福利函数 f 能够同时满足条件 U、条件 P、条件 I 和条件 D；

阿罗不可能性定理似乎可以引申出一个不可思议的结论：没有任何解决办法能够摆脱“投票悖论”的阴影。即在从个人偏好过渡到社会偏好时，能使社会偏好得到满足，又能代表广泛的个人偏好这样一种排序方法，只有强制与独裁。这让我们对公共选择和民主制度有了新的认识，因为我们所推崇的“少数服从多数”的社会选择方式不能满足上述四个条件，如市场存在着失灵一样，公共选择原则也会导致民主的失效。因此多数票原则的合理性是有限度的。

阿马蒂亚·森（Amartya Sen）在 1970 年出版了《集体选择和社会福利》，为规范问题的经济分析提供了一个新的视角，克服了阿罗不可能性定理衍生出的难题，从而对福利经济学的基础理论作出了巨大的贡献。也使许多研究者恢复了对基本福利的兴趣。森发现，当所有人都同意其中一项选择方案并非最佳的情况下，阿罗的“投票悖论”就可以迎刃而解。

二十世纪 60 年代到 70 年代，森的主要工作就是从阿罗不可能性定理的公理性条件寻找突破口，他找到了两条逃脱“不可能”的路径：

（1）放松对个人偏好无限制性的约束，主张对个人偏好实施一种价值限制条件；

（2）把完全传递性修改为准传递性。

森后期的研究集中在放弃阿罗的不相关选择目标的独立性条件，即如何测度效用，以建立能让人们接受的社会选择规则上。他突破了相对主义价值观的限制，放松了在现代经济学中处于支配地位的个人效用不可比的传统观念，使得社会立足于社会公正和社会现实的基础之上。

6.6.3 森的帕累托自由不可能定理

帕累托最优和个人自由原则都是人们直觉上能够完全接受的标准，但是阿马蒂亚·森的关于个人主权不可能定理的研究表明了这两个标准是无法同时成立的，即：对个人权利的尊重可能导致个人主权与集体选择间的矛盾。阿马蒂亚·森的定理建立在三个基本假设基础之上，分别是：

（1）个人偏好的无限制性；

（2）帕累托最优原则；

（3）最小自由原则。社会应当赋予至少两个人各自在至少一对社会状态之间有选择权，即，如他认为 A 比 B 好，社会不应该干涉而应该认同。

定理 6.5 森的帕累托自由不可能定理 在二人以上的社会，不存在同时满足上述三个条件的社会选择函数。

帕累托最优和最小自由原则结合在一起，会出现和阿罗不可能性定理所揭示的孔多塞投票悖论类似的循环结果，下面以丹尼斯. 缪勒（Dennis C. Mueller，简称“缪勒”）在《公共选择》中修改过的例子来说明。

例 6.8 假设有一个二人社会由好色者（简称 A）和禁欲者（简称 B）组成，他们面对那本有名的《查特莱夫人的情人》，A 和 B 的偏好分别是：

（1）A：希望由 B 来读这本书，但相比谁也不读它而言，A 宁肯自己来读它；

（2）B：希望大家都不读这本书，但相对于 A 读它而言，B 宁肯自己来读它。

解：根据他们的偏好，我们可以构建一个偏好矩阵如表 6.11 所示，a、b、c、d 是结果。

表 6.11 偏好矩阵

		好色者 A	
		不读	读
禁欲者 B	读	a	d
	不读	c	b

在森的最初社会选择框架中，在结果 a、b、c 之间找到一个合理的社会偏好顺序，具体如下：

（1）A 的偏好是 $a > b > c$，根据最小自由原则，A 在（c,b）上有决定权，则 $b > c$；

（2）B 的偏好是 $c > a > b$，根据最小自由原则，B 在（a,c）上有决定权，则 $c > a$；

（3）根据上述（1）和（2）得 $b > a$，但根据帕累托原则，有 $a > b$，出现矛盾。

在上述的偏好矩阵中添加结果 d，得到一个博弈形式的表示。针对添加了 d 后的矩阵，各边的偏好序分别是：

（1）A 的偏好是 $d > a > b > c$；

（2）B 的偏好是 $c > a > b > d$。

显然，B 的占优策略是选择不读，即（c,b）；A 的占优策略是选择读，即（d,b）。因此 A 和 B 均衡策略是（b），但 b 又是帕累托劣于 a 的。

缪勒提出上述矩阵类似于博弈论中著名的囚徒困境状态的帕累托劣等结果，

这是由于每个人独立行使他自己的权利而不考虑对别人的损害这类外部性造成的。而有研究表明大部分博弈的纳什均衡都不是帕累托最优的。某种程度上这意味着我们几乎永远不能避免自由与效率之间的冲突。

缪勒在《公共选择理论》中提出了两种解决方法用于走出森的悖论：一是让帕累托原则在某些情形中遵从自由权利；二是通过帕累托交易。

另外一个更为朴素的研究思路是：能否有一个全知全能而又不怀私心的裁判（或民主集中的决策程序），通过它来确定一个满足帕累托最优（以及其他社会选择规则）的社会目标，进一步找到一种构造式的可操作、可控制的实现目标的方法，这就涉及机制设计的话题，本章不再赘述。

阿罗不可能性定理表明：随着候选人和选民的增加，“程序民主”必将越来越远离“实质民主”。这对于票选制度的打击是最根本和最彻底的。所以阿罗不可能性定理几乎是刚刚问世便遭到了西方学术界的围攻，但其理论坚若磐石，迄今为止，阿罗不可能性定理经受住了一切技术和科学上的批评。

森的帕累托自由悖论表明：在个体理性的情况下，很难存在一个有效的分散化市场竞争机制，能够导致帕累托最优配置，并使得每个参与者表达真实信息，即偏好显示和帕累托最优配置是不可能同时达到的，因为一个人愿意说真话，一定是因为说真话是他的占优策略，如果说假话的收益更高，那么他会说假话。因此想要获得帕累托最优配置的机制，通常都需要放弃占优均衡的前提假设。

综上，任何机制都不可能获得绝对的公平，投票也未必比市场更有效率，如何在“众意”和“公意”（“公”是全体，“众”是多数）中权衡，是未来社会选择领域一直需要考虑并解决的问题之一。

从社会选择的角度来看，博弈论世界其实是一个单个商品的世界，即所有的参与人都在以货币收益作为博弈的标的物[7]。如果有许多不同可能性的货币支付，对于每个参与者而言，在这些货币支付上的任何一个概率分布就是一个可能的社会备选对象（偏好），而且每个参与人不仅对货币支付排序者排序，也对货币支付的概率分布排序，如果不再加上其他的限制，不同结果的概率就类似不同的商品[?]。从这个角度而言，博弈论的实际运作更像是一个结合复杂社会选择的彼此交互过程。就单方面博弈论的研究而言，大部分研究者基本不分析参与者所做决策的福利效果以及公共选择问题，更多会从实证的角度评价各种合作博弈问题的解的含义。

[7] 博弈论的一般研究都是假设每个人完全按照货币收益的期望对概率分布排序，且这种排序隐含在可转移的效用假设中。

6.7 应用场景

合作博弈与社会选择在实际生活中已取得了广泛应用，本节将简单介绍几个合作博弈与社会选择的实际应用场景。

6.7.1 合作博弈应用场景

博弈论是现代社会的一个热门研究课题，广泛存在于运筹学、经济学、计算机科学等多个领域。合作博弈的本质是以联盟为单位实现协议的目标，考虑的是如何组建不同的联盟并确保其稳定性。因此，但凡具备“多边交互与协同”特征的应用场景大多是合作博弈论可以赋能的。此处的“多边”指的是在目标环境下，有多个参与者（不限于是“人”）；此处的“交互与协同”指的是多个参与者通过彼此交互实现多边合作。以下简单介绍合作博弈论在若干场景的应用及思路。

1. 数据估值

实现大数据价值的必要条件是汇聚不同数据源的数据，而如何保证各数据源数据价值的公平评估则是其中的一个重要命题，随着机器学习和人工智能赋能应用的深度和广度不断拓展，这个问题变得亟待解决。评估数据价值（重要性）通常使用的方法是留一法，它比较的是在完整数据集训练时预测变量的性能与在完整集上减去一点时预测性能的变化，却无法体现或保障数据估值的公平性。针对此问题，合作博弈将每一个数据（源）建模为一个玩家，并将诸如 Shapley 值作为度量标准，它的公平性、可加性、群体理性可以用来量化每个训练数据对预测器性能的影响程度，从而得到该数据的价值。当得到了每一个数据的估值后，就可以进行数据定价（根据数据的价值给数据贡献者酬劳）、人员招募（根据提供数据的质量高低决定招募员工）、异常值检测（去掉低价值的数据来提高模型的性能）等一系列场景，相关研究成果可应用到医疗、互联网、机器学习等领域中[46,48,54]。

2. VCG 机制设计

机制设计也称为反博弈论，在显示原理[19,66]等支柱性定理的作用下，机制设计往往等同于“诚实拍卖设计”（Truthful Auction Design），即设计激励竞拍者诚实汇报自己的估价的拍卖规则。Vickrey-Clarke-Groves（VCG）机制是实现诚实性及社会福利最大的机制之一[37,51,87]，可用于求解以社会福利（social welfare）最大为目标的“效率机制设计问题”，如路径拍卖、最小生成树拍卖，以及组合拍卖[75] 等。但是 VCG 引入了两个新的问题：假名竞标和收益过低。合作博弈的核对于真实性的要求不高，根据投标者的出价并选择位于核内的分配结果，可以确保参与者无法通过假名竞价获得收益；同时核解的收益也远高于 VCG，解决了收入过低的问题。核内选择的结果一般存在多个，为了激励投标人给出真实的报价，达到帕累托最优，一般选择核内使得拍卖方收入最小化的分配结果。该方法已经被广泛应用到路径拍卖、任务拍卖、频谱拍卖等方面[35,40,93,94]。

3. 联盟形成

通常复杂任务的完成是“协作式”的，即分解复杂任务后分配给多个个体，由这些个体通过协作完成任务[9,86]，这已经具备了联盟的雏形，再考虑到联盟形成所需要的两个基本条件：联盟的整体收益大于每个成员单独经营时的收益之和且每个成员都能获得比不加入联盟多一些的收益，合作博弈自然而然成为了联盟形成的主要工具之一。合作博弈对联盟形成的研究被广泛应用到零售商联盟（零售商通过形成联盟来共享库存、降低成本等）、供应商联盟（供应商组成联盟提高对制造商的议价能力）、企业联盟（企业之间通过相互合作获得更高收益）等方面。

4. 权力指数

权力指数指在投票博弈场景中，参与人（每个参与人都有一定数额的票力，比如公司股权）作为关键加入者（加入就形成获胜联盟，不加入就不能形成获胜联盟）加入形成获胜联盟（对方案有决定权的团队）的概率，作为一种度量群决策中决策成员实际权力的重要方法（比如公司股东的股权对决策权的影响），权力指数已得到认可和重视。

由于投票博弈和联盟博弈在群体决策方面具有雷同性，用于联盟博弈解的 Shapley 值可以用于投票博弈中的权力指数计算中。在联盟博弈中，Shapley 值反映的是参与人的平均边际贡献或期望边际贡献。而在投票博弈中参与人在某个联盟的边际贡献体现为他加入到该联盟的结果（使得本不可获胜的联盟获胜或者没有改变局势）。这样，Shapley 值反映的是参与表决者在投票中的平均贡献或期望边际贡献，而这个平均贡献或期望边际贡献反映的是投票者在这个投票系统中的平均力量或期望力量。因此，此时的 Shapley 值反映的就是投票人的“权力”；将 Shapley 值用于投票博弈中，所得到的 Shapley 值称为夏普利–舒比克权力指数（Shapley-Shubik Power Index）[80]。

班扎夫权力指数[21]是在夏普利–舒比克权力指数基础上提出的计算过程更直观的权力指数，指的是某个参与人作为获胜联盟中的关键加入者的数量，出于归一化考虑，一般用权力指数比来表示，即每个参与人作为获胜联盟中的关键加入者的数量占整个投票博弈中各个参与人的关键加入者之和的比值。

6.7.2 社会选择应用场景

社会选择理论是研究集体决策机制的理论，最初是作为一个抽象的问题出现在政治科学和经济学中的。更一般地说，社会选择理论为集体决策规范基础的精确数学研究提供了一个有用的理论框架，其应用领域广泛，不仅涉及人类决策者，也涉及自主软件代理。以下简单介绍几个应用场景。

1. 网页节点重要度排名

PageRank 是 Google 搜索引擎核心算法[69]，用于衡量一个网页的重要性。其基本思路就是：让链接来“投票”。一个页面的“得票数”由所有链向它的页面的重要性来决定，每一条到一个页面的超链接相当于对该页投一票。一个页面的 PageRank 是由所有链向它的页面（“链入页面”）的重要性经过递归算法得到的。一个有较多链入的页面会有较高的等级，相反如果一个页面没有任何链入页面，那么它没有等级。我们可以将其视为一场选民集合和候选人集合重合的选举（两者都是所有网页的集合)，从这个意义上说，网页重要性的排序可以看成一个社会选择问题。该思路可应用到复杂网络节点重要度排名中。

2. 元搜索引擎

一个结合了几个引擎搜索结果的**元搜索引擎**（Meta Search Engine）与偏好聚合有很多共同之处。聚合偏好意味着要求每个单独的代理对一组备选方案进行排名，然后将这些信息合并成一个能充分代表这一组偏好的单独排名。对于元搜索引擎，我们要求每个单独的搜索引擎对它自己的排名进行排名，比如说，有 20 个最好的结果，然后将这些信息进行聚合产生元排名。当然，排名问题并不完全相同。例如，某些网站可能根本没有被某一个搜索引擎排名，但在另一个搜索引擎中排名前 5。此外，我们在执行聚合时要遵守的一般原则可能会有所不同：在偏好聚合过程中，公平性将发挥重要作用；但当聚合搜索结果时，公平本身并不是主要目标。显然，来自社会选择理论的见解可以为设计元搜索引擎提供一些可能的方法。

3. 推荐系统

推荐系统是一种帮助用户以过去其他用户的选择为依据来选择有吸引力的产品的工具。常用的推荐方法基于内容、关联规则、效用、知识等，其中衡量推荐系统优劣的重要指标之一就是预测的准确度，由此引发关于信息冗余、过载等一系列挑战，学者们从数据建模的角度提出了众多解决办法，其中**协同过滤**（Collaborative Filtering）是这一领域的一项重要技术。有学者提出了通过社会选择可以将协同过滤重新解释为偏好聚合的过程，选择社会选择理论有助于评估和比较不同协同过滤方法的质量[70]，社会选择理论因此在推荐系统中也有着举足轻重的地位。

4. 语义网本体合并

本体是语义网研究中的一种重要概念，指一种形式化的，对于共享概念体系的明确而又详细的说明，也就是特定领域之中那些存在着的对象类型或概念及其属性和相互关系。在现实语义网本体研究中，会根据实际条件来进行实体抽取，构建研究对象属性和相互关系。假设语义网上的不同信息提供者为我们提供了描述相同概念集的不同本体，我们希望将这些信息结合起来，以获得代表问题领域可用知识的最佳本体，这就是本体合并问题，这是一个需要结合不同技术的难题。社会选择理论可以在我们几乎没有关于个人提供者的可靠性信息并且只能以“公平”（和逻辑上一致）的方式聚合他们提供的任何信息的情况下做出贡献。因此，可以将本体合并问题视为一个社会选择问题，即将一组个体的输入聚合为一个适当的集体决策问题[72]，从而更好地解决语义网中的本体合并问题。

6.8 当前热点与挑战

自 20 世纪 80 年代开始，合作博弈论迎来发展的黄金时期，从经济领域逐渐走向其他领域并取得了大量的研究成果。随着互联网的快速发展，合作跨越了地理上的限制，参与合作的个人数量大大增加，如何有效求解，是必须要考虑并解决的问题。以下简单介绍几个当前的研究热点和未来的研究方向。

6.8.1 合作博弈研究趋势

以下简单梳理合作博弈的一些研究热点和趋势。

1. 近似算法与近似核

核的定义是联盟的收益不存在被超越的分配方式，其缺点在于核可能是空的，因此如何放宽对核的条件假设以确保核存在就成为一类通常的研究路径，近似核就是其中的一种，由于引入了近似算法，问题会变得更加复杂。该类问题的解决在计算机科学领域尚未见系统的研究，面临许多严峻的挑战，包括：分配和支付的设计牵涉复杂的组合优化和数学规划问题、问题的计算复杂性难免很高、近似算法的设计和理论分析需要较强的技巧 [74,88]。

Arribillaga 发现在划分博弈 (或超加博弈) 中，近似核和期望核以一种非常有趣的方式相关联并证明了在划分博弈 (或超加博弈) 中近似核收敛于期望核 [11]。Ding 等人利用核选择的逼近性和核矩阵逼近的计算优势，提出了一种近似的核选择方法, 通过定义近似一致性来度量核选择问题的可逼近性。在近似一致性分析的基础上，解决了近似准则是否、在什么条件下、以什么速度接近精确准则的理论问题，为近似核选择奠定了基础 [42]。Han 研究了多伙伴匹配博弈的近似核心分配，并提供了一个基于线性规划的机制，保证没有一个联盟的报酬低于其自身利润的三分之二 [92]。

2. 更加高效的合作博弈

在由 n 个参与者组成的合作博弈系统中，潜在联盟数量 (2^n) 与参与者数量成指数级关系。当参与者过多时，潜在联盟数量上升的问题会使得合作博弈模型的优化与求解都会变得困难，如何减少模型复杂度是多智能体学界研究的重点 [36,52]。Shapley 值由于计算时需要枚举各种排序，计算效用函数的次数随着参与者人数增加呈指数级增长，也导致了应用的局限性，如何高效并准确地计算 Shapley 值也是学界所关注的另一个重点 [61]。

为了解决效用函数难以计算的问题，Tarkowski 提出了一个定义博弈论网络中心性的通用框架，并证明了在这个框架中可以表达的所有中心性度量在多项式时间内都是可计算的，最后根据该框架，提出了许多新的多项式时间可计算的博弈论中心性度量[85]。Amirata 利用蒙特卡洛采样来计算每个玩家的边缘贡献，当某个边缘贡献过低时利用截断降低计算开销[48]。然而，Jia 等人证明基于蒙特卡洛采样的 Shapley 值计算要评估 $O(n^2 \log_2 n)$ 次模型来获得 n 个玩家的 Shapley 值，因而在计算上也是不可行的。Jia 利用群测的思想，计算不同玩家之间的价值差异，设计了一个算法时间开销为 $O(n(\log_2 n)^2)$ 的模型评估，并在大规模的实验中证明了计算上的高效性[54]。

3. 机器学习与合作博弈

近年来合作博弈与机器学习两个领域相互赋能，两者的结合逐渐成为研究热点。无论是经典的 SVM 还是这几年火热的 GAN，背后都有博弈论的影子。随着机器学习应用场景的复杂化，博弈论在相关研究中主要作用有（不限于）：解释学习模型的原理和思想、建立合适的学习策略、预测人机交互过程中的参与者行为等。合作博弈为多智能体强化学习提供了新的研究思路，比如在强化学习模型设计时引入智能体合作[90]；合作博弈也为特征选择和机器学习可解释性提供了新的思路，比如利用 Shapley 值更加合理地评估单个特征对于模型的重要性[48]。

在机器学习赋能合作博弈方面也有很多的相关研究。比如，一般的合作博弈都是假定智能体对环境有完全的知识，但是在很多实际应用场景下，这个假设是不现实的。针对此问题的一个研究路径是研究不确定的环境下如何定义稳定的联盟，文献 [34] 引入贝叶斯核（the Bayesian Core，BC）这种不确定信息下联盟形成的稳定概念，并定义了基于贝叶斯核（如果它存在）的动态联盟形成过程。进而基于“一个智能体有可能通过联盟中的交互学会一些关于其他智能体的能力”的思想，还提出了一个专用的贝叶斯强化学习模型，以提高联盟参加者对环境的掌控能力，也就相当于减少了环境的不确定性。其他方面，使用机器学习实现合作博弈求解的高效性，降低合作博弈模型的复杂性也是机器学习赋能合作博弈的研究思路。

4. 从理性到有限理性

一般的博弈都基于个体理性的假设，即：每个参与者会采取能够将他们的预期收益最大化的行动。但在实际中，参与者往往不可能是完全理性的，比如局中人在特有的上下文环境中，用自己特有的热情、精力或者财力去参与合作等。因此，在个体是有限理性的情况下，如何进行博弈是当下一个很重要的研究课题。

其中一个经典模型就是质反应模型（Quantal Response，QR），该模型最早由经济学者提出[62]。模型假设参与者不会选择最优的策略，而是任何策略都有一定的概率被选中，而概率的大小与该策略的收益成正比。在合作博弈或非合作博弈中，如何应对有限理性的挑战也成为近年来的研究热点之一[33]。

6.8.2 社会选择研究趋势

近年来，随着科技的快速进步和社会经济的不断发展，大数据、在线系统、分布式知识、社交媒体互动以及数字全球化的出现，改变了人们做出决策的方式，尤其是那些具有集体重要性的决策。众多学者将社会选择理论与计算科学相结合，形成一门新的交叉学科“计算社会选择”（Computational Social Choice，COMSOC）。针对 COMSOC 的研究有两个主要推动力：

（1）应用计算范式和技术能更好地分析已有的社会选择机制，并构建新的机制；

（2）社会选择理论能解决计算机科学与人工智能研究的一些问题。

文献 [18] 梳理了 COMSOC 中六个有代表性的研究热点和趋势，以下进行简单说明。

1. 受限偏好域

众所周知，当我们通过对每对备选方案进行多数投票来汇总一组智能体的偏好时，我们无法确保理性的结果：即使个人偏好是可传递的，集体偏好关系也可能无法传递。Black[23] 首先观察到，如果选民的偏好基本上是一维的，那么这个问题就不会出现。因此，他定义了单峰偏好（Single-peaked preferences）域，并证明了对于属于该域的偏好设置，多数偏好关系对数量为奇数的选民来说必然是传递的。自 Black 的开创性工作以来，单峰偏好受到了社会选择研究者的大量关注，产生了一系列研究成果[20,30,31,43,45,60,63,71,83]。文献 [44] 针对受限偏好域的算法及性质进行了系统的调研和分析，讨论了单峰域的扩展、单交叉偏好及其在具体应用场景中的应用。

2. 投票均衡和迭代投票

在许多投票场景中，任何合理的投票规则都无法避免投票操纵问题，即一名选民或一组选民可以通过谎报他们的偏好来改变选举结果，从而受益[49,76]。

一方面，一般关于投票操纵的设置假定是只有部分选民具有战略性，并且所有战略性选民的利益是一致的。在此假设前提下，如何克服在各种投票规则下投票操纵发现的计算复杂性一直是 COMSOC 领域的突出研究课题 [39]。

另一方面，当所有选民都采取战略性行动时，很自然地会假设他们的行为受纳什均衡的支配。由于投票博弈往往具有纳什均衡且投票博弈很少承认占优策略，所以有必要消除一些不切实际的纳什均衡。具体的有两种思路：一是假设选民对备选方案还有次要偏好。例如，除非谎言明显有益，否则他们可能不愿意撒谎（这类选民被称为“真实偏见”），或者如果他们的投票不能影响选举结果，他们可能宁愿不参加投票（这种选民被称为“懒惰”）；二是摒弃所有选民同时提交选票的假设，例如，可以考虑选民逐一提交选票的设置，此时合适的解概念是子博弈完美纳什均衡 [41,91]。或者可以考虑动态机制，在这种机制中，选民根据所观察到的结果轮流更改他们的选票，直到选民没有做出改变的动机为止 [58,68]。

3. 多赢家投票

多赢家投票指的是，在诸如议会选举、求职简历筛选、推荐系统、搜索引擎、政策表决以及企业决策等领域，人们不再满足于单一的决策结果，需要多个赢家共同组成的委员会成为获胜集合，多赢家投票理论最大的优点是决策成本低并且决策效率高，是非常优秀的集体决策方法。多赢家投票实际上就是根据一个社会选择函数，将一组候选人或者备选项集合进行投票选举，输出一个委员会，该委员会就是若干候选人或者备选项构成的获胜集合。

根据输入数据的形式，多赢家投票规则分为两大类：一是委员会得票规则，要求每一位投票者对候选人或者备选项进行排序，然后计算群体对候选人或者备选项的排序 [16,44,81,82]；二是基于投赞成票的多赢家投票规则，要求投票者根据自己的偏好明确选出其支持的候选人或备选项集合，然后计算出一个规定长度的委员会集合 [24,57,64]。

多赢家投票的研究主要集中在两方面：一是找到适应于不同应用场景的多赢家投票规则，这是最为活跃的研究领域；二是为不同的多赢家投票规则找到适合它们的应用场景，特别是在互联网背景下出现的一些新场景，如：网站首页的产品广告聚集、自动推荐等 [2]。

4. 概率社会选择

概率社会选择指的是这样的一类社会选择 [53]：每位个体对于每一个备选项

都有一个偏好概率（通常用一个向量表示，向量中的每一个元素代表相应备选项的偏好概率），即：他会先以这样的概率选择该备选项，然后通过某种规则从所有的个体概率中生成最终的社会选择。其中平均法是一种常用的规则，该规则指出，社会概率是个体概率的算术平均值。这个结论暗示着我们并不需要知晓每一个个体概率，我们所需的只是一个随机生成机制，借此产生相等的概率来选择一个人作为独裁者。因此，随机化在概率社会选择理论中扮演着重要的角色，关于概率社会选择的计算工作与随机化息息相关，例如随机连续独裁（RSD）[14,16]、最大彩票（ML）[25,53]、通过随机化建立操纵难度[38,67,89]、近似确定性投票规则[22,73,79]、定义新的随机规则[13,15]、测量随机投票规则在最坏情况下的表现[10]等。

5. 随机分配

诸如学生宿舍分配、员工停车位分配、患者肾脏分配等分配类应用也是典型的社会选择问题，此问题场景可以描述为：有 m 个对象和 n 个智能体（简化起见，通常假设 $m = n$，即每个智能体只需要一个对象），每个智能体指定了对象的传递性和完全偏好，社会选择目标以公平、高效和无策略的方式在智能体之间分配对象。显然，当公平地分配不可分割的对象时，为了满足具有相同偏好的智能体，随机化是必要的。关于随机分配的研究集中在：① 从理论和实验上分析随机分配规则的性能，并扩展模型以允许其他更丰富的功能，如合并边约束[32]、优先级结构处理[56]、选择性参与[26]等；② 探讨特定应用场景下的计算复杂性问题，并进行效率驱动的相关研究[17]。

6. 计算机辅助定理证明

社会选择理论由于其严格的公理基础和对不可能结果的强调，所以特别适合于计算机辅助定理证明技术的应用。文献 [47] 针对社会选择理论中计算机辅助定理证明进行了调研，详细说明了计算机辅助方法的应用为社会选择理论中的一系列问题所带来的新见解。总体而言，计算机辅助定理证明的研究内容涉及：① 对现有结果进行形式化和验证[50,65]，比如文献 [84] 将阿罗不可能性定理简化为有限实例，然后由 SAT 求解器进行检验；② 利用计算机辅助定理证明技术证明新的定理[29]，如文献 [27, 28] 利用计算机辅助证明技术证明的改进的 Moulin's No Show 悖论和随机投票规则的不可能性。

参考文献

[1] 施锡铨, 2012. 合作博弈引论 [M]. 北京: 北京大学出版社.

[2] 李莉, 2021. 多赢家投票理论的研究进展 [J]. 计算机科学, 48(1): 217-225.

[3] 焦宝聪, 2013. 博弈论: 思想方法及应用 [M]. 北京: 中国人民大学出版社.

[4] 盖特纳, 2013. 社会选择理论基础 [M]. 上海: 格致出版社.

[5] 约翰. 冯. 诺依曼（刘霞译）, 2020. 博弈论 [M]. 沈阳: 沈阳出版社.

[6] 董保民, 王运通, 郭桂霞, 2008. 合作博弈论: 解与成本分摊 [M]. 北京: 中国市场出版社.

[7] 马忠贵, 2020. 合作博弈论及其在信息领域的应用 [M]. 北京: 冶金工业出版社.

[8] 肯尼思　约瑟夫　阿罗, 钱晓敏, 孟岳良, 2000. 社会选择: 个性与多准则 [M]. [S.l.]: 北京经济学院出版社.

[9] AKNINE S, PINSON S, SHAKUN M F, 2004. A multi-agent coalition formation method based on preference models[J]. Group Decision and Negotiation, 13(6): 513-538.

[10] ANSHELEVICH E, POSTL J, 2017. Randomized social choice functions under metric preferences[J]. Journal of Artificial Intelligence Research, 58: 797-827.

[11] ARRIBILLAGA R P, 2015. Convergence of the approximate cores to the aspiration core in partitioning games[J]. Top, 23(2): 521-534.

[12] AUMANN R J, MASCHLER M, 1985. Game theoretic analysis of a bankruptcy problem from the talmud[J]. Journal of economic theory, 36(2): 195-213.

[13] AZIZ H, 2013. Maximal recursive rule: a new social decision scheme[C]// Proceedings of the 23rd International Joint Conference on Artificial Intelligence (IJCAI'13). [S.l.: s.n.].

[14] AZIZ H, MESTRE J, 2014a. Parametrized algorithms for random serial dictatorship[J]. Mathematical Social Sciences, 72: 1-6.

[15] AZIZ H, STURSBERG P, 2014b. A generalization of probabilistic serial to randomized social choice[C]//28th AAAI Conference on Artificial Intelligence (AAAI'14). [S.l.: s.n.].

[16] AZIZ H, GASPERS S, GUDMUNDSSON J, et al., 2015a. Computational aspects of multi-winner approval voting[C]//Proceedings of the 14th International Conference on Autonomous Agents and Multi-Agent Systems (AAMAS'15). [S.l.: s.n.]: 107-115.

[17] AZIZ H, MACKENZIE S, XIA L, et al., 2015b. Ex post efficiency of random assignments.[C]//Proceedings of the 14th International Conference on Autonomous Agents and Multi-Agent Systems (AAMAS'15). [S.l.: s.n.]: 1639-1640.

[18] AZIZ H, BRANDT F, ELKIND E, et al., 2019. Computational social choice: The first ten years and beyond[M]//Computing and software science. [S.l.]: Springer, Cham: 48-65.

[19] B N N A, C A R, 2001. Algorithmic mechanism design[J]. Games and Economic Behavior, 35(1-2): 166-196.

[20] BALLESTER M A, HAERINGER G, 2011. A characterization of the single-peaked domain[J]. Social Choice and Welfare, 36(2): 305-322.

[21] BANZHAF III J F, 1968. One man, 3.312 votes: a mathematical analysis of the electoral college[J]. Vill. L. Rev., 13: 304.

[22] BIRRELL E, PASS R, 2011. Approximately strategy-proof voting[C]//Proceedings of the 22nd International Joint Conference on Artificial Intelligence (IJCAI'11). [S.l.: s.n.].

[23] BLACK D, 1948. On the rationale of group decision-making[J]. Journal of political economy, 56(1): 23-34.

[24] BRAMS S J, FISHBURN P C, 2002. Voting procedures[J]. Handbook of social choice and welfare, 1: 173-236.

[25] BRANDL F, BRANDT F, SEEDIG H G, 2016. Consistent probabilistic social choice[J]. Econometrica, 84(5): 1839-1880.

[26] BRANDL F, BRANDT F, HOFBAUER J, 2017. Random assignment with optional participation[C]//Proceedings of the 16th Conference on Autonomous Agents and MultiAgent Systems (AAMAS'17). [S.l.: s.n.]: 326-334.

[27] BRANDL F, BRANDT F, EBERL M, et al., 2018. Proving the incompatibility of efficiency and strategyproofness via smt solving[J]. Journal of the ACM (JACM), 65(2): 1-28.

[28] BRANDT F, GEIST C, PETERS D, 2017. Optimal bounds for the no-show paradox via sat solving[J]. Mathematical Social Sciences, 90: 18-27.

[29] BRANDT F, SAILE C, STRICKER C, 2018. Voting with ties: Strong impossibilities via sat solving[C]//Proceedings of the 17th International Conference on Autonomous Agents and MultiAgent Systems (AAMAS'18). [S.l.: s.n.]: 1285-1293.

[30] BREDERECK R, CHEN J, WOEGINGER G J, 2013. A characterization of the single-crossing domain[J]. Social Choice and Welfare, 41(4): 989-998.

[31] BREDERECK R, CHEN J, WOEGINGER G J, 2016. Are there any nicely structured preference profiles nearby?[J]. Mathematical Social Sciences, 79: 61-73.

[32] BUDISH E, CHE Y K, KOJIMA F, et al., 2013. Designing random allocation mechanisms: Theory and applications[J]. American economic review, 103(2): 585-623.

[33] ČERNỲ J, LISỲ V, BOŠANSKỲ B, et al., 2021. Computing quantal stackelberg equilibrium in extensive-form games[C]//Proceedings of the 35th AAAI Conference on Artificial Intelligence (AAAI'21). [S.l.: s.n.]: 5260-5268.

[34] CHALKIADAKIS G, BOUTILIER C, 2004. Bayesian reinforcement learning for coalition formation under uncertainty[C]//Proceedings of the 3rd International Joint Conference on Autonomous Agents and Multiagent Systems (AAMAS'04). [S.l.: s.n.]: 1090-1097.

[35] CHENG H, ZHANG L, ZHANG Y, et al., 2018. Optimal constraint collection for core-selecting path mechanism[C]//Proceedings of the 17th international conference on autonomous agents and multiagent systems (AAMAS'18). [S.l.: s.n.]: 41-49.

[36] CHENG H, ZHANG W, ZHANG Y, et al., 2020. Fast core pricing algorithms for path auction[J]. Autonomous Agents and Multi-Agent Systems, 34(1): 1-37.

[37] CLARKE E H, 1971. Multipart pricing of public goods[J]. Public choice: 17-33.

[38] CONITZER V, SANDHOLM T, 2003. Universal voting protocol tweaks to make manipulation hard[C]//Proceedings of the 15th International Joint Conference on Artificial Intelligence (IJCAI'03). [S.l.: s.n.]: 781-788.

[39] CONITZER V, WALSH T, 2016. Barriers to manipulation in voting.[J]. Handbook of Computational Social Choice: 127-145.

[40] DAY R, MILGROM P, 2008. Core-selecting package auctions[J]. international Journal of game Theory, 36(3): 393-407.

[41] DESMEDT Y, ELKIND E, 2010. Equilibria of plurality voting with abstentions[C]//Proceedings of the 11th ACM conference on Electronic commerce (ACM-EC'10). [S.l.: s.n.]: 347-356.

[42] DING L, LIAO S, LIU Y, et al., 2020. Approximate kernel selection via matrix approximation[J]. IEEE transactions on neural networks and learning systems, 31 (11): 4881-4891.

[43] DOIGNON J P, FALMAGNE J C, 1994. A polynomial time algorithm for unidimensional unfolding representations[J]. Journal of Algorithms, 16(2): 218-233.

[44] ELKIND E, FALISZEWSKI P, SKOWRON P, et al., 2017. Properties of multiwinner voting rules[J]. Social Choice and Welfare, 48(3): 599-632.

[45] ERDÉLYI G, LACKNER M, PFANDLER A, 2017. Computational aspects of nearly single-peaked electorates[J]. Journal of Artificial Intelligence Research, 58: 297-337.

[46] FRÉNAY B, VERLEYSEN M, 2013. Classification in the presence of label noise: a survey[J]. IEEE transactions on neural networks and learning systems, 25(5): 845-869.

[47] GEIST C, PETERS D, 2017. Computer-aided methods for social choice theory[J]. Trends in Computational Social Choice: 249-267.

[48] GHORBANI A, ZOU J, 2019. Data shapley: Equitable valuation of data for machine learning[C]//Proceedings of the 36th International Conference on Machine Learning (ICML'2019). [S.l.: s.n.]: 2242-2251.

[49] GIBBARD A, 1973. Manipulation of voting schemes: a general result[J]. Econometrica: journal of the Econometric Society: 587-601.

[50] GRANDI U, ENDRISS U, 2013. First-order logic formalisation of impossibility theorems in preference aggregation[J]. Journal of Philosophical Logic, 42(4): 595-618.

[51] GROVES T, 1973. Incentives in teams[J]. Econometrica: Journal of the Econometric Society, 41(4): 617-631.

[52] HARTLINE J, IMMORLICA N, KHANI M R, et al., 2018. Fast core pricing for rich advertising auctions[C]//Proceedings of the 19th ACM Conference on Economics and Computation (ACM-EC'18). [S.l.: s.n.]: 111-112.

[53] INTRILIGATOR M D, 1973. A probabilistic model of social choice[J]. The Review of Economic Studies, 40(4): 553-560.

[54] JIA R, DAO D, WANG B, et al., 2019. Towards efficient data valuation based on the shapley value[C]//The 22nd International Conference on Artificial Intelligence and Statistics (AISTATS'19). [S.l.: s.n.]: 1167-1176.

[55] KAMINSKI M M, 2000. 'hydraulic' rationing[J]. Mathematical Social Sciences, 40(2): 131-155.

[56] KESTEN O, ÜNVER M U, 2015. A theory of school-choice lotteries[J]. Theoretical Economics, 10(2): 543-595.

[57] LASLIER J F, SANVER M R, 2010. Handbook on approval voting[M]. [S.l.]: Springer Science & Business Media.

[58] LEV O, ROSENSCHEIN J S, 2016. Convergence of iterative scoring rules[J]. Journal of Artificial Intelligence Research, 57: 573-591.

[59] LUCAS W F, 1968. A game with no solution[J]. Bulletin of the American Mathematical Society, 74(2): 237-239.

[60] MAGIERA K, FALISZEWSKI P, 2017. How hard is control in single-crossing elections?[J]. Autonomous Agents and Multi-Agent Systems, 31(3): 606-627.

[61] MALEKI S, 2015. Addressing the computational issues of the shapley value with applications in the smart grid[D]. [S.l.]: Physical Sciences and Engineering, University of Southampton.

[62] MCKELVEY R D, PALFREY T R, 1995. Quantal response equilibria for normal form games[J]. Games and economic behavior, 10(1): 6-38.

[63] MOULIN H, 1980. On strategy-proofness and single peakedness[J]. Public Choice, 35(4): 437-455.

[64] MUELLER D C, et al., 2003. Public choice iii[M]. [S.l.]: Cambridge University Press.

[65] NIPKOW T, 2009. Social choice theory in hol[J]. Journal of Automated Reasoning, 43(3): 289-304.

[66] NISAN N, ROUGHGARDEN T, TARDOS E, et al., 2007. Algorithmic game theory[J].

[67] OBRAZTSOVA S, ELKIND E, 2011. On the complexity of voting manipulation under randomized tie-breaking[C]//22nd International Joint Conference on Artificial Intelligence (IJCAI'11). [S.l.: s.n.]: 319-324.

[68] OBRAZTSOVA S, LEV O, MARKAKIS E, et al., 2015a. Beyond plurality: Truth-bias in binary scoring rules[C]//Proceedings of the 4th International Conference on Algorithmic Decision Theory (ADT'15). [S.l.]: Springer: 451-468.

[69] PAGE L, BRIN S, MOTWANI R, et al., 1999. The pagerank citation ranking: Bringing order to the web.[R]. [S.l.]: Stanford InfoLab.

[70] PENNOCK D M, HORVITZ E, GILES C L, et al., 2000. Social choice theory and recommender systems: Analysis of the axiomatic foundations of collaborative filtering[C]//Proceedings of the 17th National Conference on Artificial Intelligence (AAAI'00) and 12th Conference on Innovative Applications of Artificial Intelligence (IAAI'00). [S.l.: s.n.]: 729-734.

[71] PETERS D, ELKIND E, 2016. Preferences single-peaked on nice trees[C]// Proceedings of the 31st AAAI Conference on Artificial Intelligence (AAAI'16). [S.l.: s.n.].

[72] PORELLO D, ENDRISS U, 2011. Ontology merging as social choice[C]// proceedings of the 12th International Workshop on Computational Logic in Multiagent Systems (CLIMA'11). [S.l.]: Springer: 157-170.

[73] PROCACCIA A D, 2010. Can approximation circumvent gibbard-satterthwaite? [C]//Proceedings of the 24th AAAI Conference on Artificial Intelligence (AAAI'10). [S.l.: s.n.]: 836-841.

[74] QIU X, KERN W, 2016. Approximate core allocations and integrality gap for the bin packing game[J]. Theoretical computer science, 627: 26-35.

[75] SANDHOLM T, 2002. Algorithm for optimal winner determination in combinatorial auctions[J]. Artificial Intelligence, 135(1-2): 1-54.

[76] SATTERTHWAITE M A, 1975. Strategy-proofness and arrow's conditions: Existence and correspondence theorems for voting procedures and social welfare functions[J]. Journal of economic theory, 10(2): 187-217.

[77] SCHMEIDLER D, 1969. The nucleolus of a characteristic function game[J]. SIAM Journal on applied mathematics, 17(6): 1163-1170.

[78] SENGUPTA A, SENGUPTA K, 1996. A property of the core[J]. Games and Economic Behavior, 12(2): 266-273.

[79] SERVICE T C, ADAMS J A, 2012. Strategyproof approximations of distance rationalizable voting rules[C]//Proceedings of the 11th International Conference on Autonomous Agents and Multiagent Systems (AAMAS'12). [S.l.: s.n.]: 569-576.

[80] SHAPLEY L S, SHUBIK M, 1954. A method for evaluating the distribution of power in a committee system[J]. American political science review, 48(3): 787-792.

[81] SKOWRON P, FALISZEWSKI P, 2015a. Fully proportional representation with approval ballots: Approximating the maxcover problem with bounded frequencies in fpt time[C]//Proceedings of 25th AAAI Conference on Artificial Intelligence (AAAI'15). [S.l.: s.n.].

[82] SKOWRON P, FALISZEWSKI P, SLINKO A, 2015b. Achieving fully proportional representation: Approximability results[J]. Artificial Intelligence, 222: 67-103.

[83] SKOWRON P, YU L, FALISZEWSKI P, et al., 2015c. The complexity of fully proportional representation for single-crossing electorates[J]. Theoretical Computer Science, 569: 43-57.

[84] TANG P, LIN F, 2009. Computer-aided proofs of arrow's and other impossibility theorems[J]. Artificial Intelligence, 173(11): 1041-1053.

[85] TARKOWSKI M K, SZCZEPAŃSKI P L, MICHALAK T P, et al., 2018. Efficient computation of semivalues for game-theoretic network centrality[J]. Journal of Artificial Intelligence Research, 63: 145-189.

[86] TSVETOVAT M, SYCARA K, CHEN Y, et al., 2000. Customer coalitions in electronic markets[C]//Proceedings of the International Workshop on AgentMediated Electronic Commerce (AMEC'00). [S.l.]: Springer: 121-138.

[87] VICKREY W, 1961. Counterspeculation, auctions, and competitive sealed tenders[J]. The Journal of finance, 16(1): 8-37.

[88] WADA T, FUJISAKI Y, 2017. A stochastic approximation for finding an element of the core of uncertain cooperative games[C]//Proceedings of the 2017 11th Asian Control Conference (ASCC'17). [S.l.]: IEEE: 2071-2076.

[89] WALSH T, XIA L, 2012. Lot-based voting rules.[C]//Proceedings of the 11th International Conference on Autonomous Agents and Multiagent Systems (AAMAS'12). [S.l.]: Citeseer: 603-610.

[90] WANG J, ZHANG Y, KIM T K, et al., 2020. Shapley q-value: a local reward approach to solve global reward games[C]//Proceedings of the AAAI Conference on Artificial Intelligence. [S.l.: s.n.]: 7285-7292.

[91] XIA L, CONITZER V, 2010. Stackelberg voting games: Computational aspects and paradoxes[C]//Proceedings of the 24th AAAI Conference on Artificial Intelligence (AAAI'10). [S.l.: s.n.]: 921-926.

[92] XIAO H, LU T, FANG Q, 2021. Approximate core allocations for multiple partners matching games[J]. arXiv preprint arXiv:2107.01442.

[93] ZHANG L, CHEN H, WU J, et al., 2016. False-name-proof mechanisms for path auctions in social networks[M]//Proceedings of the 22th European Conference on Artificial Intelligence (ECAI'16). [S.l.]: IOS Press: 1485-1492.

[94] ZHU Y, LI B, LI Z, 2013. Core-selecting combinatorial auction design for secondary spectrum markets[C]//2013 Proceedings of the IEEE International Conference on Computer (IEEE INFOCOM'13). [S.l.]: IEEE: 1986-1994.

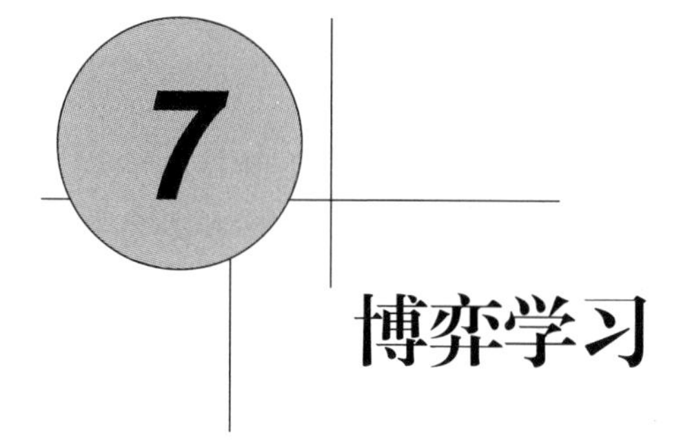

7 博弈学习

扫码免费学

7.1 不完美信息扩展式博弈

在人工智能和博弈论研究中，牌类游戏是一类重要的研究对象，其是不完美信息扩展式博弈（Extensive-form Game with Imperfect Information）的具体表现形式。所谓扩展式博弈指：博弈中玩家决策是顺序进行的。与不完美信息扩展式博弈相对应，棋类游戏则属于完美信息扩展式博弈（Extensive-form Game with Perfect Information）。这两种扩展式博弈虽然在字面上仅有一字之差，但其求解难度却相去甚远。求解不完美信息扩展式博弈的主要难点在于如何处理其隐含信息、随机性以及多人博弈对抗的特点。

下面以 Kuhn Poker 为例，对这几个特点进行详细阐述。Kuhn Poker 是德州扑克（Texas Hold'em）的简化形式，游戏包含两个局中人，编号分别为 P_1 和 P_2；包含 J, Q, K 三张牌。开局时，P_1 和 P_2 被随机分配到一张牌，而余下一张牌不会被公开。牌局进行的具体规则为：

（1）P_1 和 P_2 分别投下 1 元钱作为盲注（ante \$1），此时奖池（pot）中共有 \$2。

（2）首先由 P_1 决策，选择过牌（check）或下注（bet \$1）。

- 若 P_1 选择过牌，则 P_2 可选择过牌或下注。
    - 若 P_2 选择过牌，则点数高的局中人获得奖池中的 \$2。
    - 若 P_2 选择下注，则 P_1 可选择跟注（call）或弃牌（fold）。
        - 若 P_1 选择跟注，则点数高的局中人获得奖池中的 \$4。
        - 若 P_1 选择弃牌，则直接由 P_2 获得奖池中的 \$3。

- 若 P_1 选择下注，则 P_2 可选择弃牌或跟注。
  * 若 P_2 选择弃牌，则直接由 P_1 获得奖池中的 \$3。
  * 若 P_2 选择跟注，则点数高的局中人获得奖池中的 \$4。

在以上规则中，过牌可以理解为不下注；跟注指某个局中人在对手投下赌注后，也投下相同数量的赌注；弃牌则指某个局中人直接认输（在手牌较差的情况下，弃牌能够避免因继续投入赌注而带来的更多损失）。

Kuhn Poker 的隐含信息指对于每个局中人而言，对方底牌信息是隐藏的，只有当所有局中人都完成相应决策之后，才能对局中人的手牌进行公开和比较。

Kuhn Poker 的随机性体现在其发牌的过程中，局中人所得到的底牌可能是三张牌中的任意一张，而非事先已经确定的。

尽管 Kuhn Poker 是相对简单的两人博弈对抗，但通过简单的扩展（比如：扩充牌堆和增加局中人数量），能很容易地将其变换为多人博弈对抗的形式。

直观地，可以将 Kuhn Poker 的整个博弈过程用图 7.1 中的博弈树（game tree）进行表示。在该图中，正方形和圆形节点分别表示局中人 1 和局中人 2 的决策节点；菱形节点表示发牌的过程（比如：$\langle J, Q\rangle$ 表示分别将 J 和 Q 分配到局中人 1 和局中人 2 手中）；三角形节点表示博弈的终止节点，博弈的结果将在该节点上产生。值得一提的是，图 7.1 中所展现的博弈树对于博弈中的任意一方都不是完全可见，每一个局中人所看到的信息仅包含自己被分配的底牌和博弈过程中的决策序列。这也就要求局中人在博弈中必须仅仅依靠自己能够观察到的信息和当前的决策序列来进行决策。

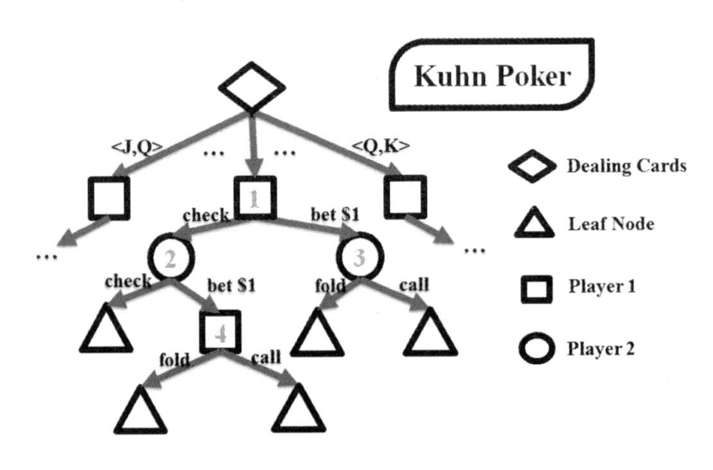

图 7.1 Kuhn Poker 的博弈树

仍是以 Kuhn Poker 为例，假设局中人 P_1 被分配到的牌为 J。在这样的情况下，那么不管对方被分配到什么牌，P_1 的牌都不可能大过对方的牌。所以对于 P_1 来讲，最好的选择应当是不下注，即选择过牌或弃牌。如果 P_1 被分配到的牌为 Q，情况就显得稍微复杂一点。由于对方的底牌可能是 J 或 K，单纯地选择下注将会带来不必要的损失，而坚持选择不下注则会放过赢得奖池的机会。在这样的情况下，对于 P_1 较好的策略应当是均以一定的概率选择下注和不下注。这就引出了纯策略和混合策略的概念。

在不完美信息扩展式博弈中，某个局中人的策略是一个从博弈状态到动作集的映射，也即指定了局中人在每个决策节点上执行什么动作。当局中人的策略为每一个决策节点指定一个确定的动作时，我们称这样的策略为纯策略（pure strategy）。相对应地，混合策略（mixed strategy）则指局中人的策略为每个决策节点指定一个动作集上的概率分布（即分别以一定的概率执行各个动作）。在不完美信息扩展式博弈中，由于不可知的隐含信息的存在，采用混合策略往往会具有更好的效果。

在不完美信息扩展式博弈研究领域中，核心的问题是计算有效的博弈策略，以最大化局中人的期望收益。其中的关键性问题主要有均衡计算（Equilibrium Computing）和对手利用（Opponent Exploitation）。均衡计算指计算一个不完美信息扩展式博弈的纳什均衡策略，它是在局中人都具有绝对理性的条件下的博弈最优解；对手利用对手策略中的漏洞并给出针对性的策略，以在博弈中获取更大的收益。本章接下来将从这两个方面来介绍不完美信息扩展式博弈的最新研究进展。

7.2 均衡计算

7.2.1 纳什均衡

纳什均衡是博弈论中最基本的概念之一。简而言之，纳什均衡是包含所有局中人策略的策略组，在这个策略组中，每个局中人的策略都是对其他所有局中人策略的最佳反应（best response）。对某个局中人来讲，在其他所有局中人的策略给定的情况下，能够最大化该局中人博弈收益的策略就是他的最佳反应。例如，在剪刀石头布游戏中，剪刀的最佳反应是石头，石头的最佳反应是布。对于任意的纳什均衡，在其他局中人都坚持其策略时，单独改变某个局中人的策略将不会带来收益上的增加。也即是说，当所有局中人的策略构成纳什均衡时，将没有人愿意单方面改变其策略，这时，博弈达到了一种稳定的状态。

由于扩展式博弈中策略的表示相对复杂，这里用一个正则式博弈（Normal-Form Game）来更加直观地解释纳什均衡的概念。图 7.2 展示了著名的囚徒困境（Prisoners' Dilemma）博弈。在这个博弈中，嫌犯 A 和嫌犯 B 会被分别审讯，而他们的招供情况将共同决定他们的刑期。这个博弈的纯策略纳什均衡仅有策略组（承认，承认），其原因在于双方均不能在对方策略不变的情况下通过改变策略来获取更高的效用值。比如，在嫌犯 A 坚持选择承认的情况下，如果嫌犯 B 将其策略变为否认，那么嫌犯 B 将被增加 3 年刑期；同样，在嫌犯 B 坚持承认的情况下，把策略从承认变为否认也会让嫌犯 A 坐更久的牢。

嫌犯 B / 嫌犯 A	承认	否认
承认	$(7,7)$	$(0,10)$
否认	$(10,0)$	$(1,1)$

图 7.2　囚徒困境博弈中的纳什均衡策略

接下来我们形式化地定义纳什均衡的概念。假设博弈中的玩家集合为 $\{1,2,\cdots,N\}$，每个玩家 i 的策略为 σ_i，同理其他玩家的策略表示为 σ_{-i}，设定收益为 u_i，那么最佳反应被设定为

$$\max_{\sigma_i^*} u(\sigma_i^*, \sigma_{-i})$$

如前文所示，对于任何博弈，其纳什均衡为一个策略对 $\{\sigma_1^*, \sigma_2^*, \cdots, \sigma_N^*\}$，每个玩家的策略都是其他玩家的最佳反应，形式化定义如下：

$$u_i(\sigma_1^*, \sigma_{-i}^*) \geqslant \max_{\sigma_i} u(\sigma_i, \sigma_{-i}^*), \text{ for all } i \in \{1,2,\cdots,N\}$$

同理，我们可以在纳什均衡的基础上定义近似纳什均衡，近似纳什均衡也是一个策略对 $\{\sigma_1^*, \sigma_2^*, \cdots, \sigma_N^*\}$，并满足以下条件：

$$u_i(\sigma_1^*, \sigma_{-i}^*) + \epsilon \geqslant \max_{\sigma_i} u(\sigma_i, \sigma_{-i}^*) \text{ for all } i \in \{1, 2, \cdots, N\}$$

满足以上条件的策略对 $\{\sigma_1^*, \sigma_2^*, \cdots, \sigma_N^*\}$ 被称为 ϵ-纳什均衡。

7.2.2 纳什均衡的计算

计算博弈的纳什均衡策略是博弈论乃至计算理论中最基本的问题之一，同时也是一个难题。最近的研究表明，计算正则式博弈纳什均衡是 PPAD-complete 问题。虽然目前无法确定 PPAD（Polynomial Parity Argument for Directed graphs）这类问题的具体难度（被猜想介于 P 和 NP 之间），但一些经验结果表明求解 PPAD-complete 问题是十分困难的。证据之一就是 PPAD 中包含的很多问题，在经过了相当长时间的研究后才发展出高效的求解算法。

而对于扑克游戏这类不完美信息扩展式博弈，计算其纳什均衡策略的难度则比计算正则式博弈纳什均衡的难度更大，这主要体现在：

- 不完美信息扩展式博弈是一种序贯博弈的形式，存在博弈状态的概念。局中人的策略包含所有可能状态上的动作概率分布，其表示比正则式博弈更复杂；
- 不完美信息扩展式博弈需要对随机事件（比如扑克发牌）和隐含信息进行处理。

以图 7.1 中的 Kuhn Poker 为例，计算该博弈的纳什均衡策略要求：

- 局中人 1 在底牌分别为 J, Q, K 时，考虑其决策节点 1 和 4 上的动作概率分布；
- 局中人 2 在底牌分别为 J, Q, K 时，考虑其决策节点 2 和 3 上的动作概率分布；
- 由于发牌阶段的随机性和对手底牌的未知，局中人 1 和 2 还需要在每个决策节点上考虑对手底牌的所有可能性。例如：局中人 1 底牌为 Q 时，他需要明白对手的底牌可能是 J，也可能是 K。

然而，计算不完美信息扩展式博弈的纳什均衡的最大挑战却在于该类博弈往往具有很大的状态空间或（和）动作空间。例如，德州扑克中单个玩家的底牌最多有 1225 种可能，并且玩家下注的大小是一个连续的数值。计算纳什均衡涉及在巨大的状态空间和动作空间中的搜索，其难度可想而知。

7.2.3 线性规划求解

对于计算不完美信息扩展式博弈的纳什均衡策略，20 世纪 90 年代中期就有了一些开拓性的工作。Koller 等人在 1996 年提出采用线性规划的方法来计算两人零和的不完美信息扩展式博弈的纳什均衡策略。由于两人零和博弈的极大极小点就是纳什均衡策略，Koller 等人巧妙地将博弈树转换为效用矩阵和约束矩阵，并根据这两个矩阵建立相应的优化目标和约束条件，利用线性规划的方法求出相应的解。例如，在 Kuhn Poker 中可能的博弈序列包括：

（1）player 1 check；

（2）player 1 check → player 2 check；

（3）player 1 check → player 2 bet \$1；

（4）player 1 check → player 2 bet \$1 → player 1 fold；

（5）player 1 check → player 2 bet \$1 → player 1 call；

（6）player 1 bet \$1；

（7）player 1 bet \$1 → player 2 fold；

（8）player 1 bet \$1 → player 2 call。

因此，其对应的效用矩阵就是一个 8×8 的矩阵。在该矩阵中，所有终止状态对应的序列的效用值为 1，而其他序列的效用值则为 0。其含义是只有在终止状态才能得到博弈的结果。将局中人在每个决策节点上的动作概率视为变量，用该矩阵与这些变量构成的向量相乘即可得到相应的优化目标。约束矩阵和约束条件也是通过类似的方法进行构建，这里不再赘述。

在 Koller 等人的方法中，线性规划的问题规模与博弈树的大小呈线性关系，这使得博弈的纳什均衡策略能够在多项式时间内被计算出来。实验表明，目前最好的线性规划求解方法能够求解叶节点数量最多为 10^8 级别的不完美信息扩展式博弈。然而，我们生活中大多数博弈的叶节点数量都远远高于这个规模[24]。也就是说，尽管 Koller 等人的方法具有多项式时间的复杂度，但它仍无法得到有效的实际应用。

7.2.4 遗憾最小化算法

最近十年，相关的研究工作不再专注于求得精确的纳什均衡策略，而开始转向求解博弈的近似纳什均衡（Approximate Nash Equilibrium）。其原因在于：

第一，计算求解近似纳什均衡相对容易，第二，计算精确纳什均衡的问题包含在计算近似纳什均衡的问题之中（精确纳什均衡可看成误差为 0 的近似纳什均衡，当近似均衡的误差小到可以忽略不计时，也就得到精确纳什均衡了）。

求解不完美信息扩展式博弈的近似纳什均衡方法中，最重要的一类方法就是遗憾最小化方法（Regret Minimization Methods）。遗憾最小化方法是基于在线凸优化的方法，这种方法主要用于二人零和博弈的求解近似纳什均衡（对于多人博弈来说，因为纳什环问题的制约，一般求解相关均衡或粗糙相关均衡）。在本节中，我们首先将介绍在线凸优化的基础知识，并在在线凸优化的基础上，介绍用于求解近似纳什均衡的遗憾最小化方法。

在在线凸优化范式中，存在一个决策者（算法），它与一个未知的环境进行交互，在每一个时间 t 时，它做出一个决策 $\boldsymbol{x}^t \in \mathcal{X}, \mathcal{X}$ 是一个凸紧集（convex compact set），并观察到环境的反馈，即一个损失向量 $\boldsymbol{l}^t$，则其损失为 $\langle \boldsymbol{l}^t, \boldsymbol{x}^t \rangle$，而在下一轮的迭代 $t+1$ 中，它根据之前观察到的所有损失向量 $\boldsymbol{l}^1, \cdots, \boldsymbol{l}^t$，做出新的决策。在时间 T 后，使用遗憾来作为评估指标对算法好坏进行评估。我们可以直接从它的字面意思来理解，当做了某件事情之后，回过头来发现原来可以做得更好，这种期望的结果与实际结果的差值就是遗憾。在在线凸优化问题中，遗憾指算法输出决策的累加损失和一个事后决策的差异，遗憾的形式化定义如下：

$$R^T = \sum_{t=1}^{T} \left\langle \boldsymbol{l}^t, \boldsymbol{x}^t \right\rangle - \min_{\boldsymbol{x}^* \in \mathcal{X}} \sum_{t=1}^{T} \left\langle \boldsymbol{l}^t, \boldsymbol{x}^* \right\rangle$$

一个好的遗憾最小化算法能够保证 R^T 呈次线性增长。遗憾最小化方法中最有名的是 FTRL（Follow The Regularizer Leader）和 OMD（Online Mirror Descent）算法。下面我们将简单地介绍这两种方法。

这两种方法都需要一个正则化项 d，也被称为距离生成函数（Distance Generating Function），在 $\mathcal{X}$ 的内点上为 1-强凸且连续可微。通过正则化项 d，我们可以定义布雷格曼散度（Bregman Divergence）：

$$D(\boldsymbol{x} \| \boldsymbol{x}') = d(\boldsymbol{x}) - d(\boldsymbol{x}') - \langle \nabla d(\boldsymbol{x}'), \boldsymbol{x} - \boldsymbol{x}' \rangle$$

现在，我们介绍 FTRL 算法和 OMD 算法的更新公式。首先，我们介绍 OMD 算法 [14]，它的形式化定义如下：

$$\boldsymbol{x}^{t+1}=\underset{\boldsymbol{x}\in X}{\operatorname{argmin}}\left\{\langle\boldsymbol{l}^t,\boldsymbol{x}\rangle+\frac{1}{\eta}D(\boldsymbol{x}\|\boldsymbol{x}^t)\right\}$$

现在，我们解释 FTRL 算法 [37] 的形式化定义：

$$\boldsymbol{x}^{t+1}=\underset{\boldsymbol{x}\in X}{\operatorname{argmin}}\left\{\sum_{\tau=1}^{t}\langle\boldsymbol{l}^\tau,\boldsymbol{x}\rangle+d(\boldsymbol{x})\right\}$$

OMD 算法和 FTRL 算法都能够保证 R^T 呈 $\mathrm{O}(\sqrt{t})$ 的速率增长。

在正则式博弈之中，如上文中所提的囚徒博弈，每个玩家拥有两个可选动作，每个玩家都拥有一个策略，这个策略对每个可选的动作概率进行赋值，可选动作概率之和为 1，可知策略的集合是一个凸紧集。更一般地，如果每个玩家都拥有多个可选动作，且可选动作概率之和为 1，策略的集合就是单纯形（simplex）。此外，对于每一个不完美信息扩展式博弈来说，都可以被转换为一个正则式博弈。所以，对于一个不完美信息扩展式博弈来说，求解近似纳什均衡都可被转换为在一个正则式博弈上求解近似纳什均衡。

下面，我们介绍如何使用遗憾最小化算法在正则式博弈上求解纳什均衡。首先，对于每个玩家，初始化一个遗憾最小化算法，在这里我们假设每个玩家都使用 FTRL 算法。在第一轮时，每个玩家的策略为随机策略，以相同的概率选择任何一个动作。假设玩家一的策略为 $\boldsymbol{x}^1$，玩家二的策略为 $\boldsymbol{y}^1$，收益矩阵为 $\boldsymbol{A}$，那么玩家一收到的损失向量为 $\boldsymbol{A}\boldsymbol{y}^1$，玩家二同理。玩家一根据收到的损失向量，选择下一轮的策略，在每一轮游戏，玩家一收到的损失向量为 $\boldsymbol{A}\boldsymbol{y}^t$。经过 T 轮以后，游戏结束，且有以下大众定理（Folk Theorem）成立：

$$\frac{1}{T}(R_1^T+R_2^T)\leqslant\epsilon$$

那么玩家一和玩家二的平均策略就是 ϵ 近似纳什均衡策略。因为我们使用了 FTRL 算法，保证了遗憾呈 $\mathrm{O}(\sqrt{T})$ 的速率增长，那么有

$$\frac{1}{T}(R_1^T+R_2^T)\leqslant\frac{\mathrm{O}(\sqrt{T})}{T}$$

可知随着 T 的增加，玩家一和玩家二的平均策略离纳什均衡策略就越近，且最终将收敛到纳什均衡。

7.2.5 虚拟遗憾最小化算法

虽然使用遗憾最小化算法求解近似纳什均衡是一种有效的方法，但是随着博弈树信息集数量的增加，扩展式博弈转换为正则化博弈的大小呈指数级增加，限制了遗憾最小化算法的使用。为了解决这个办法，一种很正常的方法就是在扩展式博弈的每个信息集进行遗憾最小化。如果每个信息集上的遗憾累加值大于整个博弈的遗憾值，且每个信息集上的遗憾累加值小于一个值，那么整个博弈的遗憾值也会小于这个值。如果每个信息集上的遗憾呈次线性增长，那么整个博弈的遗憾也会呈次线性增长，平均策略就能达到近似纳什均衡。我们下面将要介绍的虚拟遗憾最小化（Counterfactual Regret Minimization，CFR）方法[44] 便是基于此思路。

在求解不完美信息扩展式博弈的近似纳什均衡的方法中，最具有代表性的是虚拟遗憾最小化方法。遗憾最小化是一种学习最优策略的方法，Zinkevich 等人将它的概念引入博弈均衡求解中，提出了虚拟遗憾最小化方法。虚拟遗憾可以看成遗憾这个概念的具体形式。

CFR 是一种在博弈树中反复迭代的均衡计算方法，它的计算过程主要分为以下步骤：

（1）初始化每个局中人的策略，即为博弈树中每个节点设定初始动作概率分布；

（2）根据当前的策略，计算出每个博弈树节点的效用值；

（3）根据步骤（2）的效用值，计算博弈树每个节点上相应动作的虚拟遗憾值；

（4）根据步骤（3）的遗憾值，采用遗憾值匹配（regret matching）的方法更新博弈树每个节点上的动作概率分布；

（5）回到步骤（2），开始下一次迭代过程。

利用大众定理，Zinkevich 等人证明经过有限的迭代次数后，所有迭代过的策略的平均值将会接近博弈的纳什均衡策略。以 Kuhn Poker 为例，可以更加直观地描述 CFR 方法以下的每个步骤。

（1）初始化策略时，可以在 Kuhn Poker 博弈树的每个节点上为每个动作分配均等的概率。例如，在节点 1 上执行 check 的概率为 0.5，执行 bet $1 概率也为 0.5。

（2）从叶节点开始，从下到上计算博弈树中每个节点的效用值。父节点的效用值是其各个子节点的效用值与相应动作概率的加权和。例如，Kuhn Poker 中的节点 2 的效用值为 1.0，节点 3 的效用值为 3.0，若局中人 1 在节点 1 上执行 check 和 bet \$1 的概率均为 0.5，那么节点 1 的效用值即为 $0.5 \times 1.0 + 0.5 \times 3.0 = 2.0$。

（3）为每个树节点的每个动作计算虚拟遗憾值，将执行该动作后到达的子节点的效用值与该节点的效用值相减并乘以对手当前策略到达当前节点的概率，即信息集的概率，得到的差就是该动作在当前迭代次数的虚拟遗憾值。例如，将步骤（2）中节点 3 与节点 1 的效用值相减，节点 1 上动作 bet \$1 的遗憾值即为 $3.0 - 2.0 = 1.0$；同理，节点 1 上动作 check 的遗憾值为 $1.0 - 2.0 = -1.0$，再乘以对手当前策略到达当前节点的概率，设为 0.1，那么动作 bet \$1 和动作 check 的虚拟遗憾值分别为 0.1 和 -0.1。

（4）执行遗憾值匹配更新策略时，遗憾值高的动作将分配到更多的执行概率。例如，步骤（3）中，节点 1 上的动作 bet \$1 比 check 的遗憾值更高，说明执行它将带来更多的效用，因此在下一次迭代中应当多执行动作 bet \$1。

2007 年，CFR 算法被提出，由于效果良好被迅速应用在扑克游戏上，但由于高昂的时间和空间代价，只能解决简单的问题，如常常用来被作为二人零和博弈基准的 Kuhn 扑克和 Leduc 环境。2015 年，Bowling 提出了 CFR+ 算法 [5,39]，并基于 CFR+ 算法设计出了一个在二人有限注德扑中达到人类顶尖水准的 AI："仙王座"。此后在 2017 年，DeepStack [33] 和 Libratus [8] 被提出，并在二人无限注德扑中击败了人类职业牌手。2019 年 CMU 的研究团队又设计出了新的智能系统 Pluribus [10]，它在六人无限注德州扑克中击败人类专业选手。为了解决大规模博弈问题，智能系统通常先用 CFR 类算法计算一个蓝图策略，在实际执行时再使用 CFR 类算法解决实时子博弈问题 [4,11,13,17]。

为了详细介绍 CFR 算法，我们首先形式化描述非完美信息扩展博弈以便形式化地描述虚拟遗憾，一个典型的非完美信息扩展博弈由以下几个部分组成。

（1）一个有限的参与者集合 $N = \{1, 2\}$。

（2）一个序列集合 H，可能的动作历史，空序列是所有序列的前缀。$Z \subseteq H$ 是所有的终止历史集合。我们把一个状态 $h \cdot a \in H$ 称为 h 的子节点，将 h 称为 $h \cdot a$ 的父节点。我们把 h 称为 h' 的祖先节点或者 $h \sqsubseteq h'$，如果 h 是 h' 的前缀的话。

（3）对于每个非终止节点 h，$A(h) = \{a : (h, a) \in H\}$ 表示节点 h 的所有合

法动作，$P(h) \to P \bigcup \{c\}$ 表示节点 h 的选择动作者，c 表示机会节点，在二人德州扑克中，表示发牌。

（4）令 $\mathfrak{T}_p$ 为所有参与者 p 选择动作的节点。对于任何信息集 $I \in \mathfrak{T}_p$（参见图 7.3），对于任何节点 $h, j \in I$，都对 p 是不可区分的。令 $I(h)$ 表示包含 h 的信息集，令 $Z(I,a)$ 表示所有 $z \in Z$ 的集合，对于一些 $h \in I$ 有 $h \cdot a \sqsubseteq z$。

（5）令 σ_p 代表参与者 p 的策略（这种策略表示形式被称为行为策略），$\sigma_p(h,a)$ 表示参与者 p 在节点 h 选择动作 a 的概率。令 $\pi^\sigma(h) = \prod_{j \cdot a \sqsubseteq h} \sigma_{p(j,a)}(j,a)$ 表示所有参与者执行策略 σ 到达 h 的联合概率，$\pi^\sigma_{-p}(h)$ 表示 $P(h) \neq p$ 的项，$\pi^\sigma_p(h)$ 表示 $P(h) = p$ 的项。

（6）u^σ_p 表示如果所有参与者执行策略 σ 参与者 p 的期望价值，$u^\sigma_p(I,a)$ 表示在信息集 I 选择动作 a 的期望价值，$u^\sigma_p(I,a) = \sum_{z \in Z(I,a)} \pi^\sigma(z) u_p(z)$。

（7）如果 σ_p 最大化 $u_p^{\langle \sigma_p, \sigma_{-p} \rangle}$，$\sigma_p$ 是对手策略 σ_{-p} 的最佳反应。

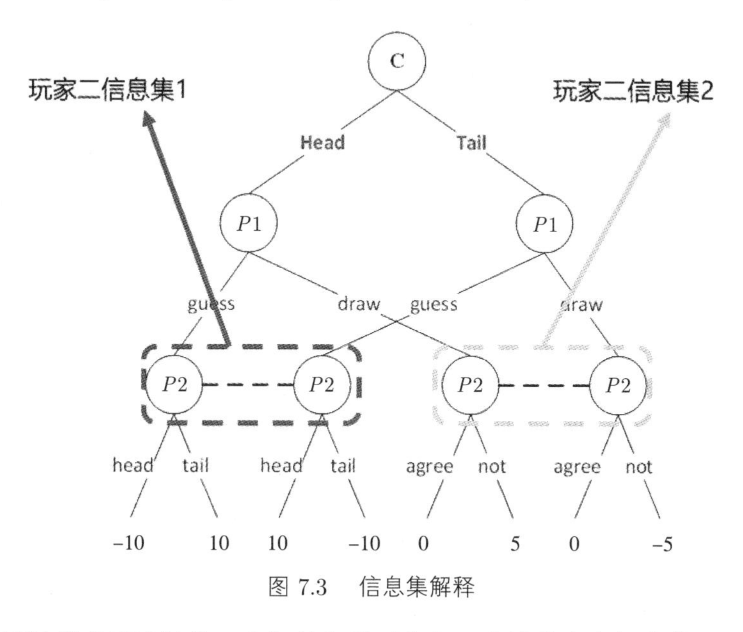

图 7.3 信息集解释

为了计算虚拟遗憾值，我们首先需要定义一个被称为虚拟价值（Counterfactual Value）的概念：

$$v^\sigma_p(I,a) = \sum_{z \in Z(I,a)} \pi^\sigma_{-p}(z) \pi^\sigma_p(Z(I) \cdot a, z) u_p(z)$$

$$v^\sigma_p(I) = \sum_{a \in A(I)} \sigma(a|I) v^\sigma_p(I,a)$$

在定义了虚拟价值以后，我们定义虚拟遗憾值：

$$R_i^T(I,a) = \sum_{t=1}^{T}(v_i^{\sigma^t}(I,a) - v_i^{\sigma^t}(I))$$

在计算中，我们一般使用如下形式：

$$R_i^T(I,a) = R_i^{T-1}(I,a) + (v_i^{\sigma^t}(I,a) - v_i^{\sigma^t}(I))$$

从虚拟遗憾值可以看出，如果 $\nu(I,a)$ 的值越大，则它的虚拟遗憾值越大，代表我们越想执行动作 a，而虚拟遗憾值小于零的动作，我们根本不想执行，所以，我们只关注虚拟遗憾值为正的动作：

$$R_i^{T+}(I,a) = \text{Max}(0, R_i^T(I,a))$$

之后，利用这个值来计算策略，我们将这个过程称为遗憾匹配（Regret Matching）：

$$\sigma_i^{T+1}(I,a) = \begin{cases} \dfrac{R_i^{T+}(I,a)}{\sum_{a\in A(I)} R_i^{T+}(I,a)} & \text{if} \displaystyle\sum_{a\in A(I)} R_i^{T+}(I,a) > 0 \\ \dfrac{1}{A(I)} & \text{otherwise} \end{cases}$$

根据大众定理，我们使用平均策略作为最终的输出策略。

与线性规划的方法相比，CFR 方法能够求解叶节点数量为 10^{12} 的博弈的均衡解，计算能力提高了 10000 倍。而 CFR 的一些扩展工作（比如：基于蒙特卡洛采样的 CFR 方法）则能够胜任更大规模的博弈的均衡计算。下面我们介绍关于 CFR 算法的扩展工作。

首先，我们介绍 CFR+ 算法。CFR+ 相对于原始 CFR 算法的最大改变就是使用了一种名为遗憾匹配加（Regret Matching+）的算法去代替遗憾匹配算法。遗憾匹配加依旧使用虚拟价值，但是在计算虚拟遗憾值时，使用了新的方法：

$$R_i^{T+1,+}(I,a) = \text{Max}(0, R_i^{T,+}(I,a) + (v_i^{\sigma^t}(I,a) - v_i^{\sigma^t}(I)))$$

和原始 CFR 算法一样，我们使用遗憾匹配策略，称为遗憾匹配加（Regret

Matching+)。另外，CFR+ 算法使用了选择更新，而 CFR 算法使用的是同时更新。简而言之，CFR+ 算法在每一次迭代时需要搜索博弈树两次，每一次只更新一个玩家的策略，而 CFR 算法则是在每一次迭代时需要搜索博弈树一次，同时更新每个玩家的策略。另外，在计算遗憾值时，CFR+ 遗憾值不会为负值，而 CFR 算法的遗憾值一旦到负值，意味着要很多次的迭代，其遗憾值才能不小于零，所以 CFR+ 算法能够更快达到近似的纳什均衡。

为了进一步加快 CFR+ 算法平均策略达到纳什均衡的速度，它使用了加权平均，为了简化计算，我们使用了 $w = \max(t-d, 0)$，其中 t 是现在的迭代次数，d 是设定的参数，则最后的输出策略：

$$\overline{\sigma}_i^T(I,a) = \sum_{t=1}^{T} w\pi_{-i}^{\sigma^t}(I,a)\sigma_i^t(I,a)$$

在实际使用中，CFR+ 算法速度远快于 CFR 算法，特别是在游戏规模变大的情况下，所以实际使用的一般为 CFR+ 算法。

原始 CFR 算法需要搜索整个博弈树，对于规模大的游戏，比如两人无限注德州扑克，这是不可能完成的。一种方法就是使用 MCCFR 算法 [28,35]，能够在每一次搜索时只搜索一部分博弈树。

在 MCCFR 算法中，在每次迭代中，一部分节点 Q^t 被搜索到。在这个算法中，我们使用采样遗憾而不是准确遗憾。对于所有在迭代次被采样到的信息集，等于遗憾 $r^t(I,a)$ 除以信息集 I 被采样的概率；而对于没有被采样到的信息集，等于零。

MCCFR 算法能够达到近似纳什均衡，原因在于它计算出的虚拟遗憾值是一个对于 CFR 算法无偏的估计量，但是会引入较大的估计方差。

在 MCCFR 算法中，我们一般采用的是外部采样（External Sampling）。对于每一次迭代中，如果当前信息集的动作者等于自己的话，那么就对所有的动作进行采样，如果当前信息集的动作者等于对手，就选择任意一个动作进行采样。遗憾和策略的更新和原始 CFR 算法一样。另外，也有一种被称为健康采样（Robust Sampling）的方法，与外部采样相比，它在一次的搜索中只会搜索自己一部分的动作。此外，MCCFR 算法也可以与 CFR+ 算法结合变成 MCCFR+ 算法。为了减少 MCCFR 的估计方差，提出了许多减少方差的方法，比如 VR-MCCFR [35]，其思路就是使用基线减少方差。

最近的研究提出了 CFR 算法和传统遗憾最小化算法如 FTRL 和 OMD 的联系，并且证明了如何使用一阶算法遇到的损失 $\boldsymbol{Ay}$ 来重建 CFR 算法中每个信息集上的虚拟价值向量，从这个角度来说，以上提到的 MCCCFR 中的采样方法是一种针对 $\boldsymbol{Ay}$ 的估计算法。某些 MCCFR 中的采样方法不仅对 $\boldsymbol{Ay}$ 进行估计，也会对 $\boldsymbol{x}$ 进行估计，并使用在线学习中的某些方法重建虚拟价值向量，但这样会引入巨大的方差，所以一般不使用这些方法。

7.2.6 基于深度学习的方法

虽然 CFR 算法是一种很有效的解决不完美信息扩展式博弈问题的方法，但是 CFR 算法是一种表格化的方法，随着游戏规模的扩大，CFR 算法需要的内存空间成线性增加。为了解决这个问题，最简单的方法就是抽象，即减少状态的数量，先训练出一个抽象后的游戏策略，然后在实际使用中实时求解子博弈。此外，随着深度学习的应用 [27,31,32,41]，提出了基于 CFR 算法的深度学习算法 [29]，其中最著名的便是 DeepStack 算法和 DeepCFR 算法 [12]。

DeepStack 既利用深度学习强大的泛化能力，又利用了 CFR 的理论保证，其思路是使用深度学习拟合每个节点的价值。DeepStack 并不是一种用于产生蓝图策略的方法，而是一种用于子博弈求解的方法。DeepStack 首先会使用一种 CFR 算法的变体训练一个蓝图策略，然后使用 Subgame Resolving 解决一个子博弈。但是在执行到某个深度时，直接使用深度学习拟合出节点的价值。但是使用深度限制的方法在理论上是不安全的，因为对手的策略会随时改变。

相较于 DeepStack，另外一种名为 DeepCFR 的算法使用更广泛。它的思路与 DQN 和 Q-learning 类似，都是使用神经网络拟合表格的数据。DeepCFR 使用三个神经网络拟合遗憾值和策略，其中一个神经网络用于拟合策略，另外两个网络用于拟合两个玩家的遗憾值，既融合了深度学习强大的泛化能力，又利用了 CFR 的理论保证。图 7.4 展示了 DeepCFR 的原理图，其中 RegretsSumNetwork 网络用于拟合累加虚拟遗憾值，每个玩家都有一个；AvgStrategyNetwork 网络用于拟合平均策略，只有一个。每一次迭代，DeepCFR 算法使用 MCCFR 搜索博弈树，对累加虚拟遗憾值进行估计，然后将数据存入 Buffer 用于训练 RegretsSumNetwork 网络和 AvgStrategyNetwork 网络。

除了基于 CFR 算法的深度学习算法，还有其他基于虚拟自博弈（Fictious Self-Play）的深度学习算法，最典型的便是 NFSP（神经网络虚拟自博弈）算

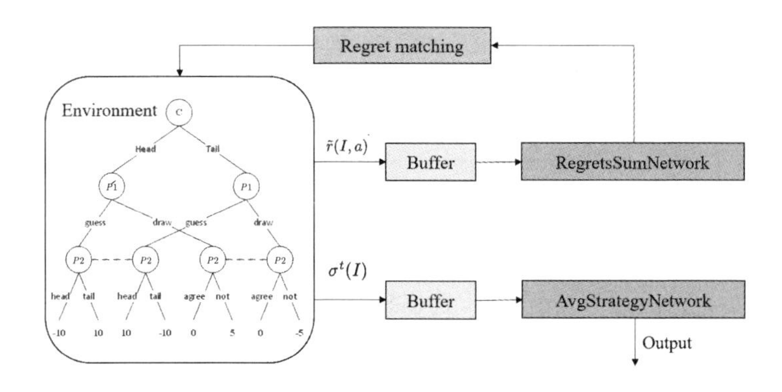

图 7.4 DeepCFR 的原理图

法 [22]。NFSP 融合了深度强化学习和虚拟自博弈算法，由两个部分组成，一个为强化学习部分，一个为监督学习部分。强化学习部分搜索博弈树，监督学习对强化学习得出的策略进行拟合。这个算法成功解决了双人有限注德州扑克问题。但是 NFSP 没有很好的理论保证能超过 CFR 达到纳什均衡，因为虚拟自博弈算法即使是在正规化博弈中也只能保证 $T^{\frac{-1}{m+n-2}}$ 的收敛速度，m 和 n 分别为行玩家和列玩家的动作数量，而 CFR 算法却能够保证 $T^{-\frac{1}{2}}$ 的收敛速度。

值得一提的是，本章介绍的均衡计算方法都是针对两人零和的不完美信息扩展式博弈所提出的。就目前而言，还没有能够计算多人博弈均衡的有效方法。其难度一方面在于博弈的规模变得更大，另一方面则是由于局中人之间的关系变得更加复杂。在多于两人的博弈中，局中人之间不再是简单的竞争性关系（比如：斗地主和麻将），这使得零和博弈中一些可以简化均衡计算的良好性质在多人博弈中不复存在。对于斗地主这种合作与竞争并存的博弈来说，虽然目前有算法宣称达到人类水平，但是并无任何理论保障，因为对于这种存在合作的博弈而言，合作的一队存在策略的相关性，仅使用行为策略是无法表示的。

7.3 对手利用

纳什均衡是包含博弈中所有局中人策略的策略组，它刻画的是博弈各方都处于绝对理性条件下的博弈的稳定状态，并要求每一个局中人都坚持相应的策略而不改变。然而，在现实生活的博弈中，对手的行为是无法预知和控制的。当对手所采用的策略并不属于纳什均衡的一部分时，单方面采用纳什均衡来博弈不一定能够最大化局中人的收益。下面继续以 Kuhn Poker 为例进行说明。在 Kuhn Poker 中，如果局中人 1 的底牌是 J，理性的做法是不进行任何下注或跟注（即在节点 1 选择 check，在节点 4 选择 fold）。假设局中人 1 是理性的，那么局中人 2 必须采用纳什均衡中对应的策略才能最大化博弈收益。但假如局中人 1 不够理性，他在底牌是 J 的情况下仍然疯狂下注（即在节点 1 选择 bet \$1，在节点 4 选择 call），那么局中人 2 可以利用这一点，将博弈尽可能地引向下注较多的情形（比如在节点 2 选择动作 bet \$1，引导局中人 1 跟注）。而局中人 2 的这种非理性行为反而会使其获得比使用纳什均衡策略更高的收益。在博弈论中，这种发现对手非理性的行为并采取反制措施的过程被称为对手利用（Opponent Exploitation），其涉及的科学问题包括建立对手的策略模型、最佳反应的计算、安全利用等。

7.3.1 对手建模

能够利用对手策略中漏洞的前提是要了解对手的策略。然而，在实际的博弈中，对手的策略肯定是未知的。这就要求我们必须通过博弈过程中的统计信息，学习出对手的策略模型，术语称为对手建模（Opponent Modeling）[1]。我们比较容易理解的是对手建模方法是维护一个对手策略的经验模型，即将对手在每一个决策节点上各个动作的执行频率当成其策略中的执行概率。假设在 Kuhn Poker 中，局中人 1 已经观察到局中人 2 在节点 2 上的 200 次决策结果。其中，局中人 2 选择 check 和 bet \$1 的次数分别为 50 和 150。那么按照上述方法，局中人 1 将认为局中人 2 在节点 2 上的策略是“以 0.25 的概率选择 check，以 0.75 的概率选择 bet \$1”。然而，简单的方法未必是行之有效的，该方法的不足在于：

第一，它必须建立在大量观察的基础之上，无法适应对手策略的变化，而现实生活中的博弈也不可能重复若干次来满足学习策略的需要。

第二，该方法无法防止被对手欺骗。狡猾的玩家往往会故意采用一些简单的策略来让对方学习，然后突然改变其博弈策略，让人猝不及防。因此，在利用对手的同时，也可能会被对手利用。

针对这些不足，相关研究者研发出了一些更加健壮的对手建模方法。

一方面，尽管纳什均衡能够保证局中人不会被对手利用（这是因为当博弈的某方坚持使用纳什均衡时，其他人必须使用纳什均衡才能够得到最大化的收益），但单纯的采用纳什均衡策略可能会丢掉获取更高博弈收益的机会。另一方面，利用对手策略中的漏洞虽然有可能获得比纳什均衡更高的收益，但也存在被对手反制和欺骗的风险。那么，是否能将这两者结合起来，找到一个折中点来平衡对手利用和均衡的使用呢？答案是肯定的。Johanson 等人正是基于这个思路，分别在 2007 年 [26] 和 2009 年 [25] 提出了两种类似的对手建模方法。其精髓在于用一个概率 p 描述对手策略模型的精确度。

- 当 $p = 0$ 时，代表完全不清楚对手的实际策略，这时将假设对手使用的是纳什均衡策略，而相应的对策（Counter Strategy）也是纳什均衡策略；
- 当 $p = 1$ 时，可以百分百确信这个模型等同于对手实际的策略，这时所计算出的对策是针对对手策略的最佳反应；
- 当 $0 < p < 1$ 时，相应的对策则是纳什均衡与对手策略模型的最佳反应的混合体。

通过这种方法计算出的策略可以看成稍微偏离纳什均衡的策略，其偏离的程度由参数 p 决定。它能够在一定程度上利用对手策略中的弱点，同时又能借助纳什均衡的健壮性减小被对手欺骗的概率。

针对对手建模问题，Albrecht 等人进行了精确的定义 [1]。对手建模是一个通过输入过去的交互信息，力求获得一些有意义信息的过程。其中输入的过去交互信息包含其他局中人过去的动作、策略等，而有意义的信息往往为其他局中人未来可能会选择的动作、策略，或者局中人的类型，如“激进”“保守”等，抑或是局中人的目标、计划等能够利用的信息。图 7.5 是一个简要的对手建模流程示意图。

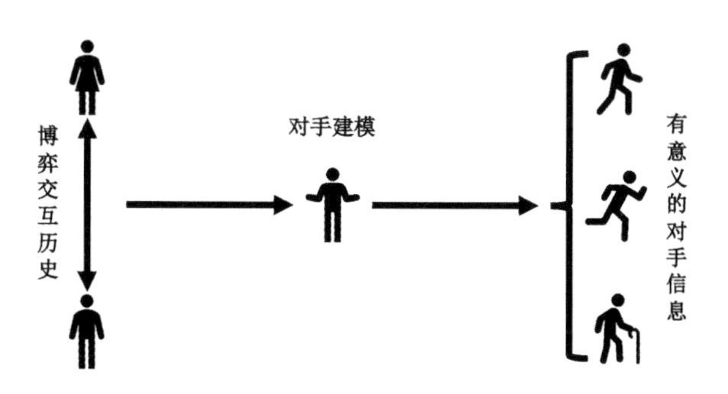

图 7.5　对手建模流程示意图

现有对手建模方法根据核心思想或建模目标的不同，通常可以归为几大类，分别为对手策略重构 [16,38]，对手类型建模 [23,34,43]，递归对手建模 [19–21,42] 和隐式对手建模 [2,21,40]。

1. 对手策略重构

对手策略重构的代表就是前文所述的经验模型构造，是一种依据历史信息直接构造对手策略模型的方法。如图 7.6 所示，我方观测到在有限的交互历史中，对方分别跟注、押注、弃牌 5 次、10 次、5 次，我们便可以简单地认为对手跟注概率为 25%，押注概率为 50%，弃牌概率为 25%。并依据建模出的这个对手策略选择我方的一个对策，其可以是最优反应，也可以是混合纳什均衡和最优反应的对策。但显而易见，在非完美信息的博弈中，如扑克类游戏，我们无法知道对手的私有信息，比如对手的手牌，因此无法直接根据观测到的对手行为建模对手的策略。例如，在上述例子中，我方无法获知对手跟注、押注、弃牌分别是在什么牌型下的动作，如果我方简单地统一处理，计算出对手在任何状态下跟注概率为 25%，押注概率为 50%，弃牌概率为 25%，这样的对手策略很难保证正确性，因为对手很可能是在最差的牌型弃牌 5 次，在一般的牌型跟注 10 次，在最好的牌型押注 5 次，这时我们估计出的对手策略就完完全全偏离了对手实际使用的策略，哪怕我们和对手进行了无穷多次的对战模拟，都无法准确估计出对手的策略。因此 Ganzfried 与 Sandholm 提出了一种基于偏离纳什均衡的对手建模方法 DBBR（Deviation-based Best Response）[16]。该方法首先假设对手使用的是纳什均衡策略，然后根据博弈过程中所观察到的对手行为快速地修正这个策略模型。由于这个调整的幅度是有限的，所以 DBBR 所建立的对手策略模型不会完

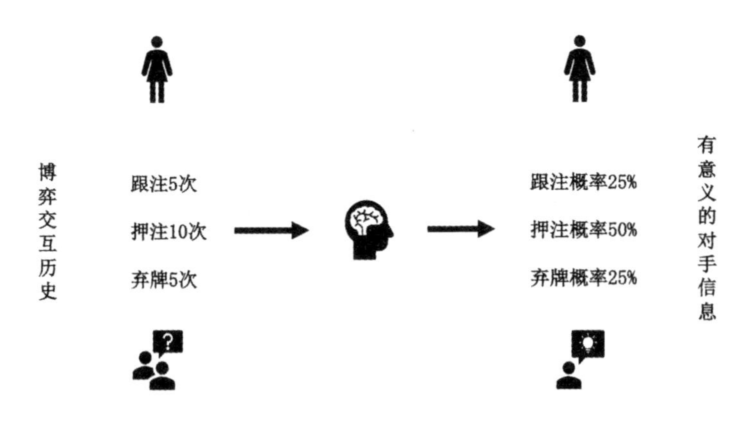

图 7.6　对于策略重构方法示意图

全偏离纳什均衡策略。这也使得该方法最终计算出的对策具有一定的健壮性。

2. 对手类型建模

对手类型建模方法通过给定先验知识，率先对对手的若干可能类型进行划分，最终得到对对手的类型建模。举例来讲，在对手建模过程中，类型建模可能具有以下几种不同的预设对手类型：① 激进型。无论什么情况下都选择押注。② 保守型。从不押注，无论什么情况下都选择跟注。③ 消极比赛型。不想赢得比赛，仅弃牌。那么根据我们有限交互历史中获得的经验数据，就可以判断对手的类型是我们预设类型中的哪一种。如图 7.7 所示，我们判断对手 50% 的概率是过度保守型，25% 的概率是激进型，25% 的概率是消极比赛型。然后就可以根据这种对对手类型的判断方式预测对手之后的行为信息，并采取相应的策略。

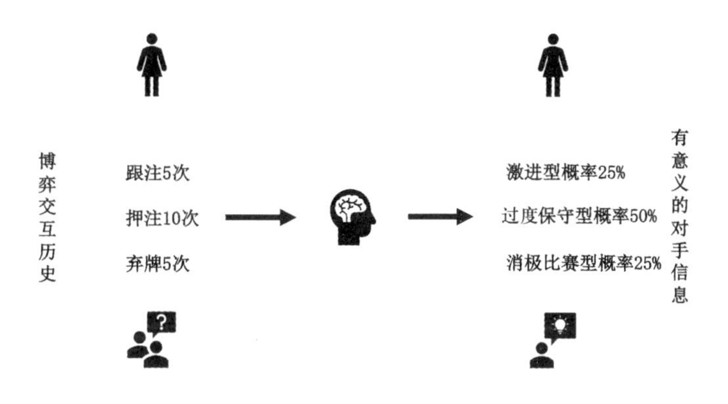

图 7.7　对手类型建模示意图

综上所述，可以看到传统的对手类型建模方法通过给定先验知识，获取交互历史信息，尝试拟合出一个对手类型的分布，这个对手类型的分布能够最确切地解释对手过去的行为。但仅基于动作信息有时并不足够，因此 Zheng 等人提出了一种深度贝叶斯策略复用的方法 DBPR+（deep Bayesian policy reuse+）[43]，该方法通过获取对手的历史行为信息与交互过程中的收益信息，同时根据对手的行为信息和收益信息更新对对手类型的信念分布，并结合贝叶斯优化的方法，计算给定对手在每一个类型信息下，采取针对哪一个对手类型的策略收益最高。同时该方法还提出可以根据对手的动作加入新的对手类型，即在现有类型库无法确切解释对手行为与收益信息时，通过对手策略重构的方法加入一个新的对手类型进入对手类型库，极大缓解了对手类型建模效果过度依赖对手类型库优劣的问题。

3. 递归对手建模

递归对手建模的思想来源于传统博弈中的纳什均衡概念。纳什均衡保证博弈多方无法通过单方面改变自身行为获取更高的收益，因此即使在一个局中人知晓其他局中人都采用哪一个纳什均衡策略后，也无法提前依据获取到的信息获得更高收益。递归建模方法就是参考了这样一个思想，该方法首先假定对手采取一个策略，且我方知晓该策略，则我方可选择针对该策略的最优反应，那么当对手知晓我方知晓其选择的策略时，其可根据我方的最优反应作出决策，也就是选择我方“最优反应”的最优反应，当我方知晓对手知晓我方知晓其选择的策略时，我方亦可以根据敌方针对我方“最优反应的最优反应”进行最优决策（图7.8）…… 这样一个过程可以无限递归下去，如果双方都经过了这样获取对方策略并最优决策的过程且没有改变自身现有策略，根据纳什均衡的定义，这时所有人选择的就是一个纳什均衡。但是，当只进行有限次递归过程时会发生什么呢，这就是递归对手建模的思想。

Yang 等人结合贝叶斯策略复用与递归对手建模方法研究对手建模[42]。该方法首先假设对手可能是单纯的固定策略，也可能是不同层次的递归思考策略。针对不同的对手类型，分别对单纯固定的对手策略进行建模，也通过不同层次的递归思考进行建模。然后根据后续对手的行为与每种建模得出的对手进行贝叶斯信念更新，使用贝叶斯策略复用的方法选择最终的应对策略。

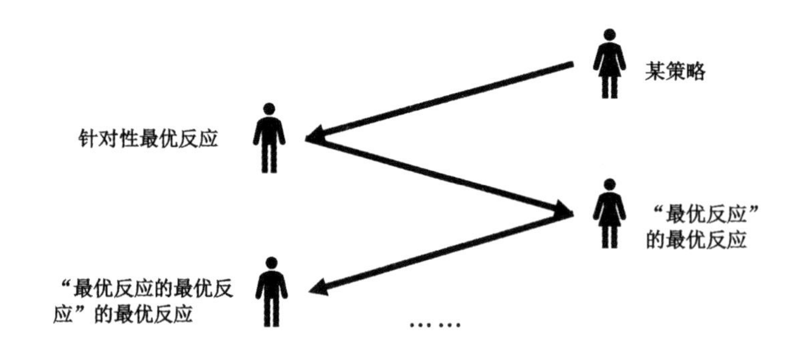

图 7.8　递归对手建模示意图

4. 隐式对手建模

隐式对手建模的方法不同于传统的对手建模方法。传统对手建模通过输入历史交互信息获取有意义的对手信息，然后根据这些对手信息选择相应的策略。

而隐式对手建模方法统合了这一流程。首先，隐式对手建模方法通过输入已有观测到的历史交互信息，结合当前状态，直接给出最终决策，相当于将一个建模模块内嵌在决策体系中。隐式建模相较于显式建模，减少了建模对手，并进行相应针对性策略计算的计算开销，同时具有较好的端到端性质，但由于其没有显式的建模过程，对其决策的安全性和可解释性提出了较大挑战。

典型的隐式建模方法如 He 等人提出的深度强化对手网络 DRON（Deep Reinforcement Opponent Network）[21]。该方法通过神经网络拟合专家策略，专家策略输入当前状态和历史信息，输出每一个动作的值函数，并选取最大动作期望收益的相应策略，同时也可以结合多个专家策略，随机指定对手，训练一个权重网络；权重网络在和对手交互中学习，尝试在不同情况下赋予不同专家策略相应的权重，最终输出一个隐式对手建模的策略，如图 7.9 所示。

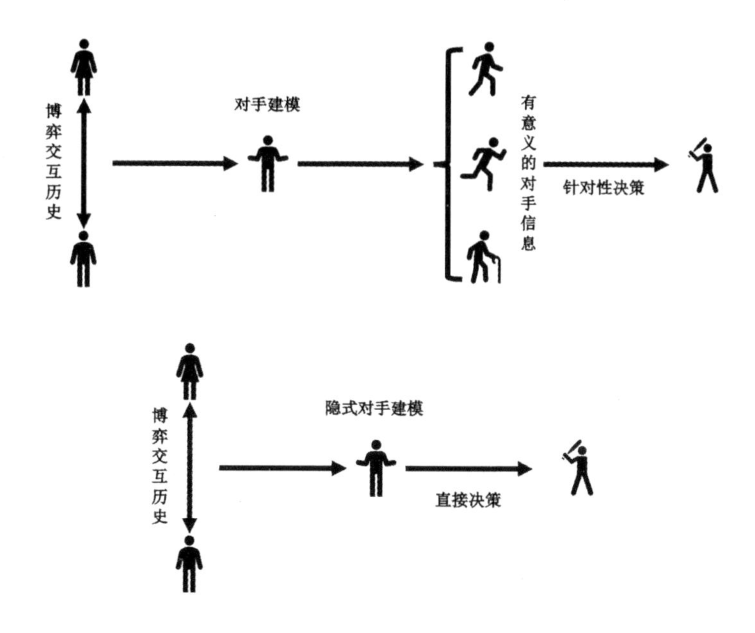

图 7.9 显式对手建模与隐式对手建模

7.3.2 对手利用的安全性

上一小节中所介绍的一些对手建模方法虽然可以有效避免欺骗问题，但由于它们在一定程度上偏离了纳什均衡策略，所以也存在被对手反过来利用的可能性。这就引出了一个有趣的问题：是否存在一种博弈方式，使得在利用对手的同时，保证不会被对手所利用，即所谓的安全利用（safe opponent exploitation）问题[3,18,36]。

安全地利用对手较为复杂。一般可能会认为在通过和对手博弈的过程中获得高于期望收益的时候尝试冒险去利用对手，低于期望时就使用纳什均衡，但这实际上是不安全的。例如，假设我们在和一个对手进行石头剪刀布的博弈，该博弈显然期望收益是 0，那么如果第一局对手出剪刀，我们使用纳什均衡，随机选择了出石头，我们获得胜利，获得收益 1，高于我们的期望。此时按照想法我们可以用这个 1 去冒险，因为在传统认知中我们是有这个资本的。假设在下一局中使用了一个冒进策略，即假设对手还会出剪刀，我们选择继续出石头，此时如果对手知道我们会选择这个冒进策略，那么显然这一局我们的收益是 −1。综合前两局，我们总共获得了 0 的收益，如图 7.10 所示。可能会有人问，这个 0 的收益不就是我们期望获得的收益吗？这个时候我们虽然尝试利用对手失败了，但这不是一个安全利用对手的框架吗？其实不然，如果我们纵观全局，观察整个博弈树可以获得更清晰的认识，如图 7.11 所示。

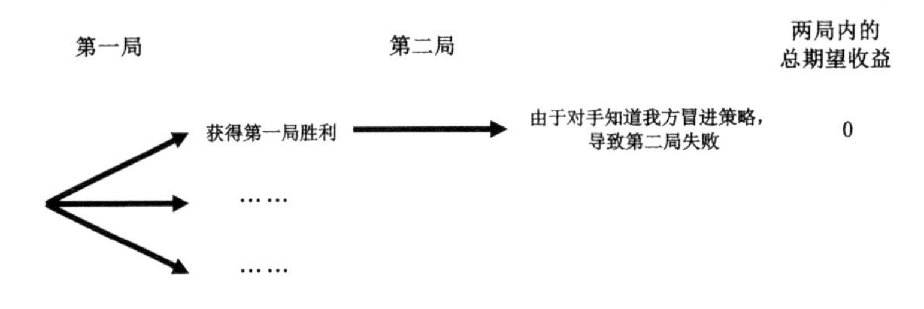

图 7.10 粗看之下没有问题的“安全”利用方法

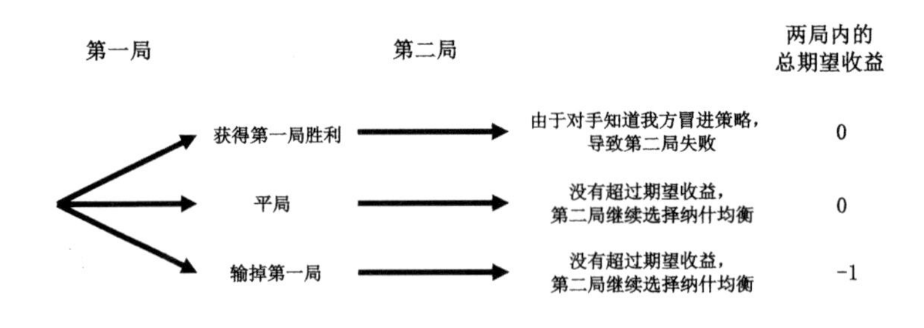

图 7.11 完整的博弈树

可以看到，当第一局胜利时，我们获得两局总期望收益为 0；当第一局为平局时，根据预定策略，我们没有获得超过期望收益的值，（因为我们第一局是平局，期望为 0），此时选择纳什均衡策略，则必然我们的期望收益是 0；当输掉第一局时，由于获得了 -1 的收益，导致我们根据预定策略在第二局的时候会选择纳什均衡，第二局的期望收益是 0，所以两局加起来期望收益是 -1。此时读者可能已经发现问题所在，也就是，当我们选择这个预定的“安全”利用对手的策略时，我们第一局有 $\frac{1}{3}$ 的概率赢、平或者输，那么我们连续进行两局游戏时获得的总期望收益是 $0 \times \frac{1}{3} + 0 \times \frac{1}{3} + (-1) \times \frac{1}{3} = -\frac{1}{3}$！也就是说我们连续赢两局期望上必输，不如完全按照纳什均衡获得的收益。因此可以看到这个看似安全的策略实际上是不安全的。

如果进一步剖析原因，可以发现，在这个看似安全的利用策略中我们在第一局赢的时候过于得意忘形，以为是比对手厉害才拿下 1 分，实际上这完全是因为运气，而当运气不站在你这边的时候，从运气中获取的收益迟早要还回去，而我们在这个策略中提前耗掉了运气奖励的收益，就导致运气差的时候没有缓冲的余地。这就好像扑克游戏中和高手过招，最开始因为牌抽得好赢了高手两局，之后就一直选择冒进策略看轻对手，必然会输得很惨。那么有没有办法安全利用对手呢？也就是有没有办法检测出是不是真的因为是实力强才赢下第一局的呢？

针对这个问题，Ganzfried 与 Sandholm 给出了肯定的答案 [18]，并提出了多个能够安全地利用对手策略弱点的算法。其算法的主要思想是，在我方使用纳什均衡策略进行博弈的情况下，如果对手在博弈的过程中送上了礼物（gift，指我方获得了超过当前期望的效用值），那么我方可以利用这个礼物来进行有限次数的冒险（即使用针对对手策略的最佳反应来进行博弈），以求获取更多的效用值。

7.4 小结

扑克这类不完美信息扩展式博弈以其随机性、信息不完全可见性、问题规模大等特性，已经成为博弈论和人工智能领域的重要研究对象。同时，它们也为这些领域的发展提供了良好的实验和应用平台。最近十年，有关不完美信息扩展式博弈的研究在均衡计算、对手利用等方面取得了丰硕的成果。然而，这仅仅是一个开始，还有更多的问题亟待解决。例如，如何计算多于两人的博弈的均衡解？

如何处理多人博弈中玩家之间复杂的利益关系？可以确信的是，这一研究领域正处于蓬勃发展的阶段，并在可预见的未来将继续发展壮大。或许在不久之后，人类将再也无法在扑克游戏中战胜计算机程序。

参考文献

[1] ALBRECHT S V, STONE P, 2018. Autonomous agents modelling other agents: A comprehensive survey and open problems[J]. Artif. Intell., 258: 66-95.

[2] BARD N, JOHANSON M, BURCH N, et al., 2013. Online implicit agent modelling[C]//Proc. Int. Joint Conf. Autonom. Agents Multiagent Syst. (AAMAS). [S.l.: s.n.]: 255-262.

[3] BERNASCONI-DE LUCA M, CACCIAMANI F, FIORAVANTI S, et al., 2021. Exploiting opponents under utility constraints in sequential games[C]//Proc. Adv. Neural Inf. Process. Syst. (NeurIPS). [S.l.: s.n.]: 13177-13188.

[4] BILLINGS D, DAVIDSON A, SCHAUENBERG T, et al., 2004. Game-tree search with adaptation in stochastic imperfect-information games[C/ OL]//VAN DEN HERIK H J, BJÖRNSSON Y, NETANYAHU N S. Lecture Notes in Computer Science: volume 3846 Computers and Games, 4th International Conference, CG 2004, Ramat-Gan, Israel, July 5-7, 2004, Revised Papers. Springer: 21-34. https://doi.org/10.1007/11674399_2.

[5] BOWLING M, BURCH N, JOHANSON M, et al. Heads-up limit hold'em poker is solved[J]. Science, 2015, 347(6218): 145-149.

[6] BROWN N, SANDHOLM T, 2014. Regret transfer and parameter optimization[C/OL]//BRODLEY C E, STONE P. Proceedings of the Twenty-Eighth AAAI Conference on Artificial Intelligence, July 27 -31, 2014, Québec City, Québec, Canada. AAAI Press: 594-601. http://www.aaai.org/ocs/index.php/AAAI/AAAI14/paper/view/8616.

[7] BROWN N, SANDHOLM T, 2017a. Reduced space and faster convergence in imperfect-information games via pruning[C/OL]//PRECUP D, TEH Y W. Proceedings of Machine Learning Research: volume 70 Proceedings of the 34th International Conference on Machine Learning, ICML 2017, Sydney, NSW, Australia, 6-11 August 2017. PMLR: 596-604. http://proceedings.mlr.press/v70/brown17a.html.

[8] BROWN N, SANDHOLM T, 2018a. Superhuman ai for heads-up no-limit poker: Libratus beats top professionals[J]. Science, 359(6374): 418-424.

[9] BROWN N, SANDHOLM T, 2019a. Solving imperfect-information games via discounted regret minimization[C]//Proceedings of the 33rd AAAI Conference on Artificial Intelligence. [S.l.: s.n.]: 1829-1836.

[10] BROWN N, SANDHOLM T, 2019b. Superhuman ai for multiplayer poker[J]. Science, 365(6456): 885-890.

[11] BROWN N, SANDHOLM T, AMOS B, 2018b. Depth-limited solving for imperfect-information games[C/OL]//BENGIO S, WALLACH H M, LAROCHELLE H, et al. Advances in Neural Information Processing Systems 31: Annual Conference on Neural Information Processing Systems 2018, NeurIPS 2018, December 3-8, 2018, Montréal, Canada. 7674-7685. https://proceedings.neurips.cc/paper/2018/hash/34306d99c63613fad5b2a140398c0420-Abstract.html.

[12] BROWN N, LERER A, GROSS S, et al., 2019c. Deep counterfactual regret minimization[C]//Proceedings of the 36th International Conference on Machine Learning. [S.l.: s.n.]: 793-802.

[13] BURCH N, BOWLING M, 2013. CFR-D: solving imperfect information games using decomposition[J/OL]. CoRR, abs/1303.4441. http://arxiv.org/abs/1303.4441.

[14] DUCHI J, HAZAN E, SINGER Y, 2011. Adaptive subgradient methods for online learning and stochastic optimization.[J]. Journal of Machine Learning Research, 12 (7).

[15] FARINA G, KROER C, SANDHOLM T, 2021c. Faster game solving via predictive blackwell approachability: Connecting regret matching and mirror descent[C]// Proceedings of the 35th AAAI Conference on Artificial Intelligence: volume 35. [S.l.: s.n.]: 5363-5371.

[16] GANZFRIED S, SANDHOLM T, 2011. Game theory-based opponent modeling in large imperfect-information games[C]//Proc. Int. Joint Conf. Autonom. Agents Multiagent Syst. (AAMAS). [S.l.: s.n.]: 533-540.

[17] GANZFRIED S, SANDHOLM T, 2015a. Endgame solving in large imperfect-information games[C/OL]//GANZFRIED S. AAAI Technical Report: WS-15-07 Computer Poker and Imperfect Information, Papers from the 2015 AAAI Workshop, Austin, Texas, USA, January 26, 2015. AAAI Press. http://aaai.org/ocs/index.php/WS/AAAIW15/paper/view/10136.

[18] GANZFRIED S, SANDHOLM T, 2015c. Safe opponent exploitation[J]. ACM Trans. Economics and Comput., 3(2): 8:1-8:28.

[19] GMYTRASIEWICZ P J, DURFEE E H, 2000. Rational coordination in multi-agent environments[J]. Auton. Agents Multi Agent Syst., 3(4): 319-350.

[20] GMYTRASIEWICZ P J, DURFEE E H, WEHE D K, 1991. A decision-theoretic approach to coordinating multi-agent interactions[C]//MYLOPOULOS J, REITER R. Proc. Int. Joint Conf. Artif. Intell. (IJCAI). [S.l.: s.n.]: 62-68.

[21] HE H, BOYD-GRABER J L, 2016. Opponent modeling in deep reinforcement learning[C]//Proc. Int. Conf. Mach. Learn. (ICML). [S.l.: s.n.]: 1804-1813.

[22] HEINRICH J, SILVER D, 2016. Deep reinforcement learning from self-play in imperfect-information games[Z]. [S.l.: s.n.].

[23] HERNANDEZ-LEAL P, ROSMAN B, TAYLOR M E, et al., 2016. A bayesian approach for learning and tracking switching, non-stationary opponents: (extended abstract)[C]//Proc. Int. Joint Conf. Autonom. Agents Multiagent Syst. (AAMAS). [S.l.: s.n.]: 1315-1316.

[24] JOHANSON M, 2013. Measuring the size of large no-limit poker games[J/OL]. CoRR, abs/1302.7008. http://arxiv.org/abs/1302.7008.

[25] JOHANSON M, BOWLING M, 2009. Data biased robust counter strategies[C]// Artificial Intelligence and Statistics. [S.l.]: PMLR: 264-271.

[26] JOHANSON M, ZINKEVICH M, BOWLING M, 2007. Computing robust counter-strategies[J]. Advances in neural information processing systems, 20.

[27] LAMPLE G, CHAPLOT D S, 2017. Playing FPS games with deep reinforcement learning[C/OL]//SINGH S, MARKOVITCH S. Proceedings of the Thirty-First AAAI Conference on Artificial Intelligence, February 4-9, 2017, San Francisco, California, USA. AAAI Press: 2140-2146. http://aaai.org/ocs/index.php/AAAI/AAAI17/paper/view/14456.

[28] LANCTOT M, WAUGH K, ZINKEVICH M, et al., 2009. Monte carlo sampling for regret minimization in extensive games[C]//Proceedings of the 22nd International Conference on Neural Information Processing Systems. [S.l.: s.n.]: 1078-1086.

[29] LI H, HU K, ZHANG S, et al., 2019. Double neural counterfactual regret minimization[C]//In Proceedings of the 7th International Conference on Learning Representations. [S.l.: s.n.].

[30] LI J, KOYAMADA S, YE Q, et al., 2020. Suphx: Mastering mahjong with deep reinforcement learning[J/OL]. CoRR, abs/2003.13590. https://arxiv.org/abs/2003.13590.

[31] MNIH V, KAVUKCUOGLU K, SILVER D, et al., 2013. Playing atari with deep reinforcement learning[J/OL]. CoRR, abs/1312.5602. http://arxiv.org/abs/1312.5602.

[32] MNIH V, KAVUKCUOGLU K, SILVER D, et al., 2015. Human-level control through deep reinforcement learning[J]. nature, 518(7540): 529-533.

[33] MORAVČÍK M, SCHMID M, BURCH N, et al., 2017. Deepstack: Expert-level artificial intelligence in heads-up no-limit poker[J]. Science, 356(6337): 508-513.

[34] ROSMAN B, HAWASLY M, RAMAMOORTHY S, 2016. Bayesian policy reuse[J]. Mach. Learn., 104(1): 99-127.

[35] SCHMID M, BURCH N, LANCTOT M, et al., 2019. Variance reduction in monte carlo counterfactual regret minimization (vr-mccfr) for extensive form games using baselines[C]//Proceedings of the 33rd AAAI Conference on Artificial Intelligence. [S.l.: s.n.]: 2157-2164.

[36] SESSA P G, BOGUNOVIC I, KAMGARPOUR M, et al., 2020. Learning to play sequential games versus unknown opponents[J]. Advances in Neural Information Processing Systems, 33: 8971-8981.

[37] SHALEV-SHWARTZ S, et al., 2012. Online learning and online convex optimization[J]. Foundations and Trends® in Machine Learning, 4(2): 107-194.

[38] SOUTHEY F, BOWLING M H, LARSON B, et al., 2005. Bayes' bluff: Opponent modelling in poker[C]//Proc. Conf. Uncertainty Artif. Intell. (UAI). [S.l.: s.n.]: 550-558.

[39] TAMMELIN O, 2014. Solving large imperfect information games using CFR+[J/OL]. CoRR, abs/1407.5042. http://arxiv.org/abs/1407.5042.

[40] WU Z, LI K, ZHAO E, et al., 2021. L2e: Learning to exploit your opponent[J/OL]. arXiv:2102.09381.

[41] YAKOVENKO N, CAO L, RAFFEL C, et al., 2016. Poker-cnn: A pattern learning strategy for making draws and bets in poker games using convolutional networks[C/OL]//SCHUURMANS D, WELLMAN M P. Proceedings of the Thirtieth AAAI Conference on Artificial Intelligence, February 12-17, 2016, Phoenix, Arizona, USA. AAAI Press: 360-368. http://www.aaai.org/ocs/index.php/AAAI/AAAI16/paper/view/12172.

[42] YANG T, HAO J, MENG Z, et al., 2019. Towards efficient detection and optimal response against sophisticated opponents[C]//KRAUS S. Proc. Int. Joint Conf. Artif. Intell. (IJCAI). [S.l.: s.n.]: 623-629.

[43] ZHENG Y, MENG Z, HAO J, et al., 2018. A deep bayesian policy reuse approach against non-stationary agents[C]//Proc. 32nd Adv. Neural Inf. Process. Syst. (NeurIPS). [S.l.: s.n.]: 962-972.

[44] ZINKEVICH M, JOHANSON M, BOWLING M, et al., 2007. Regret minimization in games with incomplete information[C]//Proceedings of the 20th International Conference on Neural Information Processing Systems. [S.l.: s.n.]: 1729-1736.

第四部分

多智能体学习

单智能体强化学习

8.1 研究背景

在人类的智力活动中，寻找最优行动是一种关键能力。从人类进化早期围剿猎物，到现代社会在业务上降本增效，都涉及回答“什么是最优行动”的问题，也就是最优决策问题。

强化学习是机器学习领域中旨在寻找最优决策模型的分支领域。其“强化”的名称来自动物行为心理学，即动物普遍会通过不断的强化行为来做出适应环境的行为。其“学习”的名称指明这一类方法是从经验数据中归纳决策模型。随着强化学习技术的发展，其与运筹学、演化计算、最优控制、神经网络、博弈论、统计学、信息论等学科领域产生了密切的联系。运筹学和最优控制中的强化学习又称为近似动态规划，而人工智能领域的强化学习也称为计算强化学习。

近年来，深度学习技术迅猛发展。深度强化学习使用神经网络作为值函数或策略函数的逼近器，使得强化学习系统具有很强的环境表征能力及在复杂场景下的学习能力。相关技术运用于 AlphaGo、AlphaStar、OpenAI Five 等系统中，在围棋和大规模即时战略游戏上发挥出色，达到甚至超越了人类专家的决策能力，引起了学术界和工业界的高度关注。

本章从单智能体强化学习的基本设定出发，首先介绍一些经典的表格式（tabular）强化学习算法，然后介绍近年来提出的一些有代表性的深度强化学习算法，接着介绍强化学习技术基准测试平台和实际应用，最后介绍离线强化学习、分层强化学习、迁移强化学习、安全强化学习、可解释强化学习等热点研究方向及其面临的若干挑战，以期为读者展现单智能体强化学习领域的概貌。本章部分内容参考了文献 [4, 22]。

8.2 强化学习的基本设定

强化学习要解决的是智能体在未知环境中如何通过与环境交互学习最优策略的问题。它强调在与环境交互中的试错和改进，不需要预知环境模型即可利用环境提供的评价式反馈（又称奖励、强化信号）实现无教师的学习，从反馈形式来看，是介于有监督学习和无监督学习之间的一类学习方法。这类学习方法的区别主要表现在由环境提供的反馈信号上：在有监督学习中，环境需要为智能体提供形如“特征-标记”的教师信号，明确指出策略的输入与输出；在无监督学习中，环境只需要提供形如“特征”的训练信息，而没有指定策略的输出；在强化学习中，环境提供的是对智能体行动好坏的一种评价（通常为形如“奖励/惩罚”的标量信号），仅仅隐含了策略的最优输出，而没有告知正确的输出。由于环境仅提供了弱的反馈信号，智能体必须主动对环境做出试探，在产生的“行动-评价”数据中进行学习，改进行动方案以适应环境。

解决强化学习问题一般有三种途径 [46]。第一种是基于值函数的强化学习方法，它的特点是利用了强化学习问题的序贯结构，使用动态规划 [10] 等方法估计在状态空间执行动作的效用；第二种是基于策略的强化学习方法，它的特点是使用策略梯度等方法在动作空间中搜索，以找到在环境中表现良好的行为 [11]；第三种是基于行动者（actor）-评论家（critic）框架的强化学习方法，它的特点是同时使用了前两种途径，并且值函数在框架中扮演了评论家的角色，对行动者中策略的好坏进行评价 [26, 46]。我们将在 8.4 节和 8.5 节详细介绍这三种途径的相关技术。在这之前，先来了解强化学习模型等基本概念和有代表性的动态规划方法。

8.2.1 强化学习模型

在标准强化学习模型中（图 8.1），智能体通过感知和动作与环境连接，如图 8.1 所示。在交互的每一步中，智能体感知环境的状态 s，得到观察 o；然后会根据观察决定做出一个动作 a；环境根据智能体的动作，给予智能体一个奖励 r，并进入下一步的状态 s'。智能体应该选择有利于增加期望累积奖励的动作。正式地说，强化学习模型包括：一组环境状态 $\mathcal{S}$；一组动作 $\mathcal{A}$；一组观察 $\mathcal{O}$；一组奖励 $\mathcal{R}$，通常为 $\{0,1\}$ 或实数。当智能体能准确感知环境的状态时，有 $o=s$ 和 $\mathcal{O}=\mathcal{S}$。

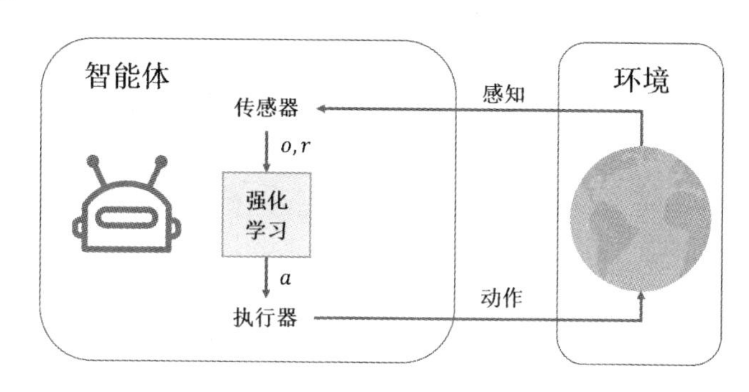

图 8.1　标准强化学习模型

我们通过下面的对话示例来理解智能体与可完全感知的环境之间的交互过程。

环境：你在状态 1 处。你有 4 个可选动作。

智能体：我执行动作 2。

环境：你得到了 +3 的奖励，正处在状态 5，有 2 个可选动作。

智能体：我执行动作 1。

环境：你得到了 −5 的奖励，正处在状态 1，有 4 个可选动作。

智能体：我执行动作 2。

环境：你得到了 +10 的奖励，正处在状态 3，有 5 个可选动作。

……

智能体的工作是找到一个策略 π。策略 π 将过去观察和动作的序列映射为动作，从而最大化一些长期的强化指标。我们假定环境是具有不确定性的，即在两个不同场合的相同状态下，智能体采取相同动作可能会导致不同的奖励和下一个状态。比如，在上述例子中，在两个场合下智能体都从状态 1 开始，都采用动作 2，结果产生了不同的奖励和状态。本节仅考虑稳态的环境，即进行状态转移或收到特定奖励的概率不会随着时间而改变。

强化学习和监督学习的一个主要区别是强化学习者必须在探索与利用环境间合理权衡。为了突出探索的问题，我们介绍一个非常简单的案例：k-摇臂赌博机（k-armed bandit）问题。k-摇臂赌博机有 k 个摇臂，智能体每次可以拉动任何一个摇臂。当智能体拉动摇臂 i 时，赌博机会根据一些潜在的概率参数 p_i，给予智能体 0 或 1 的奖励。其中，p_i 是未知的，奖励是独立的随机事件。假设智能体有固定 h 次拉摇臂的机会，每次拉摇臂没有成本。智能体应该采取怎样的策略，才能获得最大的期望累积奖励呢？

智能体可能认为某个特定的摇臂有着相当高的期望奖励。它应该始终拉该摇臂，还是应该选择拉另一个信息较少但似乎更糟的摇臂？这些问题的答案取决于智能体要玩多长时间的游戏。游戏持续的时间越长，智能体就越应该探索，这是因为，过早地收敛于次优摇臂，会导致无法得到最大的期望累积奖励。有多种求解 k-摇臂赌博机问题的办法，常见的有 ϵ-贪婪法、玻尔兹曼探索法、区间探索法和吉廷斯分配索引法等 [26,46]。

8.2.2 马尔可夫决策过程

在一般的强化学习问题中，智能体的动作不仅决定其立即奖励，而且也会影响环境的下一个状态。这样的环境可以看作是赌博机问题的网络，但是智能体在决定采取哪种动作时，必须要考虑立即奖励和下一个状态。智能体使用的长期优化模型决定了它应该如何考虑未来的价值。智能体必须能够从延迟的奖励中学习：它可能需要很长的一系列动作，得到微不足道的奖励，最终达到高奖励的状态。智能体必须能够根据未来可能发生的奖励来学习其动作是否合适。

很多强化学习问题可用马尔可夫决策过程建模 [10,11,26,38]。MDP 可以表示为一个四元组 $(\mathcal{S},\mathcal{A},P,R)$：$S$ 为状态（state）的有限集合，集合中某个状态表示为 s，$s\in\mathcal{S}$；$\mathcal{A}$ 为动作（action）的有限集合，集合中某个动作表示为 a，$a\in\mathcal{A}$，$\mathcal{A}_s$ 为状态 s 下可执行的动作集合；$P:\mathcal{S}\times\mathcal{A}\times\mathcal{S}\to[0,1]$ 为状态转移函数（State Transition Function），$P(s'\mid s,a)$ 给出了在状态 s 使用动作 a 转移到状态 s' 的概率。$R:\mathcal{S}\times\mathcal{A}\to\mathbb{R}$ 为奖励函数（Reward Function），其中 $\mathbb{R}$ 表示实数集合，$R(s,a)$ 给出了状态 s 和动作 a 对应的期望立即奖励。MDP 模型满足马尔可夫性质，即立即奖励和下一步的状态仅依赖于当前状态和行动，与更早的状态和行动无关。在马尔可夫决策过程中做出决策时，只需要考虑当前的状态，而不需要历史数据，这样大大降低了问题的复杂度。虽然 MDP 可以有无限（甚至不可数）的状态空间和动作空间，但是我们在这一节只讨论状态数和动作数均有限的问题的求解方法。

现在，我们探索在给定正确模型的情况下求解最优策略的技术。通常可以用折扣奖励和平均奖励定义效用。这里，我们仅讨论基于折扣奖励的无限步数

MDP 模型的最优策略[10]。在 MDP 问题中，效用也称为累积折扣奖励、回报，效用函数也称为值函数。一个稳态 MDP 问题的策略分为两种：一种是随机性策略，表示为 $\pi(a \mid s): \mathcal{S} \times \mathcal{A} \rightarrow [0,1]$，其特点是输入为状态 s 和动作 a，输出为选择动作 a 的概率；另一种是确定性策略，表示为 $\pi(s): \mathcal{S} \rightarrow \mathcal{A}$，其特点是输入为状态 s，输出为动作 $\pi(s)$。为简单起见，这一节假定策略为确定性策略。

给定策略 π 的状态值函数 V^π，表示从状态 s 起，执行策略 π 的期望回报：

$$V^\pi(s) = \mathbb{E}_{a_t \sim \pi(s_t)} \left[\sum_{t=0}^{\infty} \gamma^t R(s_t, a_t) \mid s_0 = s \right] \tag{8.1}$$

其中，$\mathbb{E}$ 表示期望，$\gamma \in [0,1)$ 表示折扣因子，t 表示时间步，γ^t 为在第 t 个时间步的奖励对应的权重，$R(s_t, a_t)$ 表示智能体在第 t 个时间步获得的奖励。在用折扣奖励定义的回报中，折扣因子有两方面的作用：一是它能使得当前的奖励比未来的奖励更有价值，因为未来奖励能否获得有更多的不确定性；二是保证只要奖励有限，回报也将是有限数。我们把给定策略 π 的状态值函数记为 V^π。可以得到状态值函数的贝尔曼（Bellman）期望等式：

$$V^\pi(s) = R(s, \pi(s)) + \gamma \sum_{s' \in \mathcal{S}} P(s' \mid s, \pi(s)) V^\pi(s') \tag{8.2}$$

给定策略 π 的动作值函数 $Q^\pi(s,a)$ 表示在状态 s 采取动作 a 后，执行策略 π 的期望回报：

$$Q^\pi(s,a) = R(s,a) + \gamma \sum_{s' \in \mathcal{S}} P(s' \mid s, a) V^\pi(s') \tag{8.3}$$

从而有动作值函数的贝尔曼期望等式：

$$Q^\pi(s,a) = R(s,a) + \gamma \sum_{s' \in \mathcal{S}} P(s' \mid s, a) Q^\pi(s', \pi(s')) \tag{8.4}$$

由 V_π 可以定义最优状态值函数 V^*：

$$V^*(s) = \max_\pi V^\pi(s) \tag{8.5}$$

其中，$V^*(s)$ 表示状态 s 的最优状态值，即智能体从状态 s 执行最优策略获得的期望回报，max 表示取最大值。V^* 具有唯一性，是状态值函数的贝尔曼最优等式的解：

$$V^*(s)=\max_a\left[R(s,a)+\gamma\sum_{s'\in\mathcal{S}}P(s'\mid s,a)V^*(s')\right] \tag{8.6}$$

它表示在使用最优可用动作下，状态 s 的值是期望立即奖励加下一个状态的期望折扣值。一旦知道了最优状态值函数，就可以用下式提取一个最优策略：

$$\pi^*(s)\in\arg\max_a\left[R(s,a)+\gamma\sum_{s'\in\mathcal{S}}P(s'\mid s,a)V^*(s')\right] \tag{8.7}$$

类似地，由 V^* 可以定义最优动作值函数 Q^*：

$$Q^*(s,a)=R(s,a)+\gamma\sum_{s'\in\mathcal{S}}P(s'\mid s,a)V^*(s') \tag{8.8}$$

从而有

$$V^*(s)=\max_a Q^*(s,a) \tag{8.9}$$

$$\pi^*(s)\in\arg\max_a Q^*(s,a) \tag{8.10}$$

动作值函数的贝尔曼最优等式为

$$Q^*(s,a)=R(s,a)+\gamma\sum_{s'\in\mathcal{S}}P(s'\mid s,a)\max_{a'}Q^*(s,a') \tag{8.11}$$

有时，我们把贝尔曼期望等式和贝尔曼最优等式统称为贝尔曼等式。有了贝尔曼等式，就可以用动态规划方法来求解 MDP 问题的最优策略。

8.3 动态规划

动态规划方法是一种通用的问题求解技术，常被应用于求解最优化问题。除了求解 MDP 问题的最优策略，还可以应用动态规划计算斐波那契数列、两个字符串的最长子串匹配、隐马尔可夫模型的最可能状态序列等。适合采用动态规划方法求解的最优化问题通常有两个要素，即最优子结构和重叠子问题。最优子结构指的是可以将原问题分解成多个子问题，如果知道了子问题的解，就很容易知道原问题的解。重叠子问题指的是分解得到的多个子问题中，有很多子问题是相同的，不需要重复计算。

MDP 的最优策略求解问题满足动态规划的两个要素。它具有最优子结构，因为可以把求解 MDP 的问题转变为求解贝尔曼等式的问题；而贝尔曼等式提供了递归地分解问题的方法，具体而言，就是可以用迭代的方法来求解贝尔曼等式。我们将介绍两种动态规划方法：值迭代和策略迭代。当使用值迭代时，可以用迭代的方式求解贝尔曼最优等式；当使用策略迭代时，可以用迭代的方式求解贝尔曼期望等式。

8.3.1 值迭代

根据上面的结论，寻找最优策略的方法之一就是找到最优值函数。它可以通过值迭代算法（见算法 8.1）来确定。可以证明，使用任意有界的初始值 $V_0(s)$，只要迭代次数足够多，该算法最终都能收敛到最优状态值函数 V^* [10,11]。如果能利用先验知识，给一组好的初始值，则会加速值迭代的收敛过程。

算法 8.1 值迭代算法

```
for s ∈ S do
    初始化 V_0(s) 为任意值
end for
for k = 0, 1, 2, ··· do
    for s ∈ S do
        for a ∈ A do
            Q_k(s, a) ← R(s, a) + γ Σ_{s'∈S} P(s' | s, a) V_k(s')
        end for
        V_{k+1}(s) ← max_a Q_k(s, a)
    end for
    如果满足迭代终止条件，则跳出循环
end for
for s ∈ S do
    π(s) ← arg max_a [R(s, a) + γ Σ_{s'∈S} P(s' | s, a) V_{k+1}(s')]
end for
return π
```

值迭代算法常用的终止标准为 $\|V_{k+1}-V_k\|_\infty<\epsilon$，其中 $\|\cdot\|_\infty$ 表示最大范数，ϵ 为事先给定的误差容忍度，$\|V_{k+1}-V_k\|_\infty$ 被称为贝尔曼残差。可以证明，如果 $\|V_{k+1}-V_k\|_\infty<\epsilon$，则由算法 8.1 输出的贪婪策略的值函数与最优策略的值函数的最大范数会小于 $2\epsilon\gamma/(1-\gamma)$，即有 $\|V^\pi-V^*\|_\infty<2\epsilon\gamma/(1-\gamma)$ [54]。

在值迭代中，对 V 的赋值不必按算法 8.1 所示的严格顺序执行，而是可以异步并行执行，对应的方法称为异步值迭代方法。异步值迭代方法能保证收敛的前提是在无限次运行中，每个状态的值得到无限次的更新 [12]。

基于 $V^*(s)=\max_a[R(s,a)+\gamma\sum_{s'\in\mathcal{S}}P(s'\mid s,a)V^*(s')]$ 的更新被称为全更新，因为它们利用来自所有可能的后继状态的信息。另一种更新称为样本更新，将出现在 8.4.1 节讨论的免模型方法中。每次迭代都进行全更新的值迭代算法的计算复杂度是 $O(|\mathcal{S}|^2|\mathcal{A}|)$，其中 $|\mathcal{S}|$ 表示状态数，$|\mathcal{A}|$ 表示动作数。

8.3.2 策略迭代

策略迭代算法（见算法 8.2）由策略评估步骤和策略改进步骤构成。它的特点是直接操纵策略，而不是通过最优值函数间接找到策略。

算法 8.2 策略迭代算法

```
将策略 π_0 初始化为任意的确定性策略
for k = 0, 1, 2, ··· do
    for s ∈ S do
        V^{π_k}(s) ← R(s, π_k(s)) + γ Σ_{s'∈S} P(s'|s, π_k(s)) V^{π_k}(s')    ▷ 策略评估
    end for
    for s ∈ S do
        π_k(s) ← arg max_a R(s, a) + γ Σ_{s'∈S} P(s'|s, a) V^{π_k}(s')    ▷ 策略改进
    end for
    如果满足迭代终止条件 π_{k+1} = π_k，则跳出循环
end for
return π_k
```

除了可以用迭代的方式求解贝尔曼期望等式，还可以通过求解线性方程组来得到策略 π_k 的状态值函数 V^{π_k}。一旦知道了当前策略下每个状态的值，我们就会考虑是否可以通过改变所采取的第一个动作来提高价值。如果可以的话，就改变策略，以便在这种情况下采取新的动作。不难证明，这一策略改进步骤能保

证严格地改进策略的性能。如果没有改进的可能，那么该策略保证是最优的 [38]。由于至多有 $|\mathcal{A}|^{|\mathcal{S}|}$ 种不同的策略，并且在每一步都会改进策略的序列，所以该算法至多终止于指数次迭代 [38]。然而在最坏的情况下，策略迭代需要多少次迭代仍然是一个开放性问题。

8.4 表格式的强化学习

在前一节中，我们讨论了在有模型的情况下获得最优策略的方法。该模型由关于状态转移概率函数 $P(s' \mid s, a)$ 和奖励函数 $R(s, a)$ 的知识组成。然而，强化学习主要关注如何在事先不知道模型的情况下获得最优策略。因此，智能体必须直接与环境交互以获取信息，然后通过适当的算法处理这些信息以生成最优策略。

在这一点上，有两种方法可以使用：① 免模型的方法，在不学习模型的情况下学得策略。② 基于模型的方法，学习模型并使用它来学得策略。我们先介绍免模型的学习，基于模型的学习将在 8.4.2 节介绍。

8.4.1 免模型的学习

强化学习中的智能体面临的最大问题是时间信用分配（Temporal Credit Assignment）[43, 46]。我们如何知道刚刚采取的动作是否恰当，何时可能产生深远的影响？一种策略是等待交互到达“终点”：如果结果是好的，则奖励所采取的动作；如果结果不好，则惩罚所采取的动作。但是，在正在进行的任务中，我们很难知道“终点”是什么。同时，这也可能需要大量的内存。作为替代，我们使用值迭代的观点来调整该状态的估计值，即通过基于立即奖励和下一个状态估计值的方式来调整。这类算法被称为时间差分法（Temporal Difference，TD）[44]。下面介绍三种不同的基于 TD 的免模型强化学习方法。

1. 行动者-评论家

行动者-评论家（actor-critic，AC）算法可视为策略迭代的自适应版本 [8]，其特点是用一种被称为 TD(0) 的算法 [44] 来计算值函数。AC 算法由两个相分离的部分组成：评论家（critic）和行动者（actor）。

评论家是一个估计的值函数，称它为评论家是因为它被用于评论行动者采取的动作。评论是以 TD 误差的形式出现的。假设评论家是一个状态值函数 V，则智能体在环境中进行一次转移的经验元组 (s,a,r,s') 对应的 TD 误差为 $r+\gamma V(s')-V(s)$，其中，s 是智能体在转移之前的状态，a 是它的动作选择，r 是它收到的立即奖励，s' 是它的结果状态。考虑到正在执行的策略是行动者中当前实例化的策略，因此评论家实际使用的是外部奖励信号来学习策略的值。

评论家可以通过 TD(0) 算法学习到策略的值。TD(0) 算法的更新规则如下：

$$V(s) \leftarrow V(s)+\alpha[r+\gamma V(s')-V(s)] \tag{8.12}$$

因为 r 是收到的立即奖励，而 $V(s')$ 是实际发生的下一个状态的估计值，所以每当一个状态 s 被访问时，其估计值被更新为更接近 $r+\gamma V(s')$ 的值。这类似于值迭代的样本更新规则，唯一的区别是该算法的样本来自于现实世界，而不是通过模拟已知的模型获得。该算法的关键思想是，$r+\gamma V(s')$ 是 $V(s)$ 的值的一个样本，它更可能是正确的，因为它包含了真实的 r。如果我们适当地调整学习率 α（必须慢慢地减少）并保持策略不变，则可以保证 TD(0) 能收敛到最优值函数。

行动者是一个显式地表示策略的存储结构。它可以是任何 k-摇臂赌博机算法的实例，在修改后可以用来处理多状态和非平稳奖励的情况。但它不是采取最大化期望立即奖励的动作，而是根据评论家计算出 TD 误差来更新行动选择的概率。比如，在状态 s 采取动作 a，得到奖励 r，并转移到了状态 s'，根据这组经验，可以计算出 TD 误差。如果 TD 误差为正数，则增加在状态 s 采取动作 a 的概率，否则，减少在状态 s 采取动作 a 的概率。通常，可以通过柔性最大化（softmax）等方法达到这一目的。

如果我们想象这两部分交替工作，那么就可以看到类似于修改后的策略迭代的情形。由行动者实现的策略 π 是固定的，评论家学习该策略的值函数 V^{π}。现在，我们选定评论家并让行动者学习一个新的策略 π'，新策略最大化新的值函数，以此类推。然而，在大多数的实践过程中，这两个组件是同时运行的。在一定的条件下，只有交替执行才能保证算法收敛到最优策略。Williams 和 Baird 研究了这类与评论家相关的算法的收敛性 [55]。

2. Q 学习

Q 学习（Q-learning）[51,52] 是最有名的免模型强化学习方法之一。相比 AC 算法，Q 学习算法通常更容易实现。因为动作值函数 $Q(s,a)$ 使动作显式化，所

以我们可以使用与 TD(0) 基本相同的方法来在线估计行动值（亦称 Q 值）。Q 学习的 Q 值更新规则为

$$Q(s,a) \leftarrow Q(s,a) + \alpha[r + \gamma \max_{a'} Q(s',a') - Q(s,a)] \tag{8.13}$$

其中，(s,a,r,s') 是前面提到的经验元组。如果每个动作在每个状态下执行无限次，并且对 α 进行适当的衰减，则 Q 值将以概率 1 收敛到 Q^* [21,48,52]。Q 学习也可以扩展到更新多步以前发生的状态，如 TD(λ) [37]。

当 Q 值几乎收敛到它们的最优值时，智能体就应该贪婪地行动，即在每一种情况下都采取有最高 Q 值的动作。然而，在学习过程中，在利用与探索之间权衡是困难的。此外，Q 学习对探索不敏感，即只要足够频繁地尝试所有的状态-动作对，Q 值就会收敛到最优值。这意味着，虽然在 Q 学习中必须解决探索-利用问题，但是探索策略的细节不会影响学习算法的收敛性。

3. Sarsa

Sarsa 是另一种常见的免模型强化学习算法。与 Q 学习算法不同的是，Sarsa 算法使用下式来更新 Q 值：

$$Q(s_t,a_t) \leftarrow Q(s_t,a_t) + \alpha[r_t + \gamma Q(s_{t+1},a_{t+1}) - Q(s_t,a_t)] \tag{8.14}$$

也就是说，它使用的是 $t+1$ 时刻的实际动作 a_{t+1} 来更新 Q 值，而不是使用 $t+1$ 时刻最大化 Q 值的动作 $\arg\max_{a_{t+1}} Q(s_{t+1},a_{t+1})$。Sarsa 的名称源于在每一步，它使用了五元组 $(s_t,a_t,r_t,s_{t+1},a_{t+1})$ 来更新 Q 值。

8.4.2 基于模型的学习

我们在上一小节介绍了如何在不知道模型 $P(s' \mid s,a)$ 或 $R(s,a)$ 的情况下学习最优策略。这些方法的优点是用在每个经验样本上的计算时间很少，缺点是它们对所收集的经验样本的利用效率极低，常常需要大量的样本才能获得良好的性能。在这一小节中，我们仍然假设事先不知道模型，但是要通过学习这些模型来得到最优策略。这些算法在计算成本小、经验样本不易获得的应用中尤为重要。

1. Dyna

首先介绍确定性等价方法，其特点是先通过探索环境和保存每个动作结果的统计数据来学习 P 和 R 函数；然后，使用求解 MDP 问题最优策略的方法（如值迭代、策略迭代）来计算最优策略。Dyna 框架[45] 结合了免模型学习方法和确定性等价方法的特点。它同时使用 3 种方法：使用经验来建立模型（$\hat{P}$ 和 $\hat{R}$），使用经验来调整策略、使用模型来调整策略。Dyna 是在循环地与环境进行交互中运转的。给定一个经验元组 (s,a,r,s')，Dyna 的行为如下。

（1）更新模型 $\hat{T}$ 和 $\hat{R}$。

（2）基于刚刚更新的模型，使用规则更新在状态 s 处的策略。规则为

$$Q(s,a) \leftarrow \hat{R}(s,a) + \gamma \sum_{s'} \hat{P}(s' \mid s,a) \max_{a'} Q(s',a') \tag{8.15}$$

此式即为 Q 值的值迭代更新版本。

（3）执行 k 次额外更新。随机选择 k 个状态-动作对，并按照相同的规则更新它们：

$$Q(s_k,a_k) \leftarrow \hat{R}(s_k,a_k) + \gamma \sum_{s'} \hat{P}(s' \mid s_k,a_k) \max_{a'} Q(s',a') \tag{8.16}$$

（4）根据 Q 值选择一个在状态 s' 下执行的动作 a'，但动作 a' 可能会被探索策略替换。

2. 优先级扫描

虽然与以前的方法相比，Dyna 有了很大的改进，但相对来说，它是无导向的。当智能体刚刚到达目标或陷入死胡同时，它无济于事。这是因为它只是更新随机状态-动作对，而不是聚焦在状态空间中“有趣”的部分上。解决这些问题的方法有优先级扫描[34]。

优先级扫描类似于 Dyna，只不过其更新不再是随机选择，并且值与状态相关联。为了做出适当的选择，我们必须让每个状态 s' 都要记得它的前驱，即那些在某种动作 a 下有非零转移概率 $P(s'|s,a)$ 的状态 s。此外，每个状态都有一个优先级，且初始化为零。

优先级扫描优先更新具有最高优先级的 k 个状态，而不是更新 k 个随机状态-动作对。对于每个高优先级的状态 s，其计算流程如下。

（1）记住状态的当前值：$V_{\text{old}} \leftarrow V(s)$。

（2）更新状态的值：

$$V(s) \leftarrow \max_a \left[\hat{R}(s,a) + \gamma \sum_{s'} \hat{P}(s' \mid s,a) V(s')\right] \tag{8.17}$$

（3）将状态的优先级设置为 0。

（4）计算值的变化：$\Delta \leftarrow |V_{\text{old}} - V(s)|$。

（5）使用 Δ 修改 s 的前驱的优先级。

如果我们已经更新了状态 s' 的 V 值，更新了优先级，并计算出了 Δ 的值，那么 s' 的直接前驱就会被告知这个事件：任何状态 s，如果存在动作 a 使得 $\hat{P}(s' \mid s,a) \neq 0$，那么它的优先级将被提升为 $\Delta \cdot \hat{P}(s' \mid s,a)$，除非其优先级已经超过了该值。

该算法的全局行为是，当现实世界的转移是“令人惊讶”的时候（如智能体偶然到达目标状态），大量的计算专门用于将这些新信息反向传播至相关的前驱状态。当现实世界的转移是“令人厌烦”的时候（实际结果与预测结果非常相似），那么计算继续在空间中最有价值的部分进行。

8.5 深度强化学习

近年来，深度学习作为机器学习领域一个重要的研究热点，已经在自动驾驶、自然语言处理、医疗、金融科技等领域取得了令人瞩目的成功 [2]。深度学习的基本思想是通过多层的网络结构和非线性变换，组合低层特征，形成抽象的、易于区分的高层表示，以发现数据的分布式特征表示 [27]。深度强化学习利用深度学习来自动学习大规模输入数据的抽象表征，并以此表征为依据进行自我激励的强化学习，优化要求解问题的策略 [1]。本节将阐述三类主要的深度强化学习方法，包括基于值函数的深度强化学习、基于策略梯度的深度强化学习和基于行动者-评论家的深度强化学习。

8.5.1 基于值函数的深度强化学习

2015 年，Google 的人工智能研究团队 DeepMind 创新性地将具有感知能力的深度学习和具有决策能力的强化学习相结合，提出了深度 Q 网络算法[32]。此后，深度强化学习成为人工智能领域新的研究热点。本小节将介绍深度 Q 网络等有代表性的基于值函数的深度强化学习方法。

1. 深度 Q 网络

深度 Q 网络（Deep Q-network，DQN）是首个有广泛影响力的端对端的深度强化学习系统，其整体架构图如图 8.2 所示。这个系统的特点是以图片作为输入，利用多层神经网络估计动作值函数，引入经验回放机制和目标网络，在雅达利（Atari）2600 街机游戏环境下训练出超出人类玩家水平的智能体。

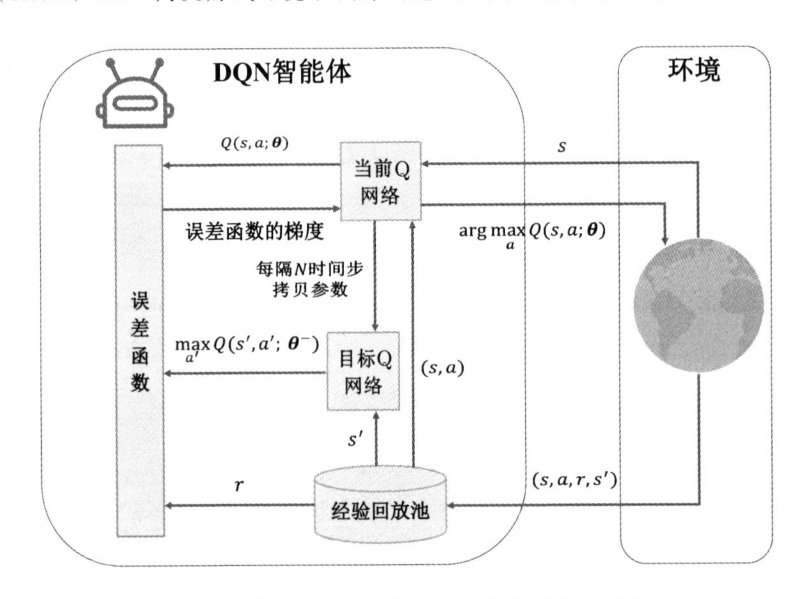

图 8.2　使用经验回放和目标网络的深度 Q 网络

深度 Q 网络采用了多层网络对动作值函数 $Q(s,a)$ 进行近似，结合适当的探索机制挑选出要执行的动作。区别于传统基于表格的 Q 学习，这里 Q 网络的更新需要定义损失函数，再通过损失函数进行反向传播来训练 Q 网络的参数。其损失函数定义为最小化 TD 误差：

$$L=\mathbb{E}_{(s,a,r,s')\sim\mathcal{D}}[Y^{\mathrm{DQN}}-Q(s,a;\boldsymbol{\theta})]^2 \tag{8.18}$$

式中，$Y^{\text{DQN}} = r + \gamma \max_{a'} Q(s', a'; \boldsymbol{\theta}^-)$，$\mathcal{D}$ 代表经验回放池，$\boldsymbol{\theta}^-$、$\boldsymbol{\theta}$ 分别为目标网络和当前网络的参数。

通过最小化上述损失函数即可训练神经网络权重，学习相应的动作值函数近似。在实际使用时，可以通过近似计算如下梯度并将其在神经网络中反向传播来达到调整网络参数的目的：

$$\nabla_{\boldsymbol{\theta}} L = \mathbb{E}_{(s,a,r,s')\sim\mathcal{D}}\Big[\big(r + \gamma \max_{a'} Q(s', a'; \boldsymbol{\theta}^-) - Q(s, a; \boldsymbol{\theta})\big)\nabla_{\theta} Q(s, a; \boldsymbol{\theta})\Big] \quad (8.19)$$

深度 Q 网络的成功主要依赖于以下两个创新机制：

第一，经验回放机制。因为数据是通过智能体在环境中做序列决策获得的，所以时间上相近的数据具有非常高的相关性。如果每生成一条新数据就直接利用新数据进行神经网络的训练，那么数据间的相关性会导致神经网络训练不稳定，不但无法获得高质量的策略，甚至无法获得有效的策略。因此深度 Q 网络提出采用经验池存储采样样本，每次训练时随机抽取一定大小批次的样本，借此打破数据间的相关性，同时可以多次利用一些稀少关键的样本。

第二，目标网络机制。深度 Q 网络采用 TD 的思想进行训练，需要估计下一个状态的 Q 值。然而将神经网络作为函数近似导致每次训练网络时所有状态下的 Q 值都可能受到影响，不断改变的学习目标会影响神经网络训练的稳定性。因此，深度 Q 网络中使用了两个神经网络：一个神经网络会在与环境的交互中不断更新参数，称为当前网络。另一个网络用来模拟下一个状态的 Q 值，称为目标网络。在训练一定时间后，当前网络的权重会赋值给目标网络。

最后，我们讨论深度强化学习下探索与利用的权衡问题。与一般深度学习训练网络不同，DQN 没有事先准备好的数据集以供训练，而是通过智能体在环境中不断探索尝试来产生数据集。这一方面摆脱了传统深度学习对大数据集的需求困境，另一方面也带来了关于如何产生高质量数据集、如何利用产生的数据集进行训练的问题。产生该问题的主要原因是在初始时，智能体的策略是非常差的，如果贪婪地利用该策略，则无法获得高质量的新数据，产生的数据集无法用来训练神经网络提升策略；如果一直采用随机探索来获得各种可能的数据，则无法利用已经提升的策略来生成更好的数据集。为权衡上述问题，深度 Q 网络刚开始可采用完全随机探索来获得各种可能的数据，并随着训练的进行，不断降低随机的概率，利用已经训练出的策略生成更高质量的数据；在不断产生新数据的同时，将数据存储在经验池中，当样本数量超出经验池大小时，替换掉旧数据；

在不断替换旧数据的同时，将提升之后的神经网络探索获得的新数据放入经验池，进而逐步提高经验池样本质量。

深度 Q 网络在使用另外一个网络模拟 Q 值时，也采用该模拟值的大小来挑选最大的 Q 值，这样的做法会导致 Q 值估计偏高，进而导致训练时策略的不稳定，甚至由于 Q 值估计的错误而导致已经学到的策略突然变差。为此，Hasselt 等 [49] 提出深度双 Q 网络来解决这个问题。为方便读者对比，我们这里再次给出原始深度 Q 网络的目标 Q 值定义：

$$Y^{\mathrm{DQN}} = r + \gamma Q\Big(s', \arg\max_{a'} Q(s', a'; \boldsymbol{\theta}^{-}); \boldsymbol{\theta}^{-}\Big) \tag{8.20}$$

深度双 Q 网络对此进行改进，在深度 Q 网络架构基础上，使用目标网络（由参数 $\boldsymbol{\theta}^{-}$ 表示）来模拟 Q 值，但是使用当前网络（由参数 $\boldsymbol{\theta}$ 表示）来选取最大 Q 值的动作：

$$Y^{\mathrm{DoubleDQN}} = r + \gamma Q\Big(s', \arg\max_{a'} Q(s', a'; \boldsymbol{\theta}); \boldsymbol{\theta}^{-}\Big) \tag{8.21}$$

该做法既提高了策略的质量，又缓解了训练时策略的不稳定性问题。

2. 经验回放

我们前面介绍的深度 Q 网络的关键技术之一在于采用了经验回放机制，使得智能体不仅可以利用当前策略与环境实时交互产生即时经验轨迹，同时还能存储并重用智能体在过去得到的经验。此外，基于随机采样的经验回放技术也打破了样本在时序上的相关性，在一定程度上使数据具备独立同分布的特性，从而可以结合监督学习的一些方法，使用神经网络等复杂函数来拟合智能体的值函数。这里我们介绍几种有代表性的针对经验池机制改进的深度 Q 学习算法。

第一，优先级经验回放 [39]。深度 Q 网络中经验回放池采用均匀采样的方式回放过去的经验，而忽略了不同时刻、不同经验的重要程度（过去的经验对于当前智能体而言，重要程度会不同）。因此，如果可以衡量智能体过去每一个状态转移 (s, a, r, s') 对当前学习的帮助程度（即每条经验对促成智能体学习目标的贡献度的期望），那么这将会对智能体学习效率的提高起到重要的作用。优先级经验回放采用 TD 误差来衡量该条经验的惊奇程度，并使用其作为衡量经验池中不同经验优先级的标准。基于此，优先级经验回放使用不同的方式来计算样本被使用的概率：基于排名的方式是按照优先级进行排序的，样本的优先级越大，排名越靠前，被使用的概率也就越大；基于比例的方式是按照样本优先级占总优先级的比例来确定使用概率的，即 $P(i)=p_i^\alpha/\sum_k p_k^\alpha$，其中 p_i 表示第 i 个样本的优先级，指数 α 为超参数。在设计优先级经验回放架构时，为了避免更新整个经验池，我们每次只更新那些用于策略优化的样本的优先级；为了保证经验池中每条经验都可以用上，在初始时给予每条新样本一个最高的权重；同时，采用重要性采样的方式来修正改变样本分布所带来的误差。

第二，事后经验回放[5]。针对某些任务下，奖励过于稀疏（例如，只有到达任务终点才会有正奖励，但是智能体随机探索几乎无法完成任务）会导致强化学习算法失效的问题，一般的做法是基于问题的背景和专家策略，采用奖励塑形（Reward Shaping）的方式来“扩充”奖励（扩充对任务目标有意义的信息），从而引导强化学习算法学习到目标任务。但是针对不同任务，基于奖励塑形的方式均需要很深厚的领域知识，并且在某些场景下很难设计出合适的奖励函数，因此 Marcin 等[5] 提出事后经验回放技术，在困难环境下来辅助智能体学习。其基本思想是，智能体的某条历史轨迹 $s_1,s_2,\cdots,s_T$，虽然没有完成原定的目标任务（对原目标任务来说，这条经验没有正奖励，因此对学习原任务是没有帮助的），但是可能对其他任务的学习有帮助意义（该条经验过程中或者最终到达的状态 s_T 可能就是某个其他任务的目标）。基于此设计，事后经验回放能够充分挖掘利用过去每条经验潜在的意义和价值，从而对帮助智能体学习（尤其是多目标、多任务环境下的学习）具有重要的促进作用。

第三，分布式优先级经验回放[20]。分布式经验回放通过充分挖掘分布式大规模机器学习系统的计算能力（相同时间内生成更多的样本数据，对环境探索更加充分）来加快智能体对目标任务环境的了解程度，从而加快智能体学习，其整体学习架构如图 8.3 所示。通过结合优先级经验回放，分布式优先级经验回放机制将智能体执行动作探索环境的过程与智能体学习的过程分离，采用多行动者、单学习者的架构和分布式多进程的方式，使多个行动者与各自的环境实例交互，获取各自的局部经验。当局部经验池样本数量达到阈值时，每个行动者将从自己的经验池中采样并根据自己的值函数估计每条经验的优先级权重，并以此作为该条经验的权重初始值。而后，各个行动者会将计算过优先级权重的样本发送到学习者的经验池中，至此完成样本收集的过程。随后，学习者会根据收集到的样本，更新自己的策略网络和值函数网络，并同时更新样本的重要性权重。最后，学习者会定时向所有的行动者同步自己的网络参数。基于分布式优先级经验回放的多行动者、单学习者架构能够与任何异策略（off-policy）强化学习算法相结合，极大提升了智能体的学习效率和在目标任务上的表现。

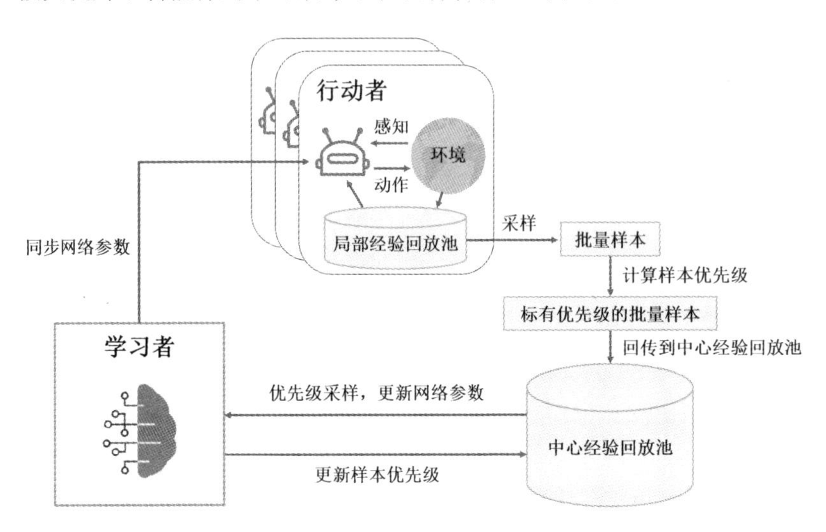

图 8.3　分布式经验回放整体学习架构

3. 异步 Q 学习

Mnih 等 [33] 提出了异步学习架构来替代经验回放技术，以解决学习的不稳定的问题。应用这种架构的、基于值函数的深度强化学习方法的主要代表便是异步 Q 学习（Asynchronous Q-learning）算法。异步 Q 学习算法在每个线程中存有一份环境的拷贝，每次交互计算自己环境中样本的更新梯度并叠加到累积梯度上，每隔一定的步长使用所有线程的累积梯度更新网络的参数。同时，类似于深度 Q 网络，异步 Q 学习算法也引入了目标网络和累积梯度一起稳定训练。此外，异步学习架构本身是同策略（on-policy）的更新方式，可结合 Sarsa 等同策略算法，得到异步 Sarsa 等学习算法。

4. 基于竞争架构的深度 Q 网络

基于竞争架构的深度 Q 网络（Dueling DQN）的网络结构如图 8.4 所示：通过卷积层处理图片输入，并在后续的全连接层处分叉为两部分，最终合并成 Q 值输出。

Wang 等 [50] 借鉴强化学习将 $Q(s,a)=V(s)+A(s,a)$ 的思想进行网络结构的设计：将 DQN 最后输出 $Q(s,a)$ 的网络结构修改为标量 V 与向量 $[A(s,a_1), A(s,a_2),\cdots,A(s,a_n)]^\top$，并将最终输出写成

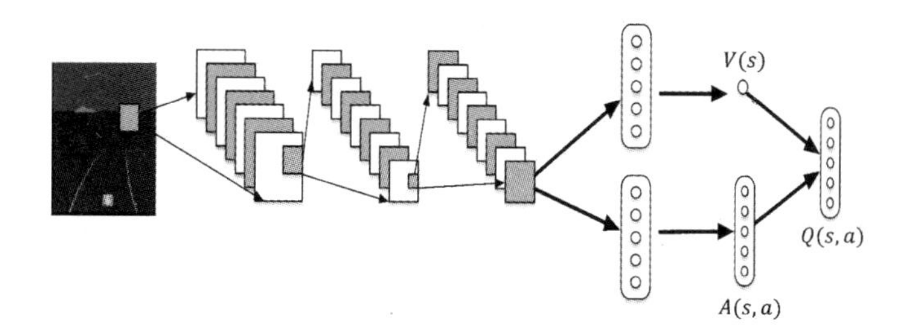

图 8.4 基于竞争架构的深度 Q 网络的网络结构

$$Q(s,a_i)=V(s)+A(s,a_i)-\frac{1}{|\mathcal{A}|}\sum_{a_j}A(s,a_j) \tag{8.22}$$

式中，a_i 表示第 i 个动作，$|\mathcal{A}|$ 表示动作的数量[50]。

通过将 Q 值分解成 V 与 $A(\boldsymbol{a})$，显式地分离不同动作带来的估计误差，使得 V 值部分的训练更加稳定，更加关注状态部分的信息，同时使得 A 值部分能够关注更细微的动作带来的变化。

5. Rainbow

自从深度 Q 网络被提出之后，研究者们对其进行了多方面的改进。我们之前已经介绍了，可以使用深度双 Q 网络来缓解 Q 值估计过高的问题，使用优先级经验回放的方法来修正样本分布对 Q 网络训练的影响，并且使用 Dueling DQN 的方法改进神经网络的结构。除了上述这三种，还有另外三种主要的改进，分述如下。

第一，多步学习（Multi-step Learning）。传统的 DQN 使用当前奖励和下一时刻的 Q 值估计之和作为目标 Q 值，参与损失函数的计算。而多步计算的方法则改为考虑多步（n 步）累积奖励，即采用下式计算目标 Q 值：

$$\sum_{k=0}^{n-1}\gamma_t^k R(s_{t+k},a_{t+k})+\gamma^n\max_{a'}Q(s_{t+n},a';\boldsymbol{\theta}^-) \tag{8.23}$$

其中，s_{t+n} 表示从当前状态 s_t 执行 n 步后的状态。

第二，基于 Q 分布的 DQN（Distributional DQN）。这里的 Distributional 并不指与分布式优先级经验回放类似的分布式交互，而是指以分布的视角来看强化学习的问题：使用 Q 值的分布来代替 Q 值。举例来说，假设在同一状态下有两种动作，一种以 99% 的概率获得 1 的期望回报，以 1% 的概率获得 101 的回报，另一种以 50% 的概率获得 1 的回报，50% 的概率获得 3 的回报。这两种动作的期望回报相同，分布却有很大差异。计算 Q 值分布，就可以体现出仅凭 Q 值无法表达的信息。基于 Q 分布的 DQN（Distributional DQN）延续了 DQN 中的双网络结构，但是利用 Q 值分布代替 Q 值，损失函数通过估计分布和目标分布之间的 KL 散度计算，可以得到更好、更稳定的结果。

第三，噪声网络（Noisy Nets）。传统的 DQN 算法使用 ϵ-贪婪法进行探索。但 ϵ-贪婪法的缺点是：给定同样的状态，智能体可能会采取不同的动作。这样的方式会导致探索策略在某个状态上随机地乱试。而噪声网络的方法是通过在 Q 网络的参数上加噪声的方式，让智能体在特定的状态上做特定的探索，使探索更加系统。

将这三种改进，加上已经介绍过的深度双 Q 网络、优先级经验回放和 Dueling DQN，全部融合到一个 DQN 框架中，就得到了 Rainbow 算法 [18]。顾名思义，Rainbow 算法博采六种技术之长，能够在雅达利游戏环境中帮助智能体取得比单独使用任何一种技术更好的分数。

另外，每次从 Rainbow 中去除一种不同的改进技术做实验，可以看出这六种改进技术中哪些对 DQN 的提升效果比较明显，哪些的效果可以被其他改进技术的组合包含等，这里不详细展开，有兴趣的读者可以参考文献 [18]。

6. Agent57

雅达利街机游戏环境是强化学习中常用的基准平台（详见 8.6.1 节）。一个强化学习算法的能力可以体现在：在特定雅达利游戏中的得分超出人类基准多少，或是在多少个游戏中的得分可以超过人类基准。在 2020 年之前，已经出现免模型的算法可以在 57 个雅达利街机游戏中的 52 个上超越人类基准得分。在剩下的少数游戏中，这些算法往往受制于长期信用分配（Long-term Credit Assignment）和探索上的困难，表现得远远不如人类基准水平。如果限于这些困难的游戏对算法做针对性的修改，又会使得算法在那些原本能够超过人类水平的游戏上的分数大幅降低。

而 2020 年提出的 Agent57 [7]，顾名思义，是第一个能够在全部 57 个雅达利游戏上超过人类基准分数的强化学习算法。该算法在之前工作（Never Give Up，NGU）[6] 的基础上建立了一个元控制器。具体地，Agent57 同时计算短期和长期内在奖励来促进探索，并且学习一系列可以被元控制器选择的策略。元控制器选择某一种策略，本质上就确定了一种短期表现和长期表现之间的权衡，即确定是更多地利用已经熟悉的状态还是去探索新的状态。通过这种方式，Agent57 能够更好地应对长期信用分配和探索上的困难。

Agent57 在全部 57 个雅达利游戏上超过了人类基准水平，并不代表雅达利基准任务上的研究已经进入尾声。目前，仍有很多的研究尝试在其上有进一步的突破，例如如何让智能体在更短的训练时间内达到超过人类水平或是如何让智能体以更大的幅度击败人类。

8.5.2 基于策略梯度的深度强化学习

策略梯度方法是除值函数方法外的另一主流方法，在深度学习兴起后，也获得了进一步的发展，并在许多领域中取得了引人注目的成果。回顾前文介绍的诸多值函数方法，其广义的概念主要包括策略评估以及策略改进两个步骤，即评估策略的值函数，基于值函数贪婪地更新策略，如此迭代。当值函数迭代至最优时，由值函数得到的策略也是最优的。区别于值函数方法，策略梯度方法直接参数化策略，如 $\pi_{\boldsymbol{\theta}}(s)$，并对策略参数 $\boldsymbol{\theta}$ 进行迭代，最大化期望回报：

$$\eta(\pi_{\boldsymbol{\theta}}) = \mathbb{E}_{s\sim d_{\pi_{\boldsymbol{\theta}}}(s),a_t\sim\pi_{\boldsymbol{\theta}}(s_t)}\left[\sum_{t=0}^{\infty}\gamma^t R(s_t,a_t)\mid s_0=s\right] \tag{8.24}$$

其中，$d_{\pi_{\boldsymbol{\theta}}}(s)$ 为给定策略 $\pi_{\boldsymbol{\theta}}$ 状态 s 的稳态分布。此时的参数所对应的策略为最优策略。相较于值函数方法，策略梯度方法的策略参数化表示更简单，具有更好的收敛性，且通常参数化的策略为随机策略，在策略更新的过程中自然结合了随机探索。然而策略梯度方法也具有方差较高、易收敛到局部最优、对策略更新步长比较敏感等缺点。针对策略梯度方法中存在的这些问题，尤其在深度学习环境下，近几年的工作提出了一些基于策略梯度方法的深度强化学习算法，如置信域策略优化算法（Trust Region Policy Optimization，TRPO）[40] 以及近端策略优化算法（Proximal Policy Optimization，PPO）[41] 等。

1. 置信域策略优化算法

在策略梯度方法中，步长 α 的选择对策略参数 $\boldsymbol{\theta}$ 的更新至关重要。策略梯度方法的策略更新公式如下：

$$\boldsymbol{\theta}_{\text{new}} = \boldsymbol{\theta} + \alpha \nabla_{\boldsymbol{\theta}} J \tag{8.25}$$

当 α 较大时，策略容易发散甚至崩溃；当 α 较小时，策略收敛会变得缓慢。TRPO 提出了基于置信域的方法，它的特点是每次策略参数更新能够带来策略性能的单调提升。这使得该方法能够有效地优化大规模的非线性策略，例如深度强化学习中通过深度网络拟合的策略。

从策略参数更新能够带来策略性能单调提升的目标出发，TRPO 算法首先将新策略 $\tilde{\pi}$ 的目标函数（即期望回报）表示成旧策略 π 的期望回报与另一项之和：

$$\eta(\tilde{\pi}) = \eta(\pi) + \mathbb{E}_{s \sim d_{\tilde{\pi}_{\boldsymbol{\theta}}}(s), a_t \sim \tilde{\pi}_{\boldsymbol{\theta}}(s_t)} \left[\sum_{t=0}^{\infty} \gamma^t A_{\pi}(s_t, a_t) \mid s_0 = s \right] \tag{8.26}$$

式中，$A_{\pi}(s_t, a_t) = Q^{\pi}(s_t, a_t) - V^{\pi}(s_t)$ 为旧策略 π 的优势函数，$\mathbb{E}[\cdot]$ 为旧策略 π 的优势函数在新策略 $\tilde{\pi}$ 所产生的轨迹上的期望。在文献 [23,40] 中可以查阅这一等式的详细证明。进一步展开上式中的期望，即对优势函数在状态空间和动作空间展开，可得

$$\eta(\tilde{\pi}) = \eta(\pi) + \sum_{s} \rho_{\tilde{\pi}}(s) \sum_{a} \tilde{\pi}(a \mid s) A_{\pi}(s, a) \tag{8.27}$$

式中，$\rho_{\pi}(s) = P(s_0 = s) + \gamma P(s_1 = s) + \gamma^2 P(s_2 = s) + \cdots$ 为基于策略 π 的状态访问频率或平稳分布。式 (8.27) 表明，如果在任何状态 s 下，都有非负的预期优势，即 $\sum_a \tilde{\pi}(a \mid s) A_{\pi}(s, a) \geqslant 0$，则策略更新 $\pi \to \tilde{\pi}$ 可以保证性能的单调提升。

不难发现，单调性的保证严重依赖于新策略本身，为了便于策略优化的进行，TRPO 用旧策略采样的状态来替换新策略采样得到的状态，得到式 (8.27) 的第一次近似，即替代函数 $L_{\pi}(\tilde{\pi})$：

$$L_{\pi}(\tilde{\pi}) = \eta(\pi) + \sum_{s} \rho_{\pi}(s) \sum_{a} \tilde{\pi}(a \mid s) A_{\pi}(s, a) \tag{8.28}$$

可以发现，$\eta(\tilde{\pi})$ 与 $L_{\pi}(\tilde{\pi})$ 的区别在于对状态的求和。当我们有一个参数化的策略 $\pi_{\boldsymbol{\theta}}$，且 $\pi_{\boldsymbol{\theta}}(a \mid s)$ 为参数 $\boldsymbol{\theta}$ 的可微函数时，则 L_{π} 与 η 在 $\pi(\boldsymbol{\theta}_0)$ 处一阶近似，即对任意的参数 $\boldsymbol{\theta}_0$，有

$$L_{\pi_{\boldsymbol{\theta}_0}}(\pi_{\boldsymbol{\theta}_0}) = \eta(\pi_{\boldsymbol{\theta}_0}) \tag{8.29}$$

$$\nabla_{\boldsymbol{\theta}} L_{\pi_{\boldsymbol{\theta}_0}}(\pi_{\boldsymbol{\theta}_0}) \mid_{\boldsymbol{\theta}=\boldsymbol{\theta}_0} = \nabla_{\boldsymbol{\theta}} \eta(\pi_{\boldsymbol{\theta}_0}) \mid_{\boldsymbol{\theta}=\boldsymbol{\theta}_0} \tag{8.30}$$

从式 (8.30) 中可以看出，在新旧策略参数很接近或者说策略更新步长很小的时候，提升替代函数 $L_\pi(\tilde{\pi})$ 也将提升策略目标函数 $\eta(\tilde{\pi})$。

基于保守策略迭代（Conservative Policy Iteration）算法[23]，TRPO 进一步提出以下不等式

$$\eta(\tilde{\pi}) \geqslant L_\pi(\tilde{\pi}) - C \cdot \mathcal{D}_{\mathrm{KL}}^{\max}(\pi, \tilde{\pi}) \tag{8.31}$$

式中，$C = \frac{4\epsilon\gamma}{(1-\gamma)^2}$，$\epsilon = \max_{s,a} |A_\pi(s,a)|$。

式 (8.31) 表明新策略的目标函数存在下界，这个下界由替代函数 $L_\pi(\tilde{\pi})$ 以及新旧策略参数的 KL 散度 $\mathcal{D}_{\mathrm{KL}}^{\max}(\pi, \tilde{\pi})$ 决定。令下界为 $M_i(\pi) = L_{\pi_i}(\pi) - C \cdot \mathcal{D}_{\mathrm{KL}}^{\max}(\pi_i, \pi)$，进一步得到策略更新的单调性证明：

$$\eta(\pi_{i+1}) \geqslant M_i(\pi_{i+1}) \tag{8.32}$$

且

$$\eta(\pi_i) = M_i(\pi_i) \tag{8.33}$$

因此，

$$\eta(\pi_{i+1}) - \eta(\pi_i) \geqslant M_i(\pi_{i+1}) - M_i(\pi_i) \tag{8.34}$$

式 (8.34) 表明，策略参数的更新如果能使下界单调不减，就能保证新策略的目标函数即性能单调不减。基于式 (8.34) 证明的单调性理论，通过将下界优化问题中 KL 散度的惩罚替换为置信域限制，并且用重要性采样以及平均 KL 散度替换最大 KL 散度等技巧，可获得在实际中更为有效可行、且鲁棒性好的策略优化方法。最终的优化问题为

$$\max_{\boldsymbol{\theta}} \mathbb{E}_{s\sim\rho_{\boldsymbol{\theta}_{\mathrm{old}}}, a\sim\pi_{\boldsymbol{\theta}_{\mathrm{old}}}} \left[\frac{\pi_{\boldsymbol{\theta}}(a \mid s)}{\pi_{\boldsymbol{\theta}_{\mathrm{old}}}(a \mid s)} A_{\pi_{\boldsymbol{\theta}_{\mathrm{old}}}}(s,a) \right] \tag{8.35}$$

使得

$$\mathbb{E}_{s\sim\rho_{\boldsymbol{\theta}_{\mathrm{old}}}} \left[\mathcal{D}_{\mathrm{KL}} \left(\pi_{\boldsymbol{\theta}_{\mathrm{old}}}(\cdot \mid s) \middle\| \pi_{\boldsymbol{\theta}}(\cdot \mid s) \right) \right] \leqslant \delta \tag{8.36}$$

最终，TRPO 算法进行采样得到数据，基于式 (8.35) 和式 (8.36)，利用共轭梯

度的方法求解最优的参数来优化策略。

2. 近端策略优化算法

TRPO 算法虽然具有强大的性能和较好的鲁棒性，但也存在着共轭梯度求解复杂、二阶展开计算量大的问题。近端策略优化（PPO）[41] 是用一阶梯度求解 TRPO 得到的 TRPO 的一阶近似方法。PPO 进一步精简了 TRPO 中提出的损失函数，并用随机梯度下降的方法更新策略参数。

具体而言，TRPO 实际上优化的是一个带惩罚的目标方程：

$$\max_{\boldsymbol{\theta}} \mathbb{E}_{s\sim\rho_{\boldsymbol{\theta}_{\text{old}}},a\sim\pi_{\boldsymbol{\theta}_{\text{old}}}}\left[\frac{\pi_{\boldsymbol{\theta}}(a\mid s)}{\pi_{\boldsymbol{\theta}_{\text{old}}}(a\mid s)}A_{\pi_{\boldsymbol{\theta}_{\text{old}}}}(s,a)-\beta\cdot\mathcal{D}_{\text{KL}}\left(\pi_{\boldsymbol{\theta}_{\text{old}}}(\cdot\mid s)\big\|\pi_{\boldsymbol{\theta}}(\cdot\mid s)\right)\right] \tag{8.37}$$

直接对式 (8.37) 进行随机梯度下降难以获得好的表现，这是因为难以选择系数 β。基于这一点，PPO 进一步提出了新的优化目标，使策略优化过程变得更简单有效。TRPO 最大化的是保守策略迭代提出的替代函数。令 $r_t(\boldsymbol{\theta})=\frac{\pi_{\boldsymbol{\theta}}(a_t|s_t)}{\pi_{\boldsymbol{\theta}_{\text{old}}}(a_t|s_t)}$，则有

$$L^{\text{CPI}}(\boldsymbol{\theta})=\hat{\mathbb{E}}_t\left[\frac{\pi_{\boldsymbol{\theta}}(a_t\mid s_t)}{\pi_{\boldsymbol{\theta}_{\text{old}}}(a_t\mid s_t)}\hat{A}_t\right]=\hat{\mathbb{E}}_t\left[r_t(\boldsymbol{\theta})\hat{A}_t\right] \tag{8.38}$$

如果不加惩罚项，直接最大化式 (8.38) 的目标将带来巨大的策略更新步长，PPO 算法将惩罚设计进目标函数，提出如下更简洁的优化目标：

$$L^{\text{CLIP}}(\boldsymbol{\theta})=\hat{\mathbb{E}}_t\Big[\min\Big(r_t(\boldsymbol{\theta})\hat{A}_t,\text{clip}(r_t(\boldsymbol{\theta}),1-\epsilon,1+\epsilon)\hat{A}_t\Big)\Big] \tag{8.39}$$

其思想是通过修剪 $r_t(\boldsymbol{\theta})$ 修改了替代函数，使得 $r_t(\boldsymbol{\theta})\in[1-\epsilon,1+\epsilon]$ 之间，PPO 取修剪与未修剪的目标函数的下界作为最终的优化目标，这里 $L^{\text{CLIP}}(\boldsymbol{\theta})$ 与 $L^{\text{CPI}}(\boldsymbol{\theta})$ 在 $\boldsymbol{\theta}_{\text{old}}$ 处一阶近似。最终 PPO 算法通过随机梯度下降来优化目标函数，得到更简洁有效的策略优化算法。

8.5.3 基于行动者-评论家的深度强化学习

基于策略梯度的深度强化学习方法需要大量的样本来更新策略，然而在很多复杂场景下，在线收集大量样本是极其昂贵的，并且由于连续动作的特性，在线抽取批量轨迹的方式容易导致局部最优的出现。为克服此类缺陷，我们在此介绍目前主流的深度环境下基于行动者-评论家的算法，包括同策略的异步优势行

动者-评论家算法（Asynchronous Advantage Actor-critic，A3C）算法[33]、异策略的深度确定性策略梯度算法（Deep Deterministic Policy Gradient，DDPG）算法[31]和柔性行动者-评论家（Soft Actor-critic，SAC）算法[16]。

1. 异步优势行动者-评论家算法

经验回放是一种能够有效减少环境的非稳态性和状态关联性的技术，使用它可以稳定训练。与此同时，经验回放也限制了同策略的强化学习方法（如 Sarsa）的使用。此外，经验回放还需要大量的计算资源。因此，Mnih 等[33]提出了一种异步学习架构，通过在不同的环境实体里并行执行多个智能体来有效缓解样本间的状态关联性，从而缓解训练过程不稳定的问题，应用这种架构的基于策略梯度的深度强化学习算法的主要代表便是异步优势行动者-评论家（A3C）算法。其架构如图 8.5 所示。

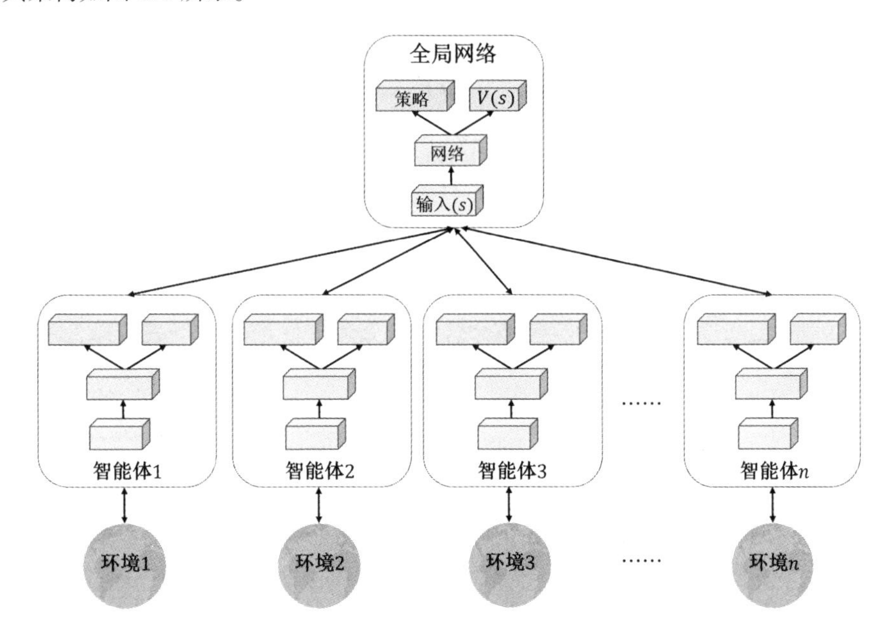

图 8.5　异步优势行动者-评论家（A3C）算法的架构图

A3C 算法的异步架构从不同于经验回放的另一个角度出发，通过在不同环境中并行地交互获取经验来集中更新梯度，同样达到了降低状态关联性和稳定学习过程的目的。除了利用在不同环境中的实体并行执行多个智能体产生的经验去稳定学习过程，这种异步学习架构还可以赋予每个智能体不同的探索策略来有效探索环境，因此可以进一步减少状态相关性。因为不需要使用旧策略产生的经验，所以这种异步架构能够稳定地使用同策略的强化学习方法。在实际应用中，这种架构还能利用 CPU 的多线程技术来节省计算资源和时间，同时获得更好的训练效果。

A3C 算法的异步架构与前面介绍的异步 Q 学习算法类似，区别在于 A3C 需要对策略进行更新。其梯度的更新方式为

$$\nabla_{\boldsymbol{\theta}'} \ln \pi(a_t \mid s_t; \boldsymbol{\theta}') A(s_t, a_t; \boldsymbol{\theta}_v) \tag{8.40}$$

式中，$\boldsymbol{\theta}'$ 和 $\boldsymbol{\theta}_v$ 分别是策略网络和值网络的参数。因为优势函数可以用 $Q(s_t, a_t) - V(s_t)$ 来表示，同时 A3C 采用 n-步的更新方式，所以 A3C 函数最终的更新形式为

$$\sum_{i=0}^{k-1} \gamma^i r_{t+i} + \gamma^k V(s_{t+k}; \boldsymbol{\theta}_v) - V(s_t; \boldsymbol{\theta}_v) \tag{8.41}$$

此外，A3C 可通过并行行动者和学习者以及累积梯度来提高训练的稳定性。同时，A3C 还可通过在策略网络与值网络的非输出层之间进行参数共享和对策略引入正则项来提升训练速度和效果。

2. 深度确定性策略梯度算法

深度确定性策略梯度（DDPG）算法[31]，旨在解决连续状态和连续动作空间下的深度强化学习问题。DDPG 分别使用参数 $\boldsymbol{\theta}^u$ 和 $\boldsymbol{\theta}^Q$ 的深度神经网络来表示确定性策略 $a = \pi(s; \boldsymbol{\theta}^u)$ 和值函数 $Q(s, a; \boldsymbol{\theta}^Q)$。其中智能体使用策略网络与环境交互，对应的是行动者的角色；值网络用来估计状态-动作值，并提供梯度更新过程中需要的 Q 值，对应的是评论家的角色。DDPG 使用随机梯度上升来更新其策略网络，实现端到端的优化。具体地，DDPG 定义带折扣的累积奖励为

$$J(\boldsymbol{\theta}^u) = \mathbb{E}_{\boldsymbol{\theta}^u}[r_1 + \gamma^2 r_2 + \gamma^3 r_3 + \cdots] \tag{8.42}$$

进而定义策略网络的更新公式为

$$\frac{\partial J(\boldsymbol{\theta}^u)}{\partial \boldsymbol{\theta}^u} = \mathbb{E}_s \left[\frac{\partial Q(s, a; \boldsymbol{\theta}^Q)}{\partial a} \frac{\partial \pi(s; \boldsymbol{\theta}^u)}{\partial \boldsymbol{\theta}^u} \right] \tag{8.43}$$

同时，DDPG 值网络的更新方式采用类似深度 Q 网络的更新方法：

$$\frac{\partial J(\boldsymbol{\theta}^Q)}{\partial \boldsymbol{\theta}^Q} = \mathbb{E}_{(s,a,r,s')\sim\mathcal{D}}\left[(y - Q(s,a;\boldsymbol{\theta}^Q))\frac{\partial Q(s,a;\boldsymbol{\theta}^Q)}{\partial \boldsymbol{\theta}^Q}\right] \tag{8.44}$$

式中，y 代表基于目标网络所估计的目标 Q 值。DDPG 使用经验回放机制，从经验回放池 $\mathcal{D}$ 中采集一定数量的 (s,a,r,s') 样本用于更新 Q 值网络，并将此 Q 值传递给行动者网络，用于更新策略网络 $\pi(s;\boldsymbol{\theta}^u)$。

DDPG 在一些深度强化学习问题上表现出了较高的稳定性，并且其训练所需时间也比 DQN 少。总体来看，基于行动者-评论家框架的深度确定性策略梯度算法效率更高，训练速度更快。

3. 柔性行动者-评论家算法

在异步优势行动者-评论家算法的实现中，除了优化行动者和学习者各自的损失项，往往还需要使用策略熵作为正则项，以鼓励行动者在训练过程中进行探索。而柔性行动者-评论家（SAC）算法[16] 则将策略熵作为策略性能的评估指标之一。具体而言，SAC 尝试寻找一种能够满足最大熵要求的柔性策略 $\pi^\star$，满足

$$\pi^\star = \arg\max_{\pi} J(\pi) = \arg\max_{\pi} \sum_{t=0}^{T} \mathbb{E}_\pi\left[\gamma^t(R(s_t,a_t) + \alpha\mathcal{H}(\pi(\cdot \mid s_t)))\right] \tag{8.45}$$

其中 α 被称作“温度系数”，用于平衡环境给出的奖励和策略熵之间的重要性程度。为了找出这样的最优柔性策略，SAC 对策略交替进行评估和改进。在策略评估步中，SAC 首先定义了柔性值函数 $V(s_t)$：

$$V^\pi(s_t) = \mathbb{E}_{a_t\sim\pi(\cdot|s_t)}\left[Q(s_t,a_t) - \alpha\log\pi(a_t \mid s_t)\right] \tag{8.46}$$

然后，可以定义柔性动作值函数 $Q(s_t,a_t)$ 为等式 (8.3)。接着，基于贝尔曼期望等式 (8.4) 对随机初始化的柔性动作值函数 $Q(s_t,a_t)$ 进行更新。在策略改进步中，SAC 希望将策略 π 下动作的分布 $\pi(\cdot \mid s_t)$ 调整为与柔性动作值函数 $Q(s_t,\cdot)$ 的指数的分布保持一致。在具体实现中，SAC 将在策略改进时找到能最小化这两个分布之间的 Kullback-Leibler 散度的新策略：

$$\pi_{\text{new}} \leftarrow \arg\min_{\pi\in\Pi}\mathcal{D}_{\text{KL}}\left(\pi(\cdot \mid s_t) \middle\| \frac{\exp\left(\frac{1}{\alpha}Q^{\pi_{\text{old}}}(s_t,\cdot)\right)}{Z^{\pi_{\text{old}}}(s_t)}\right) \tag{8.47}$$

其中 $Z^{\pi_{\text{old}}}$ 为归一化因子，Π 为某种策略集合，实际实现中常常取所有高斯分布策略的集合。

SAC 算法在部分环境，比如机器人运动控制平台 MuJoCo 上取得了相当优异的表现。但是和 PPO 等算法相比，SAC 往往对环境的奖励尺度较为敏感，需要对环境的奖励进行放缩等调整后才能取得良好的性能。

8.6 基准测试平台与实际应用

近十年来，街机学习环境（Arcade Learning Environment，ALE）[9] 和机器人运动控制平台 MuJoCo [47] 等的出现，促进了深度强化学习技术的发展。深度强化学习技术已经在推荐系统、自动驾驶、能源、金融、医疗保健、机器人、运输系统等不同领域有所应用 [3,25,29]。

8.6.1 基准测试平台

在本小节，我们将简要介绍两个有代表性的基准测试平台：街机学习环境 ALE 和机器人运动控制平台 MuJoCo。

1. 街机学习环境 ALE

街机学习环境（ALE）是建立在雅达利 2600 游戏模拟器上的一个基准测试平台。目前它支持雅达利中的 57 款游戏，且对不同种类的雅达利游戏进行了统一的接口封装，具有很强的可扩展性。对于直接从像素画面建立智能控制策略的深度强化学习方法，ALE 是最常用的基准测试平台。

ALE 将雅达利游戏封装为标准的强化学习环境，它能够将游戏中的像素画面传递给智能体，接收并在环境中执行智能体输出的动作，此外，它提供了有关游戏中累计得分和游戏终止信息的接口，从而便于使用强化学习方法来求解。选择 ALE 作为训练环境时，强化学习算法直接从原始的像素图像建立控制策略，其中每帧像素画面是一个 160 像素宽、210 像素高（7bit 像素类型）的 2 维数组。图 8.6 和 8.7 给出了两个雅达利游戏的像素画面。动作空间为包含 18 个动作的离散动作空间，这 18 个离散动作对应了雅达利 2600 游戏模拟器中游戏操纵杆的各个控制按键 [9]。

ALE 环境要求强化学习算法建立从高维图像输入低维动作空间的映射，近些年来催生了许多经典的深度强化学习算法，例如 DQN [32]、DRQN [17]、Go-

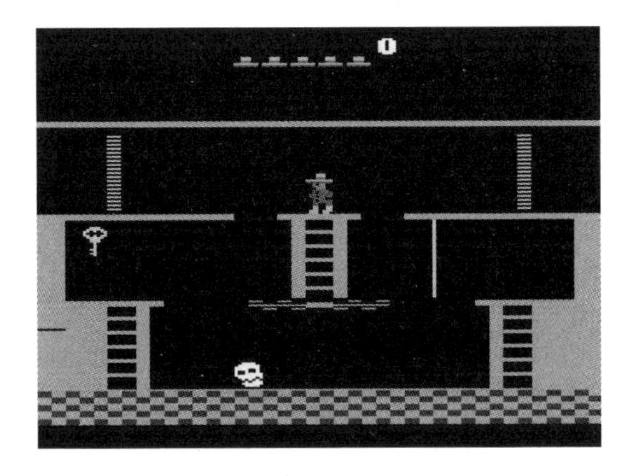

图 8.6 雅达利游戏: 蒙特祖玛的复仇

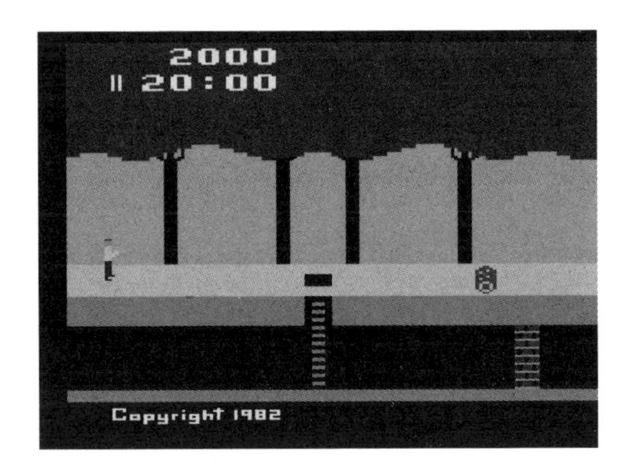

图 8.7 雅达利游戏: 陷阱!

Explore[14] 等。ALE 中包含的 50 多种游戏各自具有不同的特征，这要求强化学习算法不能只是过拟合到特定的关卡上，还对算法的通用性有一定的要求。另外，ALE 任务也涉及了“部分可观测”和“稀疏奖励”等强化学习中常见的问题，因而许多旨在解决相关问题的强化学习算法会选择 ALE 作为其评测环境。

2. 机器人运动控制平台 MuJoCo

MuJoCo（Multi-Joint dynamics with Contact）[47] 是一个服务于机器人、生物力学、动画图形学、机器学习以及其他需要快速而准确地模拟复杂动态系统领域的物理引擎（见图 8.8），它的功能覆盖了开发与研究等多个方面。

由于意识到现有工具不足以满足对最优控制、状态估计和系统识别的研究，华盛顿大学运动控制实验室于 2009 年开始着手 MuJoCo 的开发工作。一经问

图 8.8　常见的 MoJoCo 环境

世，MuJoCo 就迅速成为在模拟器和真实环境中构建更加智能的控制器的基石环境，并且时至今日已经推动了用户社区中的一系列项目研究。

利用 MuJoCo 可以扩展计算密集型技术，例如优化控制、物理一致状态估计、系统识别和自动化机制设计，并将它们应用于具有频繁实体交互的复杂动态系统。同时也可以将其应用于更传统的实际应用中，例如在部署到物理机器人之前进行测试和验证控制方案、交互式科学可视化、虚拟环境建模、动画和游戏制作等。

MuJoCo 的技术成果主要包括：在存在接触的情况下提供良定义的逆动力学解；通过凸优化统一连续时间下的约束公式；可以模拟粒子系统、布料、绳索和软物体；可选择牛顿、共轭梯度或投影高斯-赛德尔求解器；多线程采样和有限差分逼近；直观的 XML 模型格式（MJCF）和内置模型编译器；基于 OpenGL 交互式 3D 可视化功能的跨平台 GUI；由 ANSI C 编写的运行时模块，并经过细致调教以优化性能。可以用 Unity3D 插件增强 MuJoCo 环境的渲染效果（见图 8.9）。

图 8.9　采用 Unity3D 增强渲染

8.6.2 实际应用

在本小节，我们将简要介绍深度强化学习在推荐系统和自动驾驶这两个典型领域中的应用案例。

1. 推荐系统

推荐系统包括内容推荐和个性化广告推荐，动作空间巨大，投放链路复杂。深度强化学习作为推荐系统中序贯决策问题的一种解决方案，可以捕捉用户潜在意图的动态变化并对解决冷启动问题提供帮助。当前工业界深度强化学习的全链路应用方案较少，大部分应用案例都是对原有投放链路部分环节进行替换改造。

召回：推荐系统中的召回模块需要从大量物品集合当中快速选择出潜在候选集送往下游排序，常见的召回架构往往是构建索引结构和双塔模型，抖音短视频推荐 [56] 采用单步奖励基于 REINFORCE 算法 [53] 对原有双塔架构进行了改造，利用 in-batch-softmax 和采样纠偏的方法对全集动作空间进行了近似。

排序：排序模块依据上游模块提供的候选集合进行排序，选出最好的 K 个候选者送往下游模块。百度的搜索广告推荐 [30] 基于策略梯度方法，建模时将下游模块当作黑盒处理，每次决策挑选一个广告后将已选择的广告加入新一轮请求的状态中，构造离线数据集。训练时选择所有未展示广告将会得到零奖励，选择决策过程中投放出的广告将用预估的“千次展示广告收入”（eCPM）作为用户真实反馈的替代奖励。

混排：混排模块负责将广告插入推荐序列中的合适位置。DEAR [57] 利用基于 DQN 的方法，将用户会话信息和当前推荐列表作为状态，候选广告和广告位置的笛卡儿积为动作空间。用状态函数和优势函数之和作为广告插入推荐列表中特定位置的 Q 值输出，同时将奖励分解成了广告收入和用户体验价值两部分，用来平衡收益与用户体验。

2. 自动驾驶

深度强化学习在自动驾驶领域的应用是一个活跃的新兴领域，大多数的探索仍局限于模拟器之中，但已经有了一些成功的实际应用案例。

车辆控制：传统的车辆控制方法主要是使用模型预测控制方法（MPC）来完成，但已有一家初创公司 Wayve [24] 实现了使用 DDPG 方法来对车辆进行控制，他们首先在模拟器中进行训练，再在现实环境中使用车载计算机进行实时训练，最后成功让车辆沿着车道前进，并完成了一段 250 米的道路测试。

人机协商： 人类司机能够通过转向、刹车、加速等操作向其他司机传达他们让路或超车的意愿，这种“协商”在驾驶中无处不在，但又相当复杂，并且，在不同地区，这种协商的“规范”又有所不同。在可见的未来，我们将会面临一个人机共驾的场景，因此，如何让自动驾驶的汽车学会这种人类的协商技巧就成为确保行车安全的一大要务。一家名为 Mobileye 的公司通过深度强化学习方法解决了这一问题 [42]，他们的方法具有一定的可解释性并且样本利用率高，现已成功实现商用。

8.7 当前热点与挑战

近年来，深度强化学习激发了大量学者的研究兴趣，取得了大量的研究成果，也暴露出了当前方法在样本效率、探索安全性、知识可迁移性、知识可解释性等方面存在的诸多瓶颈问题。针对这些问题，学术界和工业界将深度强化学习与分层学习、离线学习、迁移学习等技术结合，试图突破上述瓶颈问题，使得深度强化学习技术能够获得更广泛的落地应用 [15, 19, 28, 35, 36, 58]。我们在这里简要介绍几个当前的研究热点，并讨论其进展、面临的挑战及未来可能的研究方向。

1. 离线强化学习

已有的强化学习方法通常通过迭代地与环境交互获取可供策略学习的经验，但这种学习模式在面对现实场景时往往是不现实的，因为在现实场景中使用不充分学习的策略来交互并采集数据常常是昂贵且危险的（如自动驾驶、医疗机器人等场景）。此外，在线强化学习方法难以充分利用已有的数据，导致其效率偏低。这成为强化学习广泛落地的阻碍。

受机器学习中数据驱动算法的启发，离线强化学习（Offline Reinforcement Learning）[28] 要求智能体在不与环境交互的情况下，从固定批次的环境交互数据中学习，并能够通过增加训练数据规模来提高离线强化学习算法的性能。虽然许多广泛使用的在线强化学习方法可以从异策略数据中学习，但这些算法普遍不能从完全离线的数据中学得有效的策略。这是因为策略学习过程中的函数近似误差使得学得的策略不同于行为策略，从而产生分布偏移，即智能体在一个给定的环境交互数据分布下得到训练，却在另一个不同的数据分布下进行验证的现象。

现有的离线强化学习方法都致力于解决分布偏移问题。策略限制的离线强化学习方法通常通过限制目标策略与行为策略的差异来缓解分布偏移问题；基于值估计和不确定性的强化学习方法能够减轻因分布偏移产生的对 Q 值的高估计；基于模型的强化学习方法则可以通过限制模型可达状态等方法来减小分布偏移带来的危害。

2. 分层强化学习

在某些复杂的任务上，传统强化学习方法收效甚微。主要原因是当任务复杂时，状态空间过大，导致智能体需要学习的空间随之膨胀，形成维度灾难。分层强化学习参考了人类学习复杂任务时的做法：将任务抽象为不同的层级，同一层级单独进行处理，层级之间互相配合。分层强化学习的目标就是将原任务分解为多个子任务，分别解决这些子任务从而达到解决原任务的目的。

相比传统强化学习，分层强化学习有着更强的泛化能力和抽象能力[36]。分层强化学习可以通过学习各种动作的组合，实现复杂的任务，达到迁移学习的目的。这种泛化能力是实现通用人工智能的关键一步。而分层强化学习的抽象能力可以分为时间抽象和状态抽象两种。时间抽象指的是对任务进行分层，每个子任务都能用传统强化学习方法解决，不同层之间通过信息传递进行配合；状态抽象指的是对于每一个子任务，只有部分状态是与其有关的。通过状态抽象，可以减少无关状态的学习，从而提高学习的速度。

目前，分层强化学习方法仍存在许多不足。例如分层强化学习的学习过程不稳定，会导致智能体在学习过程中的表现时好时坏。另外，目前的分层网络结构几乎都是手动设计的，能够进一步探索的问题也有很多：例如什么样的分层结构才是有效的，是否能让智能体自动发现子目标，如何确定子任务的细粒度，子任务是否需要进一步分层等。

3. 迁移强化学习

在传统的强化学习方法中，智能体通常从随机策略开始学习，并逐渐收敛到最优策略，但是在实际应用这些方法时，仍然存在许多困难。某些环境可能具有部分可观测性、稀疏奖励等特征，或者状态和动作空间的维数较高，这些问题都可能导致智能体收集所需样本的成本过于高昂。甚至在许多现实世界的应用场景，如自动驾驶中，训练的过程往往还伴随着安全隐患。

迁移强化学习是一种通过利用和转移外部知识来加速强化学习的学习过程的方法，其在解决上述问题中发挥了重要作用[35,58]。在迁移强化学习中，智能体首先在一个或多个源任务上进行训练，然后利用获得的知识来解决目标任务，从而加快智能体在相似任务上的学习效率。一类迁移强化学习方法假设源任务和目标任务共享状态和动作空间，将目标任务中的状态和动作映射到源任务中已知的状态和动作中；另一类方法则假设转移和奖励函数不会随任务而改变。常见的迁移方式有基于策略的迁移、基于模型的迁移以及基于值函数的迁移等。对于如何选择适宜的迁移方法，主要取决于任务的域以及源任务和目标任务之间的关系。

迁移强化学习中仍有许多值得进一步研究的问题。例如探究不同任务域之间的知识的复用方法和复用程度，深入研究该问题有助于迁移学习中诸多阶段的自动化实现，包括源任务的选择、映射函数的设计、部分可观测任务中的知识迁移、避免负迁移等。此外，迁移强化学习在应用领域也存在许多值得探索的问题，例如通用的迁移学习评估标准有待进一步完善，关于迁移强化学习可解释性的工作仍然较少等。

4. 安全强化学习

在一些强化学习的实际应用场景下，我们希望智能体不仅能够关注长期的累积奖励，也需要避免执行一些损害环境和自身的危险行为。其动机是在某些场景中，智能体或环境的构建需要花费不小的代价，比如在一些精密的机器人平台中，如果智能体采取了相对暴力的动作，那么极有可能损坏智能体。而在自动驾驶领域，智能体的安全性更加重要，因为在真实的驾驶环境中，智能体的错误决策不仅可能破坏车辆，也有可能危害人们的生命安全。由于强化学习的落地往往会面临各种安全问题，因此安全强化学习有着非常重要的研究价值。

现有的安全强化学习方法主要可以分为两类：一类是改变优化目标，另一类是在智能体的探索过程中考虑安全问题[15]。首先是改变优化目标的方法。在强化学习中，优化目标一般是最大化长期回报，一些安全强化学习的方法直接将安全要求转化为约束并加入优化目标中，以此期望智能体能学到一个安全的策略。另一类方法不改变优化目标，而是在智能体的探索过程中考虑安全问题。现有的算法主要通过两个方面来控制智能体的探索过程，其一是引入外部知识来引导智能体避免探索高风险的状态，除此之外，也可以通过引入风险评估标准，使智能体具有自我识别风险的能力，从而在探索过程中避开危险状态，达到安全性标准。

现有的安全强化学习算法通常存在着各种不足。例如使用深度神经网络拟合风险函数的方法，虽然这类方法的实验结果能够表明随着训练的迭代，当网络较好地拟合风险函数后，智能体可以有效避免危险情况的发生，但是，在某些情况下，人们希望可以在学习的早期就可以规避风险，这一类方法显然无法满足这一要求。当然，此时可以采用融合领域知识的手段来达到目标，但是领域知识的获取也并不容易。安全强化学习这一领域存在许多可以研究的方向，比如风险标准的选择，优化目标的确定，如何在学习中检测风险，以及如何确定安全的探索策略等。

5. 可解释强化学习

可解释强化学习旨在对使用深度神经网络构建的智能体的决策过程做出解释，有助于获得黑箱模型的内部工作原理 [19]。尽管强化学习在游戏或推荐系统等诸多领域取得了显著成果，但是和许多深度学习算法一样，深度强化学习缺乏可解释性。而在如医疗、国防、金融等许多领域，强化学习智能体需要向人类用户解释其决策和行为，证实其可靠性，从而获得公众信任并部署大规模的应用。因此，一个可解释的强化学习模型可以帮助强化学习在一些重要领域落地，可以帮助更好地解决问题，从而大大加快强化学习方法的发展。

目前可解释强化学习工作主要分为两部分：透明算法与事后解释。深度强化学习中的透明算法主要集中在表征学习与同时学习。表征学习可以处理高维的原始观测数据，捕捉受到智能体行为影响的环境变化，从而推断出解释。还有工作将符号主义与深度强化学习结合来学习表征，以促进先验知识的利用，提高了算法的可解释性。同时学习在学习策略的同时，也将解释当成一个模块进行学习，如按类型对奖励进行分类，将奖励函数分解为有意义的奖励类型的总和，或者引入结构因果模型，通过构建与学习变量之间的因果联系来解释动作的影响。事后解释指在强化学习智能体完成训练与执行后所做分析的可解释性方法，通常应用于图像输入的强化学习算法中，如使用一些显著性方法检测显著元素，了解图像的哪些元素包含最相关的信息，或者更通用地使用统计方法分析智能体交互历史中的数据，从而为智能体决策提供解释。

可解释强化学习仍然是一个新兴领域，目前的大部分方法大都为适应特定任务而设计，往往不能推广到其他任务或算法，因为它们通常会做出特定假设，因此未来的发展方向之一是开发出更多通用的方法，为可在实践中部署的可解释、可信赖的强化学习智能体构建更全面的框架。

8.8 小结

本章从计算机科学的角度对单智能体强化学习领域进行了调研。强化学习要解决的问题是：智能体如何与环境高效交互，从环境给予的评价式反馈中，学习到对环境的最优控制。求解强化学习任务通常面临三个方面的挑战：探索与利用的平衡、信度分配、泛化。马尔可夫决策过程是建模单智能体强化学习任务最常用到的一个数学模型，它由状态空间、动作空间、状态转移函数和奖励函数四部分构成。

给定状态转移函数和奖励函数，求解马尔可夫决策过程最优策略的常见方法是动态规划，具体包括值迭代算法和策略迭代算法。值迭代算法的特点是用迭代的方式求解贝尔曼最优等式，而策略迭代算法的特点则是用迭代的方式求解贝尔曼期望等式。

若状态转移函数和奖励函数未知，则可以用强化学习方法求解马尔可夫决策过程的最优策略。当状态空间和动作空间是离散空间时，可以用表格式的强化学习方法求解最优策略。这里，我们先介绍了免模型的表格式强化学习方法，包括行动者-评论家、Q 学习和 Sarsa 方法。然后，介绍了基于模型的表格式强化学习方法，包括 Dyna 算法和优先级扫描算法。

但是，当状态空间和动作空间是连续空间时，表格式的强化学习方法就失效了，深度强化学习是求解这类大空间马尔可夫决策过程任务的常用方法。这里，我们先介绍了基于值函数的深度强化学习方法，包括深度 Q 网络及其改进算法。然后，介绍了基于策略梯度的深度强化学习方法，包括置信域策略优化算法和近端策略优化算法。接着，介绍了基于行动者-评论家的深度强化学习方法，包括异步优势行动者-评论家算法、深度确定性策略梯度算法、柔性行动者-评论家算法。

在基准测试平台与典型应用一节，介绍了街机学习环境和机器人运动控制平台 MuJoCo，以及深度强化学习技术在推荐系统、自动驾驶等领域的应用。在本章的最后，介绍了离线强化学习、分层强化学习、迁移强化学习、安全强化学习和可解释强化学习等前沿课题，简述了其当前面临的挑战及未来可能的研究方向。

参考文献

[1] 刘全, 翟建伟, 章宗长, 等, 2018. 深度强化学习综述 [J]. 计算机学报, 41(1): 1-27.

[2] 特伦斯 · 谢诺夫斯基著, 姜悦兵译, 2019.2. 深度学习：智能时代的核心驱动力量 [M]. [出版地不详]: 北京：中信出版社.

[3] 笪庆, 曾安祥, 2018. 强化学习实战: 强化学习在阿里的技术演进和业务创新 [M]. [出版地不详]: 北京：电子工业出版社.

[4] 章宗长, 郝建业, 俞扬. 强化学习 [A]. 徐宗本, 姚新. 数据智能研究前沿 [M], 上海交通大学出版社, 2019, 209-278.

[5] ANDRYCHOWICZ M, WOLSKI F, RAY A, et al., 2017. Hindsight experience replay[C]//Proceedings of the 31st Conference on Neural Information Processing Systems (NIPS). [S.l.: s.n.].

[6] BadiaADIA A P, SPRECHMANN P, VITVITSKYI A, et al., 2019. Never give up: Learning directed exploration strategies[C]//Proceedings of the 7th International Conference on Learning Representations (ICLR). [S.l.: s.n.].

[7] BADIA A P, PIOT B, KAPTUROWSKI S, et al., 2020. Agent57: Outperforming the atari human benchmark[C]//Proceedings of the 37th International Conference on Machine Learning (ICML). [S.l.: s.n.].

[8] BARTO A G, SUTTON R S, ANDERSON C W, 1988. Neuronlike adaptive elements that can solve difficult learning control problems[J]. IEEE Transactions on Systems, Man, and Cybernetics, 13(5): 834-846.

[9] BELLEMARE M G, NADDAF Y, VENESS J, et al., 2013. The arcade learning environment: An evaluation platform for general agents[J]. Journal of Artificial Intelligence Research, 47(6): 253-279.

[10] BELLMAN R, 1957. Dynamic programming[M]. [S.l.]: Princeton: Princeton University Press.

[11] BERTSEKAS D P, 1987. Dynamic programming: deterministic and stochastic models[M]. [S.l.]: Prentice-Hall, Englewood Cliffs, NJ.

[12] BERTSEKAS D P, TSITSIKLIS J N, 1989. Parallel and distributed computation: numerical methods[M]. [S.l.]: Englewood Cliffs: Prentice-Hall.

[13] CHEN M, BEUTEL A, COVINGTON P, et al., 2019. Top-k off-policy correction for a reinforce recommender system[C]//Proceedings of the 12th ACM International Conference on Web Search and Data Mining (WSDM). [S.l.: s.n.].

[14] ECOFFET, ADRIEN et al., Go-explore: a new approach for hard-exploration problems[J].arXiv preprint arXiv:1901.10995, 2019.

[15] GARCIA J, FERNÁNDEZ F, 2015. A comprehensive survey on safe reinforcement learning[J]. Journal of Machine Learning Research, 16(1): 1437-1480.

[16] HAARNOJA T, ZHOU A, ABBEEL P, et al., 2018. Soft actor-critic: Off-policy maximum entropy deep reinforcement learning with a stochastic actor[C]//Proceedings of the 35th International Conference on Machine Learning (ICML). [S.l.: s.n.].

[17] HAUSKNECHT M, STONE P, 2015. Deep recurrent q-learning for partially observable mdps[C]//AAAI Fall Symposium Series. [S.l.: s.n.].

[18] HESSEL M, MODAYIL J, VAN HASSELT H, et al., 2018. Rainbow: Combining improvements in deep reinforcement learning[C]//Proceedings of the 32nd AAAI Conference on Artificial Intelligence (AAAI). [S.l.: s.n.].

[19] HEUILLET A, COUTHOUIS F, DÍAZ-RODRÍGUEZ N, 2021. Explainability in deep reinforcement learning[J]. Knowledge-based Systems, 214: 1-14.

[20] HORGAN D, QUAN J, BUDDEN D, et al., 2018. Distributed prioritized experience replay[C]//Proceedings of the 6th International Conference on Learning Representations (ICLR). [S.l.: s.n.].

[21] JAAKKOLA T, JORDAN M I, SINGH S P, 1994. On the convergence of stochastic iterative dynamic programming algorithms[J]. Neural Computation, 6(6): 1185-1201.

[22] KAELBLING L P, LITTMAN M L, MOORE A W, 1996. Reinforcement learning: A survey[J]. Journal of Artificial Intelligence, 4: 237-285.

[23] KAKADE S, LANGFORD J, 2002. Approximately optimal approximate reinforcement learning[C]//Proceedings of the 19th International Conference on Machine Learning (ICML). [S.l]: Sydney: University of New South Wales.

[24] KENDALL A, HAWKE J, JANZ D, et al., 2019. Learning to drive in a day[C]// Proceedings of the IEEE International Conference on Robotics and Automation (ICRA). [S.l.: s.n.].

[25] KIRAN B R, SOBH I, TALPAERT V, et al., 2021. Deep reinforcement learning for autonomous driving: A survey[J]. IEEE Transactions on Intelligent Transportation Systems.

[26] KOCHENDERFER M J, 2015. Decision making under uncertainty: theory and application[M]. [S.l.]: Cambridge: MIT Press.

[27] LECUN Y, BENGIO Y, HINTON G, 2015. Deep learning[J]. Nature, 521(7553): 436-444.

[28] LEVINE S, KUMAR A, TUCKER G, et al., 2021. Offline reinforcement learning: Tutorial, review, and perspectives on open problems[J]. arXiv preprint arXiv: 2005.01643v3.

[29] LI Y, 2019. Reinforcement learning applications[J]. arXiv preprint arXiv:1908.06973v1.

[30] LIAN Y, CHEN Z, PEI X, et al., 2021. Optimizing ad pruning of sponsored search with reinforcement learning[C]//Proceedings of the 30th Web Conference (WWW). [S.l.: s.n.].

[31] LILLICRAP T P, HUNT J J, PRITZEL A, et al., 2016. Continuous control with deep reinforcement learning[C]//Proceedings of the 4th International Conference on Learning Representations (ICLR). [S.l.: s.n.].

[32] MNIH V, KAVUKCUOGLU K, SILVER D, et al., 2015. Human-level control through deep reinforcement learning[J]. Nature, 518(7540): 529-533.

[33] MNIH V, BADIA A P, MIRZA M, et al., 2016. Asynchronous methods for deep reinforcement learning[C]//Proceedings of the 4th International Conference on Learning Representations (ICLR). [S.l.: s.n.].

[34] MOORE A W, ATKESON C G, 1993. Prioritized sweeping: Reinforcement learning with less data and less real time[J]. Machine learning, 13: 103-130.

[35] NARVEKAR S, PENG B, LEONETTI M, et al., 2020. Curriculum learning for reinforcement learning domains: A framework and survey[J]. Journal of Machine Learning Research, 21(181): 1-50.

[36] PATERIA S, SUBAGDJA B, TAN A H, et al., 2021. Hierarchical reinforcement learning: A comprehensive survey[J]. ACM Computing Surveys, 54(5): 1-35.

[37] PENG J, WILLIAMS R J, 1994. Incremental multi-step q-learning[C]//Proceedings of the 11th International Conference on Machine Learning (ICML). [S.l.: s.n.].

[38] PUTERMAN M L, 1994. Markov decision processes: discrete stochastic dynamic programming[M]. [S.l.]: New York: John Wiley & Sons, Inc.

[39] SCHAUL T, QUAN J, ANTONOGLOU I, et al., 2016. Prioritized experience replay[C]//Proceedings of the 4th International Conference on Learning Representations (ICLR). [S.l.: s.n.].

[40] SCHULMAN J, LEVINE S, ABBEEL P, et al., 2015. Trust region policy optimization[C]//Proceedings of the 32nd International Conference on Machine Learning (ICML). [S.l.: s.n.].

[41] SCHULMAN J, WOLSKI F, DHARIWAL P, et al., 2017. Proximal policy optimization algorithms[J]. arXiv preprint arXiv:1707.06347.

[42] SHALEV-SHWARTZ S, SHAMMAH S, SHASHUA A, 2016. Safe, multi-agent, reinforcement learning for autonomous driving[J]. arXiv preprint arXiv:1610.03295v1.

[43] SINGH S P, 1993. Learning to solve markovian decision processes[M]. [S.l.]: Massachusetts: University of Massachusetts.

[44] SUTTON R S, 1988. Learning to predict by the method of temporal differences[J]. Machine learning, 3(1): 9-44.

[45] SUTTON R S, 1990. Integrated architectures for learning, planning, and reacting based on approximating dynamic programming[C]//Proceedings of the 7th International Conference on Machine Learning (ICML). [S.l.: s.n.].

[46] SUTTON R S, BARTO A G, 2018. Reinforcement learning: An introduction (second edition)[M]. [S.l.]: Cambridge, USA: MIT Press.

[47] TODOROV E, EREZ T, TASSA Y, 2012. Mujoco: A physics engine for model-based control[C]//Proceedings of 2012 IEEE/RSJ International Conference on Intelligent Robots and Systems (IROS). [S.l.: s.n.].

[48] TSITSIKLIS J N, 1994. Asynchronous stochastic approximation and q-learning[J]. Machine learning, 16(3): 185-202.

[49] VAN HASSELT H, GUEZ A, SILVER D, 2016. Deep reinforcement learning with double q-learning[C]//Proceedings of the 30th AAAI Conference on Artificial Intelligence (AAAI). [S.l.: s.n.].

[50] WANG Z, SCHAUL T, HESSEL M, et al., 2016. Dueling network architectures for deep reinforcement learning[C]//Proceedings of the 33rd International Conference on Machine Learning (ICML). [S.l.: s.n.].

[51] WATKINS C J, DAYAN P, 1992. Q-learning[J]. Machine learning, 8(3): 279-292.

[52] WATKINS C J C H, 1989. Learning from delayed rewards[D]. [S.l.]: Cambridge: King's College.

[53] WILLIAMS R J, 1992. Simple statistical gradient-following algorithms for connectionist reinforcement learning[J]. Machine learning, 8(3): 229-256.

[54] WILLIAMS R J, BAIRD L C, 1993a. Tight performance bounds on greedy policies based on imperfect value functions[M]. [S.l.]: Boston: Northeastern University.

[55] WILLIAMS R J, BAIRD III L C, 1993b. Analysis of some incremental variants of policy iteration: First steps toward understanding actor-critic learning systems[R]. [S.l.]: Boston: Northeastern University.

[56] YI X, YANG J, HONG L, et al., 2019. Sampling-bias-corrected neural modeling for large corpus item recommendations[C]//Proceedings of the 13th ACM Conference on Recommender Systems (RecSys). [S.l.: s.n.].

[57] ZHAO X, GU C, ZHANG H, et al., 2021. Dear: Deep reinforcement learning for online advertising impression in recommender systems[C]//Proceedings of the 35th AAAI Conference on Artificial Intelligence (AAAI). [S.l.: s.n.].

[58] ZHU Z, LIN K, ZHOU J, 2020. Transfer learning in deep reinforcement learning: A survey[J]. arXiv preprint arXiv:2009.07888.

扫码免费学

9 基于模型的强化学习

在强化学习中，一个算法的样本效率（Sample Efficiency）指使得智能体的性能达到一定程度所需和真实环境交互的数据量。由于强化学习天然的交互式试错学习的范式，强化学习一直以来都遭受样本效率低的困扰，这已经成为强化学习当前最主要的技术挑战，并阻碍着强化学习技术的落地进程。如何增进强化学习尤其是深度强化学习的样本效率，是近年来强化学习领域研究的重要方向[8]。近年来，基于模型的强化学习（Model-Based Reinforcement Learning，MBRL）受到越来越多的关注，成为增进强化学习样本效率最重要的方法类别之一。

在强化学习中，我们一般不称智能体学到的策略或者价值函数为模型，而称对于动态环境构建出的随机过程为模型，也即马尔可夫决策过程。具体地，在环境的状态空间以及智能体的行动空间给定的情况下，动态环境模型往往指的是基于当前的状态 s 和智能体的行动 a，环境采样的奖励信号 r 和下一个状态 s' 的概率分布，即 $p(s',r|s,a)$。可以想象，一旦训练好的一个（近乎）完美的动态环境模型，这个模型完全可以代替真实环境和智能体做交互和训练，从而大大减少智能体需要和真实环境的交互量，进而增进强化学习的样本效率。如图 9.1 所示，智能体和一个动态环境模型做交互产生的数据称为模拟数据（Simulation

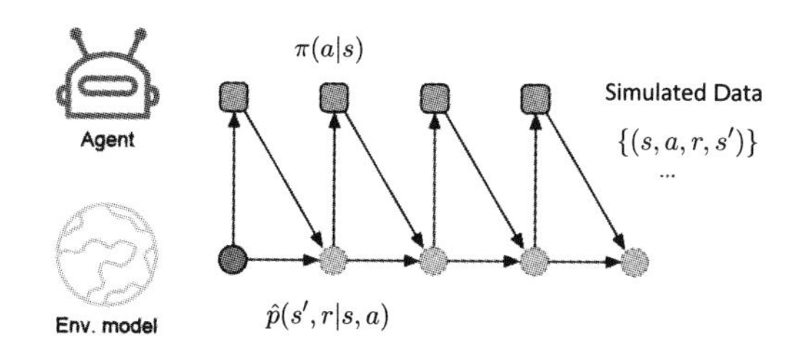

图 9.1　智能体和环境模型做交互产生的数据可以进一步训练智能体策略

Data）；如果是和真实环境做交互，其产生的数据称为经验数据（Experience Data）。

1. 基于模型的强化学习 vs. 无模型强化学习

基于模型的强化学习的最主要优势在于，一旦模型被学好，策略的学习都是在线学习（On-policy Learning），这对于策略训练算法而言十分友好。同时通过离线的数据构建环境模型，可以在不需要智能体和环境进一步交互的情况下，训练好一个策略，即离线强化学习。我们在实验中经常得到优于无模型强化学习的样本效率。但是它也有不足之处。环境一旦有误差，该误差会随着多步的模拟而逐步放大，造成后续模拟数据不可使用，即复合误差（Compounding Error）问题。

相较于基于模型的强化学习，无模型强化学习的主要优势在于在实际场景中会带来最好的渐进性能。同时，无模型强化学习的数据采样，打包小批次训练策略或价值函数的神经网络的训练方式十分适合深度学习架构。但是，不少无模型强化学习方法是离策略的（Off-policy Learning），也即训练数据并非由当前策略和环境交互所产生，进而带来的数据偏置（Data Bias）可能导致强化学习训练的不稳定。无模型强化学习广为诟病的是其样本效率极低，因此往往需要极大的算力和训练数据支持。

总的来说，如果不在乎算法的样本效率而追求策略性能的机制，则鼓励用无模型强化学习方法。而如果实际任务中对策略质量要求很高，进而无法允许学习中的策略和环境过多的交互，则更适合使用基于模型的强化学习。

2. 黑盒模型 vs. 白盒模型

对于动态环境模型的使用要求，一般可以将环境模型分为黑盒模型和白盒模型。如图 9.2 所示，黑盒模型仅能用于和智能体交互，产生模拟数据用于帮助策略进一步训练，无法获得该模拟数据采样的数据分布密度，例如由深度神经网

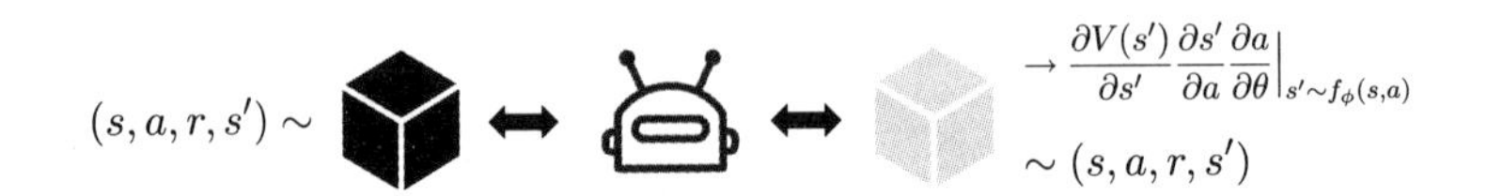

图 9.2　智能体和黑盒模型（左）仅能交互出模拟数据，和白盒模型交互则可以得到具体的数据概率密度或者梯度信息

络构建的模型 [1,4]；相比之下，白盒模型则可以给出采样获得的数据的概率密度，或者采样出的状态对输入行动的梯度等“内部”信息，在这种情况下环境模型往往有一些显式的写法，例如线性参数化的高斯过程 [2,3]。

本章的讨论更加注重基于模型的强化学习的普适方法，因此将会集中在黑盒模型的技术原理方面。

9.1 Dyna：基于模型的强化学习经典方法

在经典强化学习中就有将模型规划和价值函数学习结合的方法 Dyna-Q，其原理如图 9.3 所示。在细述该算法之前，我们首先了解一下 Q 规划（Q-planning）算法。

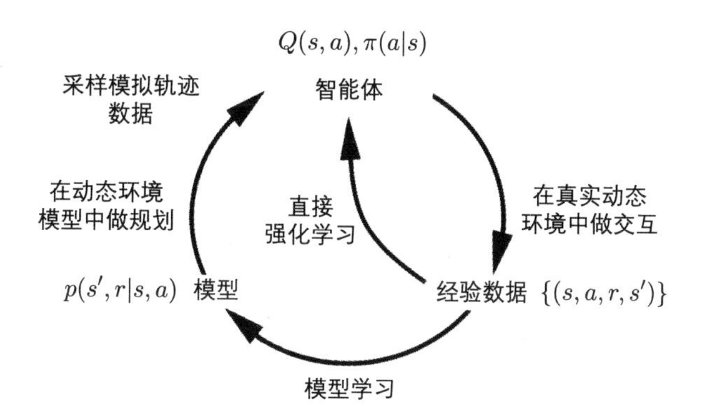

图 9.3 基于模型的强化学习经典方法 Dyna-Q

我们熟知的无模型方法 Q 学习（Q-learning）的基本数据实例为一个 (s,a,r,s') 四元组，即当前状态、行动、奖励和下一个状态的数据样本，其价值更新公式为

$$Q(s,a) \leftarrow Q(s,a) + \alpha[r + \gamma \max_{a'} Q(s',a') - Q(s,a)] \tag{9.1}$$

对于环境而言，当前状态 s 和采取的行动 a 是条件，而奖励值 r 和下一个状态 s' 则由环境相应采样出。如果这个奖励值和下一个状态是由环境模型采样出的，那么该四元组则为模拟数据。基于该模拟数据学习 Q 价值函数的方法则为 Q 规划。

Dyna-Q 算法则是 Q 学习和 Q 规划的结合，进而兼具了无模型和基于模型的强化学习方法的优点。具体地，在 Dyna-Q 学习算法中，智能体仍然和环境交互，采样出真实经验数据样本 $\{(s,a,r,s')\}$。对于其中每一个样本，智能体首先做一次 Q 学习；随后，基于此样本对环境模型进行更新，即 $p(r,s'|s,a)$；接着，智能体需做 n 次 Q 规划，即每次从经验数据中采样出一个真实经历过的状态行动对 (s,a)；最后使用环境模型采样出相应的奖励和后继状态，组成模拟数据四元组 $(s,a,\hat{r},\hat{s}')$，基于该四元组做一次 Q 函数的时序差分更新。以上学习步骤迭代至环境模型和 Q 函数收敛。

在一般的格子世界行走的任务中，Dyna-Q 算法能极大提升样本效率，因为这类任务中的环境模型可以构建得十分准确，因此可以充分利用环境模型做规划和对应的学习。但是在深度强化学习时代，我们面临的动态环境往往很复杂，例如视频游戏、机械臂环境、交通环境等。在这样的复杂场景中，往往需要留意以下问题。

（1）在复杂环境任务中，基于深度学习的方法构建的动态环境模型不可避免地在一些区域会有精度的不足，那么什么时候可以相信并使用环境模型？

（2）如何有效使用已构建的环境模型来更好地训练智能体策略？

（3）环境模型是否真的能提升样本效率？

带着这些问题，我们开始探讨基于深度环境模型的强化学习。在一般强化学习中，奖励函数 $r(s,a)$ 往往是明确给定的，所以在以下章节中，我们假设动态环境模型仅需要构建状态转移概率 $p(s'|s,a)$。

9.2 打靶法

我们在日常生活中做决策时，往往会稍微推演一下如果做了某个决策，接下来发展的结果会是好的还是坏的，进而修改即将做出的决策。例如，开车时，如果需要向左换道，我们会看看后视镜，估计一下如果现在换道，左后方的车是否能撞到自己的车，进而决定是马上换道还是稍后换道。这里我们就利用了长期开车积累的认知构建的交通环境模型，在脑海中推演了几秒钟关于当前换道的后续情况，最终给出具体的换道决策。

在以上的设置下，似乎可以不用训练策略，直接在环境模型中做出候选行动的后续模拟，进而选择出当前应采取的行动，此类方法称为打靶法（Shooting

Methods），而在控制领域则被称为模型预测控制（Model Predictive Control, MPC）方法。基于构建的动态环境模型，打靶法利用蒙特卡洛思想，通过后续轨迹采样的方式，近似地估计每个候选行动的价值，然后选择执行具有最高估计价值的行动。具体地，假设我们得到一个随机生成的行动序列 $[a_1, a_2, \cdots, a_T]$，对于当前的状态 s 以及任意候选行动 a，可以在环境模型中交互出模拟轨迹：

$$[s, a, \hat{r}_0, \hat{s}_1, a_1, \hat{r}_1, \hat{s}_2, a_2, \hat{r}_2, \cdots, \hat{s}_T, a_T, \hat{r}_T] \tag{9.2}$$

基于该轨迹可以计算状态动作对 (s, a) 的后续回报，即

$$\hat{Q}(s, a) = \sum_{t=0}^{T} \gamma^t \hat{r}_t \tag{9.3}$$

此处 $\hat{Q}(s, a)$ 代表基于蒙特卡洛方法的一次价值近似估计。对于所有候选行动 a 都计算出 $\hat{Q}(s, a)$ 后，打靶法可以直接选择出近似最佳的行动：

$$\pi(s) = \arg\max_a \hat{Q}(s, a) \tag{9.4}$$

可以看到，打靶法是一个基于动态环境模型采样轨迹，进而直接选择决策行动的方法，里面并未涉及任何策略学习，这样的方法在实现上比较方便。另一方面，由于环境的动态性，相同的当前状态和后续行动序列完成可能采样出不同的轨迹，因此打靶法估计的行动价值的方差往往较大，不容易采样到价值最高的行动。此外需要注意的是，由于有效地估计行动价值需要平均数条后续行动序列，因此在每做一次决策前都需要对每个候选行动在环境中采样数条轨迹，因此打靶法的计算开销往往较高（尽管它不需要计算梯度）。

基于打靶法，需要进一步考虑深度动态环境模型有效的构建方法。考虑到动态环境模型的拟合可能遇到两类不确定性：

- 认知不足带来的不确定性（Epistemic Uncertainty）：在训练数据匮乏的区域，对真实环境认知不足带来的不确定性，例如图 9.4 左侧子图中的左右区域；
- 认知下的不确定性（Aleatoric Uncertainty）：在训练数据丰富的区域，真实环境本来就存在的随机性，例如图 9.4 左侧子图中的两片训练数据点区域。

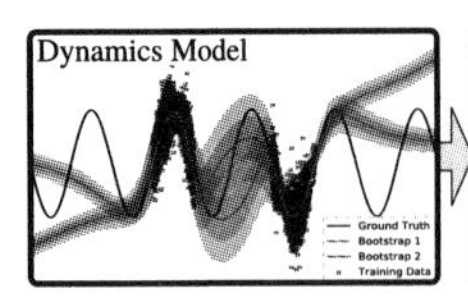

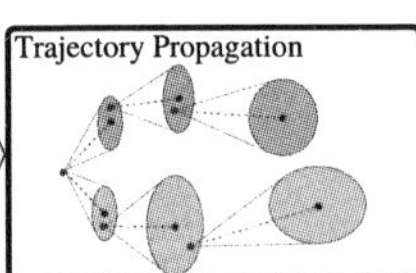

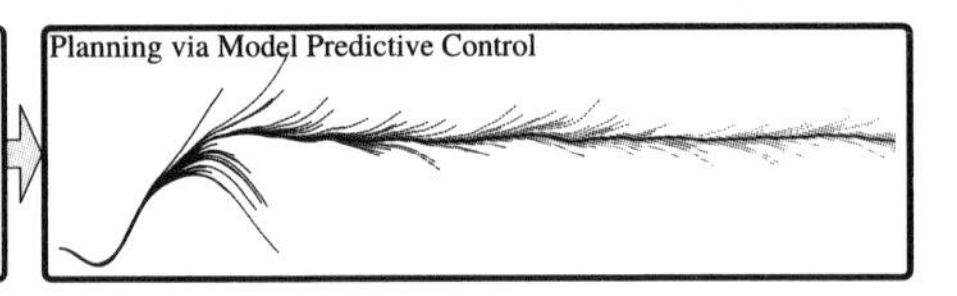

图 9.4 PETS 算法图示 [1]

针对以上两种建模环境所考虑的不确定性，来自加州大学伯克利分校的研究者提出了概率集成高斯过程做轨迹采样的动态环境学习方法（PETS，即 Probablistic Ensemble with Trajectory Sampling）[1]。PETS 的概率集成部分由一系列深度神经网络构建的高斯过程组成。每个高斯过程由经验数据集的一个自举集合（Bootstrap Replicate）训练得到。每一个具体的高斯过程建模状态转移分布为

$$\tilde{f} = p(s_{t+1}|s_t, a_t) = \mathcal{N}(s_{t+1}|\mu_\theta(s_t, a_t), \Sigma_\theta(s_t, a_t))$$

其中均值函数 μ_θ 和对角协方差矩阵函数 Σ_θ 皆为神经网络，其参数统称为 θ。

在得到 B 个高斯过程后，PETS 的工作过程如图 9.4 中间和右侧子图所示。在当前状态 s，对于每个候选行动 a，PETS 维护了 P 个初始状态为 s 的微粒（Particle），接下来对于每一个微粒，每次往后采样一步状态可以使用不同的高斯过程，该方法名为 TS1；而如果是对于每一个微粒的一整条轨迹使用同一个高斯过程，该方法则命名为 TS_∞。接下来的过程就是上面讨论的打靶法了。此外，为了以更高概率采样到价值较高的轨迹，以便选择出好的行动，PETS 的打靶法采用了一个简捷有效的方法，称为 CEM（Cross Entropy Method）。该方法以一个不断更新的高斯分布的形式来拟合能带来较高奖励的行动分布，进而可以在 PETS 采样行动序列时，使用高奖励的行动分布来采样。

图 9.5 展示了 PETS 算法和无模型方法在机器人控制环境下的实验效果对比。可以看出，PETS 算法（图中记为 PE-TS1）能在这些环境中取得相对很高的样本效率，也即达到一定的策略平均奖励性能所需要的和真实环境交互次数更少，或者基于相同交互次数能获得更好的策略性能。由此我们可以发现，在一些控制任务中，仅基于学习到的动态环境模型就可能达到高性能的控制，这是 PETS 算法的主要学术贡献。更进一步，结合模型学习与策略学习是否能获得更高的样本效率呢？我们在接下来的这一节具体讨论。

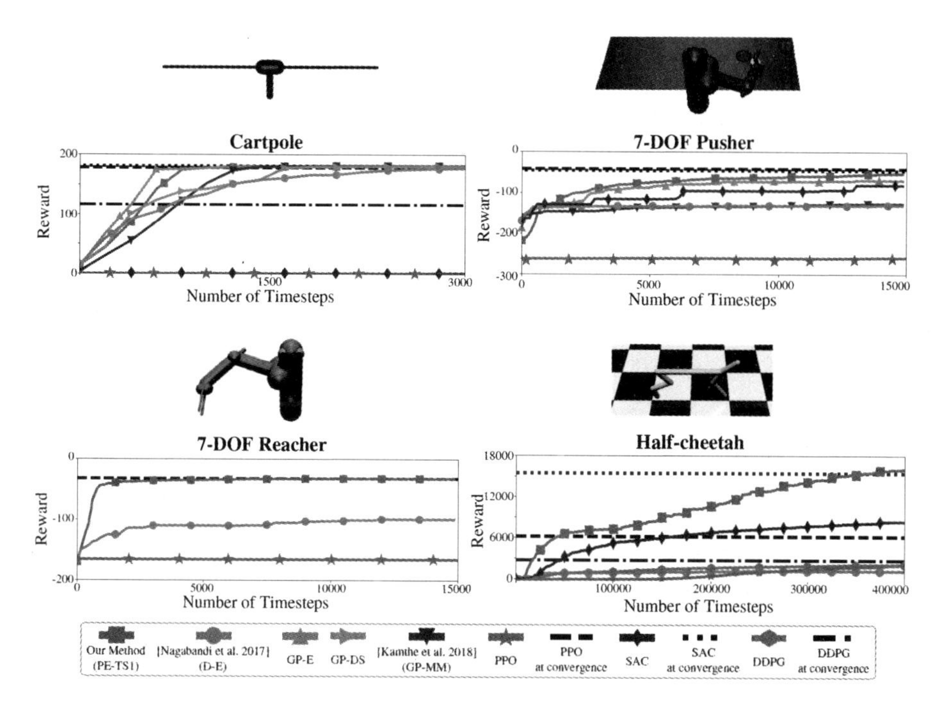

图 9.5 PETS 算法和无模型方法的实验效果对比 [1]

9.3 基于模型的策略优化方法

在本章 Dyna 一节中，我们介绍了普适的基于模型的强化学习方法是将模型学习与基于模型的策略学习结合在一起，在策略得到了提升后，开启新一轮的经验数据采集和学习。在深度强化学习任务中，与智能体交互的环境往往较为复杂，进而使用深度神经网络的环境模型无法保证完美拟合整个环境状态转移空间。因此，在环境模型不准确的情况下，什么时候相信模型，并且又该如何使用模型有效提升策略学习的样本效率，是基于模型的强化学习研究的重要问题。

2019 年，来自加州大学伯克利分校的研究者提出了一种较为普适的数据采样方案：分支推演（Branched Rollout），如图 9.6 所示，并由此提出了基于模型的策略优化算法（Model-based Policy Optimization，即 MBPO）[4]。

分支推演方法从历史真实经验轨迹中采样一个状态 s_t 作为分支点，之后智能体开始在动态环境模型中做交互，产生模拟轨迹 $(s_t, \hat{a}_t, \hat{s}_{t+1}, \hat{a}_{t+1}, \hat{s}_{t+2}, \hat{a}_{t+2}, \cdots, \hat{s}_{t+k}, \hat{a}_{t+k})$。这里的推演轨迹长度 k 是一个重要的超参数。给定一

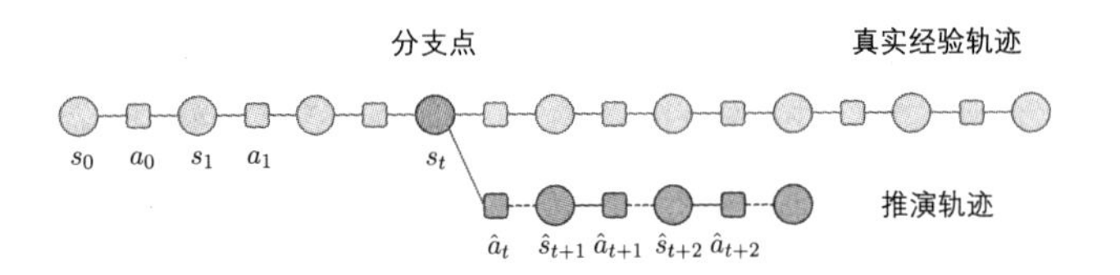

图 9.6　分支推演示意图

个环境模型，推演轨迹长度 k 是一个平衡策略性能和训练样本效率的核心因子。可以想象，当构建的环境模型不够准确时，累积的复合误差较大，因此过长的推演轨迹数据并不会给策略训练带来任何好处，反而会有损于策略的性能。相对精确的模型能支持更长的推演轨迹，进而能更多地帮助提升策略训练的样本效率。当 $k=1$ 时，即推演仅模拟一步状态转移，那么分支推演就简化为 Q 规划的模拟采样。

那么如何才能定量地分析推演轨迹长度 k 带来的好坏呢？在基于模型的强化学习研究中，一个重要的分析目标是策略 π 在环境模型中的价值 $\hat{\eta}(\pi)$ 与其在真实环境中的价值 $\eta(\pi)$ 直接的绝对差值的上界 C，即

$$|\eta(\pi)-\hat{\eta}(\pi)|<C \tag{9.5}$$

可以看出，如果在模拟环境中提升策略的价值量超过 C，那么策略在真实环境中的价值就一定会提升。因此，一个好的基于模型的强化学习方法应该带来一个更紧的上界 C。

定义环境模型的误差项 ϵ_m 为在当前策略 π 和真实环境交互数据下真实环境和环境模型之间的全变差距离（Total Variation Distance），即

$$\epsilon_m=\max_t \mathbb{E}_{s\sim\pi_t}[D_{\mathrm{TV}}(p(s',r|s,a)\|p_\theta(s',r|s,a))] \tag{9.6}$$

其中 π_t 表示策略 π 在和环境交互的第 t 步采样到的状态数据分布。进一步，定义当前策略 π 与收集数据的策略 π_D 的变动量（Policy Shift）ϵ_π 为

$$\epsilon_\pi=\max_s D_{\mathrm{TV}}(\pi(\cdot|s)\|\pi_D(\cdot|s)) \tag{9.7}$$

MBPO 的研究工作发现，基于 k 步的轨迹推演手续所得到的数据，该误差上界为

$$C(\epsilon_\pi, \epsilon_m, k) = 2r_{\max}\left[\frac{\gamma^{k+1}\epsilon_\pi}{(1-\gamma)^2} + \frac{\gamma^k\epsilon_\pi}{(1-\gamma)} + \frac{k\epsilon_m}{1-\gamma}\right] \tag{9.8}$$

从式 (9.8) 可以看出，当 k 变大时，中括号中与 ϵ_π 有关的两项会变小，而与 ϵ_m 有关的第三项会变大。因此，当环境误差 ϵ_m 相对策略变动 ϵ_π 足够小时，C 取极小值可以导出 $k>0$，即需要使用环境模型来做模拟推演。相反，如果环境误差 ϵ_m 相对策略变动 ϵ_π 比较大时，那么仅当 $k=0$ 时 C 取极小值，也就意味着此时不能使用环境模型来训练策略。

以上分析对基于模型的强化学习研究十分重要，它给出了判定一个决策场景是否适合使用基于模型的方法的角度。整体来说，当环境比较容易刻画时，例如由一些物理定律或者偏微分方程即可描述，此时基于深度神经网络构建的环境模型的误差 ϵ_m 可以足够小，这类场景适合使用基于模型的强化学习方法，例如机械臂控制、简单的机器人行走等场景，如图 9.7 所示。而对于离散环境或者大量高度不确定性的环境，ϵ_m 往往较大，因此还是更适合无模型的强化学习方法。

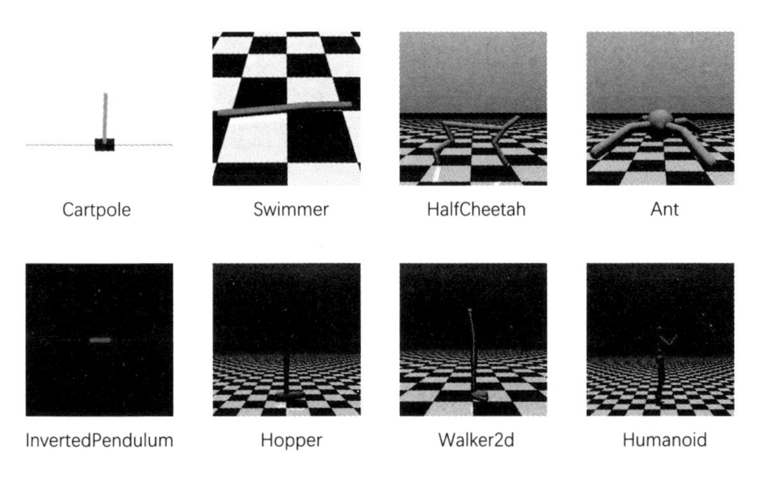

图 9.7　适合做基于模型的强化学习的控制环境

9.4 基于模型的方法：从单智能体到多智能体

近年来基于模型的强化学习的研究工作都集中在单智能体，多智能体场景下的基于模型的方法鲜有研究。从 2020 年开始，这方面的一些初步工作开始出现。作为分布式人工智能领域的前沿技术，我们探讨一下多智能体环境中的基于模型的强化学习方法。

如图 9.8 所示，当多个智能体共同在环境中产生相互作用时，对于每一个智能体 i（可以称为自我智能体，即 Ego Agent）而言，其交互的多智能体环境由动态环境（Dynamic Environment）和对手智能体（Opponent Agents）组成。在对手智能体的联合策略为 π^{-i} 时，智能体 i 的策略 π^i 优化目标为

$$\max_{\pi^i} \eta_i[\pi^i, \pi^{-i}] = \mathbb{E}_{(s_t, a_t^i, a_t^{-i}) \sim \mathcal{T}, \pi^i, \pi^{-i}} \left[\sum_{t=1}^{\infty} \gamma^t R^i(s_t, a_t^i, a_t^{-i}) \right] \tag{9.9}$$

因此，要尝试多智能体环境下的基于模型的方法，就需要同时构建动态环境模型和每一个对手模型（Opponent Model）。

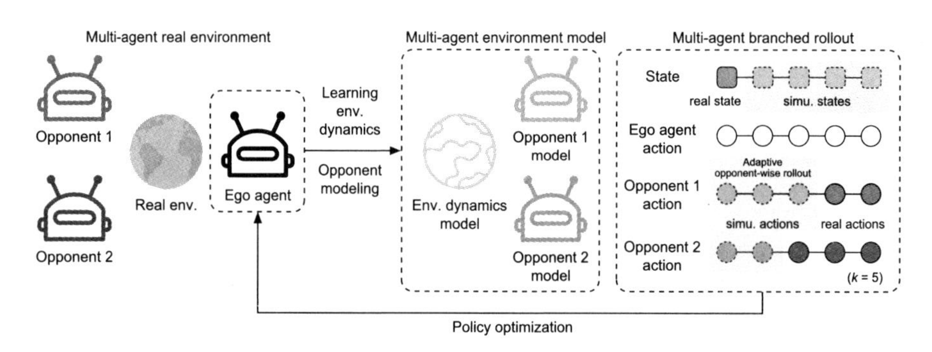

图 9.8　多智能体场景下基于模型的强化学习方法 AORPO [9]

9.4.1　自适应对手智能体推演策略优化算法（AORPO）

以在多智能体环境中提升强化学习的样本效率为目标，基于模型的方法需要考虑智能体和环境交互过程中的两类样本复杂度（Sample Complexity），分别为动态环境样本复杂度和对手策略样本复杂度，如图 9.9 所示。

- 动态环境样本复杂度（Dynamics Sample Complexity）：为达到一定策略性能，自我智能体和真实环境交互产生的经验样本量，即环境通过 $\mathcal{T}(s'|s, a^i, a^{-i})$ 采样出下一个状态的次数。
- 对手策略样本复杂度（Opponent Sample Complexity）：为达到一定策略性能，自我智能体和对手智能体交互产生的经验样本量，即每个对手智能体 j 通过其策略 $\pi^j(a^j|s)$ 采样当前行动的次数总和。对于自我智能体而言，这个复杂度可以看成是和对手智能体做通信的复杂度，这里的每次通信中，

自我智能体发送当前的状态 s 给某个对手智能体 j，并通过通信协议获得智能体 j 当前的策略在给定状态 s 下采样出的行动 a^j。

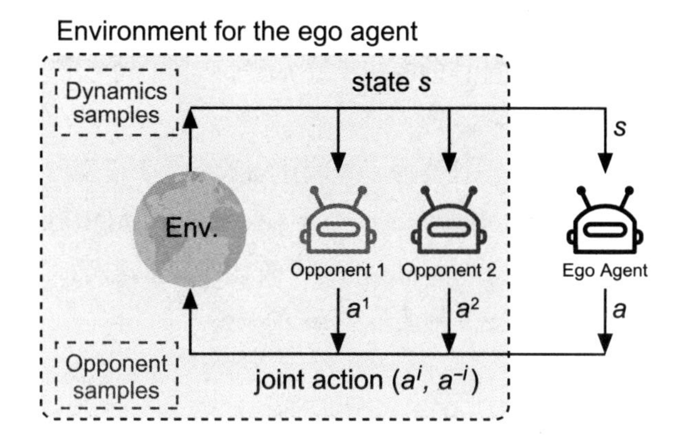

图 9.9 多智能体场景下的动态环境样本复杂度和对手策略样本复杂度 [9]

基于以上的问题设置，在自我智能体 i 的视角下，在和动态环境 $\mathcal{T}$ 以及其他智能体 $-i$ 的交互过程中，其需要最大化的策略价值 $\eta(\pi^i, \pi^{-i})$ 可以被定义为

$$\max_{\pi^i} \eta_i[\pi^i, \pi^{-i}] = \mathbb{E}_{(s_t, a_t^i, a_t^{-i}) \sim \mathcal{T}, \pi^i, \pi^{-i}} \left[\sum_{t=1}^{\infty} \gamma^t R^i(s_t, a_t^i, a_t^{-i}) \right] \tag{9.10}$$

相应地，用自我智能体构建的多智能体环境模型的动态环境 $\hat{\mathcal{T}}$ 以及对手智能体模型 $\hat{\pi}_{-i}$ 替换上式中的对应部分（$\mathcal{T}$ 和 π^{-i}），可以得到其在模拟多智能体环境模型中的策略价值 $\hat{\eta}_i[\pi^i, \hat{\pi}^{-i}]$。

进一步，定义模型误差

$$\epsilon_m = \max_t \mathbb{E}_{(s_t, a_t^i, a_t^{-i}) \sim \pi^i, \pi^{-i}} [D_{\mathrm{TV}}(\mathcal{T}(\cdot|s_t, a_t^i, a_t^{-i}) \| \hat{\mathcal{T}}(\cdot|s_t, a_t^i, a_t^{-i}))] \tag{9.11}$$

如果多智能体模型做分支推演 k 步，用其模拟数据训练自我智能体策略 π^i，可以证明，该策略在模拟环境和真实环境中的价值绝对值差可以有以下上界。

$$\begin{aligned}
&\left|\eta_i[\pi^i, \pi^{-i}] - \hat{\eta}_i[(\pi_D^1, \hat{\pi}^1), \cdots, (\pi_D^i, \pi^i), \cdots, (\pi_D^n, \hat{\pi}^n)]\right| \\
&\leqslant 2r_{\max}\Bigg[\underbrace{k\epsilon_m + (k+1)\sum_{j\in\{-i\}} \epsilon_{\hat{\pi}}^j}_{\text{model generalization error}} + \underbrace{\gamma^{k+1}\Big(\epsilon_\pi^i + \sum_{j\in\{-i\}} \epsilon_\pi^j\Big) + \frac{\gamma^{k+1}(\epsilon_\pi^i + \sum_{j\in\{-i\}} \epsilon_\pi^j)}{1-\gamma}}_{\text{policy distribution shift}}\Bigg] \\
&= C(\epsilon_m, \epsilon_\pi^i, \epsilon_\pi^{-i}, \epsilon_{\hat{\pi}}^{-i}, k)
\end{aligned} \tag{9.12}$$

在式 (9.12) 中，自我智能体关于对手智能体的策略建模泛化误差项的贡献为 $(k+1)\sum_{j\in\{-i\}}\epsilon_{\hat{\pi}}^{j}$。分析该项我们可以看出，如果自我智能体对某个对手智能体 j 的策略建模不够精确，即 $\epsilon_{\hat{\pi}}^{j}$ 比较大，那么其对上确界 C 的贡献就较大，因此如果可以考虑减小该对手智能体的推演步数 k，那么其上确界 C 的贡献就可以和其他智能体相似，反之亦然。

因此，文献 [9] 提出了一种称为多智能体场景下基于模型的强化学习方法（Adaptive Opponent-wise Rollout Policy Optimization，即 AORPO）。在 AORPO 框架中，自我智能体可以根据当前对每个对手智能体策略建模的泛化误差 $\epsilon_{\hat{\pi}}^{j}$ 的大小，来做出以下自适应的分支推演步数 k^j 的调整。

$$k^j = \left\lfloor k\frac{\min_{j'}\epsilon_{\hat{\pi}}^{j'}}{\epsilon_{\hat{\pi}}^{j}}\right\rfloor \tag{9.13}$$

可以看出，这种调整能大致平衡每个对手智能体建模误差对上确界的贡献，即 $(k^j+1)\sum_{j\in\{-i\}}\epsilon_{\hat{\pi}}^{j}$，从而能在自我智能体和对手交互量一样的情况下，尽量降低上确界 C，进而可以更多利用构建的多智能体环境模型来提升策略学习的样本效率。

具体实现多智能体环境模型中不同对手智能体的分支推演步数不同的方式由本节前面讨论的通信协议来解决，即当一个对手智能体 j 策略模型推演步数提前结束时，剩下的推演中对于虚拟的状态 $\hat{s}_t$ 应该由真实的对手智能体 j 给出对应的行动反馈 $a_t\sim\pi^j(\hat{s}_t)$。

在实验中，AORPO 算法取得了比基线算法更高的样本效率，这与设计它的初衷相符。总体而言，AORPO 算法将有限的对手样本观测量分配在需要的对手智能体上，旨在多智能体环境推演中寻找一种多个对手智能体推演带来的误差的平衡，提升总体算法的样本效率。

9.4.2 其他多智能体强化学习的基于模型的方法

在上一小节中，我们介绍了 AORPO 算法中多智能体模型推演 k 步对模拟环境和真实环境中的价值绝对值差的影响。除此之外，模型推演的长度更直接影响模型的泛化误差：推演长度越长，泛化误差累积越多。许多工作致力于降低多步推演带来的泛化误差的累积，例如在文献 [5] 中，环境模型被建模为多步的生成模型

(Multi-step Generative Model),即 $p(s_{t+1},\cdots,s_{t+H},a_{t+1},\cdots,a_{t+H}|s_{t-H+1},\cdots,s_t,a_{t-H+1},\cdots,a_t)$，为了表示方便，写成 $p(S^+,A^+|S^-,A^-)$。对于两个智能体环境的多步生成模型，用 X 表示其中一个智能体的状态片段，U 表示该智能体的动作片段；用 Y 和 W 分别表示另一个智能体的状态片段和动作片段。对于两个智能体的环境，该环境模型可以表示为 $p(X^+,U^+,Y^+,W^+|X^-,U^-,Y^-,W^-)$。进一步地，这篇工作使用变分自动编码器（Variational Auto-encoder）将 X^-,U^- 编码为 S_x，将 Y^-,W^- 编码为 S_y，并将模型解耦为 $p(X^+,U^+|S_x,Y^+,W^+)p(Y^+,W^+|S_y)$。最后，该多步模型被结合在打靶法中用作轨迹采样。

在降低模型的泛化误差这一问题上，MAMBPO [7] 使用了一个中心化的环境模型，并只使用模型推演一步来降低模型泛化误差的影响。与 AORPO 类似，MAMBPO 也像 Dyna 算法一样使用真实环境中的采样数据以及环境模型中的采样数据更新智能体的策略。不同之处在于 MAMBPO 只使用模型进行一步推演，并使用中心化的多智能体环境模型对分布式部分可观测马尔可夫决策过程进行建模，如图 9.10 所示，其中 $s_{t+1}\sim P(\cdot|s_t,\boldsymbol{a}_t)$，$\boldsymbol{o}_{t+1}\sim O(s_{t+1})$，$r_{t+1}\sim R(s_{t+1})$。

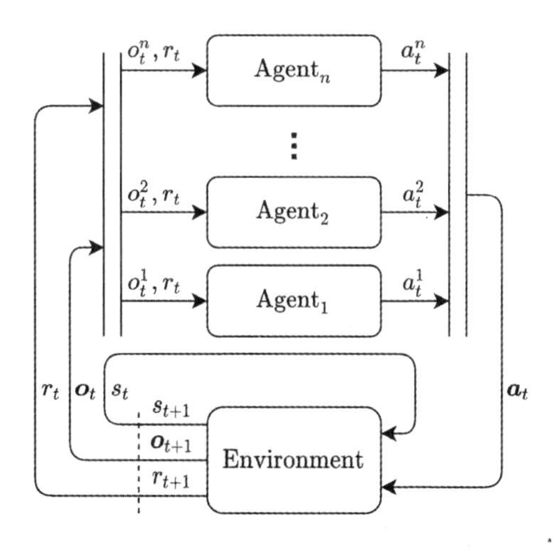

图 9.10　MAMBPO 使用的中心化模型 [7]

基于模型的多智能体强化学习方法在实际问题中也得到了一些应用，比如在 Hierarchical Predictive Planning（HPP）[6] 中，多智能体环境模型被用来解决多智能体的聚集问题。在该方法的层次决策中，多智能体环境模型被用来预测

所选目标 g 对下一时刻的自身状态和其他智能体状态的影响，即

$$\left(\Delta \boldsymbol{p}_i^{t+1}, \Delta \boldsymbol{o}_i^{t+1}\right) = \boldsymbol{f}_i\left(\boldsymbol{p}_i^{t-h:t}, \boldsymbol{o}_i^{t-h:t}, g\right)$$
$$\left(\Delta \boldsymbol{p}_{-i}^{t+1}, \Delta \boldsymbol{o}_i^{t+1}\right) = \boldsymbol{f}_{-i}\left(\boldsymbol{p}_{-i}^{t-h:t}, \boldsymbol{o}_i^{t-h:t}, g\right)$$

其中 $\boldsymbol{p}$ 为智能体的位置，$\boldsymbol{o}$ 为智能体的其他观测。HPP 利用上述方法评估目标对结果的影响，并用打靶法建模目标 g 的分布，最终输出最有可能完成多智能体聚集任务的目标。

值得注意的是，本节讨论的所有面向多智能体场景的基于模型的方法都是在 2020 年及之后发表的，这足以证明这个研究方向的年轻。随着分布式人工智能的普及，基于模型的模拟推演方法将会越来越重要，值得读者长期关注。

9.5 小结

本章我们介绍了在单智能体和多智能体场景下的基于模型的强化学习技术。基于模型的强化学习技术通过经验数据构建动态环境模型，进而与智能体交互产生大量模拟数据来进一步训练智能体策略，从而提升智能体策略训练的样本效率。

不可避免地，当构建的动态环境模型和真实环境有所偏差时，我们不可能完全依赖环境模型来训练智能体策略，而是需要有所保留地使用环境模型进行模拟采样，并和真实经验数据一起来训练智能体策略。分支推演是在这样配置下的主流模拟采样方法，其随机选择一条真实的历史经验轨迹上的一个状态进行分支，然后使用环境模型和智能体策略交互开始推演。而推演的步数则成为分支推演最重要的因子：推演步数越大，推演复合误差越大，模拟数据质量越低；推演步数越小，基于模型的方法带来的样本效率的提升量就越小。通过理论分析可以看出，当环境建模的误差越小，并且强化学习策略更新越慢时，最优推演步数越大，而当环境建模的误差较大时，最优推演步数为 0，即不应该使用该环境模型做任何模拟推演。

在多智能体场景下，从每个自我智能体的视角来看，其面临的多智能体环境包含动态环境和对手智能体两部分。因此，在普适的情况下，基于模型的强化学习方法在多智能体场景下需要对动态环境和对手智能体同时建模。此外，在多智

能体环境的模拟推演过程中，基于当前状态，自我智能体和所有对手智能体模型同时产生各种行动，然后环境相应进行状态转移。可以发现，每个对手智能体策略建模的误差会对模拟推演的复合误差以及整个基于模型的方法的效果带来不同的贡献。所以在多智能体环境推演过程中，可以考虑使用针对每个对手智能体推演长度不同的适应性方法。

基于模型的强化学习现已成为深度强化学习的一大主流方法和研究热点。一方面，它能够在部分任务中有效提升强化学习的样本效率；另一方面，构建模拟环境本身就是决策智能中十分重要的一环。当然，从当前研究工作的讨论中，我们也看到了基于模型的强化学习的一些现存挑战。

- **构建更高仿真度的环境模型**。根据前面的理论分析，基于模型的方法仅在环境模型精度足够高时，其产生的模拟数据才能在训练中帮助策略提升真实性能。目前主流的基于模型的强化学习的研究工作都是在一些机器人移动环境中做实验，因为在这些场景中，相对容易通过一组深度模型来较为精准地构建环境模型。然而，面对更加广泛的场景，例如高纬度、有突变、离散数据的场景，如何构建高仿真度的环境模型，这本身就是十分重要的科学问题和技术挑战。
- **更好地利用环境模型提升策略**。目前主流的基于模型的策略提升方法包括用打靶法做规划、使用交互模拟数据做无模型强化学习或者是利用白盒模型的可导性直接对策略参数求导等方法。这些方法在使用模型的程度上都是整体性的，即根据模型整体层面上的精度来决定策略训练中对模型的依赖度。然而，由于真实观测数据的分布情况以及环境模型的归纳偏置，一个动态模型中往往在各部分状态子空间中的精度是不同的。如何更深入地分析一个动态环境模型的精度，以及在不同状态下利用环境模型来提升策略，这些方面均值得期待。
- **基于模型的多智能体强化学习**。在多智能体场景下的基于模型的方法的研究和应用才刚刚开始。它和各种已有研究的问题设定和技术关注层面都不太相同。我们有理由相信该方向会是今后几年分布式人工智能研究的重要发展方向之一。因此，一些面向基于模型的多智能体强化学习的标准评测平台可能会被首先提出，进而激发该方向上的算法研究快速推进。

参考文献

[1] CHUA K, CALANDRA R, MCALLISTER R, et al., 2018. Deep reinforcement learning in a handful of trials using probabilistic dynamics models[C]//Advances in Neural Information Processing Systems. [S.l.: s.n.]: 4754-4765.

[2] CLAVERA I, FU Y, ABBEEL P, 2019. Model-augmented actor-critic: Backpropagating through paths[C]//International Conference on Learning Representations. [S.l.: s.n.].

[3] DEISENROTH M, RASMUSSEN C E, 2011. Pilco: A model-based and data-efficient approach to policy search[C]//Proceedings of the 28th International Conference on machine learning (ICML-11). [S.l.: s.n.]: 465-472.

[4] JANNER M, FU J, ZHANG M, et al., 2019. When to trust your model: Model-based policy optimization[C]//Advances in Neural Information Processing Systems. [S.l.: s.n.]: 12498-12509.

[5] KRUPNIK O, MORDATCH I, TAMAR A, 2019. Multi-agent reinforcement learning with multi-step generative models[C]//Conference on Robot Learning. [S.l.]: PMLR.

[6] WANG R E, KEW J, LEE D, et al., 2020. Model-based reinforcement learning for decentralized multiagent rendezvous[J].

[7] WILLEMSEN D, COPPOLA M, DE CROON G C, 2021. Mambpo: Sample-efficient multi-robot reinforcement learning using learned world models[J]. arXiv preprint arXiv:2103.03662.

[8] YU Y, 2018. Towards sample efficient reinforcement learning.[C]//IJCAI. [S.l.: s.n.]: 5739-5743.

[9] ZHANG W, WANG X, SHEN J, et al., 2021. Model-based multi-agent policy optimization with adaptive opponent-wise rollouts[C]//IJCAI. [S.l.: s.n.].

多智能体合作学习

10.1 研究背景

许多现实生活的问题涉及多个智能体的合作，例如自动驾驶汽车[15]，智能仓储系统[60]，和传感器网络[103]。合作多智能体强化学习（Cooperative Multi-agent Reinforcement Learning）为这些问题的建模和解决提供了强有力的途径。通过与环境交互，智能体团队学习一个合作的策略以解决任务。相较传统算法而言，多智能体强化学习的优势在于能够应对环境的不确定性，并在不需要过多领域知识的情况下为未知任务学习解决策略。特别地，深度学习与多智能体强化学习的结果在近几年产出了丰硕的成果，大量有效算法被提出并用于解决复杂任务[7,23,69,75,78,85,90]。

虽然取得了这些成就，多智能体任务的特殊性带来的挑战一直没有很好地解决，这也制约着目前多智能体强化学习算法性能的进一步提升。概括而言，有四大挑战。第一，涉及多个智能体的环境，往往是部分可观测的（partial observable），单个智能体无法从局部观测中获得学习系统的全部信息，这意味着智能体往往无法只通过当前的局部观测做出正确决策。第二，由于环境中的智能体都在进行学习，其策略在不断发生变化，从单个智能体的角度来看，其学习环境处在不断变化之中，这就破坏了许多强化学习算法的收敛条件。这一学习非稳态（learning non-stationarity）的问题使得一般的算法的学习过程变得不稳定甚至不收敛。第三，多智能体之间的奖励分配问题，即如何给每个智能体提供有效反馈，使得智能体们有效学习合作，最大化系统性能。第四个挑战是学习的可扩展性（scalability）。随着智能体数量不断增加，强化学习问题面临的搜索空间呈指数级增长，这使得空间搜索和策略学习变得更加困难。如何在如此庞大的搜索空间中组织高效的学习，一直是领域内热度不减的问题。

对于合作策略的学习，我们首先考虑一种简单的实现方式，即将所有智能体视为一个整体，称为一个元智能体，它的输入空间为所有智能体的联合输入空间，动作空间为所有智能体的联合动作空间。如此做的好处是可以将单智能体强化学习的算法直接用在多智能体环境中。但缺点也是明显的，该算法在联合动作-观测空间中搜寻最优解，会遇到上文所讨论的学习不可扩展性的问题。此外，此方法还要求智能体间的通信信道有足够的带宽，能够实时地将智能体的局部观测传送到一个集中式的控制器，而这在现实问题中一般很难满足。这样一种优点缺点并存的方法，称为联合学习（Joint Learning）。

与联合学习相对应的是独立学习（Independent Learning）。在这种学习方法中，每个智能体学习一个局部策略，智能体可以根据它的局部观测做出决策。这种方法的优势在于避免了联合学习方法对于通信带宽的高要求，从而具备了一定的可扩展性。但其劣势也尤为明显，进行独立学习的智能体，完全将其他智能体视为自己环境的一部分，正如前文所述，这将遇到学习环境非稳态的问题。

鉴于联合学习和独立学习各自的缺点，研究工作也开始关注另一种称为集中训练分散执行（Centralized Training with Decentralized Execution，CTDE）的学习范式。在这一学习范式中，智能体学习各自的局部策略，类似独立学习，这些局部策略的输入是智能体本地的局部观测，输出是智能体的局部策略。但这些局部策略的训练是集中式的，在训练中，智能体之间可以共享参数，学习经验，乃至梯度。通过这些集中式的信息，可以有效避免学习非稳态性的问题。CTDE学习框架已经催生了若干有效的学习方法，包括基于值函数的方法和基于策略梯度的方法。

本章内容将主要介绍基于 CTDE 学习框架的多智能体合作学习。我们将在 10.2 节中形式化地描述多智能体强化学习要解决的问题模型；之后将主要讨论如何进行有效的合作策略学习，包括基于值函数的学习方法和基于策略梯度的学习方法；然后我们介绍一些多智能体合作学习的基准环境；最后将在 10.6 节中讨论当前研究热点和未来方向。

10.2 合作学习问题描述

多智能体决策问题往往是局部可观测、奖赏信号全局共享的，一般可以用分布式部分可观测马尔可夫决策过程（Decentralized Partial Observable Markov Decision Process，**Dec-POMDP**[62]）来描述这样一个决策问题。一个 Dec-POMDP 是一个元组 $G=\langle I,S,A,P,R,\Omega,O,n,\gamma\rangle$。其中：

（1）I 是 n 个智能体的有限集合；

（2）$s\in S$ 是环境的全局状态；

（3）A 是智能体共享的动作集合，S 和 A 都既可以是连续的也可以是离散的；

（4）$P(s'|s,\boldsymbol{a})$ 是环境的状态转移函数，其中 $\boldsymbol{a}$ 是所有智能体的联合动作；

（5）$r=R(s,\boldsymbol{a})$ 是智能体共享的全局奖赏信号；

（6）$o_i\in\Omega$ 是智能体的局部观测，它由观测函数 $O(s,i)$ 决定；

（7）$\gamma\in[0,1)$ 是用于平衡长短期奖赏的折扣因子。

在决策过程的每一个时刻，每个智能体 i 收到一个局部观测 o_i，同时选择一个动作 a_i，这些动作形成一个联合动作 $\boldsymbol{a}\in A^n$，该联合动作根据状态转移函数将系统引向下一个状态 s'，环境据此反馈一个全局奖赏信号 $r=R(s,\boldsymbol{a})$。每个智能体都有一个局部动作-观测历史 $\tau_i\in\mathrm{T}\equiv(\Omega\times A)^*$。智能体学习一个联合策略来最大化全局动作值函数 $Q_{\text{tot}}(s,\boldsymbol{a})=\mathbb{E}_{s_{0:\infty},a_{0:\infty}}[\sum_{t=0}^{\infty}\gamma^t R(s_t,\boldsymbol{a}_t)|s_0=s,\boldsymbol{a}_0=\boldsymbol{a}]$。

10.3 基于值函数的合作多智能体强化学习算法

基于值函数的强化学习算法是一类在单智能体中非常著名的学习方法，主要应用于离散动作空间的任务。在单智能体强化学习中，Google 的 DeepMind 子公司基于值函数设计了著名的深度价值神经网络（DQN）方法[56]，在雅达利 2600 视频游戏基线中展现了超越人类的水准。而在多智能体合作学习方法中，也有很多对应的科研工作[23, 69, 70, 75, 78, 87]，能够在有挑战性的任务中显示目前最佳的实验性能，如《星际争霸 II》中的单位微操作任务。从单智能体扩展到多智能体时会在可扩展性等多个方面对合作学习算法带来挑战，本节将先介绍值分解学习框架，并在此框架下介绍三类不同的值分解算法结构，讨论其对应的引入的结构与对应的优势和限制，将从多个角度来探究算法最优性和可扩展性的平衡点。

10.3.1 值分解学习框架

基于值函数体系下的多智能体强化学习算法在早期使用完全中心化的学习架构，即把多智能体系统看成一个智能体，同时引入博弈论对多智能体问题进行分析 [33]。但是这种完全中心化的方法具有可扩展性差的问题，随着智能体数量增加，它的策略空间呈指数级扩大，所以学习效率较低。另一种早期的值函数架构思想是将其他智能体看成环境的一部分，将总的奖励函数复制给所有的智能体，每一个智能体使用单智能体强化学习的方法进行训练 [33,80]。虽然这种做法可以解决可扩展性差的问题，但是因为所有智能体都在同步训练，总体学习稳定性很差，并且没有考虑到智能体之间奖励函数分配的问题，没有一个直接的办法来消除懒惰的智能体。

基于值函数的多智能体合作学习算法 [69,70,75,78,87] 基本都在集中训练分散执行的学习范式中设计，本节将介绍该范式下的值分解学习框架，其中涉及一个值分解的重要原则，个体-全局-最大（Individual-Global Maximization，IGM）原则，以及在此原则下不同的值分解函数。

在集中训练分散执行范式中的值分解学习框架 [43,61] 如图 10.1 所示。在该框架中，每个智能体 i 有一个神经网络模块表示它们的个体价值函数 $Q_i(\tau_i, a_i)$，其中 τ_i 和 a_i 分别是智能体 i 的个体观测历史和动作，而这些神经网络模块的输出通过一个混合网络模块融合输出联合价值函数 $Q_{\text{tot}}(\boldsymbol{\tau}, \boldsymbol{a_i})$，其中 $\boldsymbol{\tau}$ 和 $\boldsymbol{a}$ 分别表示联合观测历史和动作，也就说 $Q_{\text{tot}}(\boldsymbol{\tau}, \boldsymbol{a_i}) = f(Q_1(\tau_1, a_1), \ldots, Q_n(\tau_n, a_n))$，其中值分解函数 f 代表混合网络模块。在训练时，我们可以把这个混合值网络作为整体，通过其对应的联合时间差分损失函数（Temporal-difference Loss，TD 损失）学习联合价值函数 Q_{tot}，并通过网络梯度的反向传播学出个体价值函数 $[Q_i]_{i=1}^n$，用于动作选择和分布式执行策略。

如图 10.1 所示，在这一原则下，混合网络的构成非常关键，是值分解学习框架的核心部件。为了在上述范式中实现有效基于值函数分解的多智能体价值函数学习，我们在设计混合网络时需要关注两个重要原则：一个是完备性原则（价值函数（Q）空间在贝尔曼算子 $\mathcal{T}$ 的作用下封闭），另一个是 IGM 原则 [75]。完备性原则提供了基于值的迭代算法的正确性 [86]，其中贝尔曼算子 $\mathcal{T}$ 即是值价

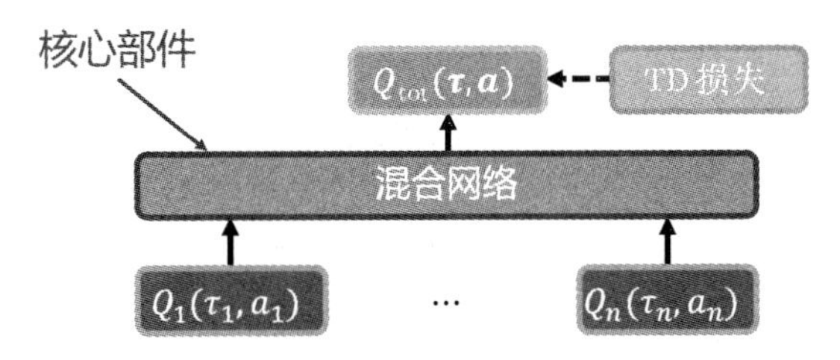

图 10.1　值分解学习框架

值函数学习算法的迭代计算公式。IGM 原则则额外约束了联合式贪心决策与个体贪心决策的整体集合的一致性，贪心决策即为在对应的价值函数中选择最优动作：

$$\arg\max_{\boldsymbol{a}} Q(\boldsymbol{\tau},\boldsymbol{a}) = (\arg\max_{a_1} Q_a(\tau_1,a_1),\cdots,\arg\max_{a_n} Q_n(\tau_n,a_n))^\top$$

这个原则对于基于值分解多智能体学习的可扩展性很重要，因为多智能体联合动作 $\boldsymbol{a}$ 的空间大小是随着智能体数量呈指数级增长的，通过 $\boldsymbol{a}^* = \arg\max_{\boldsymbol{a}} Q(\boldsymbol{\tau},\boldsymbol{a})$ 计算最优联合动作是不现实的，也就是智能体群体无法枚举整个联合动作空间而找到其对应的贪婪决策 $\boldsymbol{a}$，而我们可以通过 IGM 原则利用智能体的个体价值函数 $Q_i(\tau_i,a_i)$ 来高效计算贪心动作。这种新原则的引入会使算法拥有以下两个优点：

（1）IGM 原则确保了集中式训练（学习联合价值函数）和分布式执行（使用个体价值函数）期间的策略一致性。

（2）IGM 能够支持对联合价值函数的时间差分损失函数（TD 损失）高效计算来支持集中式训练（即利用在个体价值函数中选择自身贪心动作来计算损失函数）。

在集中训练分散执行范式下，通过设计符合 IGM 原则的混合网络，我们可以在保证多智能体强化学习稳定性的同时获得优越的扩展性能力。不同的混合网络表示了不同的值分解算法。本节将介绍三类值分解算法：线性值分解、单调值分解以及个体-全局-最大完备值分解。在表 10.1 中，对这三类值分解的特点进

表 10.1　基于值分解函数类的优缺点比较

	线性值分解	**单调值分解**	**IGM 完备值分解**
完备性	×	×	✓
个体-全局-最大原则	✓	✓	✓

行了归类。可以发现，线性值分解和单调值分解都满足 IGM 原则，而 IGM 完备值分解还额外具有在贝尔曼算子 $\mathcal{T}$ 下的完备性。本章将会细致讨论这些值分解算法。

10.3.2 线性值分解

如上所述，为了支持集中训练分散执行范式，值分解方式需要满足 IGM 原则。满足 IGM 原则最简单的值分解方式就是简单的线性分解，即将每个智能体的价值函数 $Q_i(\tau_i, a_i)$ 相加，通过这种求和的形式来表示联合值函数 $Q_{\text{tot}}(\tau, \boldsymbol{a})$：

$$Q_{\text{tot}}(\boldsymbol{\tau}, \boldsymbol{a}) = \sum_{i=1}^{n} Q_i(\tau_i, a_i)$$

这种分解方式最早由值分解网络算法（Value Decomposition Network, VDN）[78] 提出。它的实现也比较简单，每个智能体用值网络模块来表示 $Q_i(\tau_i, a_i)$，而它的值混合层只是简单的加法，输出联合值函数 Q_{tot}。线性值分解 VDN 有许多优点：一是它自然满足 IGM 性质；二是它的网络结构非常简单，没有引入额外的网络参数，所以总体智能体网络参数和分布式训练的方法差不多，能很好地支持可扩展性；三是 VDN 引入了参数共享机制，即每个智能体共享值网络模块，这样不仅能极大地减少总参数量，而且通过参数共享，智能体之间共享了经验学习，极大提高了训练性能；四是线性值分解不需要个体报酬函数来学习每个智能体的价值函数 Q_i，而是利用联合值函数的时间差分，通过神经网络的梯度反馈，自动学习每个智能体的价值函数 Q_i，从而实现了隐式奖励分配机制。理论分析发现线性值分解能隐式实现反事实奖励分配机制 [86]。

当然线性值分解也有一定的局限性。虽然这种形式的 Q_{tot} 自然满足 IGM 性质，但是它并不满足完备性原则。也就是说，某些联合值函数 $Q(\boldsymbol{\tau}, \boldsymbol{a})$ 无法通过线性方式分解。原因也比较明显，联合值函数 $Q(\boldsymbol{\tau}, \boldsymbol{a})$ 可以表示指数级个联合状态动作值（因为联合状态动作空间随智能体数量呈指数级增长），而线性值分解函数 $Q_{\text{tot}}(\boldsymbol{\tau}, \boldsymbol{a}) = \sum_{i=1}^{n} Q_i(\tau_i, a_i)$ 只能表示智能体数量的多项式个联合状态动作值。理论工作分析了这一点，并证明了 VDN 会在相当简单的情形下失去收敛性 [86]。

10.3.3 单调值分解

线性值分解通过具有可扩展性的相加结构满足了 IGM 原则，但也同时产生了函数表达性能不足的缺点。在此之上，单调值分解方法最早在单调分解网络算法（QMIX）中[69] 提出。它通过单调性函数分解结构把个体价值函数 $Q_i(\tau_i, a_i)$ 组合成联合价值函数 $Q_{\text{tot}}(\boldsymbol{\tau}, \boldsymbol{a})$，使其比线性价值函数分解具有更大的函数价值空间，即

$$\forall i \in \mathcal{N}, \frac{\partial Q_{\text{tot}}(\boldsymbol{\tau}, \boldsymbol{a})}{\partial Q_i(\tau_i, a_i)} > 0$$

与图 10.1 对应，单调值分解在混合网络中使用了单调性网络结构。具体来说，在实现中，当给定个体价值函数 $Q_i(\tau_i, a_i)$ 后，联合价值函数可以表示为

$$Q_{\text{tot}}(\boldsymbol{\tau}, \boldsymbol{a}) = f_{\boldsymbol{\tau}}(Q_1(\tau_1, a_1), \ldots, Q_n(\tau_n, a_n))$$

其中 $f_{\boldsymbol{\tau}}$ 函数为单调函数，即随着输入每个维度的数增加，输出的值变大。在神经网络表示中，QMIX 利用了超网（hypernet）的结构，令超网的输入为联合观测历史 $\boldsymbol{\tau}$，而输出单调函数 $f_{\boldsymbol{\tau}}$ 的参数。研究工作[31] 发现超网是一类非常高效的网络结构。单调值分解函数可以利用特定的超网结构来实现单调函数 $f_{\boldsymbol{\tau}}$。例如，QMIX 利用多层正参数的全连接网络层（Fully-connected layers）来实现单调函数 $f_{\boldsymbol{\tau}}$，而超网只需满足生成的乘法参数为正即可。

单调值分解 QMIX 有许多优点：第一，它同样满足 IGM 性质，由于单调性，个体价值函数最大的点在联合价值函数中同样值最大；第二，在神经网络层面，它可以利用超网来实现，引入了与智能体数量线性相关数量多网络参数，获得了一定的可扩展性；第三，QMIX 采取了部分参数共享机制，使智能体在共享经验的同时还能学出各自特有的表现特征。其中，在 QMIX 中，个体智能体价值函数共享网络模块，而额外的超网结构不共享参数；第四，QMIX 在单调值分解 $f_{\boldsymbol{\tau}}$ 内，引入了整体观测历史 $\boldsymbol{\tau}$ 的信息，和 VDN 相比，这部分额外的全局信息在局部可观测条件下能够提供足够的信息进行学习。整体观测历史 $\boldsymbol{\tau}$ 和单调值函数类同时赋予了 QMIX 更好的函数表达能力，可以引导更好的策略学习。

单调值分解也有一定的局限性。虽然和线性价值函数相比，它利用单调函数 $f_{\boldsymbol{\tau}}$ 获得了更大的函数表达能力，同样满足 IGM 性质，但是它也并不满足完备性原则。相关工作[55] 发现存在非单调性联合值函数类无法通过单调性方式分

解。这是因为单调值分解要求联合价值函数基于个体价值函数是单调的，这个约束限制了联合价值函数的表达性能。此外，单调值分解还使得多智能体隐式奖励分配机制变得模糊，目前还没有工作成功分析出单调值分解的奖励分配的闭合解形式。

10.3.4 IGM 完备值分解

IGM 完备值分解不同于线性值分解和单调值分解，如表 10.1 中展示，IGM 完备值分解满足价值函数空间在贝尔曼算子 $\mathcal{T}$（即值价值函数学习的迭代运算符）的作用下的完备性。该完备性保证了值迭代算法计算的正确性与稳定性[86]。IGM 完备值分解要求价值函数类能表示所有满足 IGM 原则的函数，对应的价值函数可以表示为

$$\mathcal{Q}^{\mathrm{IGM}}=\left\{\left(Q_{\mathrm{tot}},[Q_i]_{i=1}^n\right) \middle| \arg\max_{\boldsymbol{a}} Q_{\mathrm{tot}}(\boldsymbol{\tau},\boldsymbol{a})=\left\langle \arg\max_{a_i} Q_i(\tau_i,a_i)\right\rangle_{i=1}^n, \forall [Q_i]_{i=1}^n\right\}$$

有一些工作研究如何设计具有 IGM 完备值分解的优化算法[70,75,87]。其中，QTRAN[75] 和 WQMIX[70] 分别使用软正则化约束项和在更好的联合价值函数上进行加权投影来近似 IGM 完备值分解的价值函数类。而双层决斗值分解算法（QPLEX）[87] 是第一个能够做到严格实现 IGM 完备值分解的算法。在本节中，将以 QPLEX 为例讲述 IGM 完备值分解的实现方法。QPLEX 在线性值分解的结构上引入了双层决斗优势函数结构来保持 IGM 原则，同时补充线性值分解缺少的表达能力项。在多智能体强化学习中，优势函数有以下特性：

（1）价值函数 Q 可以由定义分解成状态价值函数 V 和优势函数 A 的和：

$$Q_{\mathrm{tot}}(\boldsymbol{\tau},\boldsymbol{a})=V_{\mathrm{tot}}(\boldsymbol{\tau})+A_{\mathrm{tot}}(\boldsymbol{\tau},\boldsymbol{a}) \text{ and } V_{\mathrm{tot}}(\boldsymbol{\tau})=\max_{\boldsymbol{a}'} Q_{\mathrm{tot}}(\boldsymbol{\tau},\boldsymbol{a}')$$

$$Q_i(\tau_i,a_i)=V_i(\tau_i)+A_i(\tau_i,a_i) \text{ and } V_i(\tau_i)=\max_{a_i'} Q_i(\tau_i,a_i')$$

（2）IGM 原则在此分解中有一个等价的形式：

$$\arg\max_{\boldsymbol{a}} A_{\mathrm{tot}}(\boldsymbol{\tau},\boldsymbol{a})=\left(\arg\max_{a_1} A_1(\tau_1,a_1),\ldots,\arg\max_{a_n} A_n(\tau_n,a_n)\right)$$

这是由于状态价值函数 V 不影响贪婪策略选择，于是在价值函数 Q 上的贪婪策

略选择等价于在优势函数 A 上的贪婪策略选择。

（3）在上式等价的基于优势函数的 IGM 原则中，对优势函数的限制可以等价地写成对其数值的等价约束形式:

$$A(\boldsymbol{\tau},\boldsymbol{a}^*)=0, A(\boldsymbol{\tau},\boldsymbol{a})<0,$$
$$A_i(\tau_i,a_i^*)=0, A_i(\tau_i,a_i)\leqslant 0,$$

其中 $\boldsymbol{a}^*=\arg\max_{\boldsymbol{a}} Q(\boldsymbol{\tau},\boldsymbol{a})$ 和 $a_i^*=\arg\max_{a} Q_i(\tau_i,a_i)$ 分别表示为在联合与个体价值函数 Q 上的贪婪最优动作。只要满足对优势函数的值域的约束就可以实现对 IGM 原则完备性的实现。

利用以上特性，QPLEX 利用 $[\lambda_i(\boldsymbol{\tau},\boldsymbol{a})>0]_{i=1}^n$ 的正系数和带权求和 $A_{\text{tot}}=\sum_{i=1}^n \lambda_i A_i$ 的方式来实现 IGM 完备值分解的结构，具体公式如下：

$$Q_{\text{tot}}(\boldsymbol{\tau},\boldsymbol{a})=V_{\text{tot}}(\boldsymbol{\tau})+A_{\text{tot}}(\boldsymbol{\tau},\boldsymbol{a})=\sum_{i=1}^{n} Q_i(\boldsymbol{\tau},a_i)+\sum_{i=1}^{n}(\lambda_i(\boldsymbol{\tau},\boldsymbol{a})-1)A_i(\boldsymbol{\tau},a_i)$$

其中 $\sum_{i=1}^n Q_i$ 为线性值分解的部分，而 A_{tot} 和 A_i 为双层决斗结构的优势函数。可以看出，Q_{tot} 由两个部分组成。第一项是线性值分解的部分，类似 VDN 的结构 [78]。第二项为对线性值分解的补偿项，也是 QPLEX 的主要贡献，这个补偿项可以帮助 QPLEX 实现 IGM 完备值分解的全部表达能力。IGM 原则价值分解的完整性对于多智能体价值函数学习至关重要，而 QPLEX 完成了这一分解完整性要求。

除同时满足 IGM 原则与完备性之外，IGM 完备分解 QPLEX 还有许多其他优点：首先，在神经网络层面，QPLEX 可以利用简单的全连接网络层（Fully-connected layers）来实现双层决斗优势函数结构，通过引入与智能体个数线性相关数量多的网络参数，获得了不错的可扩展性；其次 QPLEX 采取了部分参数共享机制，使智能体在个体价值函数共享经验的同时还能利用双层决斗结构学出最优策略。这是因为在 QPLEX 中，个体智能体价值函数共享网络模块，而双层决斗结构不共享参数；第三，QPLEX 在双层决斗结构中不仅可以引入整体观测历史 $\boldsymbol{\tau}$ 的信息，还能引入整体联合动作 $\boldsymbol{a}$ 的信息，与 VDN 和 QMIX 相比，整体联合动作 $\boldsymbol{a}$ 的信息可以使其实现完备性，并能够最终学出最优动作策略。

IGM 完备值分解在利用其丰富的函数表达能力提高算法最优性能的同时，也具有一定的局限性。和线性值分解和单调性值分解相比，它的可扩展性稍弱，这是由于它利用了整体联合动作 $\boldsymbol{a}$ 的信息，扩大了策略搜索空间所致。同时，由于对 IGM 原则的精确刻画，其个体价值函数的隐式奖赏分配所能表达的只有 IGM 原则，即个体价值函数只能表达个体选择哪个动作最优，而失去了价值函数本身的物理意义。如何在 IGM 完备值分解中引入特定奖赏分配机制将是未来一大研究方向。

10.4 基于策略的合作学习算法

基于动作值函数的方法对多智能体强化学习的进步做出了重大贡献，在具有挑战性的任务（例如星际争霸 II 多智能体挑战）上实现了最先进的性能。然而，这些基于动作值函数的方法对多智能体学习的稳定性和收敛性提出了重大挑战，这些问题在连续动作空间中进一步加剧。策略梯度方法有望解决这些问题。反事实多智能体策略梯度（Counterfactual Multi-agent Policy Gradients，COMA）[23] 和多智能体深度确定性策略梯度（Multi-agent Deep Deterministic Policy Gradients，MADDPG）[54] 是两种具有代表性的策略梯度方法，它们采用了中心化评论家与分散行动者（Centralized Critic and Decentralized Actor，CCDA）的范式，通过学习中心化评论家来处理非平稳性问题，并同时通过学习分散式行动者来保持可扩展的分布执行。其他的工作通过引入递归推理或注意力机制对改进了 CCDA 框架。本节将讨论如何进行基于策略梯度的多智能体合作学习。与之前所介绍的算法不同，基于策略梯度的方法直接学习动作集合上的概率分布，表示在给定输入情况下智能体要采取各个动作的概率。

10.4.1 反事实策略梯度

将策略梯度应用于多个智能体的最简单方法是让每个智能体独立学习，有自己的行动者（actor）和评论家（critic），从自己的行动-观测历史中学习，这基本上是独立 Q 学习（IQL，Independent Q-learning）背后的想法，但用行动者-评论家来代替 Q 学习，因此，我们称这种方法为独立行动者-评论家算法（IAC，Independent Actor-Critic）。可以考虑两个 IAC 的变体：一是每个智能体 a 的评论家先估计 $V(\tau^a)$，其中 τ^a 为智能体 a 的历史，然后根据时间差分误差来得到梯度更新；二是每个智能体的评论家先估计 $Q(\tau^a, u^a)$，然后根据优势函数值来更

新，其中优势函数 $A(\tau^a, u^a) = Q(\tau^a, u^a) - V(\tau^a)$，其中 u^a 为智能体 a 的动作以及 $V(\tau^a) = \sum_{u^a} \pi(u^a|\tau^a)Q(\tau^a, u^a)$。独立学习的优点是简单直接，但由于在训练时缺乏信息共享，因此很难学习依赖于多个智能体之间互动的协调策略，也很难让单个智能体估计其行动对团队奖励的贡献。反事实策略梯度（Counterfactual Multi-Agent Policy Gradients，COMA）[23] 的提出就是为了解决这个缺陷。

整个 COMA 算法有三个比较核心的思想：中心化评论家；反事实基准；高效的基准评价方式。

中心化评论家。在 IAC 中，每个行动者 $\pi(u^a|\tau^a)$ 和每个评论家 $Q(\tau^a, u^a)$ 或 $V(\tau^a)$ 只以智能体自己的行动-观测历史 τ^a 为输入条件。然而，评论家只在学习期间使用，在执行期间只需要行动者。由于学习是中心化的，因此我们可以使用一个中心化的评论家，它以真实的全局状态 s 为输入条件，或者以联合行动-观测历史 $\boldsymbol{\tau}$ 为输入条件。每个行动者都以自己的行动-观测历史 τ^a 为条件，并共享参数，就像在 IAC 中那样。

如图 10.2 所示，在训练时，每个时刻每位行动者根据当前的观测 o_t 以及过去行动-观测历史形成当前的行动-观测历史 τ，然后给出此刻的决策动作 u_t，基于智能体们的联合动作，环境反馈给中心化评论家回报值 r_t 以及全局状态信息 s_{t+1}，接着中心化评论家将更新值函数 $V(s)$ 或 $Q(s,a)$，用于计算每个策略梯度。一种很简单的策略梯度计算方式是直接使用 TD 损失函数来更新每位行动者的策略网络，见式 (10.1)：

$$g = \nabla_{\theta_\pi} \log \pi\left(u \mid \tau_t^a\right)\left(r + \gamma V\left(s_{t+1}\right) - V\left(s_t\right)\right) \tag{10.1}$$

但是，这样的方法不能解决奖赏分配问题，由于所使用的值函数是全局的，因此无法推算出每个智能体单独的奖赏值，因为其他智能体可能正在探索，那么

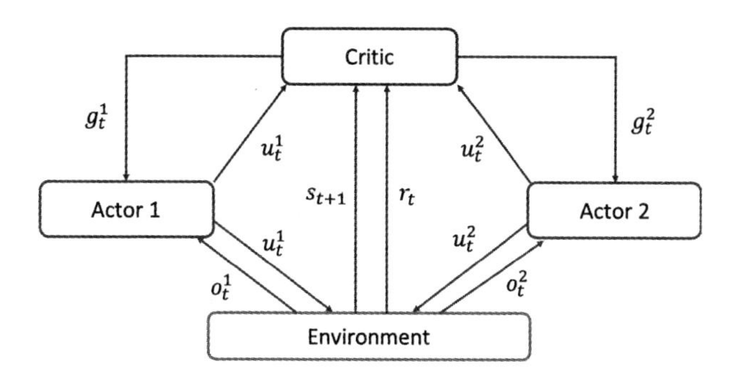

图 10.2　COMA 算法的示意图

当前给这个智能体的梯度可能很具有噪声。为此，COMA 提出了“反事实基准”。

反事实基准。反事实基准（Counterfactual baseline）允许为不同的智能体独立分配一个不同的独立奖赏。这个独立奖赏 D^a 需要根据当前情况下的全局奖赏和将该智能体行为替换为一个‘默认行为’后的全局奖赏两个值进行计算，见式 (10.2)：

$$D^a = r(s, \mathbf{u}) - r\left(s, \left(\mathbf{u}^{-a}, c^a\right)\right) \tag{10.2}$$

其中，$\mathbf{u}^{-a}$ 代表联合动作空间去除当前智能体 a 这一时刻采取的行为，$(\mathbf{u}^{-a}, c^a)$ 代表当前智能体采取“默认行为” c^a 后所有智能体的联合动作空间。在学习过程中，智能体会想办法最大化回报值 D^a，这其实就是在想办法最大化全局的激励 $r(s, \mathbf{u})$，因为式子的后项与智能体当前采取什么行为是没有关系的。关于式 (10.2) 可以这样理解：回报值 D^a 其实计算的是智能体采取行为 $\mathbf{u}$ 会比采取默认行为 c^a 更好。

然而要计算出每一个动作的 D^a 值，就需要将每个动作都替换成默认行为 c^a，并与环境互动一次得到最终结果，这样采样次数会非常多；此外，默认行为的选取也是无法预测的，到底选择哪一个行为作为默认行为才是最合适的也是难以决定的。因此，COMA 提出了使用“函数拟合”的方式来计算 D^a。

前面提到，中心评价网络可以评价一个联合动作空间 $\mathbf{u}$ 在一个状态 s 下的 Q 值。由于很难定义默认行为，于是我们把采取“默认行为”得到的效用值近似为采取一个智能体“所有可能行为”的效用值总和。因此，D^a 就可以用式 (10.3) 进行计算：

$$A^a(s, \mathbf{u}) = Q(s, \mathbf{u}) - \sum_{u'_a} \pi^a\left(u^a \mid \tau^a\right) Q\left(s, \left(\mathbf{u}^{-a}, u^a\right)\right) \tag{10.3}$$

其中，优势函数 $A^a(s, \mathbf{u})$ 就是 D^a 的等效近似。

高效的基准评价方式。反事实基准的方式解决了奖赏分配的问题，但是如果要建立一个网络，接收 $s, \mathbf{u}$ 两个输入，输出为所有智能体的所有动作值的话，那么输出神经元的数量就等于 $|U|^n$（n 个智能体有 $|U|$ 个动作）。当智能体数量很多或动作空间很大时就会造成无法实现输出层。为此，COMA 构造了一种可以高效计算优势函数的评论家网络。该网络把其他智能体的动作 $\mathbf{u}^{-a}$ 作为网络的输入，而直接输出为智能体 a 每一个动作的动作值函数值，输出维度由 $|U|^n$ 降

到了 $|U|$。虽然这样网络的输入维度随着智能体数量呈线性增加，但这不是问题，因为深度神经网络具有很好的泛化性。

最后，总的来说，COMA 的梯度为式 (10.4)

$$g = \mathbb{E}_\pi \left[\sum_a \nabla_\theta \log \pi^a(u^a|\tau^a) A^a(s, \mathbf{u}) \right] \tag{10.4}$$

其中 $A^a(s, \mathbf{u})$ 由式 (10.3) 给出。

COMA 引入反事实基准的概念非常新颖，同时也能在理论上证明收敛到局部最优。但是在实际性能方面往往不如后来的算法，原因可能是多方面的，包括“默认动作”的选择、评论家网络的优化等，这些方面的问题值得进一步研究。

10.4.2 多智能体深度确定性策略梯度

前面介绍的策略梯度算法 COMA 用于学习随机策略。随机策略可以表示成参数化概率分布 $\pi_{\text{theta}}(a|s) = \mathbb{P}(a|s; \text{theta})$，可以根据这个分布在状态 s 随机选择一个动作 a。本节将介绍如何用策略梯度算法学习确定性策略。从现实角度出发，随机策略梯度需要同时对状态和动作空间求积分或求和，而确定性策略梯度只用对状态空间求积分或求和。因而，计算随机策略梯度往往需要对环境采集更多的样本，特别是在高纬的动作空间上。此外，COMA 专注于多智能体合作环境，从优化的角度看，竞争环境也是一种挑战，会令学习环境更不稳定。

为了解决上面这些问题，多智能体深度确定性策略梯度（Multi-agent Deep Deterministic Policy Gradients，MADDPG）[54] 被提出来。多智能体深度确定性策略梯度 MADDPG 是一种可以用于混合环境的策略更新方案。该算法具有以下三点特征：通过学习得到的最优策略，在应用时只利用局部信息就能给出最优动作；不需要知道环境的动态模型以及特殊的通信需求；不仅能用于合作环境，也能用于竞争环境。下面依次介绍 MADDPG 使用的三个核心设计：多智能体行动者-评论家、估计其他智能体策略以及策略集合优化。

多智能体行动者-评论家设计。MADDPG 是集中式学习，分布式执行。因此我们允许使用一些额外的信息（全局信息）进行学习，只要在执行时使用局部信息决策就可以了。为实现这一目标，MADDPG 改进了传统的行动者-评论家算法，评论家扩展为可以利用其他智能体的策略进行学习，针对此的进一步改进就是每个智能体对其他智能体的策略进行一个函数逼近。

我们用 $\theta=[\theta_1,\cdots,\theta_n]$ 表示 n 个智能体策略的参数，$\pi=[\pi_1,\cdot,\pi_n]$ 表示 n 个智能体的策略。针对第 i 个智能体的累积期望奖励 $J(\theta_i)=E_{s\sim\rho^\pi,a_i\sim\pi_{\theta_i}}[\sum_{t=0}^{\infty}\gamma^t r_{i,t}]$，对于随机策略，求策略梯度为式 (10.5)：

$$\nabla_{\theta_i}J(\theta_i)=E_{s\sim\rho^\pi,a_i\sim\pi_i}\left[\nabla_{\theta_i}\log\pi_i(a_i\mid o_i)Q_i^\pi(x,a_1,\cdots,a_n)\right] \tag{10.5}$$

其中 o_i 表示第 i 个智能体的观测，$\boldsymbol{x}=[o_1,\cdots,o_n]$ 表示观测向量，即状态。$Q_i^\pi(x,a_1,\cdots,a_n)$ 表示第 i 个智能体集中式的状态-动作函数。由于每个智能体独立学习自己的 Q_i^π 函数，因此每个智能体可以有不同的奖励函数，基于此可以完成合作或竞争任务。

上述为随机策略梯度算法，下面我们拓展到确定性策略 μ_{θ_i}，梯度公式为式 (10.6)：

$$\nabla_{\theta_i}J(\mu_i)=E_{x,a\sim D}\left[\nabla_{\theta_i}\mu_i(a_i\mid o_i)\nabla_{a_i}Q_i^\mu(x,a_1,\cdots,a_n)\big|_{a_i=\mu_i(o_i)}\right] \tag{10.6}$$

其中 D 是一个经验存储（experience replay buffer），元素组成为 $(x,x',a_1,\cdots,a_n,r_1,\cdots,r_n)$。集中式的评论家的更新借鉴了 DQN 中目标网络的思想，如式 (10.7) 所示：

$$\begin{gathered}L(\theta_i)=E_{x,a,r,x'}\left[\left(Q_i^\mu(x,a_1,\cdots,a_n)-y\right)^2\right],\\ \mathrm{y}=\mathrm{r_i}+\gamma\bar{Q}_i^{\mu'}(\mathrm{x}',\mathrm{a}_1',\cdots,\mathrm{a}_n')\Big|_{\mathrm{a}_j'=\mu_j'(\mathrm{o_j})}\end{gathered} \tag{10.7}$$

$\bar{Q}_i^{\mu'}$ 表示目标网络，$\mu'=[\mu_1',\cdots,\mu_n']$ 为目标策略具有滞后更新的参数 θ_j'。其他智能体的策略可以采用拟合估计的方式得到，而不需要通信交互。

估计其他智能体策略 在式 (10.7) 中，我们用到了其他智能体的策略，这需要通过不断的通信来获取，但是也可以放宽这个条件，通过对其他智能体的策略进行估计来实现。每个智能体学习和维护 $n-1$ 个近似策略函数 $\hat{\mu}_{\phi_i^j}$，它表示第 i 个智能体对第 j 个智能体策略 μ_j 的近似估计。其拟合估计目标函数是策略的对数似然，加上策略的熵，可以写为

$$L\left(\phi_i^j\right)=-E_{o_j,a_j}\left[\log\hat{\mu}_{\phi_i^j}(a_j\mid o_j)+\lambda H\left(\hat{\mu}_{\phi_i^j}\right)\right] \tag{10.8}$$

只要最小化上述目标函数，就能得到其他智能体策略的拟合估计。因此可以

替换式 (10.7) 中的 y：

$$y = r_i + \gamma \bar{Q}_i^{\mu'}\left(x', \hat{\mu}'^{1}_{\phi_i^j}(o_1), \cdots, \hat{\mu}'^{n}_{\phi_i^j}(o_n)\right) \tag{10.9}$$

策略集合优化。多智能体强化学习的一个问题是，由于每个智能体的策略都在更新迭代，导致环境针对一个特定的智能体是动态不稳定的。这种情况在竞争任务下尤其严重，经常会出现一个智能体针对其竞争对手过拟合出一个强策略。但是这个强策略是非常脆弱的，也不是我们希望得到的，因为随着竞争对手策略的更新改变，这个强策略很难适应新的对手策略。为了能更好应对上述情况，MADDPG 提出了一种策略集合的思想，即一个智能体和多个智能体一起训练。

MADDPG 提供了一种基础的多智能体策略梯度算法，启发了后续相关的研究工作。比如多行动者-注意力-评论家机制（MAAC [34]）改进了 MADDPG 算法。该算法依然在多智能体问题中训练分散策略，并使用集中式的评论家，但使用了注意力机制，该机制在每个时间步为每个智能体选择相关信息。与其他方法相比，这种注意力机制可以在复杂的多智能体环境中实现更有效和可扩展的学习。MAAC 不仅适用于具有共享奖励的合作环境，还适用于独立奖励环境，包括对抗环境，以及不提供全局状态的环境。MADDPG 另一个缺点是它的评论家的输入大小随着智能体数量的增加而增加，同时在性能上也不如一些基于值函数分解的方法，这些问题在下一节介绍 DOP 时再详细阐述。

10.4.3 可分解的离策略多智能体策略梯度

基于集中训练分散执行的多智能体学习算法面临现实问题的挑战。一方面，集中式训练不可避免地涉及联合动作值函数的学习，其复杂度会随智能体数量增加而呈指数级增长，因而在训练中依旧会遇到可扩展性的问题。另一方面，这些基于值函数的方法还面临稳定性和收敛性的问题，并且在连续动作的任务时面临更大困难。虽然有基于策略梯度的多智能体强化学习方法，例如 COMA 和 MADDPG，但是目前这些方法的性能非常不如意，在一些测试集任务上远远不如基于值函数的方法。

为了解决上面这些问题，研究人员提出了可分解的离策略多智能体策略梯度（Off-Policy Multi-agent Decomposed Policy Gradients，DOP）[93]。

DOP 提出高效的基于行动者-评论家的多智能体深度强化学习方法，如

图 10.3 所示。基本的思路是：首先，为了解决多智能体的奖赏分配以及学习集中式评论家的可扩展性问题，DOP 将利用线性值函数分解来学习集中化的评论家，即 $Q_{\text{tot}}(\tau,\mathbf{a})=\sum_i k(\tau)Q_i(\tau,a_i)+b(\tau)$。这样可以推导出每个智能体基于个体值函数 $Q_i(\tau,a_i)$ 的策略梯度，来提高他们的行动者策略。然后，DOP 提出随机策略梯度和确定性策略梯度多智能体强化学习算法，来分别有效解决离散动作任务和连续动作任务。最后，考虑策略梯度算法的样本效率问题，DOP 结合线性值函数分解和 tree backup 技术，提出可扩展的离策略评论家学习方法，从而提高策略学习的样本效率：

$$y^{\text{TB}}=Q_{\text{tot}}^{\boldsymbol{\pi}}(\boldsymbol{\tau},\boldsymbol{a})+\sum_{t=0}^{k-1}\gamma^t\left(\prod_{l=1}^{t}\lambda\boldsymbol{\pi}\left(\boldsymbol{a}_l\mid\boldsymbol{\tau}_l\right)\right)\left[r_t+\gamma\mathbb{E}_{\boldsymbol{\pi}}\left[Q_{\text{tot}}^{\boldsymbol{\pi}}\left(\boldsymbol{\tau}_{t+1},\cdot\right)\right]-Q_{\text{tot}}^{\boldsymbol{\pi}}\left(\boldsymbol{\tau}_t,\boldsymbol{a}_t\right)\right] \tag{10.10}$$

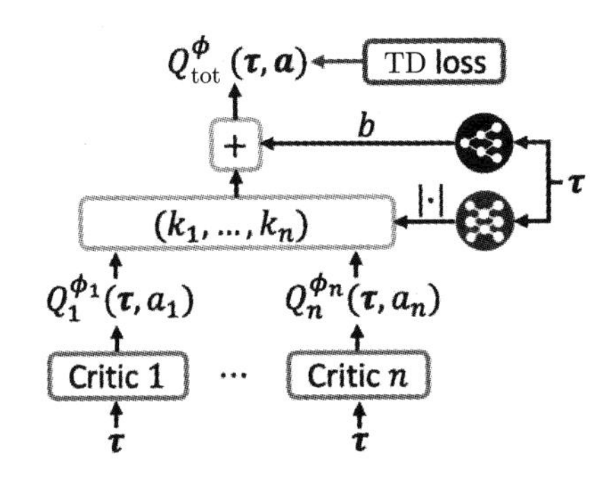

图 10.3　利用线性值函数分解来学习集中式评论家

DOP 可以用于随机性策略和确定性策略，下面分别介绍。

1. 随机性分解离策略梯度

使用树形回溯（tree-backup）来实现多智能体离策略的策略评估需要计算 $\mathbb{E}_{\boldsymbol{\pi}}\left[Q_{\text{tot}}^{\phi}\left(\boldsymbol{\tau}_{t+1},\cdot\right)\right]$，当使用中心化的评论家时，需要 $O\left(|A|^n\right)$ 步的加和计算量。幸运的是，使用线性分解的评论家时，DOP 将计算的复杂度降低到了 $O\left(n|A|\right)$：

$$\mathbb{E}_{\boldsymbol{\pi}}\left[Q_{\text{tot}}^{\phi}(\boldsymbol{\tau},\cdot)\right]=\sum_i k_i(\boldsymbol{\tau})\mathbb{E}_{\pi_i}\left[Q_i^{\phi_i}(\boldsymbol{\tau},\cdot)\right]+b(\boldsymbol{\tau}) \tag{10.11}$$

这使得树形回溯技术（tree-backup）有了可操作性。使用多智能体树形回溯的另一个挑战是，系数 $c_t=\prod_{l=1}^{t}\lambda\boldsymbol{\pi}\left(\boldsymbol{a}_l\mid\boldsymbol{\tau}_l\right)$ 随着 t 变大而衰减，这可能导致相对较低的训练效率。为了解决这个问题，DOP 建议将离策略的树形回溯更新与在策略的 TD(λ) 更新混合起来，以权衡采样效率和训练效率。从形式上看，DOP 最小化了训练批评者的以下损失:

$$\mathcal{L}(\phi)=\kappa\mathcal{L}_{\boldsymbol{\beta}}^{\mathrm{DOP-TB}}(\phi)+(1-\kappa)\mathcal{L}_{\boldsymbol{\pi}}^{\mathrm{On}}(\phi) \tag{10.12}$$

其中，κ 是一个比例系数，β 是联合行为策略，ϕ 是批评者的网络参数。第一个损失项是 $\mathcal{L}_{\boldsymbol{\beta}}^{\mathrm{DOP-TB}}(\phi)=\mathbb{E}_{\boldsymbol{\beta}}\left[\left(y^{\mathrm{DOP-TB}}-Q_{\mathrm{tot}}^{\phi}(\boldsymbol{\tau},\boldsymbol{a})\right)^2\right]$，其中 $y^{\mathrm{DOP-TB}}$ 是所提出的 k 步分解式多智能体树形回溯算法的更新目标：

$$\begin{aligned}y^{\text{DOP-TB}}=Q_{\mathrm{tot}}^{\phi'}(\boldsymbol{\tau},\boldsymbol{a})+\sum_{t=0}^{k-1}\gamma^t c_t\Bigg[r_t+\gamma\sum_i k_i(\boldsymbol{\tau}_{t+1})\mathbb{E}_{\pi_i}\left[Q_i^{\phi_i'}(\boldsymbol{\tau}_{t+1},\cdot)\right]+\\ b(\boldsymbol{\tau}_{t+1})-Q_{\mathrm{tot}}^{\phi'}(\boldsymbol{\tau}_t,\boldsymbol{a}_t)\Bigg]\end{aligned} \tag{10.13}$$

ϕ' 是目标评论家网络的参数，a_t 是从联合行为策略中采样的动作。第二个损失项是 $\mathcal{L}_{\boldsymbol{\pi}}^{\mathrm{On}}(\phi)=\mathbb{E}_{\boldsymbol{\pi}}\left[\left(y^{\mathrm{On}}-Q_{\mathrm{tot}}^{\phi}(\boldsymbol{\tau},\boldsymbol{a})\right)^2\right]$，其中 y^{On} 是策略更新的目标值：

$$y^{\mathrm{On}}=Q_{\mathrm{tot}}^{\phi'}(\boldsymbol{\tau},\boldsymbol{a})+\sum_{t=0}^{\infty}(\gamma\lambda)^t\left[r_t+\gamma Q_{\mathrm{tot}}^{\phi'}(\boldsymbol{\tau}_{t+1},\boldsymbol{a}_{t+1})-Q_{\mathrm{tot}}^{\phi'}(\boldsymbol{\tau}_t,\boldsymbol{a}_t)\right] \tag{10.14}$$

在实现上，DOP 使用两个经验存储，一个是用于计算 $\mathcal{L}_{\boldsymbol{\pi}}^{\mathrm{On}}(\phi)$ 的在策略存储，一个是用于计算 $\mathcal{L}_{\boldsymbol{\beta}}^{\mathrm{DOP-TB}}(\phi)$ 的离策略存储。

最后，可以得到策略梯度为

$$g=\mathbb{E}_{\boldsymbol{\pi}}\left[\sum_i k_i(\boldsymbol{\tau})\nabla_{\theta_i}\log\pi_i\left(a_i\mid\tau_i;\theta_i\right)Q_i^{\phi_i}\left(\boldsymbol{\tau},a_i\right)\right] \tag{10.15}$$

这个更新规则揭示了两个重要的见解：第一，通过线性分解的评论家，每个智能体的策略更新只取决于单个评论家 $Q_i^{\phi_i}$。第二，学习分解的评论家隐含地实现了多智能体的奖励分配，因为单个评论家为每个智能体提供了奖励信息，以改善其策略，增加全局预期收益。

2. 确定性分解离策略梯度

和上面的随机性分解离策略梯度类似，对于策略估计，可以通过以下 TD 损失来训练评论家。

$$\mathcal{L}(\phi)=\mathbb{E}_{(\boldsymbol{\tau}_t,r_t,\boldsymbol{a}_t,\boldsymbol{\tau}_{t+1})\sim\mathcal{D}}\left[\left(r_t+\gamma Q_{\text{tot}}^{\phi'}\left(\boldsymbol{\tau}_{t+1},\boldsymbol{\mu}\left(\boldsymbol{\tau}_{t+1};\theta'\right)\right)-Q_{\text{tot}}^{\phi}\left(\boldsymbol{\tau}_t,\boldsymbol{a}_t\right)\right)^2\right] \tag{10.16}$$

其中 $\mathcal{D}$ 是经验回放存储，ϕ',θ' 分别是评论家和行动者的目标网络参数。对于策略提升，可以得到下面的梯度公式：

$$g=\mathbb{E}_{\boldsymbol{\tau}\sim\mathcal{D}}\left[\sum_i k_i(\boldsymbol{\tau})\nabla_{\theta_i}\mu_i\left(\tau_i;\theta_i\right)\nabla_{a_i}Q_i^{\phi_i}\left(\boldsymbol{\tau},a_i\right)\Big|_{a_i=\mu_i(\tau_i;\theta_i)}\right] \tag{10.17}$$

总的来说，DOP 使用线性分解的评论家，极大提高了多智能体算法的可拓展性，同时 DOP 算法在多智能体基准测试集 SMAC 里的性能超过了基于值分解方法的性能。

10.5 基准测试集

10.5.1 多智能体小球环境 MPE

OpenAI 于 2017 年开源了多智能体小球环境（Multi Particle Environments）[54]，其中每个智能体被抽象为具有一定半径的小球，小球需要在一个矩形二维平面上移动并完成特定的任务，且环境中还可能存在其他不可移动的球形障碍。该环境实现了简单的物理引擎，会按照小球以及障碍的碰撞计算受力并对应地改变小球的状态。智能体的动作空间可以被设定为连续的或离散的，智能体除了控制小球的移动，在一些任务中还可以与其他智能体传输信息。该环境的官方代码库中已经提供了数个多智能体任务，其中包含了合作和对抗的场景。除此之外，研究者也可以使用代码库自定义新的环境与任务。

10.5.2 星际争霸 II 多智能体挑战 SMAC

由于控制复杂性和环境随机性非常高，基于星际争霸 II 的微操作（micromanagement）任务在近几年引起了许多关注。文献 [83] 和文献 [68] 从集中式的角度研究了这个问题。为了更好地研究算法的可扩展性及相关问题，Samvelyan 等人 [71] 将离散式控制引入该游戏并提出星际争霸 II 多智能体挑战（图 10.4）

测试集（StarCraft Multi-agent Challenge），引发了广泛的研究兴趣。在这一测试集中，研究者们考虑的是对抗的场景：敌对的单位被星际争霸 II 内置的游戏 AI 控制，而每个己方的智能体都被一个局部策略所控制。测试集提供了 14 种不同的对战场景，对战双方可以是完全同类型的星际争霸 II 单位，也可以稍有不同，且为了增加游戏的难度，对战场景中通常设定敌人实力高于己方实力。这些场景分别考验己方智能体团队不同类型的微操作以及协作能力，例如集中攻击敌方单位、有效利用游戏地形等。

在测试集的每个场景中，智能体在一个连续空间的地图上移动和攻击敌人。每次对局开始时，敌方单位和我方单位均在某一区域内随机出生。在对局之中的每一个时间步中，每个存活的智能体可以观测到局部范围内的信息，并需要从离散动作空间选择一个动作来执行，可选动作包括向某个方向移动、攻击某一敌人以及静止不动。智能体团队根据自己在这一时刻对敌方所造成的总伤害及击杀敌人的情况，获得一个正向的激励。对局结束后，若智能体团队获胜，所有智能体额外获得一个全局的正向奖赏。

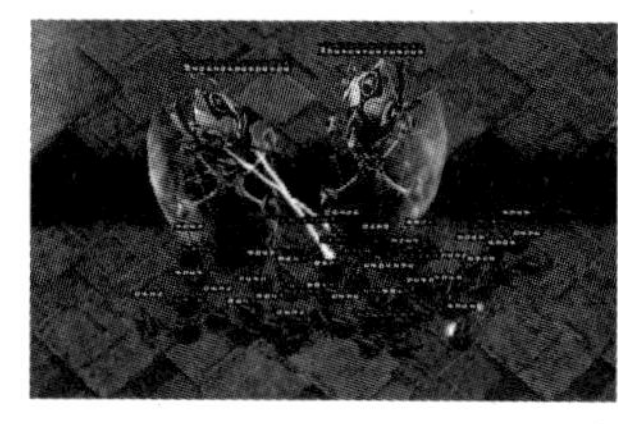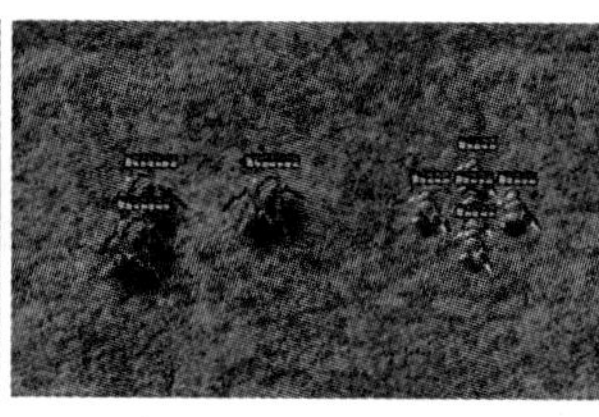

图 10.4 星际争霸 II 多智能体挑战

10.5.3 谷歌足球

强化学习的目标是训练可以与环境交互并解决复杂任务的智能体, 这一领域的快速进步是通过让智能体玩游戏，例如标志性的雅达利控制台游戏，以安全和可重复的方式快速测试新算法和想法来实现的。为了进一步增强环境的挑战性以及缩小游戏环境和现实环境之间的差距，隶属于 Google Brain 的 Kurach 等人 [47] 提出了谷歌足球环境（Google Research Football Environment），以足球比赛为原型，提供了一个基于物理碰撞模型的 3D 足球模拟（图 10.5），其中智能体必须学习如何在队友之间传球，以及如何克服对手的防守，来达到进球的目的。这提供了一个具有挑战性的多智能体强化学习问题，因为算法需要在短期控制、学习概念（如传球）和高级策略之间取得自然平衡。

图 10.5　谷歌足球多智能体挑战

该测试集提供了多种场景，支持所有主要的足球规则，例如开球、进球、犯规、罚球、角球、点球和越位判断。在测试集的每个场景中，提供三种备选的状态方案，分别是像素、小地图和位置向量。该环境通过动作空间的设计让算法仅需要考虑如何训练一个有效的进攻或者防守策略，而不用考虑如何让智能体稳定地移动，该环境提供的 19 个动作包括标准移动动作（8 个方向），以及不同的踢球方式（短传和长传、射门和不能被中途拦截的高传）。此外，球员可以冲刺（这会影响他们的疲劳程度），尝试用滑铲拦截球以及运球。特别地，移动和冲刺动作是黏性的，并一直持续到执行明确的停止动作（分别为停止移动和停止冲刺）为止。一局比赛结束之后会通过双方的进球数来判断输赢。

10.5.4　多智能体合作测试集 MACO

多智能体合作测试集 [Multi-Agent COordination (MACO) challenge] [92] 包含了 6 个具有代表性的离散状态空间上的多智能体合作任务。其中的 2 个任务属于不可分解类型，这些任务的全局奖励都要求所有智能体共同合作。而对于 4 个可分解类型的任务，全局奖励可以被显式地分解为一些局部的奖励之和，每种局部奖励只要求一小部分智能体达成协作。除此之外，这些任务也可以按照智能体间的合作需求是否动态改变划分为两类。测试集任务中不同的多智能体合作模式对强化学习算法提出了多方面的挑战。

10.6　当前热点与挑战

10.6.1　探索

探索（Exploration）一直是强化学习中非常重要的一个问题，并且在单智能体强化学习领域中已经得到广泛研究 [5, 6, 8, 12, 13, 36, 38, 40, 42, 63, 65–67, 81]。但和单智能体的探索相比，多智能体的探索存在两个特有的挑战：其一，可拓展性（scalability），因为多智能体的状态-动作空间是随着智能体的数量增加呈指数级扩展的，这让探索到最优的动作变得更加困难；其二，部分可观测性（partial observability），即因为通信限制，智能体需要仅仅根据本地的观测信息作出分布式的决策，而无法观测到全局或者其他智能体的状态，这对需要相互配合、协作完成任务的合作多智能体来说是极大的阻碍。基于上述原因，我们无法把单智能体的探索方法直接拓展到多智能体中，复杂任务中的多智能体探索问题仍然十分棘手。

近期以来，有少量工作尝试研究多智能体的探索问题。EDTI [89] 使用了基于影响（influence）的方法来量化智能体间交互的价值，并由此引导智能体对具有高价值的交互进行更多探索。类似地，文献 [37] 利用“社会影响”定义了内在奖励，鼓励智能体选择能够更多影响其他智能体状态的动作，从而达到鼓励协同探索的目的。文献 [35] 则使用一系列简单但多样化的探索策略来收集样本，并把样本保存到共享的经验池（Replay buffer）来进行策略学习，希望借此学会协同探索的策略。MAVEN [55] 使用了分层策略的机制，生成一个共享的隐变量，然后为每个智能体学习若干种不同的状态函数，期望智能体能够以此学到多样化的、能够共同探索的策略。最新的多智能体探索方法 EMC [105] 提出，在基于值函数分解的合作学习算法中，个体的值函数（Q-values），即用于本地智能体进行决策的个体效用函数，是本地动作-观察历史的映射（embedding），能够反映状态的新颖程度。另一方面，可以通过利用在集中训练期间的奖励反向传播，利用个体的值函数来捕获智能体之间的交互影响，因此 EMC 使用了个体值函数的预测误差作为内在奖励，以鼓励多智能体间的协同探索。

以上工作都一定程度地在多智能体探索问题上迈进了一步，也在星际争霸 II 多智能体挑战等基准上取得了不错的表现。然而，对于状态空间更复杂、动作空间更大、奖励更稀疏的多智能体任务，例如谷歌足球等，现有的多智能体探索算法可能还不足以高效地探索到好的策略。因此，多智能体的探索问题仍旧是一个亟待研究的问题。

10.6.2 学习交流

当人类个体掌握了一定的知识后，往往会通过交流来将知识传递给其他个体或者自己的后代。这涉及知识的表达、编码、理解与解码。形式最简单的交流往往体现在多个智能体协作完成一项任务上。例如，智能体可以将自己局部的观测用消息的方式传给自己的合作者以帮助它们完成任务。在这种情境中，智能体进行着隐式的合作——被传递的消息也可以不被接收者作为重要的决策信息使用。智能体也可以进行显式的动作协调，例如两个智能体约定在某一瞬间一起完成某一对动作来达成某一目标。然而不论是隐式还是显式的协调，都是依赖智能体之间的交流完成的。

在人类合作中，每个个体往往只有对于全局信息的部分观测，这使得个体在决策时具有相当的不确定性。作为合作团队中的个体，并不清楚全局信息中的某些潜在关键因素所处的状态，这使得做出正确的、符合团队利益的决策变得相当困难。为了解决这一问题，我们往往需要智能体之间的信息传递来消弭单个智能体对环境的不确定性。

对于单个智能体而言，做出正确的决策并不意味着需要其他所有智能体的信息，也不意味着需要某一个其他智能体的所有信息，只要求传递的消息包含了做出正确决策所必须的信息即可。因此，我们希望智能体学习到的交流策略有以下特点。第一，能有效传递消息。消息需要包含足够的信息以帮助其他智能体做出正确决策。第二，简洁。智能体只与需要的信息的其他智能体传递尽量短的消息。最近的一些研究处理了这些问题，但离适用于大规模智能体系统的高效交流策略还有不小的差距。

与隐式合作形成相比，显式合作需要多个智能体在同一时刻完成某一具体的动作对来完成某一任务。我们可以通过为每一对智能体学习一个联合动作收益函数来协调智能体两两之间的动作选择，但该如何协调更多的智能体呢?

协作图[30]提供了刻画该问题的一个模型。协作图使用顶点来表示智能体，并使用（超）边来表示在所连接智能体的联合动作-观测空间上定义的动作收益函数，以此来表示智能体之间的高阶值函数分解。分布式约束优化（DCOP）算法[17]被用来在协作图中找到具有最大价值的联合动作，该算法由沿边进行的多轮消息传递构成。DCG[11]将协作图扩展到较大的动作状态空间中，并在星际争霸 II 多智能体挑战上取得了颇具竞争性的结果，显示了协作图解决大规模问题的能力。但是，DCG 使用的是预定义的、静态的、密集的拓扑，这些拓扑在动态环境中缺乏灵活性，还会招致密集和低效的消息传递，此问题将是一个重要的研究方向。

10.6.3 共享学习

多智能体强化学习的未来包括现实任务中的大规模智能体群体的合作训练。本节讨论一个面向这一发展方向的研究课题，共享学习。

基于角色的合作学习算法是实现共享学习的重要途径。人类合作异于其他生物合作的重要之处，是合作的深度和广度。大范围的合作，离不开明确的组织和分工。通过分工，每个智能体个体只需要负责一个空间极度简化的小问题。人类社会中，这一现象是如此普遍，以至于“角色”这一概念遍地皆是。那么，我们可否利用角色的概念，让合作学习扩展到更大的智能体群体呢?

一般意义上，角色是一种综合的行为模式，通常专业化于某几个任务上。具有相似角色的智能体将表现出相似的行为，并可以分享经验以提高学习性能。角色理论已经在经济学，社会学和组织理论中被广泛研究。研究人员还将角色的概念引入多智能体系统中 [10,76]。这些基于角色的学习框架通过定义一些有明确职责的角色，便可通过任务分解来降低智能体设计的复杂性。虽然这些方法通过分解任务实现了高效学习，但是，这些工作需要事先利用领域先验知识来分解任务并预先定义每个角色的职责，这就妨碍了基于角色的多智能体系统动态变化以适应不确定的环境。为了利用基于角色的方法的优势，ROMA [88] 提出了一个面向角色的多智能体强化学习框架。该框架将角色概念隐式地引入多智能体强化学习中，角色将作为中介使具有类似职责的智能体能够共享其学习。该方法通过确保具有相似角色的智能体具有相似的策略和职责来实现这一目标。为了建立角色和策略之间的联系，ROMA 将智能体的角色作为其策略的输入条件，并将角色建模为由智能体本地观测决定的随机隐变量。为了使角色与职责相关联，ROMA 引入了两个正则约束，以使角色可以通过智能体行为被辨别出来，并专门负责某些子任务。

ROMA 是基于角色的多智能体强化学习的第一步尝试，实现角色学习这种可扩展学习的关键问题是如何提出一组角色来有效地分解任务。实际上，在基于角色的方法中，自动学习适当的一组角色是至关重要的。但是，从零开始学习角色可能不比没有角色的学习要容易，因为直接找到任务的最佳分解与其他学习方法存在相同的问题——在呈指数级增长的联合空间中进行大量探索。RODE [91] 提出了一个新颖的框架，用于学习角色以分解多智能体任务。RODE 的主要想法是，如果首先根据动作的功能来分解联合动作空间，那么与从头开始学习角色相比，更容易发现一组有效的角色。直观地，当与其他智能体协作时，在给定局部观测下只需要可以实现某种功能的某些动作即可。例如，在足球比赛中，不控球的球员只需要在进攻时探索如何移动或冲刺即可。

共享学习中的多样性也颇具研究价值。CDS 算法 [18] 在共享多智能体强化学习的优化和表示方面引入了多样性。CDS 提出了一种基于信息论的正则化项，以最大化智能体身份与其轨迹之间的互信息，鼓励广泛的探索和多样化的行为。在表示方面，CDS 在共享神经网络架构中加入了特定于智能体的模块，这些模块由 L1 范数正则化，以促进智能体之间的学习共享，同时保持必要的多样性。在未来一段时间内，共享学习及其中策略多样性的保持将是一个重要的课题。

10.6.4 分层多智能体强化学习

分层强化学习（Hierarchical reinforcement learning）[4,79] 已被广泛研究以解决稀疏奖励问题并促进迁移学习。分层单智能体强化学习主要关注于基于时序这一维度的任务分解，要么通过学习子目标来进行自上到下的分层策略学习 [21,25,52,57–59,77]，要么通过学习可复用的技能进行从下到上的分层策略学习 [14,19,22,28,72,73,82,94]。

而在多智能体强化学习中，为了应对其独特的挑战，例如有效的沟通 [64]，有效的分工 [88] 等，往往需要在第二个维度——智能体的维度上——进行分层学习。文献 [3] 提出了一种基于“封建制”（FeUdal）的分层合作多智能体框架，即预先定义经理（manager）和工人（worker）的角色，并且工人需要完成经理给出的任务。这种在智能体之间的分层框架也被运用在交通信号控制领域中 [39]。文献 [50, 98] 则使用一种双层的分层多智能体强化学习的结构来训练（或发现）和协调个人技能，以此降低学习的难度和提高训练效率。文献 [84] 则将分层多智能体强化学习扩展到马尔可夫博弈游戏（Markov Games）中，使用了一个较高级别的策略去选择对对手的战略反应（Response）。RODE [91] 通过限制动作空间的方法，学习角色（Role）来分解多智能体任务。具体而言，RODE 学习一个双层的策略，较高层次的策略在较小的角色空间和较低的时间粒度中协调角色空间，而低层策略在压缩后的动作-空间中进行最优策略的探索。这样可以将多智能体协作任务在时间和空间上分解成更少的智能体决策任务，降低任务难度。

10.6.5 离线多智能体强化学习

当前深度强化学习在一系列领域取得的巨大成功[53,56,74]都依赖于与环境的大量在线交互。对于这一问题，离线强化学习提供了一种可能的解决方案，获得了很大的关注，然而，在许多实际应用中，收集足够的探索性交互数据通常是不切实际的，因为在线数据收集可能成本高昂甚至危险（例如在医疗保健[26]和自动驾驶[100]中）为了应对这一挑战，离线强化学习[48,51]开发了一种新的学习范式，即仅使用预先收集的离线数据集训练智能体进行决策，避免在线探索的高昂成本[24,41,45,46,97]。

在单智能体强化学习中，离线强化学习范式已有很多的进展[2,16,49,101,102]，并在机器人控制等基线中都取得了卓越的成果。多智能体强化学习领域也逐渐关注此类离线范式[99]。除研究离线强化学习特有的问题之外，多智能体强化学习在离线强化学习上还面临其他挑战。在单智能体强化学习中，离线范式是因为在线交互的代价高昂而采用的，而在多智能体强化学习中，由于状态空间和动作空间呈指数级增长，充分性探索是无法实现的，因此离线多智能体强化学习提供了另一种探索方式，用离线数据集指引智能体学习。离线数据集可以利用多数据源的内容[51]，结合多种构造数据集手段帮助多智能体系统学习，帮助多智能体强化学习。

离线单智能体强化学习发现直接把在线强化学习算法迁移到离线环境中表现不佳[2,24,97]，这种现象主要归结于给定数据集之后引发的给定学习策略和学习行为策略之间的分布转移[51]。离线多智能体强化学习工作[99]研究发现，在多智能体中，由于状态和动作空间呈指数级扩展，会加剧分布转移。利用多智能体系统的特性设计离线多智能体强化学习算法有望成为热门的研究方向。

10.6.6 基于模型的多智能体合作学习

多智能体强化学习最近受到广泛关注，并初步应用于各种控制场景，包括机器人系统、自主驾驶、资源利用等。与单智能体强化学习相比，多智能体强化学习带来的一个主要技术挑战是，智能体需要与其他智能体交互，其收益取决于所有智能体的行为，这通常需要相当数量的样本，即高样本复杂度。

在一般的多智能体强化学习环境中，一个智能体可以通过一些通信协议访问其他智能体在任何状态下采取的行动，而不知道它们的具体策略。在这种情况下，多智能体强化学习中的样本复杂度来自两个部分 [104]：环境动态样本复杂度（dynamics sample complexity）和对手样本复杂度（opponent sample complexity）。为了达到一定的策略性能，环境动态样本复杂度代表了在收集样本时与环境动态的互动数量。对手样本复杂度在多智能体强化学习中是独一无二的，它表示访问一个对手行动的通信时间。因此，多智能体强化学习的一个目标是找到一个有效的策略，使两个样本复杂度都很低。

在 SARL 场景中，众所周知，基于模型的强化学习（MBRL）在经验上可以达到比无模型强化学习（MFRL）更低的环境动态样本复杂度，或者在理论上达到至少有竞争力的复杂度。具体来说，通过建立环境动态模型，MBRL 还可以用模型模拟样本和从环境中收集的样本来训练智能体，这可以减少对环境样本的需求。然而，在多智能体场景中，为了利用环境动态模型进行数据模拟，需要通过通信协议询问对手的行动，这将算作对手样本的复杂性。通过建立对手模型，智能体可以在数据模拟阶段取代真实的对手，以减少对手样本的复杂性。在这个方向上，AORPO（Adaptive Opponentwise Rollout Policy Optimization）[104] 提出了一个可行的算法。具体来说，从每个智能体的角度出发，AORPO 建立了一个多智能体环境模型，该模型由每个对手智能体的环境动态模型和对手模型组成。这样，多智能体环境模型可以用来进行多智能体强化学习训练的模拟展开，以减少两个样本的复杂度。

总之，基于模型的多智能体合作学习研究还处在起步阶段，将两个各有优缺点的方向结合或许能取得优异的性能，但是目前还有一些亟待解决的问题。

10.6.7 多智能体合作学习的理论分析

单智能体强化学习中有大量的理论分析工作来深入分析强化学习算法的性质 [1]。但在多智能体合作强化学习中并没有很多的工作对目前已有的工作做算法性的理论分析。目前，多智能体合作学习的理论分析大致可以分为两类：基于值函数优化算法的理论分析 [86] 和基于策略优化算法的理论分析 [44]。基于值函数算法的理论分析侧重于算法最优性分析，而基于策略算法的理论分析则关注算法梯度的偏见与方差的平衡。

多智能体基于值函数的优化算法大多都关注于值分解的范式 [69,70,75,78,87]。价值分解是一种流行且有前途的方法，用于在合作环境中增强多智能体强化学习的可扩展性。然而，对这些方法的理论理解是有限的。研究工作 [86] 形式化了一个多智能体值分解优化算法理论框架。基于该框架，该工作研究了线性值分解和 IGM 完备分解的算法收敛性及隐式奖赏分配。在线性值分解中，该研究揭示了具有这种简单分解的多智能体值函数优化算法隐式地实现了强大的反事实信用分配，但在某些情况下可能不会收敛。通过进一步分析，发现在在线策略数据集或更丰富的联合价值函数类可以分别提高其局部或全局收敛特性。此外，还提供了与不同值分解对应的深度多智能体优化算法的实证实验分析，来支持在实际实现中的理论意义。

对于基于策略算法的理论分析，策略梯度（Policy Gradient）方法是流行的强化学习方法 [9,20,32,96]，其中通常应用基线来减少梯度估计的方差 [27,29,95]。研究工作 [44] 从理论上发现，在多智能体强化学习中，虽然策略梯度定理可以自然扩展，但在多智能体系统中，随着智能体数量的增加，策略梯度方法的有效性会随着梯度估计的方差增大而迅速降低。该工作首先通过理论上量化智能体数量和智能体探索对多智能体策略梯度估计量方差的贡献，对不同的已有算法进行严格的分析。基于此分析，该工作推导出实现最小方差的最佳基线（Optimal Baseline）。与最佳基线相比，该工作测量了现有基于策略算法的强化学习算法的过度方差，并提出对应解决策略帮助提升算法性能。

作为多智能体合作学习理论分析上一个非常重要的方向，该方向的工作可以极大提升对现有多智能体合作学习算法的理解，可以指引未来的有理论保证的科研方向。

10.7 小结

本章从理论和实验的双重角度对合作多智能体强化学习领域进行了分析总结。和单智能体强化学习相比，多智能体强化学习面临如下三大挑战。

（1）可扩展性，状态和动作空间会随着智能体数量增加而呈指数级增长，这使合作多智能体算法的设计变得非常困难。

（2）通信限制，由于智能体是部分可观测的，智能体之间需要通信来协作完成任务，但是通信的代价高昂。

（3）奖赏分配，由于合作多智能体强化学习只通过单个全局奖赏进行学习，如何根据单个全局奖赏对不同的智能体进行特定奖赏分配是一重大挑战。

为解决以上三大问题，本章首先从合作多智能体强化学习问题建模出发，提出形式化的模型。在此之上，从基于值和基于策略的算法角度对合作多智能体强化学习优化算法进行分类探讨。这两大类优化算法利用值分解学习框架与不同奖赏分配的高效梯度优化算法，针对可扩展性与奖赏分配两大挑战，进行了细致地建模、分析了结构并提出了对应方案。大量重要的优化算法能够建立起从理论到实验的桥梁，完成合作多智能体强化学习算法的落地。

本章还概括了常用的实验基准测试集。文中介绍的四类基准测试集涵盖了离散和连续动作空间、大规模智能体现实挑战任务（如星际争霸 II 和谷歌足球游戏等）和通信挑战性任务。这些基准测试集与现实生活应用贴近，合作多智能体强化学习算法也在这些任务中表现出超越人类的水平。此外，本章总结了七项当前研究热点和未来方向，从不同角度分析了对所面临的三大重要挑战，如具有可扩展性的探索策略、简洁有效的通信策略建模、可扩展性的参数共享机制、离线大数据训练利用范式和对奖赏分配与最优性的优化算法理论分析等。这七项合作多智能体强化学习热点表示了该领域未来的走向及潜在落地的趋势。

参考文献

[1] AGARWAL A, JIANG N, KAKADE S M, et al., 2019. Reinforcement learning: Theory and algorithms[J]. CS Dept., UW Seattle, Seattle, WA, USA, Tech. Rep.

[2] AGARWAL R, SCHUURMANS D, NOROUZI M, 2020. An optimistic perspective on offline reinforcement learning[C]//International Conference on Machine Learning. [S.l.]: PMLR: 104-114.

[3] AHILAN S, DAYAN P, 2019. Feudal multi-agent hierarchies for cooperative reinforcement learning[J]. arXiv preprint arXiv:1901.08492.

[4] AL-EMRAN M, 2015. Hierarchical reinforcement learning: a survey[J]. International journal of computing and digital systems, 4(02).

[5] AUER P, CESA-BIANCHI N, FISCHER P, 2002. Finite-time analysis of the multiarmed bandit problem[J]. Machine learning, 47(2): 235-256.

[6] BADIA A P, SPRECHMANN P, VITVITSKYI A, et al., 2020b. Never give up: Learning directed exploration strategies[J]. arXiv preprint arXiv:2002.06038.

[7] BAKER B, KANITSCHEIDER I, MARKOV T, et al., 2020. Emergent tool use from multi-agent autocurricula[C]//Proceedings of the International Conference on Learning Representations (ICLR). [S.l.: s.n.].

[8] BARTO A G, 2013. Intrinsic motivation and reinforcement learning[M]//Intrinsically motivated learning in natural and artificial systems. [S.l.]: Springer: 17-47.

[9] BAXTER J, BARTLETT P L, 2001. Infinite-horizon policy-gradient estimation[J]. Journal of Artificial Intelligence Research, 15: 319-350.

[10] BECHT M, GURZKI T, KLARMANN J, et al., 1999. Rope: Role oriented programming environment for multiagent systems[C]//Proceedings Fourth IFCIS International Conference on Cooperative Information Systems. CoopIS 99 (Cat. No. PR00384). [S.l.]: IEEE: 325-333.

[11] BÖHMER W, KURIN V, WHITESON S, 2020. Deep coordination graphs[C]// Proceedings of the 37th International Conference on Machine Learning. [S.l.: s.n.].

[12] BURDA Y, EDWARDS H, PATHAK D, et al., 2018a. Large-scale study of curiosity-driven learning[J]. arXiv preprint arXiv:1808.04355.

[13] BURDA Y, EDWARDS H, STORKEY A, et al., 2018b. Exploration by random network distillation[J]. arXiv preprint arXiv:1810.12894.

[14] CAMPOS V, TROTT A, XIONG C, et al., 2020. Explore, discover and learn: Unsupervised discovery of state-covering skills[C]//International Conference on Machine Learning. [S.l.]: PMLR: 1317-1327.

[15] CAO Y, YU W, REN W, et al., 2012. An overview of recent progress in the study of distributed multi-agent coordination[J]. IEEE Transactions on Industrial informatics, 9(1): 427-438.

[16] CHEN X, ZHOU Z, WANG Z, et al., 2020. Bail: Best-action imitation learning for batch deep reinforcement learning[J]. Advances in Neural Information Processing Systems, 33.

[17] CHENG S, 2012. Coordinating decentralized learning and conflict resolution across agent boundaries[D]. [S.l.]: The University of North Carolina at Charlotte.

[18] CHENGHAO L, WANG T, WU C, et al., 2021. Celebrating diversity in shared multi-agent reinforcement learning[J]. Advances in Neural Information Processing Systems, 34.

[19] DANIEL C, NEUMANN G, PETERS J, 2012. Hierarchical relative entropy policy search[C]//Artificial Intelligence and Statistics. [S.l.: s.n.]: 273-281.

[20] DUAN Y, CHEN X, HOUTHOOFT R, et al., 2016. Benchmarking deep reinforcement learning for continuous control[C]//International conference on machine learning. [S.l.]: PMLR: 1329-1338.

[21] DWIEL Z, CANDADAI M, PHIELIPP M, et al., 2019. Hierarchical policy learning is sensitive to goal space design[J]. arXiv preprint arXiv:1905.01537.

[22] EYSENBACH B, GUPTA A, IBARZ J, et al., 2018. Diversity is all you need: Learning skills without a reward function[C]//International Conference on Learning Representations. [S.l.: s.n.].

[23] FOERSTER J N, FARQUHAR G, AFOURAS T, et al., 2018b. Counterfactual multi-agent policy gradients[C]//Thirty-Second AAAI Conference on Artificial Intelligence. [S.l.: s.n.].

[24] FUJIMOTO S, MEGER D, PRECUP D, 2019. Off-policy deep reinforcement learning without exploration[C]//International Conference on Machine Learning. [S.l.]: PMLR: 2052-2062.

[25] GHOSH D, GUPTA A, LEVINE S, 2018. Learning actionable representations with goal conditioned policies[C]//International Conference on Learning Representations. [S.l.: s.n.].

[26] GOTTESMAN O, JOHANSSON F, KOMOROWSKI M, et al., 2019. Guidelines for reinforcement learning in healthcare[J]. Nature medicine, 25(1): 16-18.

[27] GREENSMITH E, BARTLETT P L, BAXTER J, 2004. Variance reduction techniques for gradient estimates in reinforcement learning.[J]. Journal of Machine Learning Research, 5(9).

[28] GREGOR K, REZENDE D J, WIERSTRA D, 2016. Variational intrinsic control[J]. arXiv preprint arXiv:1611.07507.

[29] GU S, LILLICRAP T, GHAHRAMANI Z, et al., 2016. Q-prop: Sample-efficient policy gradient with an off-policy critic[J]. arXiv preprint arXiv:1611.02247.

[30] GUESTRIN C, LAGOUDAKIS M, PARR R, 2002b. Coordinated reinforcement learning[C]//ICML: volume 2. [S.l.]: Citeseer: 227-234.

[31] HA D, DAI A, LE Q V, 2016. Hypernetworks[J]. arXiv preprint arXiv:1609.09106.

[32] HAARNOJA T, ZHOU A, ABBEEL P, et al., 2018. Soft actor-critic: Off-policy maximum entropy deep reinforcement learning with a stochastic actor[C/OL]//DY J, KRAUSE A. Proceedings of Machine Learning Research: volume 80 Proceedings of the 35th International Conference on Machine Learning. Stockholmsmässan, Stockholm Sweden: PMLR: 1861-1870. http://proceedings.mlr.press/v80/haarnoja18b.html.

[33] HU J, WELLMAN M P, et al., 1998. Multiagent reinforcement learning: theoretical framework and an algorithm.[C]//ICML: volume 98. [S.l.]: Citeseer: 242-250.

[34] IQBAL S, SHA F, 2019a. Actor-attention-critic for multi-agent reinforcement learning[C]//International Conference on Machine Learning. [S.l.: s.n.]: 2961-2970.

[35] IQBAL S, SHA F, 2019b. Coordinated exploration via intrinsic rewards for multi-agent reinforcement learning[J]. arXiv preprint arXiv:1905.12127.

[36] JAKSCH T, ORTNER R, AUER P, 2010. Near-optimal regret bounds for reinforcement learning[J]. Journal of Machine Learning Research, 11(Apr): 1563-1600.

[37] JAQUES N, LAZARIDOU A, HUGHES E, et al., 2019b. Social influence as intrinsic motivation for multi-agent deep reinforcement learning[C]//International Conference on Machine Learning. [S.l.: s.n.]: 3040-3049.

[38] JIN C, ALLEN-ZHU Z, BUBECK S, et al., 2018a. Is q-learning provably efficient? [C]//Advances in Neural Information Processing Systems. [S.l.: s.n.]: 4863-4873.

[39] JIN J, MA X, 2018b. Hierarchical multi-agent control of traffic lights based on collective learning[J]. Engineering applications of artificial intelligence, 68: 236-248.

[40] KEARNS M, SINGH S, 2002. Near-optimal reinforcement learning in polynomial time[J]. Machine learning, 49(2-3): 209-232.

[41] KIDAMBI R, RAJESWARAN A, 2020. Morel: Model-based offline reinforcement learning[J]. Neurips.

[42] KIM H, KIM J, JEONG Y, et al., 2019b. Emi: Exploration with mutual information[C]//International Conference on Machine Learning. [S.l.: s.n.]: 3360-3369.

[43] KRAEMER L, BANERJEE B, 2016. Multi-agent reinforcement learning as a rehearsal for decentralized planning[J]. Neurocomputing, 190: 82-94.

[44] KUBA J, WEN M, MENG L, et al., 2021. Settling the variance of multi-agent policy gradients[J]. Advances in Neural Information Processing Systems, 34.

[45] KUMAR A, FU J, TUCKER G, et al., 2019. Stabilizing off-policy q-learning via bootstrapping error reduction[J]. arXiv preprint arXiv:1906.00949.

[46] KUMAR A, ZHOU A, TUCKER G, et al., 2020. Conservative q-learning for offline reinforcement learning[J]. arXiv preprint arXiv:2006.04779.

[47] KURACH K, RAICHUK A, STAŃCZYK P, et al., 2020. Google research football: A novel reinforcement learning environment[C]//Proceedings of the AAAI Conference on Artificial Intelligence: volume 34. [S.l.: s.n.]: 4501-4510.

[48] LANGE S, GABEL T, RIEDMILLER M, 2012. Batch reinforcement learning[M]// Reinforcement learning. [S.l.]: Springer: 45-73.

[49] LEE B J, LEE J, KIM K E, 2021. Representation balancing offline model-based reinforcement learning[C]//International Conference on Learning Representations. [S.l.: s.n.].

[50] LEE Y, YANG J, LIM J J, 2019. Learning to coordinate manipulation skills via skill behavior diversification[C]//International Conference on Learning Representations. [S.l.: s.n.].

[51] LEVINE S, KUMAR A, TUCKER G, et al., 2020. Offline reinforcement learning: Tutorial, review, and perspectives on open problems[J]. arXiv preprint arXiv:2005.01643.

[52] LEVY A, KONIDARIS G, PLATT R, et al., 2018. Learning multi-level hierarchies with hindsight[C]//International Conference on Learning Representations. [S.l.: s.n.].

[53] LILLICRAP T P, HUNT J J, PRITZEL A, et al., 2015. Continuous control with deep reinforcement learning[C]//Proceedings of the International Conference on Learning Representations (ICLR). [S.l.: s.n.].

[54] LOWE R, WU Y, TAMAR A, et al., 2017. Multi-agent actor-critic for mixed cooperative-competitive environments[C]//Advances in Neural Information Processing Systems. [S.l.: s.n.]: 6379-6390.

[55] MAHAJAN A, RASHID T, SAMVELYAN M, et al., 2019. Maven: Multi-agent variational exploration[C]//Advances in Neural Information Processing Systems. [S.l.: s.n.]: 7611-7622.

[56] MNIH V, KAVUKCUOGLU K, SILVER D, et al., 2015. Human-level control through deep reinforcement learning[J]. Nature, 518(7540): 529.

[57] NACHUM O, GU S S, LEE H, et al., 2018b. Data-efficient hierarchical reinforcement learning[C]//Advances in Neural Information Processing Systems. [S.l.: s.n.]: 3303-3313.

[58] NAIR S, FINN C, 2019. Hierarchical foresight: Self-supervised learning of long-horizon tasks via visual subgoal generation[C]//International Conference on Learning Representations. [S.l.: s.n.].

[59] NASIRIANY S, PONG V, LIN S, et al., 2019. Planning with goal-conditioned policies[C]//Advances in Neural Information Processing Systems. [S.l.: s.n.]: 14843-14854.

[60] NOWÉ A, VRANCX P, DE HAUWERE Y M, 2012. Game theory and multi-agent reinforcement learning[M]//Reinforcement Learning. [S.l.]: Springer: 441-470.

[61] OLIEHOEK F A, SPAAN M T, VLASSIS N, 2008. Optimal and approximate q-value functions for decentralized pomdps[J]. Journal of Artificial Intelligence Research, 32: 289-353.

[62] OLIEHOEK F A, AMATO C, et al., 2016. A concise introduction to decentralized pomdps: volume 1[M]. [S.l.]: Springer.

[63] OSBAND I, RUSSO D, VAN ROY B, 2013. (more) efficient reinforcement learning via posterior sampling[C]//Advances in Neural Information Processing Systems. [S.l.: s.n.]: 3003-3011.

[64] OSSENKOPF M, JORGENSEN M, GEIHS K, 2019. When does communication learning need hierarchical multi-agent deep reinforcement learning[J]. Cybernetics and Systems, 50(8): 672-692.

[65] OSTROVSKI G, BELLEMARE M G, VAN DEN OORD A, et al., 2017. Count-based exploration with neural density models[C]//Proceedings of the 34th International Conference on Machine Learning-Volume 70. [S.l.]: JMLR. org: 2721-2730.

[66] OUDEYER P Y, KAPLAN F, HAFNER V V, 2007. Intrinsic motivation systems for autonomous mental development[J]. IEEE transactions on evolutionary computation, 11(2): 265-286.

[67] PATHAK D, AGRAWAL P, EFROS A A, et al., 2017. Curiosity-driven exploration by self-supervised prediction[C]//International Conference on Machine Learning. [S.l.: s.n.]: 2778-2787.

[68] PENG P, WEN Y, YANG Y, et al., 2017. Multiagent bidirectionally-coordinated nets: Emergence of human-level coordination in learning to play starcraft combat games[J]. arXiv preprint arXiv:1703.10069.

[69] RASHID T, SAMVELYAN M, WITT C S, et al., 2018. Qmix: Monotonic value function factorisation for deep multi-agent reinforcement learning[C]//International Conference on Machine Learning. [S.l.: s.n.]: 4292-4301.

[70] RASHID T, FARQUHAR G, PENG B, et al., 2020a. Weighted qmix: Expanding monotonic value function factorisation for deep multi-agent reinforcement learning[J]. Advances in Neural Information Processing Systems, 33.

[71] SAMVELYAN M, RASHID T, DE WITT C S, et al., 2019. The starcraft multi-agent challenge[J]. arXiv preprint arXiv:1902.04043.

[72] SHANKAR T, GUPTA A, 2020. Learning robot skills with temporal variational inference[C]//Proceedings of the 37th International Conference on Machine Learning. [S.l.]: JMLR. org.

[73] SHARMA A, GU S, LEVINE S, et al., 2020. Dynamics-aware unsupervised discovery of skills[C]//International Conference on Learning Representations. [S.l.: s.n.].

[74] SILVER D, HUANG A, MADDISON C J, et al., 2016. Mastering the game of go with deep neural networks and tree search[J]. nature, 529(7587): 484-489.

[75] SON K, KIM D, KANG W J, et al., 2019. Qtran: Learning to factorize with transformation for cooperative multi-agent reinforcement learning[C]//International Conference on Machine Learning. [S.l.: s.n.]: 5887-5896.

[76] STONE P, VELOSO M, 1999. Task decomposition, dynamic role assignment, and low-bandwidth communication for real-time strategic teamwork[J]. Artificial Intelligence, 110(2): 241-273.

[77] SUKHBAATAR S, DENTON E, SZLAM A, et al., 2018. Learning goal embeddings via self-play for hierarchical reinforcement learning[J]. arXiv preprint arXiv:1811.09083.

[78] SUNEHAG P, LEVER G, GRUSLYS A, et al., 2018. Value-decomposition networks for cooperative multi-agent learning based on team reward[C]//Proceedings of the 17th International Conference on Autonomous Agents and MultiAgent Systems.

[S.l.]: International Foundation for Autonomous Agents and Multiagent Systems: 2085-2087.

[79] SUTTON R S, PRECUP D, SINGH S, 1999. Between mdps and semi-mdps: A framework for temporal abstraction in reinforcement learning[J]. Artificial intelligence, 112(1-2): 181-211.

[80] TAMPUU A, MATIISEN T, KODELJA D, et al., 2017. Multiagent cooperation and competition with deep reinforcement learning[J]. PloS one, 12(4): e0172395.

[81] TANG H, HOUTHOOFT R, FOOTE D, et al., 2017. # exploration: A study of count-based exploration for deep reinforcement learning[C]//Advances in neural information processing systems. [S.l.: s.n.]: 2753-2762.

[82] THOMAS V, BENGIO E, FEDUS W, et al., 2018. Disentangling the independently controllable factors of variation by interacting with the world[J]. arXiv preprint arXiv:1802.09484.

[83] USUNIER N, SYNNAEVE G, LIN Z, et al., 2017. Episodic exploration for deep deterministic policies: An application to starcraft micromanagement tasks[C]// Proceedings of the International Conference on Learning Representations (ICLR). [S.l.: s.n.].

[84] VEZHNEVETS A S, WU Y, LEBLOND R, et al., 2020. Options as responses: Grounding behavioural hierarchies in multi-agent rl[C]//Proceedings of the 37th International Conference on Machine Learning. [S.l.]: JMLR. org.

[85] VINYALS O, BABUSCHKIN I, CZARNECKI W M, et al., 2019. Grandmaster level in starcraft ii using multi-agent reinforcement learning[J]. Nature, 575(7782): 350-354.

[86] WANG J, REN Z, HAN B, et al., 2020a. Towards understanding linear value decomposition in cooperative multi-agent q-learning[Z]. [S.l.: s.n.].

[87] WANG J, REN Z, LIU T, et al., 2021a. Qplex: Duplex dueling multi-agent q-learning[J]. International Conference on Learning Representations (ICLR).

[88] WANG T, DONG H, LESSER V, et al., 2020b. Roma: Multi-agent reinforcement learning with emergent roles[C]//Proceedings of the 37th International Conference on Machine Learning. [S.l.: s.n.].

[89] WANG T, WANG J, YI W, et al., 2020c. Influence-based multi-agent exploration[C]//Proceedings of the International Conference on Learning Representations (ICLR). [S.l.: s.n.].

[90] WANG T, WANG J, ZHENG C, et al., 2020d. Learning nearly decomposable value functions with communication minimization[C]//Proceedings of the International Conference on Learning Representations (ICLR). [S.l.: s.n.].

[91] WANG T, GUPTA T, MAHAJAN A, et al., 2021b. Rode: Learning roles to decompose multi-agent tasks[C]//Proceedings of the International Conference on Learning Representations (ICLR). [S.l.: s.n.].

[92] WANG T, ZENG L, DONG W, et al., 2022. Context-aware sparse deep coordination graphs[C]//International Conference of Learning Representations. [S.l.: s.n.].

[93] WANG Y, HAN B, WANG T, et al., 2021c. Dop: Off-policy multi-agent decomposed policy gradients[C]//Proceedings of the International Conference on Learning Representations (ICLR). [S.l.: s.n.].

[94] WARDE-FARLEY D, VAN DE WIELE T, KULKARNI T, et al., 2018. Unsupervised control through non-parametric discriminative rewards[C]//International Conference on Learning Representations. [S.l.: s.n.].

[95] WEAVER L, TAO N, 2013. The optimal reward baseline for gradient-based reinforcement learning[J]. arXiv preprint arXiv:1301.2315.

[96] WILLIAMS R J, 1992. Simple statistical gradient-following algorithms for connectionist reinforcement learning[J]. Machine learning, 8(3-4): 229-256.

[97] WU Y, TUCKER G, NACHUM O, 2019. Behavior regularized offline reinforcement learning[J]. arXiv preprint arXiv:1911.11361.

[98] YANG J, BOROVIKOV I, ZHA H, 2019. Hierarchical cooperative multi-agent reinforcement learning with skill discovery[J]. arXiv preprint arXiv:1912.03558.

[99] YANG Y, MA X, LI C, et al., 2021. Believe what you see: Implicit constraint approach for offline multi-agent reinforcement learning[J]. arXiv preprint arXiv:2106.03400.

[100] YU F, XIAN W, CHEN Y, et al., 2018. Bdd100k: A diverse driving video database with scalable annotation tooling[J]. arXiv preprint arXiv:1805.04687, 2(5): 6.

[101] YU T, THOMAS G, YU L, et al., 2020. Mopo: Model-based offline policy optimization[J]. arXiv preprint arXiv:2005.13239.

[102] YU T, KUMAR A, RAFAILOV R, et al., 2021. Combo: Conservative offline model-based policy optimization[J]. arXiv preprint arXiv:2102.08363.

[103] ZHANG C, LESSER V, 2011. Coordinated multi-agent reinforcement learning in networked distributed pomdps[C]//Twenty-Fifth AAAI Conference on Artificial Intelligence. [S.l.: s.n.].

[104] ZHANG W, WANG X, SHEN J, et al., 2021. Model-based multi-agent policy optimization with adaptive opponent-wise rollouts[J]. arXiv preprint arXiv:2105.03363.

[105] ZHENG L, CHEN J, WANG J, et al., 2021. Episodic multi-agent reinforcement learning with curiosity-driven exploration[J]. Advances in Neural Information Processing Systems, 34.

多智能体竞争学习

11.1 研究背景

现实中的多智能体问题往往包含着各种复杂的混合博弈关系，既有前述的合作式关系，也有竞争式关系。例如多人线上对抗游戏与军事博弈，队友之间需要通过合作共同完成目标任务，两军之间存在竞争关系，需要学习竞争策略打败对方以取得胜利。本章关注多智能体竞争学习，这是多智能体领域的一个重要研究方向，主要研究如何让算法在竞争博弈场景中学会打败对手，获得利益最大化。我们将这类算法称为竞争式多智能体强化学习（Competitive Multi-agent Reinforcement Learning）。近年来，以 DeepMind、OpenAI、腾讯 AI 实验室为代表的科研团队先后提出的 AlphaStar、OpenAI Five、“觉悟”等人工智能技术，展现了超人类水准的博弈能力，掀起了竞争式多智能体系统研究的高潮。竞争式多智能体系统是分布式人工智能[32] 中的一个重要分支，在智能化军事作战[34]、群体机器人控制[6,23]、游戏智能[4,20]、复杂电网优化[22] 等诸多领域具有广泛应用前景。尤其在以军事作战为典型代表的竞争式博弈领域，基于多智能体系统的智能作战指控技术，是全球的研究重点之一。多智能体系统技术与理论的研究对于我国取得上述关键领域的国际竞争优势具有重要意义。

竞争式多智能体系统由多个自主决策的智能体构成，智能体（组）间在同一环境中进行竞争博弈，通过不断优化自身行为，以实现自身利益最大化。竞争式多智能体系统中的优化控制问题，可以抽象为自身利益最大化驱动的多智能体博弈策略学习问题，即如何设计有效的博弈策略学习机制，促进智能体组内的有效协作，从而实现组间的有效博弈对抗，以及自身利益的最大化，最终取得博弈优胜[24,30]。竞争式多智能体博弈策略的学习过程，可以概括为智能体通过与对手的反复博弈，逐渐感知到对方策略的弱点并加以利用，不断调整优化自身行为，最终学习到能够击败对方的博弈策略[9]。竞争式多智能体算法与合作式多智能体算法是多智能体领域的两个主要门类，其中竞争式多智能体算法更多地关注如何根据对手策略学习反制策略以及提升策略的鲁棒性，被认为是具有非常广泛的应用前景的设计模式，是现阶段领域内的研究热门。

在这种多智能体对抗的场景中，智能体需要根据对手的信息进行有效的策略反制，这就引入了以下两个重要的挑战：

第一，当面对不断变化博弈策略的**非静态对手**时，其多变复杂的行为会急剧增加策略的求解难度，甚至导致策略学习的不收敛[?,17]。如何准确判断对手的行为策略，并相应调整自身策略进行有效响应，是领域内的重点研究问题之一。

第二，当**没有给定任何博弈对手**时（如军事博弈），如何实现有效的博弈策略学习及行为多样化，也是领域内的重点前沿研究问题之一[6]。

本章将讨论如何解决以上提到的问题以实现高效鲁棒的多智能体竞争学习。我们将在 11.2 节形式化地描述多智能体强化学习要解决的问题模型，之后将主要讨论如何在竞争式环境中进行高效学习，主要从对手建模和群体博弈两方面展开。

11.2 竞争式问题描述

与多智能体合作学习不同，竞争式问题一般只关注一个智能体，最大化该智能体的奖励，而将其他智能体称为对手。因此我们将竞争式问题定义为一个部分可观测的马尔可夫决策过程（Partial Observable Markov Decision Process, POMDP [25]）。一个 POMDP 是一个元组 $\langle S, A, O, P, \Omega, R, \gamma \rangle$。其中：

- $s \in S$ 是环境的全局状态；
- A 是智能体共享的动作集合，S 和 A 都既可以是连续的也可以是离散的；
- $P(s' \mid s, a)$ 是环境的状态转移函数，其中 a 是所有智能体的联合动作；
- $r = R(s, a)$ 是智能体的奖励信号；
- $o_i \in \Omega$ 是智能体的局部观测，它由观测函数 $O(s, i)$ 决定；
- $\gamma \in [0, 1)$ 是用于平衡长短期奖励的折扣因子。

在决策过程的每一个时刻 t，智能体收到一个局部观测 o，同时选择一个动作，与对手动作形成一个联合动作 $a_t \in A$, 该联合动作根据状态转移函数 P 将系统从状态 s_t 引向下一个状态 s_{t+1}，环境据此反馈给智能体一个奖励信号 $r_t = R(s_t, a_t)$。智能体学习一个策略 $\pi(a \mid o)$ 来最大化值函数 $Q^\pi(s,a) \equiv \mathbb{E}\left[\sum_{t=0}^{\infty} \gamma^t R\left(s_t, a_t\right) \mid s_0 = s, a_0 = a, \pi\right]$。

11.3 基于对手建模的竞争学习算法

在对抗场景中，想要打败对手一个比较直接的想法是希望能够知道对手的动作或者策略，这样我们就可以通过对手的动作或策略进行反制，这类方法被称为对手建模。利用对手建模技术促进多智能体博弈策略有效学习的研究，其起源可追溯到 20 世纪 50 年代。早期的工作主要集中在针对对手策略固定的多智能体博弈问题。代表性工作有 Fictitious-Play 算法 [8]、US-L 算法 [10]、CJAL 算法 [5] 和 OMBO 算法 [21]。Stefano [3] 等人对相关工作做了系统的总结分析。然而，此类方法针对策略固定的对手进行建模，面对动态切换策略的非静态对手的效果有限。为此，有学者提出使用动态建模与实时检测的思路，通过博弈过程实时观测对手行为，实现动态建模，代表工作有 VexBox [7]、HBA [1] 等。但上述方法多关注中小规模的重复博弈框架下的对手建模，在稍复杂的博弈（如状态空间爆炸）问题中，方法的有效性与鲁棒性有可能急剧下降。近期随着深度强化学习的兴起，学者们尝试将对手建模与其融合，以解决复杂的博弈问题。下面我们将从隐式的对手建模方法与显式的对手建模方法两方面展开阐述。

11.3.1 隐式的对手建模方法

本节主要介绍隐式对手建模方法，即不显式地进行对手策略分类与检测，而是使用实时的对手观测作为策略网络的输入，试图研究出单一策略进行博弈。

在合作或者竞争的环境中，智能体需要与其他智能体协同或者采取行动对抗其他智能体，这种情况下对环境建模变得更加具有挑战性。为了在这种情况下进行最优的行动，可控制的智能体需要预测其他智能体的策略并推断它们的意图，对于其他智能体的策略随时间或其他环境因素动态更改的场景，可控制智能体的策略也应该相应地更改，这就需要一个有效的方法来显式或者隐式地建模环境中策略动态变化的对手。对于智能体来说，一个重要的能力是通过构建模型对其他智能体的行为进行推断[2]。

隐式的对手建模的简单模型如图 11.1 所示。一般来说，我们用一个函数建模对手，将观察到的交互历史的一部分作为输入，并返回关于被建模智能体的一些属性的预测。交互历史记录可能包含被建模的智能体采取的行动等信息，预测出的属性可能是被建模智能体未来的行动或者它当前的目标和计划。对手模型可以为智能体的决策提供信息，优化与对手互动的过程。

图 11.1　隐式的对手建模模型

许多对手建模方法在其假设和基本方法实现上都差异极大，本节分别介绍建模行为、循环推理、预测目标三类隐式对手建模方法。

1. 建模行为的对手建模方法

建模对手行为可以帮助算法基于建模出的信息进行反制，这也是一个比较直接的思路，如果能够准确预测对手行为，算法则可以时刻享有对抗的主动权。使用深度神经网络建模智能体行为的早期工作是深度强化对手网络（Deep Reinforcement Opponent Network，DRON）[13]。DRON 有一个预测 Q 值的策略学习模块和一个推断对手策略的对手学习模块。DRON 并未明确预测对手的属性，而是基于过去的观察结果来学习对手的隐藏表示并使用它来计算自适应响应。文中提出了两种架构，一种使用简单的串联将两个模块组合在一起，命名为 DRON-concat。另一种基于专家混合网络（Mixture of Experts），命名为 DRON-MOE。

在 MDP 模型中，联合动作空间被定义为 $\mathcal{A}=\mathcal{A}_1\times\mathcal{A}_2\times\cdots\times\mathcal{A}_n$，$n$ 为智能体数量。我们使用 a 表示控制的智能体的动作，使用 o 表示环境中其他智能体的联合动作。同样，新的奖励函数定义为 $\mathcal{R}(s,a,o,s')$。我们的目标是在与使用 π^o 策略的对手交互的同时，学习主智能体的最优策略。

显然，如果 π^o 是稳定的，多智能体 MDP 可以简化为单智能体 MDP：对手可以被视为环境中的一部分，这时候使用标准的 Q 学习就可以解决问题。但是在实际中，假设对手使用固定策略通常是不现实的。对手很可能也在学习或者不断进步，不断改变策略，比如踢球的时候领先一方就转攻为守。这种情况下我们面对的对手策略是未知的，并且策略还在不断变化。

因此我们基于对手的联合策略来优化新的 Q 函数：

$$Q^{*|\pi^{\delta}} = \max_{\pi} Q^{\pi|\pi^{\delta}}(s,a) \quad \forall s \in \mathcal{S}, \forall a \in \mathcal{A} \tag{11.1}$$

即对任意的 S 和 A，当前其他智能体策略为 π^o 的情况下，求主智能体最好的策略 π。

则 Q 函数的迭代关系式变为

$$\begin{aligned} Q^{\pi|\pi^o}(s_t,a_t) = &\sum_{o_t} \pi_t^o(o_t \mid s_t) \sum_{s_{t+1}} \mathcal{T}(s_t,a_t,o_t,s_{t+1}) \\ &[\mathcal{R}(s_t,a_t,o_t,s_{t+1}) + \gamma \mathbb{E}_{a_{t+1}}[Q^{\pi|\pi^o}(s_{t+1},a_{t+1})]] \end{aligned} \tag{11.2}$$

为了编码对手行为，DRON 建模了 Q 函数 $Q^{\pi|\pi^o}$ 和对手策略 π^o。图 11.2(a) 为第一个模型 DRON-concat 的网络结构，分别从可控制智能体的状态 Φ_t^s 和对手的状态 Φ_t^o 中提取特征，使用带有激活函数的线性网络或者卷积网络将它们单独编码为隐藏层 h^s 和 h^o，之后连接状态和对手的表示，共同预测 Q 值。但是因为只有一个 Q 网络，所以需要对手和主智能体更加具有区别性。

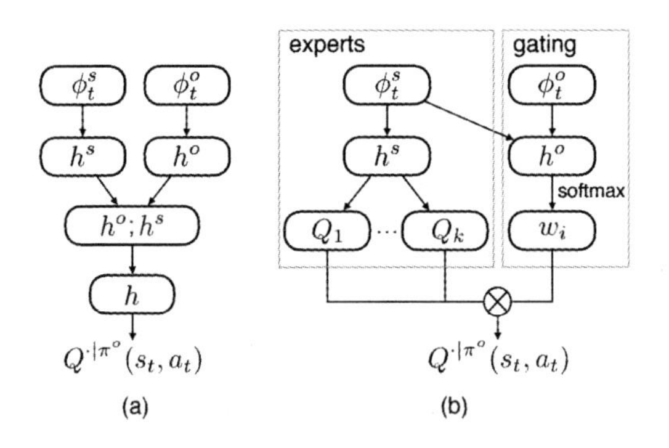

图 11.2　DRON 网络结构图 [13]

第二个模型 DRON-MOE 的改进基于这点，将对手的动作和 Q 值之间的关系进行了更强的先验编码。Q 函数建模了在其他对手行为基础上的期望，等式改写为

$$Q^{\pi|\pi^o}(s_t,a_t) = \sum_{o_t} \pi_t^o(o_t \mid s_t) Q^{\pi}(s_t,a_t,o_t) \tag{11.3}$$

网络结构如图 11.2(b) 所示。借鉴专家混合网络方法的思想，使用门控网络（gating）将对手的行为建模为一个隐藏变量。通过组合多个专家网络（experts）的预测来获得预测的 Q 值，Q 函数可以表示为

$$Q(s_t, a_t; \theta) = \sum_{i=1}^{K} w_i Q_i(h^s, a_t) \tag{11.4}$$

$$Q_i(h^s, \cdot) = f(W_i^s h^s + b_i^s) \tag{11.5}$$

每一个专家网络预测一个在当前状态下可能的奖励。使用一个基于对手状态的门控网络计算联合概率权重并分配到每个专家网络上：

$$w = \text{softmax}(f(W^o h^o + b^o)) \tag{11.6}$$

该方法采用的主要实验场景为 1 vs. 1 的足球游戏，游戏环境为 6×9 的方格世界，两名参与者 A 与 B 分别为可训练智能体和基于规则的对手智能体。游戏开始时 A 与 B 随机分配在左半边和右半边，玩家的可选动作为：上，下，左，右和保持不动。同时，如果玩家带球到了边框之外则动作无效，如果两个玩家移动到了相同的方格，则持球一方在移动之前即将球输给对手并且本次移动无效。当一方玩家将球送入对方球门则计一分，并且游戏结束。如果 100 步内没有玩家进球，则以平局结束游戏。实验场景如图 11.3 所示，图 11.3(a) 为游戏初始化，图 11.3(b) 为抢球，图 11.3(c) 为射门。

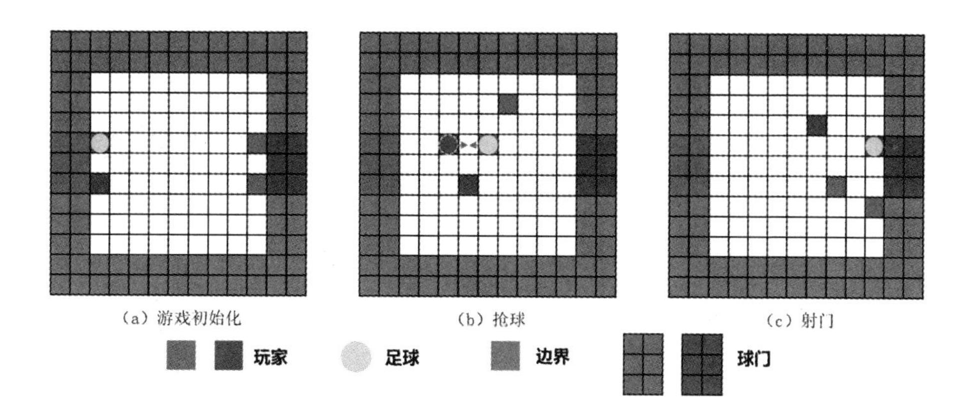

图 11.3　足球游戏实验场景

DRON 的实验结果如图 11.4 所示，横坐标为训练回合数，纵坐标为平均奖励，其中 DQN-world 为对比的基准算法。可以发现 DRON 的训练效果更加稳定，平均奖励也比 DQN 略高。

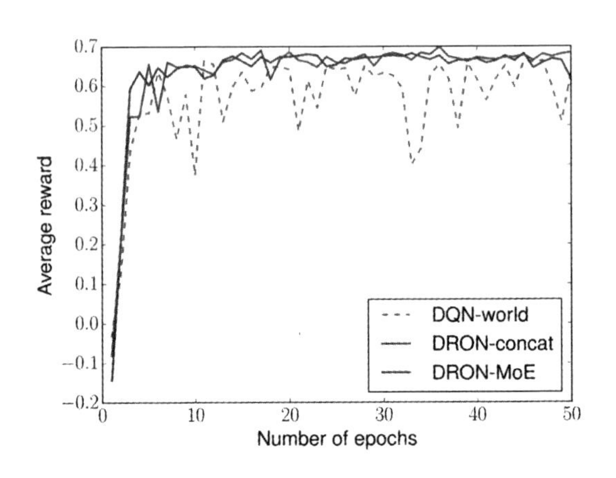

图 11.4　足球环境中的 DRQN 学习曲线 [13]

DRON 使用人工提取特征的方式来定义对手网络的方式是低效的，在 DRON 的基础上，深度策略推理网络（Deep Policy Inference Q-Network，DPIQN）[19] 以及它的循环版本 DPIRQN 可以直接从智能体的原始观测中学习策略特征。学习这些策略特征的方法通过提供学习对手策略的辅助任务实现，根据计算出的损失函数计算预测出的对手策略和对手真实策略的交叉熵损失。然后将对手的策略表征加入 Q 值的学习过程中以减少环境的非平稳性。这种方法的一个显著优点是建模的对象可以同时适用于对手和队友 [19]。

DPIQN 和循环版本 DPRIQN 具有以下特点：① DPIQN 和 DPRIQN 均可以只使用高维原始观测数据训练。② DPIQN 和 DPRIQN 将获得的对手策略特征合并到 Q 值学习模块以学习到更好的 Q 值。③ 采用适应性损失函数稳定 DPIQN 和 DPRIQN 的学习曲线。④ 能同时处理竞争和协作环境以及陌生对手。

DPIQN 的目的是提高多智能体环境下智能体状态特征表示的质量，通过辅助任务学习获得对手的策略特征，通过隐藏层表示来推断对手的策略，表示为 h^{PI}。将 h^{PI} 融入智能体的模型中，当对手策略动态变化时 DPIQN 能够动态适应环境以预测出更好的 Q 值。

图 11.5(a) 为 DPIQN 网络结构，输出分别为对手策略 π_o 分布以及智能体的 Q 值。其中智能体的 Q 网络融入了对手策略特征向量 h^{PI}。策略特征学习模

块推断对手的下一个动作 a_o，生成对手的近似策略 $\pi_o(a_o \mid h_t^e)$，计算对手真实行为的交叉熵损失。

图 11.5(b) 为结合处理 POMDP 问题的 DRQN 的 DPIQN 变体，主要区别为 DPIQN 中加入了循环单元，用 LSTM 对时间相关性编码，只需要使用单个时间点观测数据输入 CNN，而 DPIQN 需要连续的多帧图片。

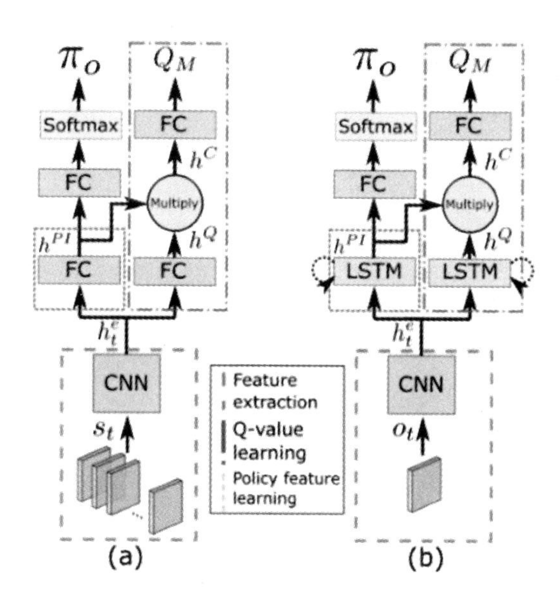

图 11.5　DPIQN 和 DPRIQN 的网络结构 [19]

文中还使用了自适应损失函数来控制几种损失函数的更新权重，算法训练中采用 L^Q 和 L^{PI} 两种损失函数，其中 L^{PI} 为

$$L^{\text{PI}} = H(\mu_o) + D_{\text{KL}}(\mu_o \| \pi_o) \tag{11.7}$$

μ_o 为对手动作的 one-hot 编码。聚合损失函数表示为

$$L = E_{\text{mini - batch} \sim U(Z)}[(\lambda L^Q + L^{\text{PI}})] \tag{11.8}$$

其中 λ 为自适应比例因子：

$$\lambda = \frac{1}{\sqrt{L_t^{\text{PI}}}} \tag{11.9}$$

λ 的作用是平衡两种损失函数使学习更快收敛。

DPIQN 使用的主要实验场景同样是足球环境，但是直接以图像进行输入，同时增加了 2 vs. 2 的场景，建模与队友的协作。1 vs. 1 的实验结果如图 11.6 所示，2 vs. 2 场景的实验结果如图 11.7 所示，横轴为训练回合数，纵轴为平均奖励，阴影部分为 5 次试验标准差。可以看出 DQN 在面对单一策略时表现不错，但是在面对混合策略时，DPIQN 和 DRPIQN 效果更加明显。同时在 2 vs. 2 场景中，DPIQN 可以进行有效合作。

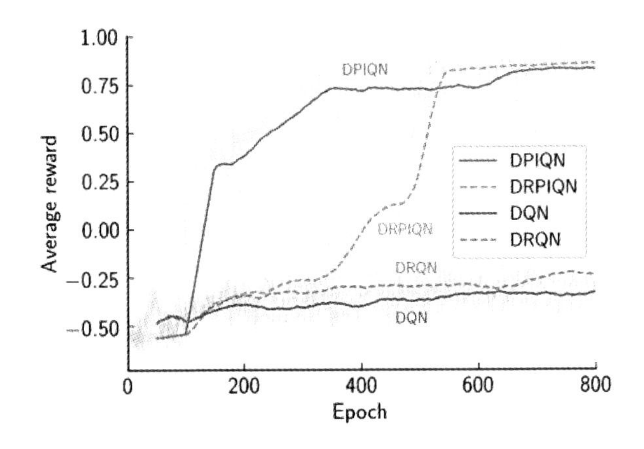

图 11.6　1 vs. 1 的足球场景学习曲线 [19]

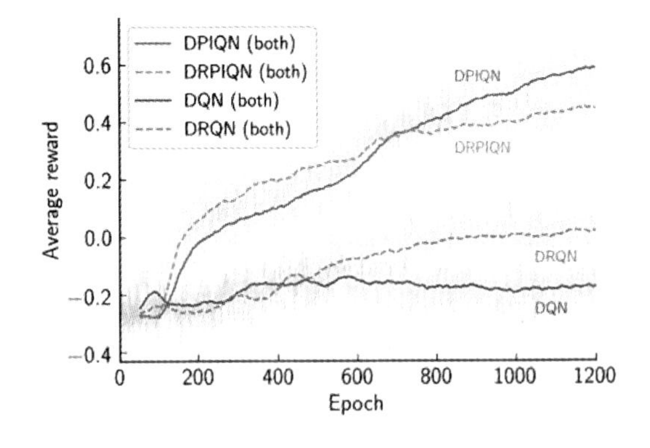

图 11.7　2 vs. 2 的足球场景学习曲线 [19]

2. 基于循环推理的对手建模方法

以 DRON 为基础的一系列工作通过学习其他智能体行为的模型来预测它们的行为。然而，它们并没有考虑到其他智能体的学习过程，这正是 LOLA [12] 希望解决的问题。智能体会考虑其他智能体的参数更新，以最大化自己的奖励。

在很多场景中，往往对手也可以预测我们的行为，在这种情况下很难直接建模对手行为。面对这一场景，基于循环推理的算法被提出，代表算法是 LOLA。LOLA 的主要想法是，在进行策略梯度更新时，考虑对手对于更新之后策略的反应，通过这样的反应预测来二次修改策略更新的梯度。即通过在策略梯度计算时引入额外的修正项，考量智能体策略对于其余智能体学习过程的影响。在引入该项后，智能体在重复囚徒困境（IPD）问题及类似的问题中能够产生互利及协作行为。

具体来说，文章首先将 MARL 场景建模为 Naive Learner（NL）。假定智能体 a 的策略 π^a 被 θ^a 参数化，$V^a(\boldsymbol{\theta}^1,\boldsymbol{\theta}^2)$ 表示智能体 a 的期望的累积折扣奖励，是所有智能体策略参数 (θ^1,θ^2) 的函数。NL 通过以下迭代过程不断更新两个智能体的参数：

$$\boldsymbol{\theta}_{i+1}^1=\boldsymbol{\theta}_i^1+\boldsymbol{f}_{\mathrm{nl}}^1(\boldsymbol{\theta}_i^1,\boldsymbol{\theta}_i^2) \tag{11.10}$$

$$\boldsymbol{f}_{\mathrm{nl}}^1=\nabla_{\boldsymbol{\theta}_i^1}V^1(\boldsymbol{\theta}_i^1,\boldsymbol{\theta}_i^2)\cdot\delta \tag{11.11}$$

而 LOLA 对于上述迭代过程的改进点在于，LOLA 提前一步预见其余智能体的学习过程（one step look-ahead），并在此基础上优化期望累积折扣奖励。

LOLA 需要假定智能体 a 能够得到其余智能体的策略参数，然而在很多现实场景中很难满足这个假设。为了解决这个问题，LOLA 使用对手建模，根据历史数据估算其余智能体的参数：

$$\hat{\boldsymbol{\theta}}^2=\underset{\boldsymbol{\theta}^2}{\operatorname{argmax}}\sum_t\log\pi_{\boldsymbol{\theta}^2}(u_t^2\mid s_t) \tag{11.12}$$

3. 预测对手目标的对手建模方法

在前文提到的对手建模方法中，对手的模型都是通过观察对手的轨迹，建模对手的策略得来的，而 SOM [26] 假设对手有多个目标，每个目标可以理解为相似但不完全相同的任务。基于这一点 SOM 提供了一种不同的方法，使用智能体自己的策略并基于对手所处的状态，推断对手智能体的目标，从而达到更好的合作或竞争的表现。

SOM 文中使用 self 代表自己，other 代表对手（或合作者，均称为对手）。在 SOM 中，对手的目标用 one-hot 向量编码，使用策略网络反向传播显式优化对对手目标的信念。在 SOM 的网络结构中，仅用一个网络同时维护自己的策略以及用于估计对手的目标，图 11.8 展示了 SOM 的网络结构。

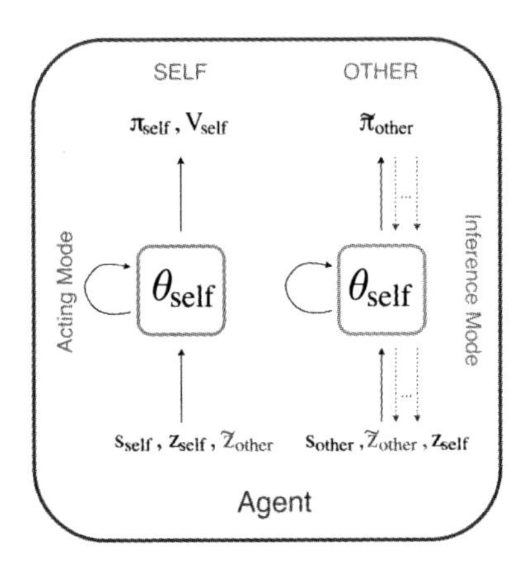

图 11.8 SOM 的网络结构 [26]

SOM 网络通过不同含义的输入和输出，实现不同的功能，分为动作模式（action mode）和推理模式（inference mode），依次对应以下两个式子。

$$f_{\text{self}}(s_{\text{self}}, z_{\text{self}}, \tilde{z}_{\text{other}}; \theta_{\text{self}}) \tag{11.13}$$

$$f_{\text{other}}(s_{\text{other}}, \tilde{z}_{\text{other}}, z_{\text{self}}; \theta_{\text{self}}) \tag{11.14}$$

动作模式 (f_{self}) 前馈用于选择动作，输入为自己的状态、自己的目标和预测的对手的目标，输出为自己的策略分布（动作概率分布）π 和 V 值：

$$\begin{bmatrix} \pi^i \\ V^i \end{bmatrix} = f^i(s^i_{\text{self}}, z^i_{\text{self}}, \tilde{z}^i_{\text{other}}; \theta^i) \tag{11.15}$$

其中 self 和 other 下标代表自己和对手，上标 i 表示智能体序号，s^i_{self} 为自己的状态，z^i_{self} 使用 one-hot 向量编码自己的目标，$\tilde{z}^i_{\text{other}}$ 使用 one-hot 向量编码对对手的目标的预测，神经网络函数 f 由 θ 初始化。

推理模式（f_{other}）输入为对手的状态、预测的对手目标和自己的目标，输出对手的策略分布。整个推理的流程即智能体使用观测的对手动作作为监督信号，先通过反向传播优化 $\tilde{z}_{\text{other}}$，然后将其作为 f_{self} 输入的一部分。需要注意的是，由于 $\tilde{z}_{\text{other}}$ 采用 one-hot 编码，是不可微的，所以需要将其转换为可微的 Gumbel-Softmax 分布 $\tilde{z}_{\text{other}}^{G}$。

11.3.2 显式的对手建模方法

本节主要介绍显式的对手建模。显式的对手建模需要显式地进行对手策略分类，并在博弈过程中检测对手策略，并基于检测结果采取相应的应对策略，以实现博弈。隐式建模类算法的优点在于实现简单，通用性较强；而显式建模算法的优点在于使用针对性的应对策略，能够取得更优的博弈结果，适用于对博弈性能要求高的场景。

1. BPR+ 算法

贝叶斯策略重用算法（Bayesian Policy Reuse，BPR [27]）最早用于智能体在多任务学习中针对未知任务时，快速识别正在面临的任务类型，并选择最佳的策略解决当前的任务。具体来说，给定一系列已经解决的任务集合 $\mathcal{T}$，面临一个未知任务 τ^*，智能体的目标是尽快从策略库 Π 中选择一个最佳策略 π^*，解决当前任务。贝叶斯策略重用算法的核心在于利用信念 β 的思想，维护一个任务集上 $\mathcal{T}$ 的概率分布，在给定奖励信号 σ 的基础上，衡量当前未知任务 τ^* 与已知任务的匹配程度。信念分布通常根据先验概率初始化，并在每个时间步 t 根据贝叶斯规则（Bayes' rule）更新：

$$\beta_t(\tau)=\frac{P\left(\sigma_t \mid \tau, \pi\right) \beta_{t-1}(\tau)}{\sum_{\tau^{\prime} \in \mathcal{T}} P\left(\sigma_t \mid \tau^{\prime}, \pi\right) \beta_{t-1}\left(\tau^{\prime}\right)} \tag{11.16}$$

奖励信号 σ 可以是与策略的表现相关的任何指示信息，例如，即时奖励，一局内的累计收益等。此外，贝叶斯策略重用算法还包含一系列性能模型，该模型描述了策略集中的每个策略 π 在任务集中的每个任务上的收益分布。具体而言，一个性能模型 $P(U \mid \tau, \pi)$ 是策略 π 在任务 τ 上获得所有可能收益的概率分布。

BPR 算法解决了单智能体多任务学习，此后，Hernandez-Leal 等人 [16] 将 BPR 的思想扩展到多智能体系统，提出了 BPR+ 算法。该算法将对手建模成马尔可夫决策过程，将不同类型的对手模型视作不同任务，并通过贝叶斯策略重用技术对其进行检测。此外，BPR+ 还引入了未知对手模型检测机制，令 r_π^i 为策略 π 在第 i 轮的即时奖励，则对手模型为 τ 的概率由性能模型给出：$p_i^\tau = P\left(r_\pi^i \mid \tau, \pi\right)$。令 $\hat{p}_i^\tau$ 为其在第 $i-n, \cdots, i$ 轮的移动平均:$\hat{p}_i^\tau = \sum_{j=1,\cdots,n} \frac{p_{i-j}^\tau}{n}$。当对于对手库 $\mathcal{T}$ 中的所有对手模型 τ，在最后 n 步均有 $\hat{p}_i^\tau < \rho$ 时，BPR+ 认为产生了新的对手。其中 n 与 ρ 均为算法参数，前者代表检测新对手模型所需轮数，后者代表确定新对手出现的阈值。

在确认出现新对手后，BPR+ 在线与其进行交互，学习新的对手模型 τ_{new} 与新的响应策略 π_{new}，并将它们分别并入对手模型库 $\mathcal{T}$ 与策略库 Π 中。此外还需要更新性能模型 $P(U \mid \tau, \pi)$。至此 BPR+ 可以在线检测对手并动态地选择重用已知策略或学习新策略。

2. Deep BPR+ 算法

随着深度学习的发展，对于更为复杂的环境与对手，使用神经网络进行对手建模无疑成为更好的选择。基于这一想法，郑岩等人 [35] 提出 Deep BPR+ 算法，使用神经网络对对手策略进行建模，并将其加入信念分布的更新公式中。此外，Deep BPR+ 还借鉴了策略蒸馏 [28] 的思想，提高了新策略的学习效率。

在 BPR+ 算法中，信念的更新只依赖于奖励信号 σ，这种做法存在的问题是如果当前策略 π 对回报并不敏感，比如对所有对手模型库的对手回报都相同，那么信念将不会更新。极端情况下，智能体可能要随机遍历全部策略库才能切换到针对当前对手模型表现最好的策略。随着策略库的不断扩展或对手切换策略的频率增加，BPR+ 算法的效果会不断下降。Deep BPR+ 通过将对手模型引入信念更新来解决这一难题，我们称之为改进的信念模型（Rectified Belief Model，RBM）：

$$\beta^t(\tau) = \frac{p(\tau)P(\sigma^t \mid \tau, \pi^t)\beta^{t-1}(\tau)}{\sum_{\tau' \in \mathcal{T}} p(\tau')P(\sigma^t \mid \tau', \pi^t)\beta^{t-1}(\tau')} \tag{11.17}$$

其中，$p(\tau) \equiv p(\hat{\tau} \mid \hat{\tau}_o)$ 代表当前在线学到对手策略为 $\hat{\tau}_o$ 的情况下，对手策略为 $\hat{\tau}$ 的后验概率。该值可以用下式来计算：

$$p(\tau) \equiv p(\widehat{\tau} \mid \widehat{\tau}_o) = \sum_{\tau_i \in \mathcal{T}} D_{\text{KL}}(\widehat{\tau}_1, \widehat{\tau}_2) / D_{\text{KL}}(\widehat{\tau}_1, \widehat{\tau}_2). \tag{11.18}$$

其中，$D_{\text{KL}}(\widehat{\tau}_1, \widehat{\tau}_2)$ 代表策略 τ_1 与 τ_2 之间的 KL 散度（Kullback-Leibler divergence），即策略间相似度。KL 散度可由下式近似得到：

$$D_{\mathrm{KL}}(\widehat{\tau}_1,\widehat{\tau}_2)\approx\mathbb{E}_{(s,a)}\ln\left\{\frac{\widehat{\tau}_1(s,a)}{\widehat{\tau}_2(s,a)}\right\}\tag{11.19}$$

使用对手策略的相似度与性能模型共同更新信念分布使得算法对于对手的检测更为准确。此外，使用随机采样求解对手策略时，为避免过拟合与缓解高方差问题，我们向损失函数中加入熵正则化项：

$$L(\theta)=-\mathbb{E}_{s_i,a_i}[\log\hat{\tau}(a_i\mid s_i)+H(\hat{\tau})]\tag{11.20}$$

至此，算法可以高效地检测对手并重用已知策略，但对于一个新的对手，从零开始学习无疑是低效的。Deep BPR+ 算法使用策略蒸馏网络（Distilled Policy Network，DPN）来解决这个问题。由于在同样的环境中，对手策略之间具有相似性，因此可以采用策略蒸馏的思想，共享策略库中策略的卷积层，而使用不同的标签在控制层间切换。如图 11.9(a) 所示，DPN 由一个共享的卷积层和多个独立的控制器层组成，每个控制器层都代表不同的响应策略。通过将共享的卷积层与相应的控制层连接起来，向 DPN 输入不同的标签即可进行快捷的响应策略之间的切换。具体来说，针对对手的 n 个不同策略分别训练响应策略，并通过不同的标签进行区分。使用 n 种标签的训练数据进行监督学习，从而将多个策略合并成一个 DPN。与为每个响应策略训练一个独立的卷积层相比，这种架

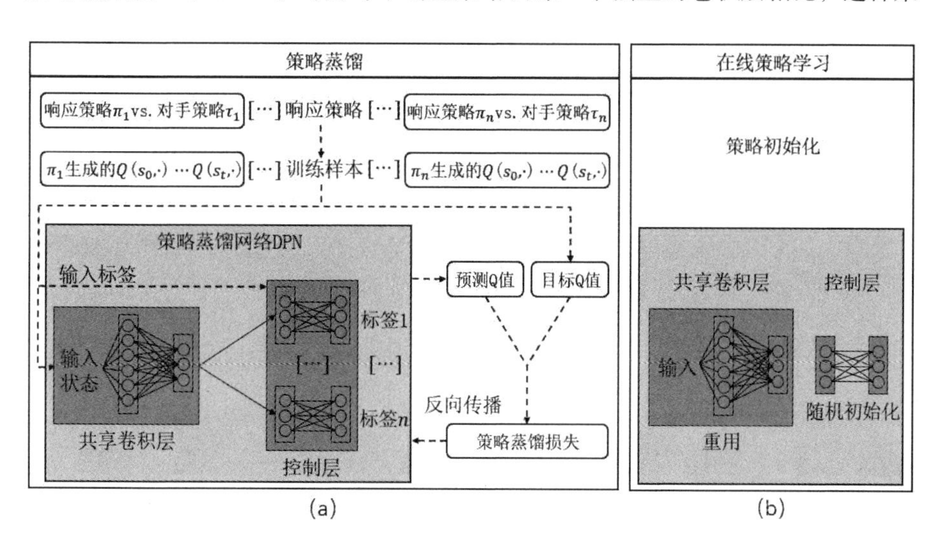

图 11.9　策略蒸馏网络和策略初始化[35]

构迫使共享卷积层针对不同的对手学习更一般化的特征，从而更好地描述环境。如图 11.9(b) 所示，当遇到新的对手时，通过将 DPN 中学习到的共享卷积层与随机初始化的控制层连接，初始化启动策略。与直接重用响应策略相比，Deep BPR+ 能够更有效、更健壮地学习不同的对手。

3. Bayes-ToMoP

Deep BPR+ 通过对手建模来辅助信念模型的更新，从而提升算法的鲁棒性，但建模方式较为简单，只适用于固定策略的对手。当对手表现出较为复杂的行为，比如会根据其他智能体策略进行推理决策时，简单的对手建模方式将不再适用，因此我们引入心智理论（Theory of Mind，ToM [11]）来打败这些更为复杂的对手，这就是 Bayes-ToMoP 算法 [33]。

心智理论是一种递归推理技术，它描述了一种认知机制，该机制将诸如信念、欲望和意图等不可观察的心理内容明确归因于其他智能体，并用嵌套信念并"模拟"其他智能体的推理过程来预测它们的行为。将心智理论与贝叶斯策略重用相结合，不仅可以快速准确地检测非平稳对手，还可以检测更复杂的对手。

心智理论将智能体划分为不同的等级，称为具有 k 阶心智。Bayes-ToMoP$_k$ 表示智能体具有最多 k 层的递归推理能力，一些研究工作表明递归推理能力的优势随着层次的逐渐加深而减弱。因此，本节主要对前两层的 Bayes-ToMoP 算法展开介绍，即 Bayes-ToMoP$_0$（如图 11.10 所示）和 Bayes-ToMoP$_1$（如图 11.11 所示）。更高层次的 Bayes-ToMoP$_k$$(k > 1)$ 算法可参考这两类算法的构造方式，结合更高层次的 ToM 模型实现。

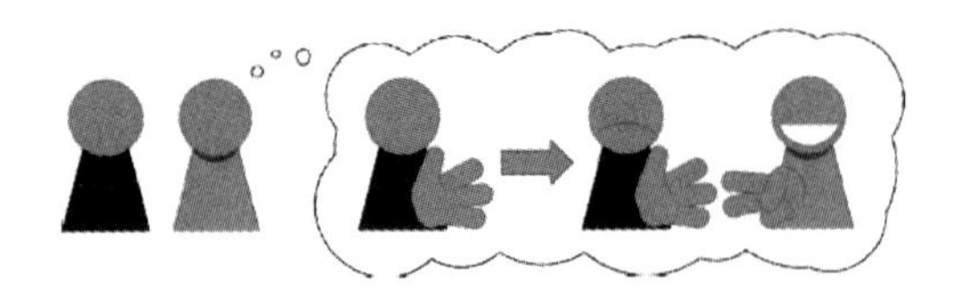

图 11.10　Bayes-ToMoP$_0$ 模型推理示意图 [11]

图 11.11　Bayes-ToMoP$_1$ 模型推理示意图 [11]

Bayes-ToMoP$_0$ 算法的输入为智能体的策略库 Π 与对手策略库 $\mathcal{J}$, 以及 0 阶性能模型 $P_0(U \mid \mathcal{J}, \Pi)$，其策略重用公式如下：

$$\pi^* = \arg\max_{\pi\in\Pi} \int_{\bar{U}}^{U^{\max}} \sum_{j\in\mathcal{J}} \beta^{(0)}(j) P_0(U^+ \mid j, \pi) \mathrm{d}U^+ \tag{11.21}$$

这种在传统 BPR 上进行改进的启发式方法称作 BPR-EI [27]，该方法考虑了在当前的最好估计收益 $\bar{U} = \max_{\pi\in\Pi} \sum_{\tau\in\mathcal{T}} \beta(\tau) E[U \mid \tau, \pi]$ 上，依据最有可能实现任何高于当前最好收益 $\bar{U}$ 的性能提升 $\bar{U} < U^+ < U^{\max}$ 来选择策略。之后环境返回该回合的奖励值 r_{self}，智能体根据下式更新 0 阶信念分布：

$$\beta^{(0)}(j) = \frac{P_0(r_{\text{self}} \mid j, \pi)\, \beta^{(0)}(j)}{\sum_{j'\in\mathcal{J}} P_0(r_{\text{self}} \mid j', \pi)\, \beta^{(0)}(j')} \tag{11.22}$$

值得注意的是，除了策略重用公式的区别，Bayes-ToMoP$_0$ 在本质上等同于 BPR 算法。而 Bayes-ToMoP$_1$ 算法额外引入了一阶信念分布，从而使算法可以应对更复杂的对手。Bayes-ToMoP$_1$ 的输入为智能体的策略库 Π 与对手策略库 $\mathcal{J}$, 0 阶性能模型 $P_0(U \mid \mathcal{J}, \Pi)$，一阶性能模型 $P_1(U \mid \mathcal{J}, \Pi)$ 以及一阶置信度 $c_1\,(0 \leqslant c_1 \leqslant 1)$。其中一阶性能模型代表智能体站在对手角度选择每个已知对手策略 j 应对自己每个策略 π 获得收益的概率分布，结合一阶信念分布 $\beta^{(1)}$ 即可求解一阶对手预测：

$$\hat{j} = \arg\max_{j\in\mathcal{I}} \int_{\bar{U}}^{U^{\max}} \sum_{\pi\in\Pi} \beta^{(1)}(\pi) P_1(U \mid \pi, j) \mathrm{d}U \tag{11.23}$$

之后，使用一阶置信度 c_1 来集成一阶对手预测 $\hat{j}$ 与 0 阶信念分布 $\beta^{(0)}$:

$$I\left(\beta^{(0)}, \hat{j}, c_1\right)(j) = \begin{cases} (1-c_1)\beta^{(0)}(j) + c_1 & \text{if } j = \hat{j} \\ (1-c_1)\beta^{(0)}(j) & \text{otherwise} \end{cases} \tag{11.24}$$

在这里 c_1 的作用是平衡预测模型 $\hat{j}$ 可能与零阶信念模型存在的冲突，即预测策略 $\hat{j}$ 在零阶信念分布中的概率 $\beta^{(0)(\hat{j})}$ 不是最大的甚至很小。之后选择重用策略：

$$\pi^* = \arg\max_{\pi\in\Pi} \int_{\bar{U}}^{U^{\max}} \sum_{j\in\mathcal{J}} I(\beta^{(0)}, \hat{j}, c_1)(j) P_0(U \mid j, \pi) \mathrm{d}U \tag{11.25}$$

执行策略后环境返回自身奖励 r_{self} 与对手奖励 r_{oppo}, 之后分别更新信念分布:

$$\beta^{(1)}(\pi)=\frac{P_1(r_{\text{oppo}}\mid\pi,\hat{j})\beta^{(1)}(\pi)}{\sum_{\pi'\in\Pi}P_1(r_{\text{oppo}}\mid\pi',\hat{j})\beta^{(1)}(\pi')} \tag{11.26}$$

$$\beta^{(0)}(j)=\frac{P_0(r_{\text{self}}\mid j,\pi)\beta^{(0)}(j)}{\sum_{j'\in\mathcal{J}}P_0(r_{\text{self}}\mid j',\pi)\beta^{(0)}(j')} \tag{11.27}$$

之后，更新一阶置信度，首先引入变量 $v_i=\frac{\sum_{i-l}^{i}r_{\text{self}}}{l}$ 用于描述从当前回合 i 到过去一段时间长度 l 下的平均胜率。如果智能体前后两个回合的平均胜率呈上升趋势（$v_i\geqslant v_{i-1}$），则 Bayes-ToMoP$_1$ 算法以 λ 的调整比例增大一阶置信度 c_1；如果前后两个回合的平均胜率呈下降趋势但仍然大于一个预设的阈值 δ, 则意味着一阶信念分布的优势在逐渐减小，因此 Bayes-ToMoP$_1$ 算法以衰减因子 $\frac{\lg v_i}{\lg(v_i-\delta)}$ 减小一阶置信度 c_1；如果当前回合的平均胜率小于给定阈值 $v_i\leqslant\delta$, Bayes-ToMoP$_1$ 算法对一阶信念分布的置信度降为零，则意味着 Bayes-ToMoP$_1$ 算法退化为 Bayes-ToMoP$_0$ 算法。具体公式如下：

$$c_1=\begin{cases}((1-\lambda)c_1+\lambda)F(v_i) & \text{if } v_i\geqslant v_{i-1}\\ \left(\dfrac{\lg v_i}{\lg(v_i-\delta)}c_1\right)F(v_i) & \text{if } \delta<v_i<v_{i-1}\\ \lambda F(v_i) & \text{if } v_i\leqslant\delta\end{cases} \tag{11.28}$$

其中, δ 是平均胜率 v_i 的下限, 表示了智能体一阶预测行为与对手真实行为之间差异的最大容忍程度。$F(v_i)$ 是一个二元指示函数, 控制一阶置信度 c_1 更新的方向。具体来说，Bayes-ToMoP$_1$ 在每回合 i 检测到对手类型变化时，即平均胜率 v_i 低于阈值 δ 时，函数 $F(v_i)$ 的值按如下公式更新，具体公式如下：

$$F(v_i):=\begin{cases}1 & \text{if } (v_i\leqslant\delta\&F(v_i)=0)\\ 0 & \text{if } (v_i\leqslant\delta\&F(v_i)=1)\end{cases} \tag{11.29}$$

最后, 针对新对手的检测以及策略库、性能模型的更新与 Deep BPR+ 算法中描述的类似，此处不再赘述。

11.4 基于群体自博弈的竞争学习算法

在很多场景中，我们无法获得竞争对手的策略，例如军事对抗。在这种场景中如何保证策略稳定提升，获得具有竞争力的算法是一个研究难点。在这一场景下，通过自博弈的方式实现博弈策略学习是一个主流研究思路，其核心思想是使用自身策略作为博弈对手进行博弈，经过一段时间的学习，自身策略的性能有所提升，此时将当前最新的自身策略作为最新的博弈对手继续学习，此过程不断迭代执行，以实现自身策略的持续训练。代表性工作有：Alpha Zero [29]，Alpha Star [31]，此类算法通常从指定的初始策略开始自博弈，使用一定的博弈匹配机制（如仅和自身博弈、或与自博弈过程中产生的所有策略博弈），进行策略学习。

本节根据博弈学习相关算法发展的顺序进行介绍。首先是自博弈机制，自博弈机制实现简单，但是由于只将当前最新的自身策略作为对手对抗，面临着严重的策略遗忘问题。随后虚拟自博弈被提出，通过与历史上的对手进行博弈，解决策略遗忘问题。但虚拟自博弈将所有的历史对手一视同仁，一些已经可以完全打败的对手，虚拟自博弈还会与其对抗进行策略提升，导致算法训练效率低下。为了解决虚拟自博弈训练效率低的问题，优先级虚拟自博弈提出根据胜率给胜率高的对手更高的被选择的概率，给胜率低的对手更低的被选择的概率，提升算法学习的效率与性能。但以上方法都是从如何选择博弈对象的角度出发的，如何提供更有价值的博弈对象是一个重要的研究课题。AlphaStar 通过构建联盟提出三种训练目标来添加博弈对象，通过不断提升联盟的鲁棒性来使得学习策略更加鲁棒。下面我们将分两个小节介绍自博弈机制与联盟训练机制。

11.4.1 自博弈机制

本节主要介绍自博弈机制。自博弈机制是通过不断地把自己当作对手，训练自己打败固定的之前时刻的自己，从而获得性能提升的训练机制。

1. 自博弈机制

自博弈（self-play，SP）机制，简而言之，就是自己对战自己。最基础的自博弈机制，就是在每一时刻，都使用当前最新的策略作为对手产生决策，而后以打败对手作为目标进行当前时刻的训练，从而产生新的策略。如此循环往复，以提升性能。

AlphaGo Zero [29] 中就使用了这样的自博弈训练机制，如图 11.12 所示。在每一个时间步 t，我们需要基于当前状态 s_t，使用当前最新的策略神经网络得到相应策略 π_t，并采样得到需要执行的动作 a_t。而同时，每一步的训练目标，就是尽可能地打败对手，也即训练策略，使得其尽可能地打败前一时刻的策略。AlphaGo Zero 通过这种自博弈机制，从随机策略开始，不结合监督学习或者使用人类数据，就能在围棋游戏上达到人类大师级别的水平。

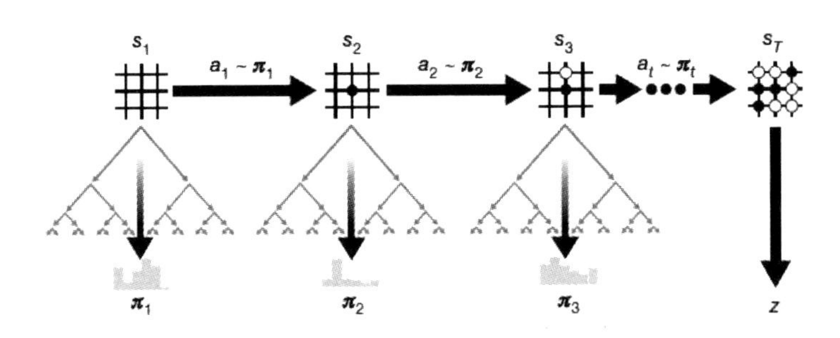

图 11.12　AlphaGo Zero 训练中的自博弈机制示意图 [29]

然而，这种自博弈方法最大的问题在于其可能导致“胜率环”的出现，也即模型 A 可以打败模型 B，模型 B 可以打败模型 C，而模型 C 却又可以打败模型 A。这种循环就会导致训练陷入僵局，严重地影响训练效率。

2. 虚拟自博弈

针对自博弈机制可能会导致“环”出现的问题，我们可以通过打败过去若干策略的方式进行策略训练，而不只是关注当前最新的策略。这种方法叫作虚拟自博弈（Fictitious self-play，FSP），典型的做法就是建立对手池，在训练过程中每隔一段时间向对手池中存入当前模型，而每一步的训练目标，就是打败均匀随机地从对手池中选出的若干模型。FSP 可以在没有先验知识的情况下，端对端地直接学习近似的纳什均衡，这也是一种经典的基于自我对局的博弈论模型，主要解决的是非完美信息下的扩展形式的博弈问题 [15]。

虚拟自博弈的一个扩展是神经网络虚拟自博弈（Neural Fictitious Self-Play，NFSP）[14]，其在 FSP 基础上额外引入了神经网络来做近似。NFSP 通过结合深度强化学习和虚拟自博弈，在德州扑克中表现亮眼，接近人类专家水平。

3. 优先级虚拟自博弈

AlphaStar [31] 将虚拟自博弈机制扩展为优先级虚拟自博弈制（Prioritized Fictitious Self-play，PFSP），通过给对手池中的模型建立不同的优先级，提升了自博弈的效率。在这里，用不同的权重表示以不同优先级选择对手博弈。通常来说，我们会以更大的概率选择无法打败的对手作为博弈对象，而以更小的概率选择那些胜率较高的对手作为博弈对象。

为了实现优先级虚拟自博弈，需要进行报酬估计，维护一个和各个对手进行博弈的胜率矩阵，胜率矩阵会根据每一轮博弈的结果实时更新。使用报酬估计来为对手选取的概率进行赋值，公式定义在式 (11.30) 中：

$$\frac{f(\mathbb{P}[A \text{ beats } B])}{\sum_{C\in\mathcal{C}} f(\mathbb{P}[A \text{ beats } C])} \tag{11.30}$$

其中 $f:[0,1]\to[0,\infty)$ 是权重函数。为了让难以打败的对手有更大的概率被选中，这里使用 $f_{\text{hard}}(x)=(1-x)^p$ 来进行选择，其中 p 是一个常数，用于控制函数分布。当 $f_{\text{hard}}(1)=0$，意味着这个对手可以被完全打败，不会被选择。通过将注意力更多地放到打败较难的对手，算法更加注重打败池子中的所有对手而不是提升算法的平均性能。我们可以将虚构自博弈看成是最大化均值，而优先级虚拟自博弈更像是对抗的最大最小化思想[1]。

图 11.13 给出了三种自博弈方法直观的示意图。其中传统自博弈方法每次选择的对手就是最新的自身模型。为了避免自博弈可能出现成“环”的问题，虚拟自博弈策略在选择对手时统一考虑过去的若干模型并维护对手池，即当对手池中模型数量为 n 的时候，选择每一个模型作为对手的概率都是 $\frac{1}{n}$。进一步地，

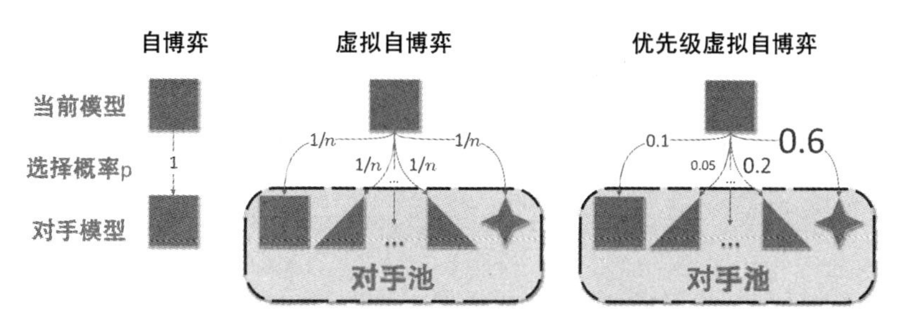

图 11.13　三种自博弈方法示意图

[1]最大化最小化思想指通过不断与胜率最小的对手进行博弈来提升针对该对手的胜率，而最大化均值的思想则是和所有对手进行博弈，希望提升整体胜率。

优先级虚拟自博弈通过给予对手池中不同模型不同优先级的考虑，可以提升训练效率。

值得一提的是，AlphaStar 使用了优先级虚拟自博弈，与传统自博弈或者虚拟自博弈相比，这在很大程度上提升了训练性能，并且规避了传统的自博弈表现出的成“环”的现象所带来的遗忘问题。

11.4.2 联盟训练

尽管基于自博弈的方法可以快速提升算法性能，但在算法提升过程中存在着严重的策略遗忘问题，使得算法在经过一段时间训练后无法打败过去可以打败的对手。因此为了获得更加鲁棒的算法，AlphaStar 提出了联盟训练，用于提升博弈策略的多样性，获得更加鲁棒的学习算法。联盟训练提出了三组对抗目标，也即三组联盟[2]：主智能体、主开发者集合、联盟开发者集合。三组联盟各有侧重，为最终策略的训练提供了丰富多样的对手选择。具体流程如图 11.14 所示。

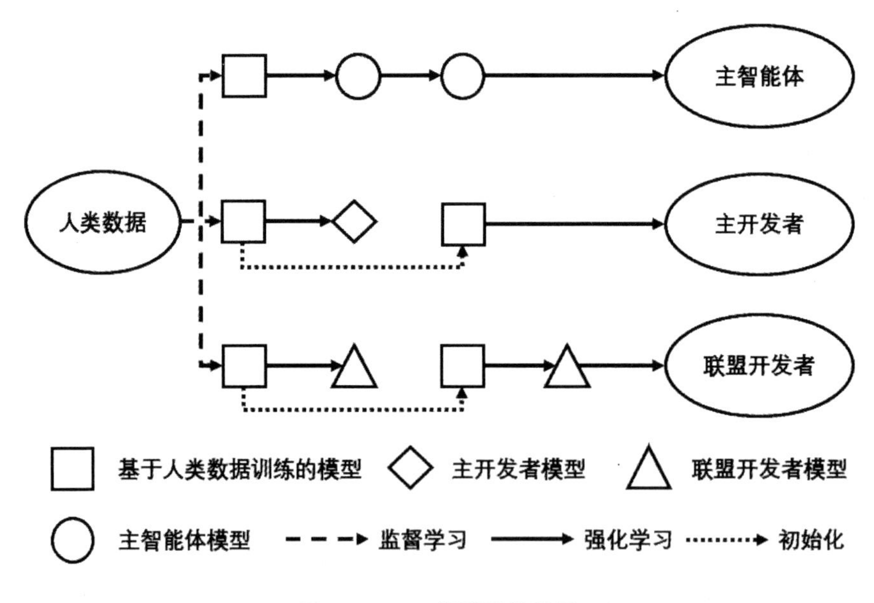

图 11.14　三组联盟流程图

其中主智能体集合的目的是训练一个最强的鲁棒性策略，也是最终用于部署的策略。主开发者需要不断和主智能体集合进行对抗，用于寻找目前主智能体

[2]联盟，也即对手池（agent pool），是在训练过程中根据一定规则维护的历史模型的集合。在 AlphaStar 论文中，作者用 league 表示，这里为了与原始论文保持一致，译作“联盟”。

集合的弱点，不要求该策略的鲁棒性，但是可以使主智能体集合更加鲁棒。联盟开发者用于寻找联盟中策略无法打败的对手，即寻找联盟存在的弱点，用于补充到联盟中，提升联盟的鲁棒性。

三种联盟有不同的训练策略，下面我们将详细展开介绍。

主智能体集合设置了三种不同的优先级，进行优先级虚拟自博弈（PFSP）。三种优先级如下：

- 有 35% 的概率与将自身作为对抗目标，进行算法训练。
- 有 50% 的概率与所有联盟中的模型博弈，包括主智能体，联盟开发者，主开发者三部分。
- 有 15% 的概率与历史上训练主智能体得到的现在无法打败的模型博弈。

联盟开发者的训练目标比较单一，直接与联盟对抗，寻找联盟无法打败的对手策略，将它添加到联盟中，提升联盟的鲁棒性。

主开发者的目的是寻找主智能体的缺陷，通过如下方式训练：

- 有 50% 的概率或者当和主智能体胜率低于 20% 时，和主智能体集合进行带权重的虚拟自博弈。
- 有 50% 的概率和当前的主智能体进行对抗。

三种训练方式都会将自己训练好的模型权重按照一定的时间间隔放入联盟当中，当主开发者和联盟开发者有 70% 的概率击败其他对手时，会被加入联盟中。

如图 11.16 所示，主开发者和联盟开发者隔一段时间就会重置为有监督学习得到的智能体，避免三个策略集合相对于人类的策略出现偏置，即刻画的行为应该接近人类行为，以增加对抗人类策略的稳定性。

11.5 实际应用

竞争式多智能体算法使强化学习拥有更广泛的应用领域，如游戏 AI 与军事对抗等。这些应用一方面展示了竞争式多智能体算法的有效性，另一方面也突显出了该领域的巨大价值与应用前景。本节介绍对手建模和博弈学习技术在小规模对抗和大规模博弈场景中的应用案例，从而让读者更进一步体会竞争式多智能体算法在实际场景中发挥的作用与价值。

潮人篮球（见图 11.15）是一款网易公司推出的篮球类竞技游戏，在游戏中玩家扮演一名篮球运动员同队友合作与其他队伍对抗。不同的对手可能有不同的策略，例如在图 11.15 中，左图对手采用的是上篮策略，右图对手采用的是直接投掷三分球的策略。

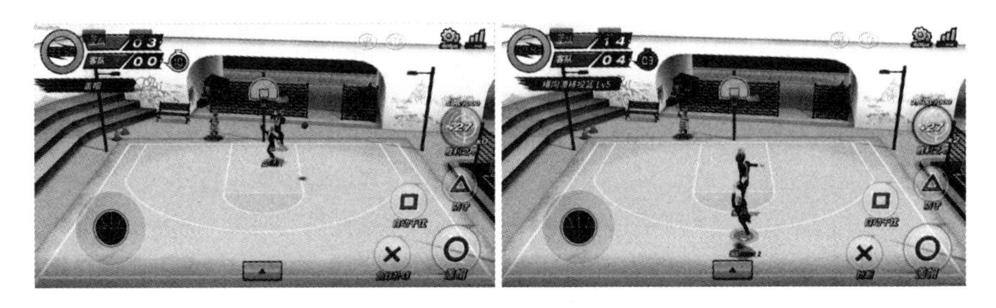

图 11.15　商业游戏软件-潮人篮球

图 11.16　星际争霸

一方面，在这一场景中，学者们试图使用 Deep BPR+ [36] 构建更加智能的游戏 AI，通过准确侦测对手所采取的策略，快速调整自身策略进行应对，达到游戏中顶尖玩家的水平。实验结果表明，Deep BPR+ 训练的智能体能够准确识别对手类型，并快速响应；增强了游戏的可玩性与挑战性，使得游戏 AI 不再呆板。实验结果从侧面印证了 Deep BPR+ 算法在应对复杂多变的非静态对手时的有效性及其在游戏场景中的应用前景。

另一方面，基于博弈学习的应用，则是星际争霸中的 AlphaStar。不同于在星际争霸某几种地图上进行单兵种或多兵种对抗，玩家需要扮演指挥官，通过建造以及指挥上百个单位来打败对手。主要游戏流程可以分为四步：第一步是控制单位抢占资源点，对资源进行采集。第二步是通过消耗资源构建基础设施，发展科技，生产不同种类的兵种或为兵种增加某种能力，这一阶段的目的主要是构建出具有一定作战能力的部队。第三步是由于不同种类的单位存在相生相克的关系，玩家需要不断侦察对手动向，判断对手的策略，及时调整指挥策略与生产策略，对对手进行反制。第四步是作战时玩家需要控制不同兵种布局，走位拉扯，释放技能，达到损失最小化，歼灭敌人的目的。

而这一问题的难点主要来自于以下三方面：第一，对手策略种类规模十分庞大且控制单位的动作空间十分庞大。第二，智能体需要感知三维世界中的信息，包括自身属性，对手信息以及建筑属性等。第三，观测维度十分庞大，观测信息部分可知（有战争迷雾），一局游戏需要非常大量的决策且每次决策都需要基于十分复杂的信息。第四，稀疏奖励问题。

在这一场景中，学者们试图找到一个更加强力的算法在不给定对手的情况下训练出一个可以打败任意对手的策略，这对算法的有效性与鲁棒性都提出了极高的挑战。2019 年，DeepMind 提出 AlphaStar，首先通过监督学习训练初始化模型，随后使用基于联盟训练的优先级虚拟自博弈提升算法，通过维护训练过程中发现的各类策略保证对手的多样性，得到更加鲁棒的算法模型。AlphaStar 融合了强化学习最先进的技术，仅通过在 16 个 TPU 上 14 天的训练就打败了星际职业选手，超过了 99.8% 的人类玩家。AlphaStar 在极度复杂的即时策略场景中再次击败人类，成为基于群体自博弈竞争学习算法的里程碑。AlphaStar 的成功主要取决于两方面：第一，充分利用了人类数据，使得算法可以根据人类数据获得一个表现还可以的模型，大大降低了训练开销。第二，基于联盟训练的优先级虚拟自博弈，保证了算法模型的鲁棒性。AlphaStar 的成功也印证了基于群体博弈方法的有效性，是在大规模复杂博弈场景中获得鲁棒策略的有效方法，也为军事对抗等其他复杂博弈场景提供了新的技术支持。

11.6 小结

本节我们详细介绍了竞争式多智能体的发展与相关算法，分别从：① 通过隐式的对手建模解决非静态对手问题；② 通过显式对手建模解决复杂博弈关系带来的问题；③ 通过博弈学习解决没有对手的情况下如何提升算法的问题。

对手建模方法主要通过融合深度神经网络，增强了对无穷状态空间的表征能力，对早期算法进行了拓展与改进，实现了从简单到复杂博弈的跨越，提升了性能。无论从显式或隐式角度进行对手建模，其本质还是利用对手观测信息，构建有效的表征，辅助博弈策略学习。因此，如何设计更有效的对手表征方法，并探索其与多智能体博弈策略学习算法的有效融合，在与非静态对手的博弈中，进一步提升博弈策略的学习效果与效率，是我们面临的新机遇和挑战。

博弈学习则解决了没有对抗对手无法有效提升的问题，研究人员对博弈学习中存在问题的不断探索与研究，一定程度上解决了策略遗忘以及策略多样化等问题，但提升空间仍然很大，如何加速算法学习，更好地解决策略遗忘问题仍然是竞争式多智能体的热门研究方向。

这些算法为对抗式场景中如何博弈提供了新思路。竞争式强化学习算法让强化学习能够解决更多复杂的博弈问题，并不断推动多智能体领域向前发展。

参考文献

[1] ALBRECHT S V, RAMAMOORTHY S, 2015. A game-theoretic model and best-response learning method for ad hoc coordination in multiagent systems[J]. In Proceedings of the 12nd International Conference on Autonomous Agents and Multiagent Systems (AAMAS), 1155-1156.

[2] ALBRECHT S V, STONE P, 2018a. Autonomous agents modelling other agents: A comprehensive survey and open problems[J]. Artificial Intelligence, 258: 66-95.

[3] ALBRECHT S V, STONE P, 2018b. Autonomous agents modelling other agents: A comprehensive survey and open problems[J]. Artificial Intelligence, 258: 66-95.

[4] ARULKUMARAN K, CULLY A, TOGELIUS J, 2019. Alphastar: An evolutionary computation perspective[C]//Proceedings of the genetic and evolutionary computation conference companion. [S.l.: s.n.]: 314-315.

[5] BANERJEE D, SEN S, 2007. Reaching pareto-optimality in prisoner’s dilemma using conditional joint action learning[J]. Autonomous Agents and Multi-Agent Systems, 15(1): 91-108.

[6] BANSAL T, PACHOCKI J, SIDOR S, et al., 2017. Emergent complexity via multi-agent competition[J]. In Proceedings of the 6th International Conference on Learning Representations (ICLR).

[7] BILLINGS D, DAVIDSON A, SCHAUENBERG T, et al., 2004. Game-tree search with adaptation in stochastic imperfect-information games[C]//International Conference on Computers and Games. [S.l.]: Springer: 21-34.

[8] BROWN G W, 1951. Iterative solution of games by fictitious play[J]. Activity analysis of production and allocation, 13(1): 374-376.

[9] BUŞONIU L, BABUŠKA R, SCHUTTER B D, 2010. Multi-agent reinforcement learning: An overview[J]. Innovations in multi-agent systems and applications-1: 183-221.

[10] CARMEL D, MARKOVITCH S, 1998. Model-based learning of interaction strategies in multi-agent systems[J]. Journal of Experimental & Theoretical Artificial Intelligence, 10(3): 309-332.

[11] DE WEERD H, VERBRUGGE R, VERHEIJ B, 2013. How much does it help to know what she knows you know? an agent-based simulation study[J]. Artificial Intelligence, 199: 67-92.

[12] FOERSTER J N, CHEN R Y, AL-SHEDIVAT M, et al., 2017. Learning with opponent-learning awareness[J]. Proceedings of the 17th International Conference on Autonomous Agents and MultiAgent Systems, AAMAS.

[13] HE H, BOYD-GRABER J, KWOK K, et al., 2016. Opponent modeling in deep reinforcement learning[C]//International conference on machine learning. [S.l.]: PMLR: 1804-1813.

[14] HEINRICH J, SILVER D, 2016. Deep reinforcement learning from self-play in imperfect-information games[J]. arXiv preprint arXiv:1603.01121.

[15] HEINRICH J, LANCTOT M, SILVER D, 2015. Fictitious self-play in extensive-form games[C]//International conference on machine learning. [S.l.]: PMLR: 805-813.

[16] HERNANDEZ-LEAL P, TAYLOR M E, ROSMAN B, et al., 2016. Identifying and tracking switching, non-stationary opponents: A bayesian approach[C]//Workshops at the Thirtieth AAAI Conference on Artificial Intelligence. [S.l.: s.n.].

[17] HERNANDEZ-LEAL P, ZHAN Y, TAYLOR M E, et al., 2017. Efficiently detecting switches against non-stationary opponents[J]. Autonomous Agents and Multi-Agent Systems, 31(4): 767-789.

[18] HERNANDEZ-LEAL P, KARTAL B, TAYLOR M E, 2019. A survey and critique of multiagent deep reinforcement learning[J]. Autonomous Agents and Multi-Agent Systems, 33(6): 750-797.

[19] HONG Z W, SU S Y, SHANN T Y, et al., 2017. A deep policy inference q-network for multi-agent systems[J]. arXiv preprint arXiv:1712.07893.

[20] KURACH K, RAICHUK A, STAŃCZYK P, et al., 2020. Google research football: A novel reinforcement learning environment[C]//Proceedings of the AAAI Conference on Artificial Intelligence: volume 34. [S.l.: s.n.]: 4501-4510.

[21] LEDEZMA A, ALER R, SANCHIS A, et al., 2009. Ombo: An opponent modeling approach[J]. Ai Communications, 22(1): 21-35.

[22] LOGENTHIRAN T, SRINIVASAN D, KHAMBADKONE A M, 2011. Multi-agent system for energy resource scheduling of integrated microgrids in a distributed system[J]. Electric Power Systems Research, 81(1): 138-148.

[23] LOWE R, WU Y I, TAMAR A, et al., 2017. Multi-agent actor-critic for mixed cooperative-competitive environments[J]. Advances in neural information processing systems, 30.

[24] MANNOR S, SHAMMA J S, 2007. Multi-agent learning for engineers[J]. Artificial Intelligence, 171(7): 417-422.

[25] MONAHAN G E, 1982. State of the art—a survey of partially observable markov decision processes: theory, models, and algorithms[J]. Management science, 28(1): 1-16.

[26] RAILEANU R, DENTON E, SZLAM A, et al., 2018. Modeling others using oneself in multi-agent reinforcement learning[C]//International conference on machine learning. [S.l.]: PMLR: 4257-4266.

[27] ROSMAN B, HAWASLY M, RAMAMOORTHY S, 2016. Bayesian policy reuse[J]. Machine Learning, 104(1): 99-127.

[28] RUSU A A, COLMENAREJO S G, GULCEHRE C, et al., 2015. Policy distillation[J]. arXiv preprint arXiv:1511.06295.

[29] SILVER D, SCHRITTWIESER J, SIMONYAN K, et al., 2017. Mastering the game of go without human knowledge[J]. nature, 550(7676): 354-359.

[30] TUYLS K, WEISS G, 2012. Multiagent learning: Basics, challenges, and prospects [J]. Ai Magazine, 33(3): 41-41.

[31] VINYALS O, BABUSCHKIN I, CZARNECKI W M, et al., 2019. Grandmaster level in starcraft ii using multi-agent reinforcement learning[J]. Nature (2019): 1-5.

[32] WEISS G, 1999. Multiagent systems: a modern approach to distributed artificial intelligence[M]. [S.l.]: MIT press.

[33] YANG T, MENG Z, HAO J, et al., 2018. Towards efficient detection and optimal response against sophisticated opponents[J]. arXiv preprint arXiv:1809.04240.

[34] ZHANG X, LIU G, YANG C, et al., 2018. Research on air confrontation maneuver decision-making method based on reinforcement learning[J]. Electronics, 7(11): 279.

[35] ZHENG Y, MENG Z, HAO J, et al., 2018. A deep bayesian policy reuse approach against non-stationary agents[J]. Proceedings of the 32nd International Conference on Neural Information Processing Systems. 2018: 962-972.

[36] ZHENG Y, HAO J, ZHANG Z, et al., 2021. Efficient policy detecting and reusing for non-stationarity in Markov games[J]. Autonomous Agents and Multi-Agent Systems, 35(1): 1-29.

第五部分

分布式人工智能应用

安全博弈

安全是 21 世纪全人类面临的重要问题。随着近年来国际局势的深刻变化，全球各国安全事件频发，安全形势日趋严峻。安全场景往往极具策略性，潜在的攻击者精心策划并采取高度优化的攻击方式，破坏性极强。防范与应对这些问题需要充分考虑到这些策略性的行为，并在此基础上提出高效的安保资源分配方案。在此背景下，安全博弈论应运而生，借助经典博弈论模型与前沿的算法、优化技术来解决安全对策的求解与优化问题。这些技术的成功应用使得安全博弈论迅速成为博弈论在实际应用上最具影响力的成功案例之一。基于安全博弈模型的算法及自动化决策系统被陆续部署于重要基础设施、交通系统以及自然资源的保护任务中，并发挥重要作用。本章将回顾安全博弈论在实际应用上的成功案例，并在此基础上介绍安全博弈论的基本模型与求解技术，内容涉及均衡概念、策略优化算法设计以及现有文献中丰富的安全博弈场景与模型。同时本章也将讨论安全博弈研究面临的机遇和挑战。

12.1 研究背景

保护关键公共基础设施和目标，如机场、港口、历史名胜、电力设施、大型公共活动，甚至珍稀动物和自然资源等，是各国安保部门面临的共同挑战。有限的安保资源往往意味着安全机构难以为所有保护对象提供全时段的保护，在资源调度上捉襟见肘。此外，潜在的攻击者（如恐怖分子、罪犯、偷猎者等）也可以通过事先侦察去发现安全机构的安保策略的模式和弱点，据此选择最优的攻击策略。在这些情况下，在安保策略中引入随机性是一种平衡安保资源分布、降低对手预判能力的有效手段，如随机选择巡逻路线、保护对象、检测目标等。然而，如何有效地引入这些随机性并非易事，有诸多问题需要解决。关键问题之一在于不同的随机策略对攻击者的攻击行为会产生不同的影响，而攻击者会根据其对安保部门随机策略的观察和认知优化其攻击策略，从而又影响到安保策略的效果。在这个问题上，博弈论提供了一个恰当的数学模型来建模攻击者的策略性反馈，基于 Stackelberg 博弈模型的安全博弈模型应运而生。尽管 Stackelberg 博弈模型早在 20 世纪 30 年代就已提出 [57,58]，但从计算的角度对该模型进行研究仍然是相对新兴的课题，是在 Conitzer 和 Sandholm 2006 年的经典论文 [10] 发表后迅速发展起来的。而安全博弈论初期研究的主要参与者包括南加利福尼亚大学 Milind Tambe 教授领导的 TEAMCORE 研究小组以及杜克大学 Vicent Conitzer 教授领导的研究小组。在他们的影响下，越来越多的学者正参与这项研究，使其成为当前人工智能和多智能体系统领域的研究热点之一。基于安全博弈论的算法和系统也陆续被开发、部署到众多的现实安保场景，包括洛杉矶国际机场安检人员调度、美联邦空中警察调度、美国海岸警卫队巡逻路线制定等极具影响力的应用。本章稍后将详细介绍这些有代表性的应用。

经典的 Stackelberg 博弈在一个*领导者*（leader）和一个*跟随者*（follower）之间展开。这些参与者可以是个人或团体（如警察部队）。每位参与者有一个可以执行的行动集合，即*纯策略*（Pure Strategy）集。而*混合策略*（Mixed Strategy）则允许参与者以一定的概率选择不同的纯策略。参与者使用的策略组合决定了所有参与者的收益。通常，博弈模型的实例给定了参与者在不同纯策略组合下的收益。而在混合策略下需要考虑的是参与者在纯策略组合概率分布上的期望收益。在 Stackelberg 博弈模型中，领导者会优先行动，提前选定并执行一个混合策略。跟随者随后观察到领导者的策略，然后针对该混合策略反馈一个最优的策略以最大化自身的收益。通常的假设是跟随者只能观察到领导者的混合策略，而非从混合策略中采样出的纯策略。在安全领域，安保部门和潜在的攻击者之间的互动能很自然地被抽象为一个 Stackelberg 博弈。安保部门作为博弈的领导者事先选定并执行一套安保策略，而攻击者作为博弈的跟随者在观察到安保策略之后选择最优的攻击方案。例如，安保部门随机地将安保人员分配到机场的检查点或者将空中警察随机地安排到航班上。攻击者则根据这些目标（检查点或航班）被保护的概率选择期望收益最高的目标进行攻击。

表 12.1 展示了一个简单的安全博弈实例的收益矩阵。该实例包含两个目标，攻击者可以攻击其中任意一个目标，而安保部门拥有一个安保资源，可以将其安

排到任意一个目标进行保护。假如安全部门采用纯策略，选择一个确定性的目标进行保护，那么攻击者在观测到该策略以后总是能准确地选择未被保护的目标进行攻击，攻击成功并取得一个正的收益。而如果安保部门采用混合策略对目标进行保护（例如以 50% 的概率分别保护两个目标），其总能以一定的概率挫败攻击者的攻击。如何计算安保部门的最优混合策略是安全博弈论关注的核心问题。

表 12.1 安全博弈收益矩阵实例（两个目标，一个资源）

		攻击者	
		攻击目标 1	攻击目标 2
安保部门	保护目标 1	5, −3	−1, 1
	保护目标 2	−5, 5	2, −1

注：矩阵中的每一对数值分别是安保部门和攻击者在对应的纯策略组合下的收益。

12.2 安全博弈模型与均衡

本节我们从 Stackelberg 博弈模型出发介绍安全博弈论涉及的基本概念、模型及求解算法。Stackelberg 博弈模型源于 20 世纪 30 年代由同名数理经济学家海因里希·弗赖尔·冯·施塔克尔贝格（Heinrich Freiherr von Stackelberg）提出的模型 [57,58]。Stackelberg 博弈是在一个领导者和一个跟随者之间展开的序贯博弈。博弈中领导者事先固定其策略，而跟随者在知悉领导者策略的基础上进行反馈。假设领导者和跟随者的纯策略集分别包含 m 和 n 个纯策略，[1] 那么博弈双方的收益可通过两个 m 行 n 列的矩阵 $u^{\mathrm{L}} \in \mathbb{R}^{m\times n}$ 及 $u^{\mathrm{F}} \in \mathbb{R}^{m\times n}$ 给定。其中 u^{L} 和 u^{F} 的上标分别对应领导者（leader）和跟随者（follower）的首字母。这种以收益矩阵形式给出的博弈模型也常常被称作*双矩阵博弈*（bi-matrix games）。如果领导者使用其纯策略集中的第 i 个策略而跟随者使用其第 j 个策略，其结果是领导者和跟随者获得位于各自收益矩阵第 i 行第 j 列的收益值，即 $u^{\mathrm{L}}(i,j)$ 和 $u^{\mathrm{F}}(i,j)$。换言之，领导者和跟随者在该双矩阵博弈中分别是*行玩家*（row player）和*列玩家*（column player）。

我们考虑博弈双方可以使用更为一般的混合策略的情形。混合策略是一个

[1] 我们仅考虑 m 和 n 有穷的情况。

在纯策略集上的概率分布。[2] 以领导者的混合策略为例，我们将其表示为一个 m 维向量 $\boldsymbol{x}=(x_1,\cdots,x_m)\in\Delta^{m-1}$。[3] 方便起见，我们用

$$u^{\mathrm{L}}(\boldsymbol{x},j):=\mathbb{E}_{i\sim\boldsymbol{x}}u^{\mathrm{L}}(i,j)=\sum_{i=1}^{m}x_i\cdot u^{\mathrm{L}}(i,j)$$

表示领导者在使用混合策略 $\boldsymbol{x}$ 时跟随者的第 j 个纯策略给领导者带来的期望收益。类似地，我们用 $u^{\mathrm{F}}(\boldsymbol{x},j)=\mathbb{E}_{i\sim\boldsymbol{x}}u^{\mathrm{F}}(i,j)$ 表示同样情况下跟随者的期望收益。由于每个纯策略 j 同时也是一个特殊的混合策略，我们时常将 j 视为一个等价的向量 $\boldsymbol{y}$，其中 $y_j=1$ 且 $y_\ell=0\ \forall\ell\in\{1,\cdots,n\}\setminus\{j\}$。

对任一领导者纯策略 $\boldsymbol{x}\in\Delta^{m-1}$，我们将跟随者的第 j 个纯策略称作其对 $\boldsymbol{x}$ 的最优反馈，当且仅当 $u^{\mathrm{F}}(\boldsymbol{x},j)=\max_{\ell\in\{1,\cdots,n\}}u^{\mathrm{F}}(\boldsymbol{x},\ell)$。由于最优反馈可能存在多个，我们同时也定义以下对 $\boldsymbol{x}$ 的最优（纯策略）反馈集 BR（Best Response）:

$$\mathrm{BR}(\boldsymbol{x}):=\arg\max_{\ell\in\{1,\cdots,n\}}u^{\mathrm{F}}(\boldsymbol{x},\ell)$$

同样地，以上定义可扩展到跟随者也使用混合策略的情形。给定任意跟随者混合策略 $\boldsymbol{y}\in\Delta^{n-1}$，我们令 $u^{\mathrm{L}}(\boldsymbol{x},\boldsymbol{y}):=\mathbb{E}_{j\sim\boldsymbol{y}}u^{\mathrm{L}}(\boldsymbol{x},j)=\sum_{j=1}^{n}y_j\cdot u^{\mathrm{L}}(\boldsymbol{x},j)$ 表示跟随者的期望收益，令 $\Delta\mathrm{BR}(\boldsymbol{x}):=\arg\max_{\boldsymbol{y}\in\Delta^{n-1}}u^{\mathrm{F}}(\boldsymbol{x},\boldsymbol{y})$ 表示跟随者对 $\boldsymbol{x}$ 的最优混合策略反馈集。事实上，该定义扩展对基本的 Stackelberg 博弈模型是非必要的：不失一般性，我们可以假设跟随者总是使用纯策略。其原因在接下来定义均衡概念后将得以明晰。

12.2.1 Stackelberg 均衡

Stackelberg 均衡描述了博弈双方均使用最优策略的情形，是 Stackelberg 博弈的基本概念。这里的最优性考虑到博弈双方行动的先后性：均衡中跟随者使用的策略 $\boldsymbol{y}$ 是对领导者策略 $\boldsymbol{x}$ 直接的最优反馈，而领导者策略 $\boldsymbol{x}$ 的最优性考虑到跟随者总是会对 $\boldsymbol{x}$ 进行最优反馈的事实。严格定义 Stackelberg 均衡需要明确当跟随者具有多个最优反馈时（即 $\Delta\mathrm{BR}(\boldsymbol{x})$ 包含多个元素时）如何“打破平局”的问题。悲观假设和乐观假设是两种最为自然的“平局决胜规则”。悲观

[2] 当我们未指明地提及“策略”时一般指“混合策略”。

[3] Δ^{m-1} 表示 $m-1$ 维的单纯形，即 $\Delta^{m-1}:=\{\boldsymbol{x}\in\mathbb{R}^m:\sum_{i=1}^{m}x_i=1,\ 且x_i\geqslant0\ \forall i=1,\cdots,m\}$。$\Delta^{m-1}$ 包含了所有 $\{1,\cdots,m\}$ 上的概率分布。

假设认为跟随者总是会从最优反馈集 $\Delta\mathrm{BR}(\boldsymbol{x})$ 中选择对于领导者来说最差的反馈；反之，乐观假设认为跟随者总是作出对领导者最有利的选择。采用这两种不同的假设，我们可以定义弱、强两种 Stackelberg 均衡。强 Stackelberg 均衡（Strong Stackelberg Equilibrium）采用乐观平局决胜规则，而弱 Stackelberg 均衡（Weak Stackelberg Equilibrium）采用悲观平局决胜规则。严格定义如下。

定义 12.1 强/弱 Stackelberg 均衡 假设 $\boldsymbol{x} \in \Delta^{m-1}$ 与 $\boldsymbol{y} \in \Delta^{n-1}$ 分别是领导者与跟随者的混合策略，且 $\boldsymbol{y} \in \Delta\mathrm{BR}(\boldsymbol{x})$。当以下条件满足时，策略组合 $(\boldsymbol{x}, \boldsymbol{y})$ 被称为一个强 Stackelberg 均衡：

$$u^{\mathrm{L}}(\boldsymbol{x}, \boldsymbol{y}) = \max_{\boldsymbol{x}' \in \Delta^{m-1}} \max_{\boldsymbol{y}' \in \Delta\mathrm{BR}(\boldsymbol{x}')} u^{\mathrm{L}}(\boldsymbol{x}', \boldsymbol{y}')$$

当以下条件满足时，策略组合 $(\boldsymbol{x}, \boldsymbol{y})$ 被称为一个弱 Stackelberg 均衡：

$$u^{\mathrm{L}}(\boldsymbol{x}, \boldsymbol{y}) = \max_{\boldsymbol{x}' \in \Delta^{m-1}} \min_{\boldsymbol{y}' \in \Delta\mathrm{BR}(\boldsymbol{x}')} u^{\mathrm{L}}(\boldsymbol{x}', \boldsymbol{y}')$$

由上述定义不难看出，所有的强 Stackelberg 均衡对应相等的领导者收益[4]；所有的弱 Stackelberg 均衡也具备相同的性质。更进一步，我们可将均衡中跟随者的反馈限制为纯策略。下列定理表明该假设不失一般性。

定理 12.1 假设策略组合 $(\boldsymbol{x}, \boldsymbol{y}) \in \Delta^{m-1} \times \Delta^{n-1}$ 是一个强/弱 Stackelberg 均衡，那么总是存在一个跟随者纯策略 $j \in \{1, \cdots, n\}$ 使得策略组合 $(\boldsymbol{x}, j)$ 也是一个强/弱 Stackelberg 均衡。

证明 我们仅证明强 Stackelberg 均衡的情况。弱均衡情况下的结论可用相同方法证得。由于 $(\boldsymbol{x}, \boldsymbol{y}) \in \Delta^{m-1} \times \Delta^{n-1}$ 是强 Stackelberg 均衡，根据定义 12.1，

$$\boldsymbol{y} \in \arg \max_{\boldsymbol{y}' \in \Delta\mathrm{BR}(\boldsymbol{x})} u^{\mathrm{L}}(\boldsymbol{x}, \boldsymbol{y}') \tag{12.1}$$

因此 $\boldsymbol{y} \in \Delta\mathrm{BR}(\boldsymbol{x})$。令 $\mathrm{supp}(\boldsymbol{y}) := \{j \in \mathrm{BR}(\boldsymbol{x}) : y_j > 0\}$ 为 $\boldsymbol{y}$ 的支持集。根据式 (12.1) 以及 $\mathrm{supp}(\boldsymbol{y}) \subseteq \mathrm{BR}(\boldsymbol{x}) \subseteq \Delta\mathrm{BR}(\boldsymbol{x})$，下列不等式对所有 $j \in \mathrm{supp}(\boldsymbol{y})$ 均成立：

$$u^{\mathrm{L}}(\boldsymbol{x}, \boldsymbol{y}) \geqslant u^{\mathrm{L}}(\boldsymbol{x}, j) \tag{12.2}$$

[4]但跟随者的收益不一定总相等。例如，当领导者的收益矩阵的所有元素都相等时，任何 $\boldsymbol{x} \in \Delta^{m-1}$ 都是领导者的最优策略，进而对于任意的 $j \in \mathrm{BR}(\boldsymbol{x})$，策略组合 $(\boldsymbol{x}, j)$ 都是强 Stackelberg 均衡。然而，对于不同的领导者策略 $\boldsymbol{x}$ 和 $\boldsymbol{x}'$，跟随者的最优收益 $\max_{\boldsymbol{y} \in \Delta\mathrm{BR}(\boldsymbol{x})} u^{\mathrm{F}}(\boldsymbol{x}, \boldsymbol{y})$ 和 $\max_{\boldsymbol{y} \in \Delta\mathrm{BR}(\boldsymbol{x}')} u^{\mathrm{F}}(\boldsymbol{x}', \boldsymbol{y})$ 不一定相等。

同时，下列不等式也必须成立

$$u^{\mathrm{L}}(\boldsymbol{x},\boldsymbol{y}) \leqslant u^{\mathrm{L}}(\boldsymbol{x},j), \tag{12.3}$$

否则由 $u^{\mathrm{L}}(\boldsymbol{x},\boldsymbol{y}) > u^{\mathrm{L}}(\boldsymbol{x},j)$ 可构造一个新的跟随者策略 $\boldsymbol{y}' \in \Delta\mathrm{BR}(\boldsymbol{x})$ 使得 $u^{\mathrm{L}}(\boldsymbol{x},\boldsymbol{y}') > u^{\mathrm{L}}(\boldsymbol{x},\boldsymbol{y})$；该不等式同式 (12.1) 矛盾。$\boldsymbol{y}'$ 的具体构造方法如下。令

$$y'_\ell = \begin{cases} 0, & \text{若 } \ell = j \text{ 或} \ell \notin \mathrm{supp}(\boldsymbol{y}); \\ \dfrac{1}{1-y_j}\cdot y_\ell, & \text{若 } \ell \in \mathrm{supp}(\boldsymbol{y}) \setminus \{j\} \end{cases}$$

（由假设 $u^{\mathrm{L}}(\boldsymbol{x},\boldsymbol{y}) > u^{\mathrm{L}}(\boldsymbol{x},j)$ 可知 $y_j \neq 1$。）显然，因为 $\boldsymbol{y}'$ 的支持集是 $\mathrm{supp}(\boldsymbol{y})$ 的子集，我们有 $\boldsymbol{y}' \in \Delta\mathrm{BR}(\boldsymbol{x})$；同时，

$$\sum_{\ell=1}^{n} y'_\ell = \frac{1}{1-y_j}\cdot \sum_{\ell\in\mathrm{supp}(\boldsymbol{y})\setminus\{j\}} y_\ell = 1$$

（注意对所有 $\ell \notin \mathrm{supp}(\boldsymbol{y})$ 有 $y'_\ell = y_\ell = 0$），从而保证按此构造的 $\boldsymbol{y}'$ 是一个概率分布。更重要的是，可以得到以下同式 (12.1) 矛盾的不等式

$$\begin{aligned} u^{\mathrm{L}}(\boldsymbol{x},\boldsymbol{y}') &= \frac{1}{1-y_j}\cdot\left(u^{\mathrm{L}}(\boldsymbol{x},\boldsymbol{y}) - y_j\cdot u^{\mathrm{L}}(\boldsymbol{x},j)\right) \\ &= u^{\mathrm{L}}(\boldsymbol{x},\boldsymbol{y}) + \frac{y_j}{1-y_j}\cdot\left(u^{\mathrm{L}}(\boldsymbol{x},\boldsymbol{y}) - u^{\mathrm{L}}(\boldsymbol{x},j)\right) > u^{\mathrm{L}}(\boldsymbol{x},\boldsymbol{y}) \end{aligned}$$

综合式 (12.2) 和式 (12.3) 可得，对所有 $j \in \mathrm{supp}(\boldsymbol{y})$ 均有

$$u^{\mathrm{L}}(\boldsymbol{x},j) = u^{\mathrm{L}}(\boldsymbol{x},\boldsymbol{y}) = \max_{\boldsymbol{x}'\in\Delta^{m-1}} \max_{\boldsymbol{y}'\in\Delta\mathrm{BR}(\boldsymbol{x}')} u^{\mathrm{L}}(\boldsymbol{x}',\boldsymbol{y}')$$

我们给出以下简化的均衡定义。

定义 12.2 简化均衡定义 假设 $\boldsymbol{x} \in \Delta^{m-1}$、$j \in \mathrm{BR}(\boldsymbol{x})$。当以下条件满足时，策略组合 $(\boldsymbol{x},j)$ 被称为一个强 Stackelberg 均衡：

$$u^{\mathrm{L}}(\boldsymbol{x},j) = \max_{\boldsymbol{x}'\in\Delta^{m-1}} \max_{j'\in\mathrm{BR}(\boldsymbol{x}')} u^{\mathrm{L}}(\boldsymbol{x}',j')$$

当以下条件满足时，策略组合 $(\boldsymbol{x},j)$ 被称为一个弱 Stackelberg 均衡：

$$u^{\mathrm{L}}(\boldsymbol{x},j)=\max_{\boldsymbol{x}'\in\Delta^{m-1}}\min_{j'\in\mathrm{BR}(\boldsymbol{x}')}u^{\mathrm{L}}(\boldsymbol{x}',j')$$

此外，以上强弱两种均衡定义中，强 Stackelberg 均衡在文献和相关研究中采用更广泛。在许多场景下，特别是安全领域的场景下，这似乎是一个违背常理的假设。然而，基于两大原因，强 Stackelberg 均衡显得更为合理。其一，对于一个强 Stackelberg 均衡 $(\boldsymbol{x},j)$，通常情况下，我们可以对 $\boldsymbol{x}$ 施加一个无穷小的扰动，使得扰动后的 $\mathrm{BR}(\boldsymbol{x})$ 仅包含 j 一个元素。例如，在安全博弈场景中，当多个目标都是攻击者的最优选择时，领导者只需将其对某个对象的保护概率稍微降低（任意小的一个量），该对象就会成为攻击者的唯一最优攻击对象。其二，强 Stackelberg 均衡总是存在（我们接下来将会讲解如何找到一个强 Stackelberg 均衡），而弱 Stackelberg 均衡则不一定存在（见本节末尾实例）。

12.2.2 均衡求解

强 Stackelberg 均衡的求解可被转化为线性规划问题。由于计算过程中需要求解多次线性规划问题，该方法被称为*多线性规划*（multiple-linear program）方法，最早由 Conitzer 等人提出 [10]。根据定义 12.2，我们可将强 Stackelberg 均衡的搜索范围限制在形如 $(\boldsymbol{x},j)$ 的策略组合上，其中 $j\in\{1,\cdots,n\}$。因此可以枚举跟随者纯策略 j，对于每个 j 我们使用以下线性规划去寻找满足强 Stackelberg 均衡的策略组合。

$$\max_{\boldsymbol{x}}\quad u^{\mathrm{L}}(\boldsymbol{x},j) \tag{12.4}$$

$$\text{s.t.}\quad u^{\mathrm{F}}(\boldsymbol{x},j)\geqslant u^{\mathrm{F}}(\boldsymbol{x},\ell)\quad \forall\ell=1,\cdots,n \tag{12.4-a}$$

$$\boldsymbol{x}\in\Delta^{m-1} \tag{12.4-b}$$

换言之，我们将领导者的策略空间 Δ^{m-1} 划分为 n 个区域，每个区域对应一个跟随者反馈 $j\in\{1,\cdots,n\}$ 并包含所有使得 $j\in\mathrm{BR}(\boldsymbol{x})$ 的领导者策略 $\boldsymbol{x}$。在这些策略下，j 是跟随者的最优反馈之一。上述线性规划的最优解进而对应了单个区域内领导者的最优策略，其中的第一行约束条件等价于 $j\in\mathrm{BR}(\boldsymbol{x})$。求解对应于所有 $j=1,\cdots,n$ 的上述线性规划问题，得到的解中目标函数值最大者 $\boldsymbol{x}^*$ 即领导者在整个策略空间 Δ^{m-1} 上的最优策略。相应的 j 与 $\boldsymbol{x}^*$ 组成的策略组合 $(\boldsymbol{x}^*,j)$ 即强 Stacklberg 均衡之一。算法 12.1 总结了以上步骤。我们知道，线性规划的最优解可在多项式时间内求出[5]，在实际应用中也有诸多现成的求解器（如 CPLEX、Gurobi 等）可高效求解较大规模的问题。

算法 12.1 求解强 Stackelberg 均衡

初始化：$\hat{u} \leftarrow -\infty$，$\boldsymbol{z} \leftarrow null$，$\ell \leftarrow 0$

for $j = 1, \cdots, n$ **do**

  求解线性规划 (12.4)，令 $\boldsymbol{x}^*$ 为其最优解

  if $u^{\mathrm{L}}(\boldsymbol{x}^*, j) > \hat{u}$ **then**

    $\hat{u} \leftarrow u^{\mathrm{L}}(\boldsymbol{x}^*, j)$，$\boldsymbol{z} \leftarrow \boldsymbol{x}^*$，$\ell \leftarrow j$

输出 $(\boldsymbol{z}, \ell)$

强 Stackelberg 均衡的性质

至此，我们可将 Stackelberg 均衡同纳什均衡做一个对比。与 Stackelberg 均衡不同，纳什均衡描述了博弈双方同时出牌场景下的稳态。对比纳什均衡，我们可以看到 Stackelberg 均衡在 Stackelberg 博弈场景下的几点优越性。① 就双矩阵形式给出的博弈模型而言，强 Stackelberg 均衡的求解可在多项式时间内完成，而纳什均衡的求解已知是 PPAD-难的问题[12]，对于这类问题尚不知晓是否存在多项式时间的算法对其求解。② 所有的强 Stackelberg 均衡对应相同的领导者收益，而纳什均衡不具备该性质，因而当多个均衡存在时后者面临一个均衡选择问题。③ 强 Stackelberg 均衡中领导者的收益总是不小于其在任一纳什均衡中的收益，我们将该性质的证明留给读者。

12.2.3 Stackelberg 安全博弈模型及求解

安全博弈模型构建于上述 Skackelberg 博弈模型之上。明确了 Skackelberg 博弈模型及相关基本概念后，我们下面介绍安全博弈模型及其求解方法。

在安全博弈场景中，领导者调度手中的 k 个安保资源保护 n 目标（通常假设 $k \ll n$），而跟随者意图攻击其中的一个目标。因而领导者和跟随者往往也被称作防御者（defender）和攻击者（attacker）。令 $T = \{t_1, \cdots, t_m\}$ 表示目标集合。在最基本的模型中，我们假设所有安保资源都是完全同质的，所有资源均可被分配给 T 中的任意一个目标。而目标是异质的，每个目标 $t \in T$ 对应一组奖励值 $r^{\mathrm{L}}(t)$ 和 $r^{\mathrm{F}}(t)$，及一组惩罚值 $p^{\mathrm{L}}(t)$ 和 $p^{\mathrm{F}}(t)$。奖励值总是大于相应的惩罚

值：$r^{\mathrm{L}}(t) > p^{\mathrm{L}}(t)$ 且 $r^{\mathrm{F}}(t) > p^{\mathrm{F}}(t)$。如果攻击者选择攻击某目标 $t \in T$，同时防御者分配了至少一个资源保护目标 t，那么攻击不会成功，其结果是防御者获得奖励值 $r^{\mathrm{L}}(t)$，而攻击者获得惩罚值 $p^{\mathrm{F}}(t)$；反之，如果在目标 t 上未分配任何资源，则攻击成功，攻击者获得奖励值 $r^{\mathrm{F}}(t)$ 而防御者获得惩罚值 $p^{\mathrm{L}}(t)$。

以上便是纯策略组合下博弈双方收益的定义。我们称一个目标处于被保护状态，当且仅当一个或多个资源被分配到该目标；反之，我们称该目标处于未被保护状态。我们可将防御者的一个纯策略表示为一个 n 维 0/1 向量 $\boldsymbol{s} = (s_t)_{t\in T} \in \{0,1\}^n$。其中，$s_t = 1$ 表示目标 t 处于被保护状态，而 $s_t = 0$ 表示目标未被保护。给定 k 个资源，防御者可行的纯策略集合为 $\mathcal{T}_k := \left\{\boldsymbol{s} \in \{0,1\}^n : \sum_{t\in T} s_t \leqslant k\right\}$。换言之，防御者最多将 k 个目标置于被保护状态下。

在混合策略下，防御者以一定的概率选择执行 $\mathcal{T}_k$ 中的纯策略。令 $\boldsymbol{x} = (x_{\boldsymbol{s}})_{\boldsymbol{s}\in\mathcal{T}_k} \in \Delta(\mathcal{T}_k)$ 表示一个混合策略，其中 $x_{\boldsymbol{s}}$ 表示防御者选择纯策略 $\boldsymbol{s}$ 的概率[5]。从攻击者的角度来说，攻击者关心的是混合策略 $\boldsymbol{x}$ 下每个目标被保护的概率，简称保护率。我们引入一个保护率向量 $\boldsymbol{c} = (c_t)_{t\in T} \in [0,1]^n$，其中每个元素 c_t 表示目标 t 的保护率。方便起见，有时我们也将保护率向量写成 $\boldsymbol{c} = (c_1, \cdots, c_m)$，其中 c_i 对应 T 中的第 i 个目标 t_i 的保护率。给定混合策略 $\boldsymbol{x}$，对任一目标 $t \in T$ 有 $c_t = \sum_{\boldsymbol{s}\in\mathcal{T}_k} x_{\boldsymbol{s}} \cdot s_t$。通过该保护率向量 $\boldsymbol{c}$ 和攻击者的目标选择 t，我们即可给出博弈双方在策略组合 $(\boldsymbol{x}, t)$ 下的期望收益，分别为

$$
\begin{aligned}
& u^{\mathrm{L}}(\boldsymbol{c}, t) := c_t \cdot r^{\mathrm{L}}(t) + (1 - c_t) \cdot p^{\mathrm{L}}(t), \\
\text{与} \quad & u^{\mathrm{F}}(\boldsymbol{c}, t) := c_t \cdot p^{\mathrm{F}}(t) + (1 - c_t) \cdot r^{\mathrm{F}}(t)
\end{aligned}
$$

因此，我们通常直接用保护率向量来表示防御者的混合策略。其优点在于保护率向量 $\boldsymbol{c}$ 比混合策略的直接表达 $\boldsymbol{x}$ 更为紧凑；前者仅为 n 维，而后者需要枚举 $\mathcal{T}_k$ 内的所有纯策略，其数量级为 $O(n^k)$。更进一步，我们可以定义以下可行保护率向量集合

$$
\mathcal{C}_k = \left\{\boldsymbol{c} \in \mathbb{R}^n : 0 \leqslant c_t \leqslant 1 \ \forall t \in T, \text{ 且 } \sum\nolimits_{t\in T} c_t \leqslant k\right\} \tag{12.5}
$$

不难发现，任意一个混合策略 $\boldsymbol{x} \in \Delta(\mathcal{T}_k)$ 对应的保护率向量 $\boldsymbol{c} = \sum_{\boldsymbol{s}\in\mathcal{T}_k} x_{\boldsymbol{s}} \cdot \boldsymbol{s}$ 总

[5]给定任意有限集合 S，我们用 $\Delta(S) := \left\{\boldsymbol{x} \in \mathbb{R}^{|S|} : \sum_{i\in S} x_i = 1, \text{ 且 } x_i \geqslant 0 \ \forall i \in S\right\}$ 表示 S 上的概率分布的集合。

是在上述集合 $\mathcal{C}_k$ 中。同时可以证明，对于 $\mathcal{C}_k$ 中的任意向量 $\boldsymbol{c}$ 都被某个混合策略 $\boldsymbol{x} \in \Delta(\mathcal{T}_k)$ 实现，使得 $c_t = \sum_{\boldsymbol{s} \in \mathcal{T}_k} x_{\boldsymbol{s}} \cdot s_t$ 对于所有目标 $t \in T$ 成立。从 $\boldsymbol{c}$ 到 $\boldsymbol{x}$ 的转化可以通过图 12.1 中展示的梳形采样算法（Comb-sampling Algorithm）在多项式时间内求得[55]。

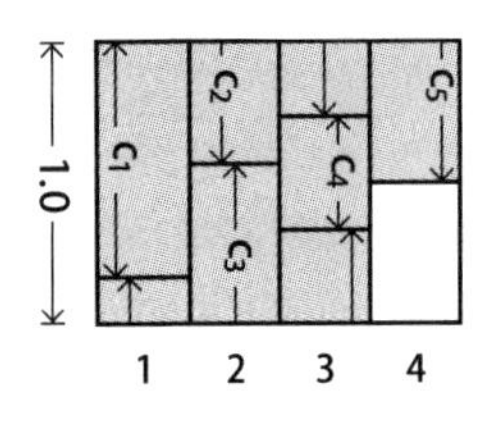

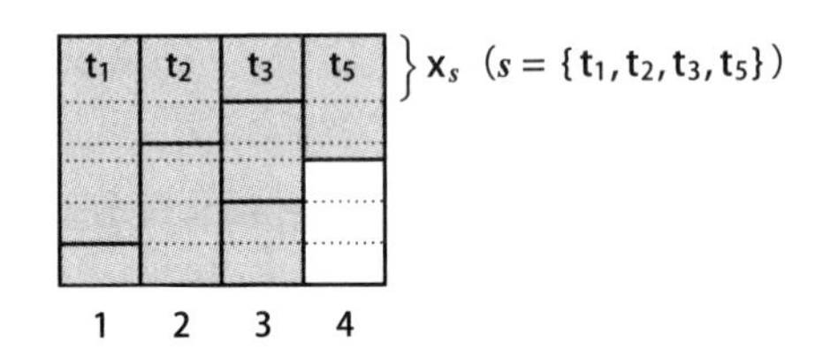

图 12.1 （梳形采样算法）梳形采样算法

示例中领导者有四个资源（$k = 4$），有五个目标需要保护（$n = 5$）。如图 12.1 左边所示，算法首先创建 k 个高为 1 的矩形带，并将它们并排放置。每个矩形带对应于一个资源。给定保护率向量 $\boldsymbol{c}$，已知 $\boldsymbol{c}$ 满足 $\sum_{i=1}^{n} c_i \leqslant k$，我们可将保护率 $c_1, \cdots, c_n$ 依次填入算法创建的矩形带内。填完之后相邻保护率的连接点对应的水平线将所有矩形带分割成至多 $n+1$ 行，如图 12.1 右边所示。我们将每一行看成一个纯策略 $\boldsymbol{s}$，令 $s_i = 1$ 当且仅当该行包含 c_i 的一部分。同时我们取该行的高度作为所要构造的混合策略中 $\boldsymbol{s}$ 的概率 $x_{\boldsymbol{s}}$。如此一来，我们得到至多 $n+1$ 个纯策略 $\boldsymbol{s}_1, \cdots, \boldsymbol{s}_{n+1}$，以及这些纯策略上的概率分布 $\boldsymbol{x} = (x_{\boldsymbol{s}_1}, \cdots, x_{\boldsymbol{s}_{n+1}})$。显然，每个 $\boldsymbol{s}_j$ 至多覆盖 k 个目标，且 $\sum_{j=1}^{n+1} x_{\boldsymbol{s}_j} = 1$。

同前述 Stackelberg 博弈模型相同，在安全博弈场景下防御方先行动，选取并执行一个混合策略 $\boldsymbol{c}$。攻击者观察到 $\boldsymbol{c}$ 后选择一目标进行攻击。根据定义 12.1，满足以下条件的策略组合 $(\boldsymbol{c}, t)$ 构成强 Stackelberg 均衡：

$$(\boldsymbol{c}, t) \in \arg \max_{\boldsymbol{z} \in \mathcal{C}, \ell \in \mathrm{BR}(\boldsymbol{z})} u^{\mathrm{L}}(\boldsymbol{z}, \ell)$$

其中对于任一混合策略 $\boldsymbol{x}$，我们沿用最优反馈集 $\mathrm{BR}(\boldsymbol{x})$ 的定义。而对于任一保护率向量 $\boldsymbol{c}$，我们令 $\mathrm{BR}(\boldsymbol{c})$ 等同于与 $\boldsymbol{c}$ 对应的（任意）混合策略 $\boldsymbol{x}$ 的最优反馈集 $\mathrm{BR}(\boldsymbol{x})$。

前述求解强 Stackelberg 均衡的多线性规划方法同样适用于安全博弈场景。不同之处在于此处我们将保护率向量 $\boldsymbol{c}$ 作为线性规划的优化对象以缩减问题的规模。对每个目标 $t \in T$，我们构造以下线性规划。

$$\max_{\boldsymbol{c}} \quad u^{\mathrm{L}}(\boldsymbol{c}, t) \tag{12.6}$$

$$\text{s.t.} \quad u^{\mathrm{F}}(\boldsymbol{c}, t) \geqslant u^{\mathrm{F}}(\boldsymbol{c}, \ell) \quad \forall\, \ell \in T \tag{12.6-a}$$

$$\boldsymbol{c} \in \mathcal{C}_k \tag{12.6-b}$$

其中第一行的约束条件将策略 $\boldsymbol{c}$ 限制为使得 $t \in \mathrm{BR}(\boldsymbol{c})$ 的策略。求解所有 n 个线性规划，得到的解中目标函数值最大者 $\boldsymbol{c}^*$ 即防御者在整个策略空间 $\mathcal{C}_k$ 上的最优策略。相应的目标 t 与 $\boldsymbol{c}^*$ 组成的策略组合即强 Stackelberg 均衡之一。

12.2.4 安全博弈实例

在本小节的最后我们回顾表 12.1 中给出的实例，如表 12.2 所示，它给出了该实例中的奖惩参数值。

表 12.2 表 12.1 中实例的奖惩参数值

	目标 t_1	目标 t_2		目标 t_1	目标 t_2
奖励值 (r^{L})	5	2	奖励值 (r^{F})	5	1
惩罚值 (p^{L})	−5	−1	惩罚值 (p^{F})	−3	−1
防御者			攻击者		

该实例也可被表示为双矩阵形式的 Stackelberg 博弈，相应的收益矩阵 u^{L} 和 u^{F} 如下。矩阵的行对应防御者的三个纯策略：保护 t_1、保护 t_2，以及不保护任何目标[6]。矩阵的列对应攻击者的两个纯策略：攻击 t_1 和攻击 t_2。

$$u^{\mathrm{L}} = \begin{matrix} 5 & -1 \\ -5 & 2 \\ -5 & -1 \end{matrix} \quad u^{\mathrm{F}} = \begin{matrix} -3 & 1 \\ 5 & -1 \\ 5 & 1 \end{matrix}$$

我们可以利用算法 12.1 求解该博弈的强 Stackelberg 均衡。该博弈的强 Stackelberg 均衡为 $(\boldsymbol{c}^*, t_2)$，其中防御者施加的保护率向量为 $\boldsymbol{c}^* = \left(\frac{3}{5}, \frac{2}{5}\right)$，对应于双矩阵博弈下的混合策略 $\boldsymbol{x}^* = \left(\frac{3}{5}, \frac{2}{5}, 0\right)$。当防御者使用该策略时，对于攻击者来说攻击各个目标的收益分别为

[6]在该实例下不保护任何目标的纯策略显得没有意义，但在某些情况下最优策略的实现必须借助这样的纯策略。

$$u^{\mathrm{F}}(\boldsymbol{c}^*, t_1) = 5 \times \left(1 - \frac{3}{5}\right) + (-3) \times \frac{3}{5} = \frac{1}{5}$$

$$\text{及}\quad u^{\mathrm{F}}(\boldsymbol{c}^*, t_2) = 1 \times \left(1 - \frac{2}{5}\right) + (-1) \times \frac{2}{5} = \frac{1}{5}$$

二者相等，故 $\mathrm{BR}(\boldsymbol{c}^*) = \{t_1, t_2\}$。在强 Stackelberg 均衡的假设下，攻击者选择攻击有利于防御者的目标 t_1，领导者获得收益 $u^{\mathrm{L}}(\boldsymbol{c}^*, t_1) = 1$。领导者可以将对 t_1 的保护率减小一个微小的量来引导攻击者的这种选择。

该实例不存在弱 Stackelberg 均衡，可以通过反证法证得。假设存在一个弱 Stackelberg 均衡 $(\boldsymbol{c}^*, t)$，考虑以下三种情形。

- 情形一：$\mathrm{BR}(\boldsymbol{c}^*) = \{t_1\}$。根据定义我们有 $u^{\mathrm{F}}(\boldsymbol{c}^*, t_1) > u^{\mathrm{F}}(\boldsymbol{c}^*, t_2)$，展开并结合资源约束条件 $c_1^* + c_2^* \leqslant 1$ 可得 $c_1^* < 3/5$。考虑另一领导者策略 $\boldsymbol{c}' = (c_1', c_2')$，其中

$$c_1' = \frac{1}{2} \cdot \left(c_1^* + \frac{3}{5}\right), \quad c_2' = \frac{2}{5}$$

因此，$c_1' < 3/5 \implies u^{\mathrm{F}}(\boldsymbol{c}', t_1) > u^{\mathrm{F}}(\boldsymbol{c}', t_2) \implies \mathrm{BR}(\boldsymbol{c}') = \{t_1\}$。同时，$c_1' > c_1^*$，从而根据防御者收益的单调性可得 $u^{\mathrm{L}}(\boldsymbol{c}', t_1) > u^{\mathrm{L}}(\boldsymbol{c}^*, t_1)$。我们有

$$\min_{t \in \mathrm{BR}(\boldsymbol{c}')} u^{\mathrm{L}}(\boldsymbol{c}', t) = u^{\mathrm{L}}(\boldsymbol{c}', t_1) > u^{\mathrm{L}}(\boldsymbol{c}^*, t_1) = \min_{t \in \mathrm{BR}(\boldsymbol{c}^*)} u^{\mathrm{L}}(\boldsymbol{c}^*, t)$$

根据定义 12.1，$(\boldsymbol{c}^*, t)$ 不可能是弱 Stackelberg 均衡。

- 情形二：$\mathrm{BR}(\boldsymbol{c}^*) = \{t_2\}$。同理可证明，在这种情况下 $(\boldsymbol{c}^*, t)$ 依然不可能是弱 Stackelberg 均衡。
- 情形三：$\mathrm{BR}(\boldsymbol{c}^*) = \{t_1, t_2\}$。我们有 $u^{\mathrm{F}}(\boldsymbol{c}^*, t_1) = u^{\mathrm{F}}(\boldsymbol{c}^*, t_2)$，展开可得

$$c_2^* = 4 \cdot c_1^* - 2$$

结合资源约束条件 $c_1^* + c_2^* \leqslant 1$ 可得 $c_2^* \leqslant 2/5$。同时将以上不等式代入领导者的收益函数可得不等式 $u^{\mathrm{L}}(\boldsymbol{c}^*, t_1) > u^{\mathrm{L}}(\boldsymbol{c}^*, t_2)$ 对于所有 $c_2^* \leqslant 2/5$ 恒成立。因此

$$\min_{t \in \mathrm{BR}(\boldsymbol{c}^*)} u^{\mathrm{L}}(\boldsymbol{c}^*, t) = u^{\mathrm{L}}(\boldsymbol{c}^*, t_2) \leqslant u^{\mathrm{L}}\left(\frac{2}{5}, t_2\right) = \frac{1}{5}$$

此时，考虑另一领导者策略 $\boldsymbol{c}'=(c_1',c_2')$，其中 $c_1'=3/5-1/100$，$c_2'=2/5$。不难验证，$\mathrm{BR}(\boldsymbol{c}')=\{t_1\}$，且 $u^{\mathrm{L}}(\boldsymbol{c}',t_1)>1/5$。因此

$$\min_{t\in\mathrm{BR}(\boldsymbol{c}')} u^{\mathrm{L}}(\boldsymbol{c}',t)=u^{\mathrm{L}}(\boldsymbol{c}',t_1)>u^{\mathrm{L}}(\boldsymbol{c}^*,t_2)=\min_{t\in\mathrm{BR}(\boldsymbol{c}^*)} u^{\mathrm{L}}(\boldsymbol{c}^*,t)$$

根据定义 12.1，$(\boldsymbol{c}^*,t)$ 不可能是弱 Stackelberg 均衡。
综上可得该实例不存在弱 Stackelberg 均衡。

12.3 复杂环境下的安全博弈

前面介绍的模型为建模和求解一个基本的安全博弈场景提供了新的思路和方法，为更为复杂的场景下的安全博弈问题提供了模型基础。由于现实世界的诸多复杂性，安全博弈论的实际应用要求研究者在模型中还需要充分考虑到其他因素并解决相应的挑战。本节介绍安全博弈论在信息不完全与不确定性、复杂策略空间两个方面面临的问题及解决方法。

12.3.1 信息不完全与不确定性

同博弈论领域的其他问题类似，安全博弈论的应用面临的一大挑战是信息不完全的问题。我们前面讲到的模型和算法都建立在完全信息的基础之上，作为博弈领导者，我们明确地知道博弈中双方的收益矩阵。不幸的是，现实世界的场景往往是信息不完全的。博弈的领导者常常不知道跟随者确切的收益矩阵。在这种情况下，我们无法通过前面介绍的方法计算博弈的均衡。针对该问题，贝叶斯安全博弈模型（Bayesian Stackelberg Security Game）被提出并用于建模信息不完全场景下的安全博弈。我们在本小节介绍该模型及其求解的问题。

1. 贝叶斯 Stackelberg 博弈

在贝叶斯 Stackelberg 博弈模型中，领导者面临一系列可能的跟随者类型，每种类型对应于一个收益矩阵。令 Θ 为所有可能类型的集合（假设 Θ 为有穷集），$u_\theta^{\mathrm{F}}\in\mathbb{R}^{m\times n}$ 为每个类型 $\theta\in\Theta$ 跟随者的收益矩阵（不失一般性，我们假设所有跟随者的纯策略数量相等）。领导者不能确定跟随者的具体类型，但知道每种类型出现的概率 μ_θ。该模型也适用于领导者面对大量跟随者的情形，每种

类型 θ 的跟随者占据总人数的比例为 μ_θ。自然地，领导者关心的是它在分布 μ 上的期望收益。据此，我们可定义贝叶斯 Stackelberg 均衡如下，其中我们扩展最优反馈集的定义到每个跟随者类型 $\theta \in \Theta$，令 $\mathrm{BR}_\theta(\boldsymbol{x}) = \arg\max_{j\in[n]} u_\theta^{\mathrm{F}}(\boldsymbol{x}, j)$ 为跟随者类型 θ 的最优反馈集。

定义 12.3 贝叶斯 Stackelberg 均衡 给定领导者混合策略 $\boldsymbol{x} \in \Delta^{m-1}$，以及每个跟随者 $\theta \in \Theta$ 的纯策略 $j_\theta \in \mathrm{BR}_\theta(\boldsymbol{x})$。$\boldsymbol{x}$ 和所有 j_θ 构成一个（强）贝叶斯 Stackelberg 均衡当且仅当以下条件成立：

$$\mathbb{E}_{\theta\sim\mu} u^{\mathrm{L}}(\boldsymbol{x}, j_\theta) = \max_{\boldsymbol{y}\in\Delta^{m-1}} \mathbb{E}_{\theta\sim\mu} \max_{\ell\in\mathrm{BR}_\theta(\boldsymbol{y})} u^{\mathrm{L}}(\boldsymbol{y}, \ell)$$

使用 Harsanyi 变形法 [25]，贝叶斯 Stackelberg 博弈可以被转化为一个双矩阵 Stakcelberg 博弈加以求解。事实上，求解贝叶斯 Stackelberg 均衡已被证明是 NP 难的问题 [10]，因此在 P≠NP 的假设下不存在解决这个问题的高效算法。除使用 Harsanyi 变形法外，我们也可以将问题的求解表示为整数线性规划问题。整数线性规划是经典的优化问题之一，尽管其求解也是 NP 难的问题，因其应用的广泛性已有许多启发式算法以及成熟的求解器可对其求解（如前面提到的 CPLEX、Gurobi 等）。我们采用以下整数线性规划求解贝叶斯 Stackelberg 均衡。

$$\begin{aligned}
&\max_{\boldsymbol{x},(y_{\theta,j})_{\theta,j},(v_\theta)_\theta} \sum_{\theta\in\Theta} \mu_\theta \cdot v_\theta \\
\text{s.t. } & v_\theta \leqslant u_\theta^{\mathrm{L}}(\boldsymbol{x}, j) + M\cdot(1-y_{\theta,j}) && \forall\, \theta\in\Theta,\ j=1,\cdots,n \\
& u_\theta^{\mathrm{F}}(\boldsymbol{x}, j) + M\cdot(1-y_{\theta,j}) \geqslant u_\theta^{\mathrm{F}}(\boldsymbol{x}, j') && \forall\, \theta\in\Theta,\ j,j'=1,\cdots,n \\
& \sum_{j=1}^{n} y_{\theta,j} = 1 && \forall\, \theta\in\Theta \\
& y_{\theta,j} \in \{0,1\} && \forall\, \theta\in\Theta,\ j=1,\cdots,n \\
& \boldsymbol{x} \in \Delta^{m-1}
\end{aligned}$$

具体地说，上述规划包含一个连续变量 $\boldsymbol{x} \in \Delta^{m-1}$ 作为领导者的混合策略，此外，对于每一对 θ、j 我们设置一个整数变量 $y_{\theta,j} \in \{0,1\}$ 表示第 j 个纯策略是否为跟随者类型 θ 选定的最优反馈：$y_{\theta,j} = 1$ 表示肯定，$y_{\theta,j} = 0$ 表示否定。第四行的约束条件 $\sum_{j=1}^{n} y_{\theta,j} = 1$ 保证了有且仅有一个 j 为跟随者选定的反馈策略。此外，对于每个跟随者类型我们还设置一个连续变量 v_θ 表示领导者在这个跟随者类型上取得的期望收益。规划中 M 是一个足够大的常数（任意大于博弈双方收益矩阵中所有元素的常数)。

因此，当 $y_{\theta,j}=1$ 时，j 是类型 θ 的最优反馈，上述第一个约束等价于 $v_\theta \leqslant u_\theta^{\mathrm{L}}(\boldsymbol{x},j)$，迫使 v_θ 不超过 $u_\theta^{\mathrm{L}}(\boldsymbol{x},j)$；事实上，我们最终会得到 $v_\theta = u_\theta^{\mathrm{L}}(\boldsymbol{x},j)$，因为上述规划的最大化目标总是会选取满足条件的最大的 v_θ 值。而当 $y_{\theta,j}=0$ 时，因为 M 足够大，该约束条件自然成立，因而这些不是最优反馈的 j，对领导者的收益不产生任何影响。类似地，第二行的约束条件保证了 j 是跟随者的最优反馈。

具体到安全博弈场景，我们可以很容易地将上述整数线性规划改写成建立在保护率向量上的规划［类似于式 (12.6)］。已经有许多相关的工作对贝叶斯安全博弈进行了研究。在这方面的开创性工作属于 Paruchuri 等人首次提出的贝叶斯安全博弈模型[39,40]。这些工作为贝叶斯安全博弈模型在 ARMOR 系统的开发及其在洛杉矶国际机场的部署奠定了重要基础[27,44,45]。基于贝叶斯安全博弈模型的其他应用在社交网络信息污染控制、对抗环境下的路径规划、海上巡逻以及关键基础设施的保护伞发挥了重要作用[3,20,26,38,56]。

2. 鲁棒 Stackelberg 均衡

除了收益函数上的不确定性，跟随者的行为常常也存在一定的不确定性。例如，Stackelberg 博弈模型假设跟随者能观察到领导者使用的混合策略。在现实情况下，跟随者无法直接观察到混合策略 $\boldsymbol{x}$，而只能从观察到的一系列纯策略中得到对 $\boldsymbol{x}$ 的一个估计 $\tilde{\boldsymbol{x}}$，两者之间总是存在一定的实际误差。这既可能是统计学上的误差，也可能是实际观察中的偏差。由于跟随者对 $\boldsymbol{x}$ 和 $\tilde{\boldsymbol{x}}$ 的反馈可能截然不同，忽视这种误差将会导致严重的后果。例如，在表 12.2 展示的实例中，我们已经知道领导者在强 Stackelberg 均衡假设下的最优策略为分别以 3/5 和 2/5 的概率保护两个目标。如果攻击者观察到 100 天中领导者有 43 天保护了目标 t_1，57 天保护了 t_2，攻击者可能会认为领导者在以一个略大于 3/5 的概率保护 t_1，从而严格偏向于攻击 t_2。这将不同于强 Stackelberg 均衡假设的跟随者反馈，使得领导者的实际收益远低于其在强 Stackelberg 均衡中的收益。除了跟随者对领导者策略观测上的误差，跟随者本身也可能因为收益评估上的精度和误差表现出反馈上的偏差。

针对以上情况，一个自然的改进方法是在计算最优策略时设置一定的冗余。就线性规划求解法式 (12.4) 而言，我们可在约束条件式 (12.4)-a 中设置一个 ϵ

的冗余，显式地要求领导者策略 $\boldsymbol{x}$ 引导的最优跟随者反馈明显优于其他反馈：

$$u^{\mathrm{F}}(\boldsymbol{x},j)\geqslant u^{\mathrm{F}}(\boldsymbol{x},\ell)+\epsilon$$

更为细致的一种做法是定义一个近似最优反馈集

$$\epsilon\text{-BR}(\boldsymbol{x}):=\left\{j:\ u^{\mathrm{F}}(\boldsymbol{x},j)>\max_{\ell\in\{1,\cdots,n\}}u^{\mathrm{F}}(\boldsymbol{x},\ell)-\epsilon\right\}$$

集合中包含了近似最优的跟随者反馈。在此基础上我们可以定义鲁棒 Stackelberg 均衡（定义 12.4）。其基本假设是当领导者使用策略 $\boldsymbol{x}$ 时，跟随者会选择 ϵ-BR$(\boldsymbol{x})$ 中对领导者最差的策略。

定义 12.4 鲁棒 Stackelberg 均衡 当以下条件满足时，策略组合 $(\boldsymbol{x},j)\in\Delta^{m-1}\times\{1,\cdots,n\}$ 构成一个ϵ-鲁棒 Stackelberg 均衡：

$$u^{\mathrm{L}}(\boldsymbol{x},j)=\max_{\boldsymbol{x}'\in\Delta^{m-1}}\ \max_{j'\in\epsilon\text{-BR}(\boldsymbol{x})}u^{\mathrm{L}}(\boldsymbol{x}',j')$$

鲁棒 Stackelberg 均衡的定义保证了领导者在使用 $\boldsymbol{x}$ 时不会获得比均衡中更差的收益，即便跟随者对收益的认知存在 ϵ 大的偏差。该定义与上述直接在约束条件 (12.4)-a 中设置 ϵ 冗余的方法的不同之处在于后者过于保守地排除了一切可能导致跟随者不同反馈的收益太过相近的领导者策略。例如，当跟随者的收益为常数时（收益矩阵所有元素都相同），后者会导致最优策略问题无解。鲁棒 Stackelberg 均衡的求解可以被表示成一个整数线性规划问题。Pita 等人的工作对该问题进行了详尽的研究 [46]，感兴趣的读者可以自行阅读。

3. 非完全理性跟随者模型

另一种建模跟随者行为不确定性的经典模型是质反应模型，也称作 QR（Quantal Response）模型。该模型最早源于经济学领域对有限理性博弈参与者的研究工作 [36]。模型的基本假设是参与者不会确定性地选择最优的纯策略；任何纯策略无论收益大小都有一定的机率被选中，而机率的大小同该策略的收益成正比。具体地针对 Stackelberg 博弈场景而言，若跟随者的行为模型遵从 QR 模型，那么当领导者使用策略 $\boldsymbol{x}$ 时，跟随者会以概率

$$q_j(\boldsymbol{x}):=\frac{\mathrm{e}^{\lambda\cdot u^{\mathrm{F}}(\mathrm{x},j)}}{\sum_{j'}\mathrm{e}^{\lambda\cdot u^{\mathrm{F}}(\mathrm{x},j')}}$$

选择使用其第 j 个纯策略作为对 $\boldsymbol{x}$ 的反馈。其中 e 为自然对数，而 $\lambda \geqslant 0$ 是一个表示跟随者理性程度的参数：当 $\lambda = 0$ 时，跟随者的行为表现出完全随机性，以均等的概率选择每一个反馈，全然不顾反馈对应的收益；当 λ 趋于正无穷时，跟随者的行为表现趋于完全理性，以趋于 1 的概率选择收益最高的反馈。

一系列安全博弈论应用借助 QR 模型建模现实世界中攻击者的不完全理性行为 [1,2,46,50,64–66]。这些应用的一大难点在于最优领导者策略的计算。感兴趣的读者可参见 Pita 等人以及 Yang 等人在这方面的研究工作 [46,65,66] 了解相关求解算法。

12.3.2 复杂策略空间的处理

上文介绍的基本模型中对于资源分配方案的唯一约束是安保资源数量的上限。在其他复杂场景中，领导者往往面临更多资源分配上的约束条件。例如，在空中警察调度问题中 [54]，警务人员需要被分配到不同的航班上。通常因为航班旅程较短，单个警务人员在一次调度中可以被分配到多个航班执行任务。我们把每个航班看成一个需要保护的目标，而每个警务人员可被看成多个安保资源，被分配到多个航班上。从这个角度看，问题中需要考虑更多的约束条件。很显然，单个警务人员虽然能被分配到多个航班，但这些航班在时间上不能有重叠。同时，在空间上，它们必须首尾相连，前一个航班的终点同时也是下一个航班的起点。更为细节的一些问题包括警务人员在航班间的休息时间等。引入这些约束条件，其直接结果是保护率向量的可行空间往往不再能像式 (12.5) 一样被简洁地刻画。类似地，在一些现实场景中资源的保护具有一定的外部性，每个资源能为某一半径范围内的所有目标提供保护（如图 12.2）[14,15]，这同样为刻画保护率向量的可行空间带来困难。如果放弃保护率向量转而以原始的纯策略空间上

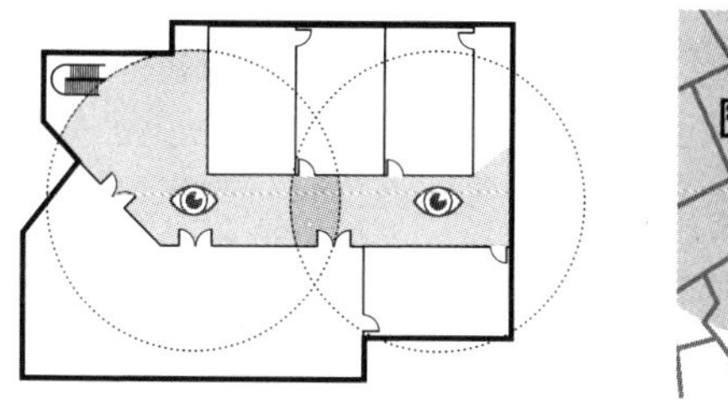
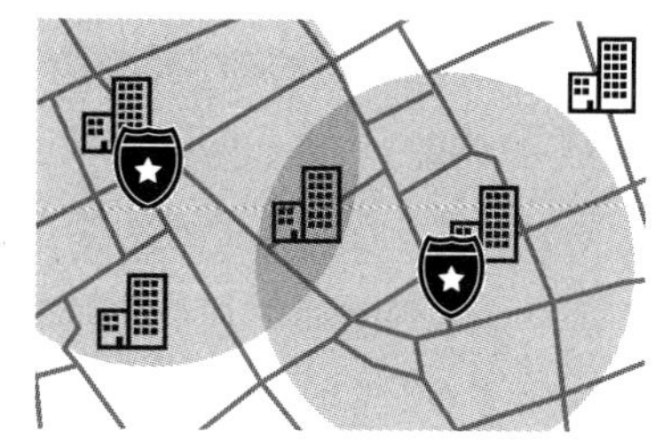

图 12.2　具有保护外部性的安全场景（左图：监控摄像头的可视范围。右图：城市警力的响应范围）

的概率分布的形式表达混合策略，我们又不得不面对呈指数级增长的纯策略数量。采用前面介绍的基于线性规划的方法（算法 12.1）求解这些问题意味着我们面对一个指数规模的线性规划（确切地说，变量数 m 呈指数级增长）。事实上，对于这些带有额外约束条件的安全博弈模型，均衡的求解往往被证明是 NP 难的问题[14,15,29]。随着问题规模的增长，我们需要新的方法去处理均衡求解的问题。最为常用且有效的手段是借助处理大规模线性规划的经典方法*列生成法*（Column Generation）。

列生成法

将列生成法应用于求解安全博弈问题最早可见于 Jain 等人的工作[28]。随后更多的工作也借鉴了这套办法[14,15,21,22]。列生成法背后的原理同 Carathéodory 定理[11]有一定的联系。根据 Carathéodory 定理，假设 P 是一个 d 维空间中的点集合，那么 P 的凸包（Convex Hull）中的每一个点都能被表示成 P 中至多 $d+1$ 个点的凸组合（Convex Combination）。

对应到安全博弈模型，假设 $\mathcal{S}$ 是领导者的纯策略集，函数 $\text{cov} : \mathcal{S} \to \mathbb{R}^n$ 为将每个纯策略映射到该纯策略提供的保护率向量。那么一个混合策略 $\boldsymbol{x} \in \Delta(\mathcal{S})$ 提供的保护率向量为 $\boldsymbol{c} = \sum_{s\in\mathcal{S}} x_s \cdot \text{cov}(s)$。令 $P = \{\text{cov}(s) : s \in \mathcal{S}\}$ 表示所有纯策略集对应的保护率向量的集合，那么 $\boldsymbol{c}$ 就是 P 的凸包中的一个点，从而根据 Carathéodory 定理，$\boldsymbol{c}$ 总是能被表示成 $\text{cov}(\mathcal{S})$ 中不多于 $n+1$ 个元素的凸组合。换言之，任何一个可行的保护率向量总是能被不多于 $n+1$ 个的纯策略实现，即便纯策略空间 $\mathcal{S}$ 保护的纯策略数量可能远大于 $n+1$。更进一步，当我们面临指数大的纯策略空间 $\mathcal{S}$ 时，实现最优的混合策略并不需要用到 $\mathcal{S}$ 中的所有纯策略。基于此结果，列生成法背后的思路是从 $\mathcal{S}$ 的一个较小的子集出发寻找最优策略。

如算法 12.2 所示，列生成法在一个*主问题*（master problem）和*从问题*（slave problem）之间轮回。主问题是原线性规划问题式 (12.4) 定义在原纯策略空间 $\mathcal{S}$ 的一个子集 $\mathcal{S}'$ 上的问题。从一个较小 $\mathcal{S}'$ 出发使我们免于显式地写出规模较大的原问题。然而，因为 $\mathcal{S}'$ 可能漏掉实现原问题最优解的必要的纯策略，我们得到的这个小规模问题的最优解可能并不是原问题的最优解。为此，算法的从问题的任务是从 $\mathcal{S}$ 中寻找一个新的纯策略加入 $\mathcal{S}'$ 去提升主问题的解质量。加入新的纯策略后主问题的线性规划会增加一列参数，因此该方法被称为列生成法。

算法 12.2 采用列生产法求解式 (12.4) 定义的线性规划问题

随机选择 $\mathcal{S}$ 的一个较小子集 $\mathcal{S}'$

repeat

// 主问题

求解以下形式与式 (12.4) 相同但定义在纯策略空间 $\mathcal{S}'$ 上的线性规划，其中变量 $\boldsymbol{x}$ 为一个 $|\mathcal{S}'|$ 维向量：

$$
\begin{aligned}
&\max_{\boldsymbol{x}} u^{\mathrm{L}}(\boldsymbol{x}, j) \\
&\text{s.t.} \quad u^{\mathrm{F}}(\boldsymbol{x}, j) \geqslant u^{\mathrm{F}}(\boldsymbol{x}, \ell) \quad \forall \ell = 1, \cdots, n \\
&\qquad \sum_{s \in \mathcal{S}'} x_s = 1 \\
&\qquad x_s \geqslant 0 \qquad\qquad\qquad \forall s \in \mathcal{S}'
\end{aligned}
$$

令 $\boldsymbol{x}^*$ 为上述问题最优解，$\alpha_1, \cdots, \alpha_n$、$\beta$ 为最优解对应的对偶变量值，分别对应于上述第一、二行的约束

// 从问题

求解以下优化问题以获取一个能提高主问题解质量的新纯策略：

$$
\min_{s \in \mathcal{S}} \quad \sum_{\ell=1}^{n} \left(u^{\mathrm{F}}(s, \ell) - u^{\mathrm{F}}(s, j)\right) \cdot \alpha_\ell + \beta - u^{\mathrm{L}}(s, j)
$$

令 s^* 为上述优化问题的最优解，y 为 s^* 对应的目标函数值

if $y < 0$ **then**

  将 s^* 加入 $\mathcal{S}'$;

else

  输出 $\boldsymbol{x}^*$ 作为式 (12.4) 定义在 $\mathcal{S}$ 上的最优解，结束算法

可以证明，当不存在新的纯策略 s 使从问题的目标函数为负数时，当前主问题的最优解对于原问题而言也已是最优。这从主问题的对偶问题的角度可能更易于理解。我们知道原问题是一个变量数量较多的线性规划问题，其对应的对偶线性规划问题则是一个约束数量较多的问题。从对偶问题的角度看，算法 12.2 从一个较小的约束集出发求解问题。求得的主问题的最优解因而可能违反了一

些该约束集以外的约束条件。为此，从问题需要寻找一个当前未被满足的新约束加入主问题，再重新求解。而从问题的目标函数恰恰就是对偶问题中对应于原问题变量 s 的约束 $\sum_{\ell=1}^{n}(u^{\mathrm{F}}(s,\ell)-u^{\mathrm{F}}(s,j))\cdot\alpha_\ell+\beta-u^{\mathrm{L}}(s,j)\geqslant 0$。当不存在未被满足的约束后，主问题和原问题的最优解达成一致。

需要指出的是，算法 12.2 的从问题在很多应用中依然是 NP 难的问题，但往往可以通过近似算法或启发式算法求解。列生成法并不是理论上的高效算法，其优势在于避免了显式地写出指数规模的原问题，并在诸多实际应用所需的问题规模上取得了较好的实际求解效率。

12.3.3 动态安全博弈

除以上挑战外，现实的安全场景甚至还可能是动态的。一个典型的例子是以城市马拉松比赛为代表的大型公共活动的安保问题。2013 年 4 月 15 日发生的波士顿马拉松爆炸案，造成了 3 人死亡，近 200 人受伤，原计划在其后举行的多项赛事、演出被取消。自该事件发生以来，这类活动的安全问题引起了安全部门更高的重视。同静态的安全博弈场景不同，马拉松赛是一个随时间变动的过程。活动的主要参与者——选手与沿途观众——是首要的保护对象，而这些参与者的位置随时间不停变化，由比赛起点向终点逐步推移。这类活动场地复杂，袭击可能造成的结果与时间、地点密切相关，因此高效的安保工作也格外重要，极具挑战。利用安全博弈理论对活动流程、警方策略以及可能的攻击者行为进行建模，能够帮助警方将有限的警力资源发挥出最大的作用。本节以针对马拉松赛设计的安全博弈模型为例 [67,68] 介绍安全博弈模型在这类动态问题上的扩展，及相应的策略优化算法。

1. 公共活动安全博弈模型

马拉松赛中，攻击者的目标可被看成路段或比赛沿途的城市区域。类似地，我们用集合 T 来表示可能被攻击的目标集合。假设防御者共有 m 个安全资源，比赛在时间区间 $[0,t_e]$ 内进行。目标的重要程度呈现动态性。例如，马拉松赛中，起点附近目标的重要程度在比赛开始时较高，而随着比赛的进行，运动员和观众逐渐向终点推移，起点周围目标的重要程度随之降低，而终点附近目标的重要程度逐渐升高。因此，防御者需要在活动进行中动态调度资源，将其在目标间进行转移。我们用一个二元组 $S=\langle Q^0,C\rangle$ 来描述一个防守者策略。其中 $Q^0=(q_i^0)_i$

表示在 0 时刻时安全资源的分配情况：q_i^0 即在时刻 0 时分配给目标 i 的资源数量。$C=(C_k)_k$，其中 $C_k=(c_{ij}^k)_{i,j\in T}$ 表示第 k 次转移：c_{ij}^k 即在第 k 次转移中从目标 i 转移到目标 j 的资源数。令 τ_k 表示第 k 次转移发生的时间。任意两个目标间转移资源所需的时间 d_{ij} 为给定参数。根据 d_{ij} 即可求得任意时刻 $t\in[0,t_e]$ 任意目标 i 被分配到的资源数量 $q_i^t(S)$：

$$q_i^t(S)=q_i^0+\sum_{C_k\in C,\tau_k\leqslant t-d_{ji},j\in T}c_{ji}^k-\sum_{C_k\in C,\tau_k\leqslant t,j\in T}c_{ij}^k$$

攻击者的纯策略可用二元组 (i,t) 表示，即在时刻 t 攻击目标 i。令 $p(r)$ 表示当有 r 个资源在保护某个目标时攻击者攻击这个目标的成功概率。假设 $p(r)=\frac{1}{e^{\lambda r}}$，其中 $\lambda\geqslant 1$ 是一个参数，表示每增加一个资源对攻击者成功率所产生的影响。若目标没有被任何资源保护，攻击该目标的成功率为 $p(0)=1$。若目标被无穷多个资源保护，则攻击该目标的成功率为 $p(\infty)=0$。

每个目标 i 的重要性 $v_i(t)$ 是一个给定的关于时间 t 的连续函数。因而当有 r 个资源保护某个目标 i 时，攻击者攻击该目标获得的收益也是一个连续函数。给定一个防守者策略 S，如果攻击者的策略是 (i,t)，那么攻击者的收益可以被表示为

$$U^a(i,t,S)=p(q_i^t(S))\cdot v_i(t)$$

同时我们假设博弈为零和博弈，从而防御者的收益为

$$U^d(i,t,S)=-U^a(i,t,S)$$

攻击者的最优攻击策略 S 和防御者的最优防御策略 $f(S)=\{f_{\mathrm{tg}}(S):S\to i,f_{\mathrm{tm}}(S):S\to t\}$ 构成一个最大最小均衡，满足以下条件：

$$\begin{aligned}&U^a(f_{\mathrm{tg}}(S),f_{\mathrm{tm}}(S),S)\geqslant U^a(i,t,S)\quad\forall i\in T,t\in[0,t_e]\\ \text{及}\quad&U^d(f_{\mathrm{tg}}(S),f_{\mathrm{tm}}(S),S)\geqslant U^d(f_{\mathrm{tg}}(S'),f_{\mathrm{tm}}(S'),S')\quad\forall S'\end{aligned}$$

2. 求解最优动态防御策略

以上动态模型的求解难点在于对防御者连续策略空间的处理。Yin 等人提出的求解思路 [67] 是考虑防御者只能在某些固定的时间点上转移目标的简化模型，

并证明该简化模型不失一般性：总是存在一个最大最小均衡，其中防御者的资源转移发生在一个有限的时间点集合内。因此只要求出这个点集即可用求解离散策略空间博弈的方法来求解该连续策略空间的博弈问题。Yin 等人进一步提出了基于混合整数线性规划的算法 SCOUT-D。假设资源转移只能发生在集合 $\phi = \{t_k\}$ 中，那么资源到达某目标的时间只能发生在集合 $\varphi = \{t_\delta : t_\delta = t_k + d_{ij}, \forall t_k \in \phi, \forall i, j \in T\}$ 中。定义点集 $\Psi = \{t_\eta : t_\eta \in \varphi\}$，并令 $H = |\Psi|$。令 $\sigma^\eta = (\sigma^\eta_{ij})_{i,j\in T}$，其中 σ^η_{ij} 表示如果一个资源从目标 i 被转移到目标 j，且应在时间 t_η 到达，那么转移开始的时间应该是 $t_{\sigma^\eta_{ij}}$。令 $a_i^{t_\eta}$ 表示在时间 t_η 尚未有任何资源从目标 i 转走时，目标 i 被分配的资源数。令 $b_i^{t_\eta}$ 表示在时间 t_η 所有应从 i 转走的资源都被转走后所余下的资源数量。SCOUT-D 给出下列混合整数线性规划：

$$\min \quad U \tag{12.7}$$

$$\text{s.t.} \quad \sum_{i\in T} a_i^0 = m \tag{12.7-a}$$

$$a_i^{t_{k+1}} = b_i^{t_k} + \sum_{j\in T} c_{ji}^{\sigma_{ji}^{k+1}} \qquad \forall\ k \in \{1,\cdots,H-1\} \tag{12.7-b}$$

$$b_i^{t_k} = a_i^{t_k} - \sum_{j\in T} c_{ji}^k \qquad \forall\ k \in \{1,\cdots,H\} \tag{12.7-c}$$

$$c_{ij}^k \in \{0,1,\cdots\} \qquad \forall\ k \in \{1,\cdots,H\} \tag{12.7-d}$$

$$\sum_{ij} c_{ij}^{t_\eta} = 0 \qquad \forall\ t_\eta \in \varphi, t_\eta \notin \phi \tag{12.7-e}$$

$$b_i^{t_k} \geqslant 0 \qquad \forall\ i \in T, k \in \{1,\cdots,H\} \tag{12.7-f}$$

$$U \geqslant \max_{t\in[t_k,t_{k+1}]} p(q_i^t(S)) \cdot v_i(t) \qquad \forall\ i \in T, k \in \{1,\cdots,H-1\} \tag{12.7-g}$$

其约束条件式 (12.7-a) 限制了初始资源配置的可行性。约束式 (12.7-b) 和式 (12.7-c) 限制了资源转移的可行性（类似网络流问题）。约束式 (12.7-d) 要求转移的资源数为整数。约束式 (12.7-e) 要求资源转移仅发生在允许转移的点集。约束式 (12.7-f) 限制了每个目标留下的资源为非负数。约束式 (12.7-g) 则要求攻击者做出全局最优的反应。

剩下需要考虑的是如何处理连续策略空间的问题。首先，每个目标的价值 $v_i(t)$ 可被看成一系列单调曲线段的集合。对每个目标 i 可定义一个顺序的时间点集合 $\Xi = \{\xi^i_\rho : \rho \in \{0,\cdots,R_i\}\}$，其中 R_i 为 $v_i(t)$ 的单调段数，使得当

$t \in [\xi_\rho^i, \xi_{\rho+1}^i]$ 时，$v_i(t)$ 是单调的。令 $\Xi = \{\Xi^i : i \in T\}$。假设在一个策略空间连续的博弈中，$S$ 是防守方的最大最小均衡策略。可证明以下的命题（详细证明见文献 [67]）。

命题 12.1 假如在 S 中，某资源在 t_1 时刻被从目标 i 转移到目标 j，随后又从目标 j 被转移至目标 k，并在时刻 t_2 到达 k。如果 $t_1 + d_{ij} \in [\xi_\rho^j, \xi_{\rho+1}^j)$ 且 $t_2 \in [t_1 + d_{ij}, \xi_{\rho+1}^j)$，那么直接在将该资源从 i 转移到 k 时不会降低防御者的最优收益。

基于以上命题可知，存在一个最优的防守者策略 S^1，其中不存在上述命题描述的转移形式。令 $Tr = (i, j, a_i, a_j, \rho, \rho')$ 表示 S^1 中的一次资源转移（当目标 i 被 a_i 个资源保护，目标 j 被 a_j 个资源保护时，某资源在 $[\xi_\rho^i, \xi_{\rho+1}^i]$ 中被从目标 i 转走，并在 $[\xi_\rho^j, \xi_{\rho+1}^j]$ 到达目标 j）。定义 $\theta(Tr) = \arg\min_{t \in E}(\max_{t' \in F}\{W_i^{a_j - 1}(t'), W_j^{a_j}(t')\})$ $(E = [\xi_\rho^i, \min\{\xi_{\rho+1}^i, \xi_{\rho'+1}^j - d_{ij}\}], F = [t, t + d_{ij}])$。

命题 12.2 如果转移 Tr 的发生时间被改变为 $\theta(Tr)$，防御者的最优收益不会降低。

定义集合 $\Theta = \{\theta(Tr) : Tr = (i, j, a_i, a_j, \rho, \rho'), \forall i, j \in T, \forall a_i, a_j \in \{0, \cdots, m\}, \rho \in \{0, \cdots, R_i\}, \rho' \in \{0, \cdots, R_j\}\}$。以上命题说明存在一个防御者的最大最小均衡策略，其中所有的转移开始于此集合内的时间点。基于此，Yin 等人提出了 SCOUT-C 算法，首先获得该集合，再调用 SCOUT-D 求解博弈中防守方的最优策略。

12.4 实际应用与成功案例

基于 Stackelberg 模型的安全博弈论已经被不同领域的安全机构应用。本节选取一些最具代表性的应用进行介绍。

12.4.1 重要基础设施保护

1. 机场安检设置及巡逻

洛杉矶国际机场（LAX）是美国最大的目的地机场，每年的旅客流量在 7000 万人次左右。洛杉矶警方采取不同的措施来保护机场，包括设置车辆检查站、警察部队（警犬）在航站楼巡逻，安全筛选和检查乘客行李。安全博弈论应用主要考虑两方面的保护措施：① 在进入机场的道路上设置车辆检查站，确定检查站的地点和检查时间；② 制定警犬在洛杉矶国际机场 8 个航站楼之间的巡逻路线。这 8 个航站楼有不同的特性，如大小、载客量、客流量、国际与国内航班数量。这些因素导致 8 个航站楼有不同的风险评估结果。由于有限的资源约束，可设置的车辆检查站不足以覆盖所有机场入口，警犬队伍的数量也不足以覆盖所有的航站楼。因此，采取最佳方案分配资源提高效率才能避免固定部署模式的不足。

图 12.3　警犬在洛杉矶国际机场巡逻

基于贝叶斯 Stackelberg 博弈论的 ARMOR 系统用于规划洛杉矶国际机场检查点的设置以及警犬的巡逻路线[43,44]。以设置检查点为例，假设洛杉矶国际机场有 n 条进入机场的道路，警方在这 n 条道路上设置 $m(m < n)$ 个检查站，其中 m 是设置的最大检查点数量。恐怖分子可以从任意一个入口进行攻击。ARMOR 系统考虑不同类型的攻击者具有不同的收益函数，不同类型代表各种具有不同能力和偏好的恐怖分子。ARMOR 系统采用 DOBSS 算法计算安全部门的最佳资源分配战略[41]，于 2007 年 8 月成功地部署在洛杉矶国际机场，并一直使用至今。

2. 海岸警卫队巡逻

美国海岸警卫队（USCG）的任务包括维持海上安全、港口安全以及内河航道的安全。由于恐怖主义和毒品走私的威胁，这些地方面临的风险日益增加。美国海岸警卫队通过巡逻的方式来保护港口的基础设施。然而，有限的安全资源使海岸警卫队无法随时随地保护所有重要设施，攻击者有了可乘之机。为了协助美国海岸警卫队的资源分配，TEAMCORE 研究小组设计了基于 Stackelberg 博弈模型的 PROTECT 系统，如图 12.4 所示[1]。

图 12.4 PROTECT 系统从 2011 年起应用于波士顿港

开发 PROTECT 系统的目的是帮助美国海岸警卫队在执行保护港口、水路、和海岸安全（合称 PWCS）时提高效率。对 PWCS 的巡逻着眼于保护重点设施，由于资源所限，任何设施都无法获得全天候的保护，因此对资源配置的优化就变得至关重要。PROTECT 系统同时考虑攻击者的观测能力和不同设施的价值，输出美国海岸警卫队巡逻的日程表，包括什么时候开始巡逻，每次巡逻经过哪些目标区域，以及在每个目标区域里执行的巡逻活动。PROTECT 系统有以下创新点。第一，它不像以前的系统那样假设攻击者是完全理性的；第二，为了提高效率，系统在寻找均衡和最优解时采取了更加紧凑的方式来表示攻击者的策略空间；第三，PROTECT 系统通过真实的数据来评价其性能。PROTECT 模型目前正被拓展到纽约的港口，并且可能被更多的美国港口采用。

12.4.2 交通系统安保调度

1. 空中警察调度

美国联邦空中警察署（FAMS）负责分配空中警察到始发地以保护美国的航班，阻止潜在的攻击。空中警察的分配问题比 ARMOR 系统更具挑战性：他们每天需要将有限数量的空中警察分配到成千上万的商业航班中，空中警察的分配必须遵守各种类型的限制条件，如每一名空中警察需要飞回其基地，并满足起飞、降落、休息等很多时间上的约束。找出满足所有限制条件的最优随机调度策略是一项非常困难的任务。在此背景下，TEAMCORE 研究小组开发了 IRIS 系统[54]，并于 2009 年 10 月开始调度所有国际航班的空中警察。由于纯策略的资源分配数量随航班数量以及空中警察数量呈指数级增长，DOBSS 算法无法求解最优空中警察调度策略。IRIS 系统使用更快的 ASPEN 算法产生出每天数千架商业航班的空中警察调度方案 [28]。IRIS 系统同时使用基于属性的偏好启发方法来确定 Stackelberg 博弈模型的收益函数。

2. 运输安全管理处的机场安保

美国运输安全管理处（TSA）负责保卫全国超过 400 个机场的安全。为了协助 TSA 对资源进行有效配置，TEAMCORE 研究小组开发了 GUARDS 系统。与前文介绍的 ARMOR，IRIS 一样，GUARDS 也是基于 Stackelberg 博弈模型的，但它还能应对三项新的挑战：第一，调度上百种异质的安保活动；第二，考虑多种潜在的安全威胁；第三，开发面向上百个终端用户的系统。为了应对这些挑战，GUARDS 设计了一个新的博弈框架。这个框架能够处理异构的安保活动，并能对大量的潜在威胁建模。GUARDS 还在通用的求解 Stackelberg 博弈的算法的基础上提出了一种高效的求解算法。GUARDS 目前正在一个机场进行秘密测试，其表现值得期待 [47]。

3. 城市运输系统安全

一些城市的交通系统要求乘客购票乘车，却没有采取强制措施。以洛杉矶地铁为例，它每天运送约 30 万名乘客，逃票带来的损失预计每年为 560 万美元。洛杉矶警察局（LASD）雇佣一些工作人员在列车上或者站台上检票。由于巡逻检票的工作人员数量较少，不可能覆盖所有的列车和站台，因此洛杉矶警察局需要一些机制来设计检票人员的巡逻路线。如果巡逻检票的调度策略有比较固定的模式，那么逃票者可能会观察到这个模式并且利用它来逃票。目前洛杉矶警察局依赖人工制定巡逻日程。但是由于人工制定的调度策略通常有固定模式，而且日程的制定需要考虑很多复杂的因素，比如列车运行时间、发车间隔、日程长度等，制定调度策略的担子很重。TRUST 系统将地铁系统巡逻问题抽象成领导者-跟随者的 Stackelberg 博弈 [69]。领导者（洛杉矶警察局）采用混合策略，跟随者（可能逃票的乘客）观察到这个策略并决定是否买票。由于运输系统的复杂性使得可能的巡逻策略数量呈指数级增长，这给计算最优巡逻策略提出了很大挑战。为了解决此问题，TRUST 在使用紧凑的表达方式的同时考虑了时间和空间结构。洛杉矶警察局目前正在洛杉矶地铁上测试 TRUST 系统，计划根据系统产生的日程来安排巡逻，并检测收入是否增长以确定逃票者是否减少。

12.4.3 打击环境资源犯罪与城市犯罪

安全博弈理论同样被应用于打击环境资源犯罪与城市犯罪。比如，用于保护大片森林不被乱砍滥伐（图 12.5）。由于犯罪分子的行为受到空间限制，警方在制定策略时也需要考虑这些限制。安全博弈理论同样被应用于保护濒危动物中。非法猎杀使得珍稀物种的数量大减，例如，全球老虎的数量从二十世纪初到现在减少了 95%，9 种虎中的 3 种已经灭绝。为了打击资源和环境犯罪，保护濒危物种，许多国家建立了自然保护区和防卫保护区的特定机构。由于自然保护区往往面积较大，加之防卫机构的资源有限，保护自然保护区有很大难度。防卫机构通常采用巡逻的方式，但他们在设计巡逻路线时，必须考虑多方面的因素，如有限的巡逻车如何分配，距离岗哨不同距离的区域如何巡逻等。TEAMCORE 研究小组设计的 PAWS 系统旨在帮助防卫机构设计巡逻路线。这个系统能够预测犯罪者可能攻击的区域，并据此设计最佳的巡逻方式 [13]。除此之外，新兴的智能交通系统（例如智能红绿灯）也逐渐成为潜在的攻击目标。对智能交通系统的保护因而也成为安全博弈论的研究课题 [71]。

另一个逐渐被重视的问题是鱼类的保护。水产业是许多国家的支柱产业。但是，据世界自然基金会统计，过度捕捞使得美国、加拿大和其他近大西洋国家的鳕鱼产量锐减。全球鳕鱼产量在过去的 30 年里下降了 70%。如果这个趋势持续下去，世界鳕鱼储备将在 15 年内消失。据美国国家海洋和大气局统计，非法的、未经报道的、不合管制的捕鱼者每年生产出 1100 万～2600 万吨海产品，这占到了一些国家渔业的 40%，是对渔业可持续发展的巨大威胁。然而，全天候的监管难以实现，如何利用有限的资源监管渔业生产是一些国家必须面对的挑战。

图 12.5　安全博弈在保护野生动物和森林上发挥作用

12.4.4 打击犯罪网络

大规模恐怖袭击可能由多个犯罪集团或恐怖组织在其形成的犯罪网络上协作完成。2015 年震惊世界的法国巴黎恐袭便是一个典型的例子。针对这类犯罪活动，监控潜在犯罪分子间的联络是破除犯罪集团间协作的一个有效手段。及时的信息获取能帮助安全部门挫败犯罪企图。然而，即便安全部门精确掌握潜在犯罪分子的信息且拥有足够的技术手段，安全部门也常常缺乏足够的资源对其进行全天候以及一对一的监控。犯罪活动的策划者通常也能根据安全部门的监控情况随时调整其计划。在这种情况下，安全部门需要有效利用有限的安保资源选择监控策略。而安全部门与犯罪集团间的博弈很自然地对应到一个 Stackelberg 博弈，因而能从安全博弈的角度加以解决。

同本章介绍的标准安全博弈模型不同，在攻击者相互协作的场景下，我们所要考虑的攻击者策略不再是一个简单的目标，而是一个具体的协作方式。例如，犯罪策划者需要在潜在犯罪分子的通信网络上选择一个满足某些性质的子图（如连通子图）[60]。又如，当安全部门屏蔽部分犯罪分子间的联络通道后，犯罪分子们会在剩余的联络网络上组织若干犯罪活动；这些组织策划行为类似于合作博弈中的结盟行为（coalition formation），因而在对应的安全博弈过程中，攻击者的反馈实际上是一个合作博弈 [21]。

12.4.5 其他应用

上述横跨众多领域的案例仅是安全博弈研究成果以及潜在应用的冰山一角。近年来，安全博弈论的研究人员还在打击犯罪网络流、打击海上犯罪、以及网络安全方面推进了诸多的前沿工作 [8,9,22,24,31,35,59,62,70,72,73]。他们正致力于进一步挖掘该理论的潜力，为更多的现实问题设计出解决方案。感兴趣的读者也可参见 Tambe 以及 Sinha 等人的综述了解更多其他的安全博弈论的应用 [51,53]。

12.5 当前热点与挑战

上述成功的案例激发了对安全博弈论领域更多的研究兴趣。本节选取若干当前研究热点进行简要介绍。

12.5.1 研究热点

1. 基于机器学习的安全博弈

近年来机器学习的发展无疑也推动了基于机器学习的安全博弈论。博弈论中均衡计算依赖于对参与者的收益函数或矩阵的了解，在这些信息缺失或不确定的情况下均衡计算无法进行。就安全博弈而言，博弈中防御方要计算其最优策略就必须知道攻击者的收益函数。在收益函数缺失的情况下，一系列工作提出了采用机器学习的方法主动获取这些缺失的信息。在该框架下，防御者试图通过同攻击者进行交互来学习攻击者类型或针对攻击者的最优策略[4,7,30,42,49]。防御者不断尝试不同的防御策略并观察攻击者对这些策略的最优反馈，学习的过程逐渐收敛到完全信息下的 Stackelberg 均衡。

除此之外，基于机器学习的安全博弈论也被应用于保障网络基础设施安全等场景，如城市网络、交通网络和信息网络的安全。在网络中通过部署数量有限的安全资源（由防御者控制）防止攻击者的问题可以被建模为网络安全游戏（NSG）。NSG 的目标是为防御者找到一个纳什均衡（NE）策略。通常防御者的策略是通过基于规划的 NE 解决技术来计算的，例如，增量策略生成算法，该算法从一个受限的游戏开始，迭代扩展，直至收敛。然而，在大规模的 NSG 中，例如现实世界中的道路网络，由于攻击路径的数量十分大，基于规划的 NE 解决方法往往会失去效力。最近，人们越来越关注将深度学习与博弈论结合起来寻找 NE。它们通常以抽样方式执行，并能利用 DNN 的强大表示能力来捕捉底层巨大状态空间的结构，使它们有可能解决大规模和复杂的现实问题。然而，由于行动空间的复杂性，现有的基于深度学习的方法无法解决大规模的 NSG。Li 等人的工作提出了一种新的学习范式 NSG-NFSP[32]，用于逼近大规模广义形式 NSG 中的 NE 策略。该方法基于神经虚构自我游戏（NFSP），这使它具备了理论上的收敛性。算法在可扩展性和解决方案的质量方面都明显优于现有算法。

2. 多防御者安全博弈

以往研究考虑的安全博弈场景多在单个防御者与单个攻击者之间展开。而现实世界中某些场景可能包含多个防御者。例如国际公海或边境上打击违法犯罪活动的行动往往由周边多个国家作为防御者参与其中。据报道，在马六甲海峡附近针对大型油船的海盗事件频发，为保证过往船只的安全，周边的新加坡、马来西亚、印度尼西亚等国均有防御力量投入打击海盗的行动中。在我国延绵的陆上边境线上，我方国防力量也时常与邻国安防力量同时开展巡逻，打击跨境违法犯罪活动，维护领土安全。在本土安防活动中也不乏不同安全部门保护区域重叠的情况。传统的单防御者模型无法对这些场景进行建模求解，因此出现了具有多防御者的安全博弈模型。多防御者安全博弈模型的首要难点在于防御者的异质性：不同防御者具有不同的防御侧重点，相同的目标对不同防御者来说可能具有不同的重要性，因此多防御者模型不能简单地通过将多个防御者看成一个等价的单防御者来实现。多防御者的引入给均衡分析带来了新的复杂性。

异质多防御者安全博弈的研究可追溯到 Smith 等人的工作 [52]。后续 Lou 等人 [33,34] 以及 Gan 等人 [16,19] 开展了更多工作，在均衡分析和计算方面开展了基础性的研究。Gan 等人还研究了多防御者模型下的协同机制设计问题 [19]，考虑了如何通过机制设计的方法提升防御效率的问题。Mutzari 等人最近的工作还从非合作博弈的角度考虑了防御者之间如何通过结盟的方式协作的问题 [37]。

多方安全博弈的另一难度在于策略空间的增长以及信息不完全问题。例如当多辆警车合作追捕逃犯时，警方的联合动作空间将随着参与抓捕的警车数呈指数级增长。该问题也是一个现实的扩展形式博弈问题（extensive-form game），比正则形式的博弈更难求解。现有算法，如 CFR，在求解该问题上效果不佳。为了解决这个难题，Xue 等人提出了一个全新的基于 CFR 的框架：CFR-MIX，以解决联合动作空间大所导致的策略空间大的问题 [63]。该方法在 Goofspiel 扑克博弈和追击问题上表现出了高效的性能。

3. 欺骗与反欺骗

欺骗与反欺骗是当前的另一研究热点，并以多种形式体现在安全博弈模型中。前面我们提到基于机器学习方法主动获取攻击者收益信息或学习安全博弈均衡的研究工作。这些方法虽然行之有效，但依赖于一个关键的假设，即在博弈的先动方（防御者）通过机器学习算法与后动方（攻击者）交互的过程中，后动方总是按照其真实的效用函数给出最优的反馈。一旦该假设不成立，学习算法就存在被操纵的风险，后动方可通过假的最优反馈误导先动方的学习算法。Gan 等人首次指出了这种操纵在 Stackelberg 博弈中的可能性，并提出了模仿欺骗（imitative deception）的概念 [18]。采用这种欺骗方式的后动方通过模仿一个虚假的效用函数上的最优反馈误导学习算法，使其输出基于该虚假效用函数的均衡而从中获益。模仿欺骗极具危害，在安全博弈中，这种欺骗往往导致博弈最

终退化为零和博弈 [17]。对于欺骗者来说，通过模仿欺骗对博弈进行操纵的余地也相当大：在一般的 Stackelberg 博弈中已被证明后动方可通过模仿欺骗将博弈操纵至任何的假均衡，当且仅当该均衡保证先动方在该博弈中的最大最小值（maximin value），也即先动方在零和博弈中的收益；欺骗者还可在多项式时间内计算这样的欺骗策略 [6]。而对于后动方而言，设计对抗欺骗的机制往往是 NP 难且难以近似的计算问题 [18]。

对安全资源的伪装和隐藏是安全博弈中的另一种欺骗，不同的是这种欺骗有利于博弈中的防御方。便衣警察的使用便是这样的实际例子。Guo 等人考虑了安全博弈论中安全资源的伪装问题，并使用完美贝叶斯均衡（Perfect Bayesian Equilibirum）作为模型的求解概念 [23]。该工作比较了完美贝叶斯均衡与 Stackelberg 均衡在资源可隐藏安全博弈中的解质量，并探讨了如何在资源的隐秘性与策略允诺之间寻求平衡。Rabinovich 等人以及 Xu 等人也探讨了如何通过释放信号的方法策略性地向攻击者公开信息从而诱导对安全问题更佳的攻击者行为的问题 [48,61]。

12.5.2 未来研究方向

1. 协同优化

协同优化，是使用者（如空中警察署）和计算机协作制定的安全资源分配策略。在安全资源调度问题中通常存在很多限制条件。防御者通常受到资源数量的限制。另外，当面临一些特殊情况或者需要额外的知识时，使用者可能需要对防御者的行为设置限制以影响结果。例如，在 IRIS 系统中，有时需要强制在某些航班上安排空中警察（例如当政府官员需要乘坐航班时）。在现有的安全博弈论应用中，通常只计算出符合所有限制条件的最优解。但由于使用者的有限理性以及对限制条件影响资源调度结果性能的有限了解，用户定义的限制条件可能会产生很差的资源分配方案，甚至导致不存在满足所有限制条件的分配方案。如果放开一些限制条件，那么就会大幅提升分配方案的性能。放开一些限制条件有无数种方法，而计算机软件并不知道哪些限制条件可以放开，放开多少，以及放开限制条件对分配方案性能的影响。因此需要用户和计算机通过协同优化来共同制定安全资源分配策略。协同优化研究面临的挑战：第一，安全博弈和限制条件的规模使得不能使用穷尽的搜索算法去测试所有的限制条件组合；第二，用户并不完全了解放开限制条件可能引起的后果，这就需要用户偏好发掘技术（preference elicitation）的支持；第三，在用户和计算机之间关于控制权转移的决策也很具有挑战性；第四，很难评价协同优化方法的性能；第五，给计算机设计一个能够解释限制，如何影响资源分配方案性能的用户接口也是一个有挑战性的问题。

2. 多目标优化

在现有的安全博弈论应用中，防御者总是试图最大化某个单一的目标。然而，有些领域的防御者必须同时考虑多个目标。例如，洛杉矶警察局对地铁系统的保护需要考虑逃票、普通犯罪以及恐怖袭击等多种行为。从洛杉矶警察局的视角看，每种攻击类型都具有威胁（收入减少、财产被盗、生命威胁等）。因为这些多元威胁的存在，通常没有一种单一策略可以使所有攻击类型的威胁最小化。由于针对某种特定攻击的保护可能增加其他攻击的威胁，因此必须要做权衡和折衷。多目标安全博弈可以用来应对有多个相互矛盾的优化目标的安全博弈问题。在多目标安全博弈中，不同攻击类型的威胁用不同的博弈矩阵来表示，并且不需要对攻击类型的概率分布。与只有单个最优解的单目标贝叶斯安全博弈不同，多目标安全博弈通常有一个帕累托边界。通过将帕累托边界展示给终端用户，他们能够更好地理解问题的结构和不同安全目标间的平衡。因此，终端用户在选择策略时能够做出更明智的选择。还有一些专家为了更好地建立和评估博弈模型进行了偏好选择等研究，以便获取特定领域的更多数据。

3. 其他待解决问题

在安全场景中一个基本的问题是欺骗。神话中的特洛伊木马就是欺骗的一个典型例子。计算机恶意软件的类别被称为木马，象征着恶意软件固有的欺骗行为。在 SSG 文献中已经对防御者的欺骗进行了研究，尽管是在简单的一次性交互的设定中，但是也使用了由防卫者获得额外信息的优势所支持的信号。更广泛地说，在博弈论中的欺骗来源于信息的不对称性。以 SSG 为基础的网络安全方法中的有一些提议着眼于花费资源来为防御者提供额外的信息优势。这就是蜜罐的形式，即引诱敌人来攻击它们的虚拟系统。蜜罐技术，除了能够减少当前攻击的损失，还能糊弄敌人来揭示他们的秘密。欺骗可能会非常复杂，尤其是当防御者和对手同时都在使用的时候。通过信号或设计博弈在连续博弈中提供信息优势的欺骗研究可以使 SSG 应用于高度复杂的防御-对手交互场景。

SSG 模型大多将防御者的行动指定为防御目标，但也有一些例外（如计划封锁博弈和联盟博弈）。更广泛地来说，防御可以是防御行动、进攻行动和寻找信息的行动的组合。在一个高度使用战术的环境中，防御者必须使用所有的选项并决定采取或不采取哪些行动。值得注意的是，防御者所采取的行动并不一定总是能够改善安全状况，因为一个善于观察的对手，可能会发现防御中的弱点，例如缺乏防御者正在寻求获得的信息。因此，防御者的行为可能需要隐蔽，而且任何防御策略本身必须是安全的且不会受到对抗性攻击。

12.5.3 未来应用领域

我们期待未来安全博弈论能启发和驱动更多的研究与应用。在此我们引述 Sinha 等人在最近的综述中总结的以下未来研究方向 [51]。

1. 新恐怖主义威胁

恐怖主义威胁在过去数十年一直在不断地演变。在反恐力量的压制下，恐怖主义的主要威胁已经逐渐从精心策划的袭击转变为独狼袭击。这些新的威胁从建模上就提出了新的问题：恐怖分子表现得更加机会主义，同时又非常坚决地实施攻击。模型需要考虑到主动获取潜在独狼信息的步骤，并且这些步骤需要在有限的资源下进行。

2. 绿色安全博弈新挑战

当前绿色安全博弈的应用已经解决了某些特定场景下的野生动物和自然资源保护问题。然而不同类型的自然资源往往具有很多独特的性质，对其的保护需要充分考虑到这些特质。这为现有解决方案的迁移带来挑战。不同自然保护区的规模、多样性，以及巡逻人员的需求和针对该区域的犯罪类型都不尽相同。因此，如何设计一个灵活多变和相对普适的绿色安全博弈框架是当前研究的一大挑战。此外，实时信息的纳入对巡逻策略也具有重要意义，特别是对于运用无人机等设备进行巡逻的场景。针对自然资源的犯罪行为的特点还在于其目标的多样性，偷猎、非法砍伐、侵占自然保护区土地等行为均属于该范畴并可同时同地出现，因此绿色安全博弈常常还是一个多目标优化的问题。

3. 网络安全及隐私保护

网络安全问题往往包含若干子问题，涉及防御者、攻击者、用户之间的相互作用。与物理安全相比，网络安全的一些特性使得这个问题更为复杂，包括多变的环境状态、超大的问题规模、攻击的隐蔽性、多参与者等。采用安全博弈论框架研究网络安全问题的挑战之一是如何处理有限的人力资源与巨量待筛查警报信息之间的矛盾。防范社会工程学攻击、调整安全软件阈值、对抗网络钓鱼攻击等都是网络安全博弈关注的问题。

隐私保护是另一重要的安全问题。安全博弈在隐私审计问题上具有很大的应用前景。一般而言，软件系统的隐私问题涉及在隐私与系统效用之间的平衡，例如社交网络中的位置信息这类隐私。要实现对这种平衡进行有意义的调节需要我们知道潜在隐私侵犯者的行为模式，而安全博弈论为此提供了一个恰当的模型。隐私问题面临和网络安全相似的问题和挑战。

4. 对抗电商平台欺诈行为

电子商务平台的主要功能是引导消费者点击商家产品。点击量通过一个排名系统进行分配，该系统根据转化率显示销售者的产品，而转化率指消费者点击该产品后购买该产品的概率。这样做的目的是提升交易总数。通常商家不能控制其产品的转化率，因此他们会花大量的精力获取更多的点击。商家可以通过广告等正当手段获取点击量，但由于广告费用昂贵，许多商家会转而采用一些非正当手段，例如通过虚假交易提高转化率，即通过大量虚假消费者账户购买自己的产品。这些欺诈性的行为极大地降低了消费者点击量分配的有效性，并危及正常的商业环境。

当前电子商务平台主要依靠虚假检测技术来打击电子商务欺诈行为。然而欺诈手段和技术也会“与时俱进”，从而导致检测率下降。比较有效的方法是为电商平台（领导者）设计最优机制来阻止跟随者的欺诈行为。这其中的重要研究包括：① 从交易数据中学习异质销售者的行为模型；② 求解数百万销售者和连续策略空间下的最优策略；③ 设计针对市场演化和不确定性的鲁棒政策；④ 在阻止欺诈行为的同时平衡平台上的其他目标。

参考文献

[1] AN B, SHIEH E, TAMBE M, et al., 2012. PROTECT–a deployed game theoretic system for strategic security allocation for the United States Coast Guard[J]. AI Magazine, 33(4): 96-96.

[2] AN B, ORDÓÑEZ F, TAMBE M, et al., 2013. A deployed quantal response-based patrol planning system for the US Coast Guard[J]. Interfaces, 43(5): 400-420.

[3] BAI Y, CHEN L, SONG L, et al., 2019. Bayesian Stackelberg game for risk-aware edge computation offloading[C]//Proceedings of the 6th ACM Workshop on Moving Target Defense. [S.l.: s.n.]: 25-35.

[4] BALCAN M, BLUM A, HAGHTALAB N, et al., 2015b. Commitment without regrets: Online learning in Stackelberg security games[C]//Proceedings of the 16th ACM Conference on Economics and Computation (EC'15). [S.l.: s.n.]: 61-78.

[5] BERTSIMAS D, TSITSIKLIS J N, 1997. Introduction to linear optimization: volume 6[M]. [S.l.]: Athena Scientific Belmont, MA.

[6] BIRMPAS G, GAN J, HOLLENDER A, et al., 2020. Optimally deceiving a learning leader in Stackelberg games[C]//Advances in Neural Information Processing Systems: volume 33. [S.l.: s.n.]: 20624-20635.

[7] BLUM A, HAGHTALAB N, PROCACCIA A D, 2014b. Learning optimal commitment to overcome insecurity[C]//Proceedings of the 28th Conference on Neural Information Processing Systems (NIPS'14). [S.l.: s.n.]: 1826-1834.

[8] CERNÝ J, BOSANSKÝ B, AN B, 2020a. Finite state machines play extensive-form games[C]//BIRÓ P, HARTLINE J D, OSTROVSKY M, et al. EC '20: The 21st ACM Conference on Economics and Computation. [S.l.]: ACM: 509-533.

[9] CERNÝ J, LISÝ V, BOSANSKÝ B, et al., 2020b. Dinkelbach-type algorithm for computing quantal stackelberg equilibrium[C]//BESSIERE C. Proceedings of the 29th International Joint Conference on Artificial Intelligence (IJCAI'20). [S.l.: s.n.]: 246-253.

[10] CONITZER V, SANDHOLM T, 2006. Computing the optimal strategy to commit to[C]//Proceedings of the 7th ACM Conference on Electronic Commerce (EC'06). [S.l.: s.n.]: 82-90.

[11] DANNINGER-UCHIDA G E, 2001. Carathéodory theorem[M]//FLOUDAS C A, PARDALOS P M. Encyclopedia of Optimization. [S.l.]: Springer US: 236-237.

[12] DASKALAKIS C, GOLDBERG P W, PAPADIMITRIOU C H, 2009. The complexity of computing a Nash equilibrium[J]. SIAM Journal on Computing, 39(1): 195-259.

[13] FORD B, KAR D, DELLE FAVE F M, et al., 2014. Paws: Adaptive game-theoretic patrolling for wildlife protection[C]//Proceedings of the 2014 International Conference on Autonomous Agents and Multi-Agent Systems (AAMA'14). [S.l.: s.n.]: 1641-1642.

[14] GAN J, AN B, VOROBEYCHIK Y, 2015b. Security games with protection externalities[C]//Proceedings of the 29th AAAI Conference on Artificial Intelligence (AAAI'15). [S.l.: s.n.]: 914-920.

[15] GAN J, AN B, VOROBEYCHIK Y, et al., 2017b. Security games on a plane[C]//Proceedings of the 31st AAAI Conference on Artificial Intelligence (AAAI'17). [S.l.: s.n.]: 530–536.

[16] GAN J, ELKIND E, WOOLDRIDGE M, 2018. Stackelberg security games with multiple uncoordinated defenders[C]//Proceedings of the 17th International Conference on Autonomous Agents and Multiagent Systems (AAMAS'18). [S.l.: s.n.]: 703–711.

[17] GAN J, GUO Q, TRAN-THANH L, et al., 2019a. Manipulating a learning defender and ways to counteract[C]//Advances in Neural Information Processing Systems (NeurIPS'19). [S.l.: s.n.]: 8274-8283.

[18] GAN J, XU H, GUO Q, et al., 2019b. Imitative follower deception in Stackelberg games[C]//Proceedings of the 2019 ACM Conference on Economics and Computation (EC'19). [S.l.: s.n.]: 639–657.

[19] GAN J, ELKIND E, KRAUS S, et al., 2020. Mechanism design for defense coordination in security games[C]//Proceedings of the 19th International Conference on Autonomous Agents and Multiagent Systems (AAMAS'20). [S.l.: s.n.]: 402–410.

[20] GU X, ZENG C, XIANG F, 2019. Applying a Bayesian Stackelberg game to secure infrastructure system: From a complex network perspective[C]//Proceedings of the 2019 4th International Conference on Automation, Control and Robotics Engineering (CACRE'19). [S.l.]: Association for Computing Machinery.

[21] GUO Q, AN B, VOROBEYCHIK Y, et al., 2016a. Coalitional security games[C]//Proceedings of the 15th International Conference on Autonomous Agents and Multiagent Systems (AAMAS'16). [S.l.: s.n.]: 159-167.

[22] GUO Q, AN B, ZICK Y, et al., 2016b. Optimal interdiction of illegal network flow[C]//Proceedings of the 25th International Joint Conference on Artificial Intelligence (IJCAI'16). [S.l.: s.n.]: 2507-2513.

[23] GUO Q, AN B, BOSANSKY B, et al., 2017a. Comparing strategic secrecy and Stackelberg commitment in security games[C]//Proceedings of the 26th International Joint Conference on Artificial Intelligence (IJCAI'17). [S.l.: s.n.]: 3691-3699.

[24] GUO Q, AN B, TRAN-THANH L, 2017b. Playing repeated network interdiction games with semi-bandit feedback[C]//Proceedings of the 26th International Joint Conference on Artificial Intelligence (IJCAI'17). [S.l.: s.n.]: 3682–3690.

[25] HARSANYI J C, SELTEN R, 1972. A generalized Nash solution for two-person bargaining games with incomplete information[J]. Management Science, 18(5-Part-2): 80-106.

[26] HOCHBAUM D S, LYU C, ORDÓÑEZ F, 2014. Security routing games with multivehicle Chinese postman problem[J]. Networks, 64(3): 181-191.

[27] JAIN M, PITA J, TAMBE M, et al., 2008. Bayesian Stackelberg games and their application for security at Los Angeles International Airport[J]. SIGecom Exchanges, 7(2): 10:1-10:3.

[28] JAIN M, KARDES E, KIEKINTVELD C, et al., 2010. Security games with arbitrary schedules: A branch and price approach.[C]//Proceedings of the 24th AAAI Conference on Artificial Intelligence (AAAI'10). [S.l.: s.n.]: 792-797.

[29] KORZHYK D, CONITZER V, PARR R, 2010. Complexity of computing optimal Stackelberg strategies in security resource allocation games[C]//Proceedings of the 24th AAAI Conference on Artificial Intelligence (AAAI'10). [S.l.: s.n.]: 805-810.

[30] LETCHFORD J, CONITZER V, MUNAGALA K, 2009. Learning and approximating the optimal strategy to commit to[C]//International Symposium on Algorithmic Game Theory (SAGT'09). [S.l.: s.n.]: 250-262.

[31] LI S, ZHANG Y, WANG X, et al., 2021a. CFR-MIX: solving imperfect information extensive-form games with combinatorial action space[C]//ZHOU Z. Proceedings of the 30th International Joint Conference on Artificial Intelligence (IJCAI'21). [S.l.: s.n.]: 3663-3669.

[32] LI S, ZHANG Y, WANG X, et al., 2021b. Cfr-mix: Solving imperfect information extensive-form games with combinatorial action space[Z]. [S.l.: s.n.].

[33] LOU J, VOROBEYCHIK Y, 2015. Equilibrium analysis of multi-defender security games[C]//Proceedings of the 24th International Joint Conference on Artificial Intelligence (IJCAI'15). [S.l.: s.n.]: 596-602.

[34] LOU J, SMITH A M, VOROBEYCHIK Y, 2017. Multidefender security games[J]. IEEE Intelligent Systems, 32(1): 50-60.

[35] MA X, AN B, ZHAO M, et al., 2020. Randomized security patrolling for link flooding attack detection[J]. IEEE Trans. Dependable Secur. Comput., 17(4): 795-812.

[36] MCKELVEY R D, PALFREY T R, 1995. Quantal response equilibria for normal form games[J]. Games and Economic Behavior, 10(1): 6-38.

[37] MUTZARI D, GAN J, KRAUS S, 2021. Coalition formation in multi-defender security games[C]//Proceedings of the 35rd AAAI Conference on Artificial Intelligence (AAAI'21), to appear. [S.l.: s.n.].

[38] OLIVA G, SETOLA R, TESEI M, 2018. A Stackelberg game-theoretical approach to maritime counter-piracy[J]. IEEE Systems Journal, 13(1): 982-993.

[39] PARUCHURI P, PEARCE J P, TAMBE M, et al., 2007. An efficient heuristic approach for security against multiple adversaries[C]//Proceedings of the 6th International Joint Conference on Autonomous Agents and Multiagent Systems (AAMAS'07). [S.l.: s.n.]: 311-318.

[40] PARUCHURI P, PEARCE J P, MARECKI J, et al., 2008a. Efficient algorithms to solve Bayesian Stackelberg games for security applications[C]//Proceedings of the 23rd AAAI Conference on Artificial Intelligence (AAAI'08). [S.l.: s.n.]: 1559-1562.

[41] PARUCHURI P, PEARCE J P, MARECKI J, et al., 2008b. Playing games for security: An efficient exact algorithm for solving Bayesian Stackelberg games[C]// Proceedings of the 7th International Joint Conference on Autonomous Agents and Multiagent Systems (AAMAS'08). [S.l.: s.n.]: 895-902.

[42] PENG B, SHEN W, TANG P, et al., 2019. Learning optimal strategies to commit to[C]//Proceedings of the 33rd AAAI Conference on Artificial Intelligence (AAAI'19). [S.l.: s.n.]: 2149-2156.

[43] PITA J, JAIN M, MARECKI J, et al., 2008a. Deployed ARMOR protection: The application of a game theoretic model for security at the los angeles international airport[C]//Proceedings of the 7th International Joint Conference on Autonomous Agents and Multiagent Systems (AAMAS'08). [S.l.: s.n.]: 125–132.

[44] PITA J, JAIN M, ORDÓNEZ F, et al., 2008b. ARMOR security for Los Angeles International Airport.[C]//Proceedings of the 23rd AAAI Conference on Artificial Intelligence (AAAI'08). [S.l.: s.n.]: 1884-1885.

[45] PITA J, JAIN M, ORDóñEZ F, et al., 2009b. Using game theory for Los Angeles Airport security[J]. AI Magazine, 30(1): 43.

[46] PITA J, JAIN M, TAMBE M, et al., 2010. Robust solutions to Stackelberg games: Addressing bounded rationality and limited observations in human cognition[J]. Artificial Intelligence, 174(15): 1142-1171.

[47] PITA J, TAMBE M, KIEKINTVELD C, et al., 2011. GUARDS: Game theoretic security allocation on a national scale[C]//Proceedings of the 10th International Conference on Autonomous Agents and Multiagent Systems (AAMAS'11). [S.l.: s.n.]: 37–44.

[48] RABINOVICH Z, JIANG A X, JAIN M, et al., 2015. Information disclosure as a means to security[C]//Proceedings of the 16th International Conference on Autonomous Agents and Multiagent Systems (AAMAS'15). [S.l.: s.n.]: 645-653.

[49] ROTH A, ULLMAN J, WU Z S, 2016. Watch and learn: Optimizing from revealed preferences feedback[C]//Proceedings of the 48th Annual ACM Symposium on Theory of Computing (STOC'16). [S.l.: s.n.]: 949-962.

[50] SHIEH E, AN B, YANG R, et al., 2013. Protect in the ports of Boston, New York and beyond: experiences in deploying stackelberg security games with quantal response[M]//Handbook of computational approaches to counterterrorism. [S.l.]: Springer: 441-463.

[51] SINHA A, FANG F, AN B, et al., 2018. Stackelberg security games: looking beyond a decade of success[C]//Proceedings of the 27th International Joint Conference on Artificial Intelligence (IJCAI'18). [S.l.: s.n.]: 5494-5501.

[52] SMITH A, VOROBEYCHIK Y, LETCHFORD J, 2014. Multi-defender security games on networks[J]. ACM SIGMETRICS Performance Evaluation Review, 41(4): 4-7.

[53] TAMBE M, 2011. Security and game theory: Algorithms, deployed systems, lessons learned[M]. [S.l.]: Cambridge University Press.

[54] TSAI J, RATHI S, KIEKINTVELD C, et al., 2009. IRIS-a tool for strategic security allocation in transportation networks[C]//Proceedings of the 8th International Conference on Autonomous Agents and Multiagent Systems (AAMAS'09). [S.l.: s.n.]: 37-44.

[55] TSAI J, YIN Z, KWAK J Y, et al., 2010. Urban security: game-theoretic resource allocation in networked physical domains[C]//Proceedings of the 24th AAAI Conference on Artificial Intelligence (AAAI'10). [S.l.: s.n.]: 881-886.

[56] TSAI J, QIAN Y, VOROBEYCHIK Y, et al., 2013. Bayesian security games for controlling contagion[C]//Proceedings of the ASE/IEEE International Conference on Social Computing(SocialCom). [S.l.]: IEEE: 33-38.

[57] VON STACKELBERG H, 1934. Marktform und Gleichgewicht[M]. [S.l.]: J. Springer.

[58] VON STACKELBERG H, 2010. Market structure and equilibrium[M]. [S.l.]: Springer Science & Business Media.

[59] WANG X, AN B, STROBEL M, et al., 2018. Catching Captain Jack: Efficient time and space dependent patrols to combat oil-siphoning in international waters[C]// Proceedings of the 32nd AAAI Conference on Artificial Intelligence (AAAI'18). [S.l.: s.n.]: 208-215.

[60] WANG Z, YIN Y, AN B, 2016. Computing optimal monitoring strategy for detecting terrorist plots[C]//Proceedings of the 30th AAAI Conference on Artificial Intelligence (AAAI'16). [S.l.: s.n.]: 637-643.

[61] XU H, RABINOVICH Z, DUGHMI S, et al., 2015. Exploring information asymmetry in two-stage security games[C]//Proceedings of the 29th AAAI Conference on Artificial Intelligence (AAAI'15). [S.l.: s.n.]: 1057-1063.

[62] XUE W, ZHANG Y, LI S, et al., 2021a. Solving large-scale extensive-form network security games via neural fictitious self-play[C]//ZHOU Z. Proceedings of the Thirtieth International Joint Conference on Artificial Intelligence (IJCAI'21). [S.l.: s.n.]: 3713-3720.

[63] XUE W, ZHANG Y, LI S, et al., 2021b. Solving large-scale extensive-form network security games via neural fictitious self-play[Z]. [S.l.: s.n.].

[64] YANG R, KIEKINTVELD C, ORDóñEZ F, et al., 2011. Improving resource allocation strategy against human adversaries in security games[C]//Proceedings of the 22nd International Joint Conference on Artificial Intelligence (IJCAI'11). [S.l.: s.n.].

[65] YANG R, ORDONEZ F, TAMBE M, 2012. Computing optimal strategy against quantal response in security games[C]//Proceedings of the 11th International Conference on Autonomous Agents and Multiagent Systems (AAMAS'12). [S.l.: s.n.]: 847-854.

[66] YANG R, JIANG A X, TAMBE M, et al., 2013. Scaling-up security games with boundedly rational adversaries: A cutting-plane approach[C]//Proceedings of the 23rd International Joint Conference on Artificial Intelligence (IJCAI'13). [S.l.: s.n.]: 404-410.

[67] YIN Y, AN B, JAIN M, 2014. Game-theoretic resource allocation for protecting large public events[C]//Proceedings of the 28th AAAI Conference on Artificial Intelligence (AAAI'14). [S.l.: s.n.]: 826-833.

[68] YIN Y, XU H, GAN J, et al., 2015. Computing optimal mixed strategies for security games with dynamic payoffs[C]//Proceedings of the 24th International Joint Conference on Artificial Intelligence (IJCAI'15). [S.l.: s.n.]: 681-687.

[69] YIN Z, JIANG A X, TAMBE M, et al., 2012. TRUSTS: Scheduling randomized patrols for fare inspection in transit systems using game theory[J]. AI Magazine, 33 (4): 59.

[70] ZHANG Y, AN B, 2020b. Converging to team-maxmin equilibria in zero-sum multiplayer games[C]//Proceedings of Machine Learning Research: volume 119 Proceedings of the 37th International Conference on Machine Learning (ICML'20). [S.l.]: PMLR: 11033-11043.

[71] ZHANG Y, AN B, TRAN-THANH L, et al., 2017. Optimal escape interdiction on transportation networks[C]//Proceedings of the 26th International Joint Conference on Artificial Intelligence (AAAI'17). [S.l.: s.n.]: 3936-3944.

[72] ZHANG Y, GUO Q, AN B, et al., 2019b. Optimal interdiction of urban criminals with the aid of real-time information[C]//The 33rd AAAI Conference on Artificial Intelligence (AAAI'19). [S.l.: s.n.]: 1262-1269.

[73] ZHAO M, AN B, KIEKINTVELD C, 2016. Optimizing personalized email filtering thresholds to mitigate sequential spear phishing attacks[C]//SCHUURMANS D, WELLMAN M P. Proceedings of the Thirtieth AAAI Conference on Artificial Intelligence (AAAI'16). [S.l.: s.n.]: 658-665.

社交网络中的机制设计

13.1 研究背景

机制设计研究如下的问题：如何在所有参与者都理性决策的环境下实现期望的目标。作为机制设计的主要成果之一，拍卖机制已有很长的历史（可追溯到 17 世纪）[14]，并被广泛应用于不同的市场环境。Vickrey 拍卖是 Vickrey [18] 的开创性工作，它启发了许多拍卖理论，如 Vickrey-Clarke-Groves（VCG）拍卖 [2,5]、Gibbard-Satterthwaite 定理 [4,16]、Myerson 最优拍卖机制 [11] 和 Myerson-Satterthwaite 定理 [12]。

在 21 世纪初，Google 等互联网服务供应商开始应用改进后的 Vickrey 拍卖，即广义二价拍卖（GSP），来分配搜索广告 [3]。虽然与 Vickrey 拍卖相比，广义二价拍卖不具备激励真实报价的性质，但是其一直是互联网广告分配的基础。随着智能设备技术的不断突破，越来越多的互联网服务被转移到智能设备上，如网络购物和网络游戏。许多社交网络应用甚至只支持智能设备。这推动了网络广告市场从传统的互联网转向社交网络。与此同时，越来越多的网络广告和购物市场开始利用用户的社交属性。

由于互联网正在从传统的计算机网络向社交网络和物联网发展，我们能从互联网上获得比以往更多的个人信息。例如通过某用户的智能手机（在其所有者的许可下），我们可以获得该用户的社交关系、偏好、位置、照片、评论和购物历史记录等。这些新的信息维度不仅为广告，更是为整个机制设计领域，开辟了一个巨大的新空间。

在机制设计中，我们将机制所需的参与者信息建模为参与者的类型。在传统的模型中，这些类型通常是对结果的偏好，参与者之间一般被认为是独立的。然而在以社交网络为基础的现代经济活动中，人们之间的联系非常紧密。即使没有物理上的直接联系，他们也能快速在网络上聚集，以此来共享资源、分配任务或共同决策。因此有必要在相应的市场设计阶段就把人与人之间的联系利用起来。

在本章中，我们利用参与者的社交关系来邀请新的参与者，以建立更大的市场，从而使市场能够得到更好的结果。然而，当参与者之间存在竞争时，例如分配的资源有限时，他们便不会相互邀请。本章我们着重讨论在资源分配问题中，如何解决参与者之间的利益冲突，以激励他们相互邀请。在资源分配（这章主要涉及拍卖）中，更大的市场有助于了解更多参与者的估值或需求，并且能增加社会福利和卖方收益。其中的挑战在于如何让现有参与者邀请新的参与者来竞争相同的资源。

通常来说，拍卖设计中有两个需求。第一个需求是社会福利最大化，其目标是以所有参与者的估值总和最大的方法分配物品。在传统设定下，社会福利最大化问题可以由 VCG 机制解决 [2,5,18]；另一个需求则是收益最大化，其专注于设计最大化买家支付的机制。在传统设定下，当只拍卖一件物品时，且买家对这个物品的估值分布已知时，Myerson 最优机制 [11] 可以实现卖家收益最大化。

原则上，社会福利最大化和收益最大化通常是两个互相冲突的目标 [6,8,12,15]。另外，在给定数量的参与者中，收益最大化的空间受限于参与者中的最高估值。为了进一步提高收益，一种有效且适应性更强的方法是召集更多人参加拍卖。理论上发现，当在一群买家中进行单物品拍卖时，Myerson 最优机制的期望收益至多是在 VCG 机制下增加一个额外买家所获得的收益 [1]。也就是说与优化机制相比，在一个简单机制中引入额外的竞争可以带来更多收益。因此，为了在拍卖中获得更大收益，我们可以吸引更多的参与者而不是去寻找更为复杂的机制。然而，获取更多参与者不是没有代价的。举例来说，卖家可以通过付费广告来获得更多的买家，但是如果广告不能带来有价值的买家，卖家会损失其在广告上的投入。这正是我们利用人们的社交关系来激励相互邀请的主要原因。

随着互联网，尤其是社交网络的迅速发展，信息在人们之中的传播要比以往迅速得多。电子商务（例如团购）同样在信息传播中收益颇多。因此，为了吸引更多的买家，我们可以要求已有的买家通过社交网络邀请朋友。然而，在诸如 VCG 的现有机制下，买家互为竞争者，他们没有动机相互邀请。这本质上反映了系统的最优性和个人利益之间的冲突。在经典的拍卖机制（例如 VCG 机制）

中，卖家只能邀请有限的人加入拍卖，即使其他卖家不认识的潜在买家拥有更高的估值，他们也无法得知这个拍卖的存在。这种信息阻塞不仅限制了卖家的收益，也限制了资源分配的有效性。

因此，我们将介绍一种新的拍卖机制设计的框架，其目的是设计可以同时提高卖家收益和分配效率的拍卖机制。在传统机制设计的工作中，我们总是假定参与者的数量是固定的，并且大多数时候他们都是彼此相互独立无关的。在本章我们假设参与者之间存在一些社交关系，我们会利用参与者之间的社交关系以扩大拍卖参与者的数量。我们将介绍这个环境下的一些基本的机制设计思想和案例。本章主要涉及以下内容：

（1）在社交网络中建立拍卖的传播网络模型，其中每个参与者都只能与其在社交网络中的邻居交互。

（2）定义传播网络模型下的拍卖机制。我们把 VCG 机制扩展到网络模型中，从而可以激励所有参与者邀请邻居加入拍卖以实现最大化社会福利。同时我们指出，这样做不能保证卖家的收益，甚至会出现亏损，这会使得卖家不愿意应用这样的机制。为解决扩展 VCG 的卖家利益亏损问题，我们将展示首个在单物品拍卖的场景下实现突破的方法——信息传播机制（Information Diffusion Mechanism，IDM）。这个机制不仅可以激励参与者的相互邀请，也可以为卖家带来更多的收益。

（3）介绍与信息传播机制思想相同的一类传播机制。信息传播机制是这一类机制中的一个特例，且在这类机制中拥有最少的卖家收益和最大的社会福利。

13.2 传播网络与传播机制

考虑在一个社交网络中，卖家想卖一件物品。除了这位卖家 s，这个网络还有一个由 n 位对这件物品感兴趣的买家组成的集合 $N=\{1,2,\cdots,n\}$。对于每个买家 $i\in N$，他有一个邻居集合 $r_i\subseteq N\setminus\{i\}$ 和对这个物品的估值 $v_i\geqslant 0$，且这两个信息是买家 i 的私有信息。对于卖家 s，$r_s\subseteq N$ 表示他的邻居集合，v_s 表示他对物品的估值，这个估值 v_s 被定为 0（本章所介绍的结果也可以拓展到卖家估值非 0 的情况）。网络中的每个参与者都接触不到其邻居之外的参与者。

我们研究基于每个买家私有信息的拍卖机制。为了更好地表示，我们将买家 i 的私有信息记为 $t_i=(v_i,r_i)$，将私有信息空间记为 $T_i=R_{\geqslant 0}\times\mathcal{P}(N)$，其中

$\mathcal{P}(N)$ 是买家集合 N 的幂集。拍卖机制要求每个买家 i 汇报他的信息 t_i。相应地，买家 i 在拍卖机制中的汇报被记为 $t'_i = (v'_i, r'_i)$，其中 v'_i 表示他汇报的估值，$r'_i \subseteq r_i$ 表示他汇报的邻居集合。在社交网络的设置中，买家 i 接触不到任何非其邻居的其他买家，因此，r'_i 的误报空间被限制为 $\mathcal{P}(r_i)$。将 $\boldsymbol{t}' = (t'_i)_{i\in N}$ 记为所有买家汇报的私有信息序列，$\boldsymbol{t}'_{-i}$ 记为除去买家 i 的其他买家汇报的私有信息序列，因此，我们也可以用 $(t'_i, \boldsymbol{t}'_{-i})$ 来表示 $\boldsymbol{t}'$。

定义 13.1 社交网络中的拍卖机制 在社交网络中的拍卖机制 $\mathcal{M}$ 被定义为物品的分配方式 $\pi = \{\pi_i\}_{i\in N}$ 和支付方式 $p = \{p_i\}_{i\in N}$，其中 $\pi_i : T \to \{0,1\}$ 和 $p_i : T \to \mathcal{R}$ 是买家 i 的分配和支付函数。

给定买家的汇报信息集合 $\boldsymbol{t}'$，$\pi_i(\boldsymbol{t}') = 1$ 代表买家 i 获得了该物品，而 $\pi_i(\boldsymbol{t}') = 0$ 代表买家 i 未能得到该物品。$p_i(\boldsymbol{t}') \geqslant 0$ 表示买家 i 支付给了卖家 $p_i(\boldsymbol{t}')$，$p_i(\boldsymbol{t}') < 0$ 代表买家 i 从卖家收到了 $|p_i(\boldsymbol{t}')|$。

如果对于所有 $\boldsymbol{t}'$，都有 $\sum_{i\in N} \pi_i(\boldsymbol{t}') \leqslant 1$，本章我们只讨论可行的机制。给定一个分配方式 π 在 $\boldsymbol{t}'$ 下的社会福利被定义为 $\mathrm{SW}(\pi, \boldsymbol{t}') = \sum_{i\in N} \pi_i(\boldsymbol{t}')v'_i$。如果一个分配方式对于所有的 $\boldsymbol{t}'$ 都满足社会福利最大化的性质，则认为其是高效的。

定义 13.2 高效性 对于分配方式 π^*，如果对于所有 $\boldsymbol{t}'$，都满足：

$$\pi^* \in \arg\max_{\pi'\in\Pi} \mathrm{SW}(\pi', \boldsymbol{t}')$$

则 π^* 是高效的（efficient），其中 Π 是所有可行的分配方式集合。

给定买家 i 的真实私有信息 $t_i = (v_i, r_i)$，一个所有买家汇报信息的序列 $\boldsymbol{t}'$ 和一个拍卖机制 $\mathcal{M} = (\pi, p)$，买家 i 在 $\pi(\boldsymbol{t}')$ 的分配和 $p(\boldsymbol{t}')$ 的支付下的收益定义为

$$u_i\big(t_i, \boldsymbol{t}', (\pi, p)\big) = \pi_i(\boldsymbol{t}')v_i - p_i(\boldsymbol{t}')$$

在一个拍卖机制中，如果对于任何一个买家而言，不管其他人如何汇报，他真实汇报他的信息时的收益都是最大的，则该机制就满足激励相容。在传统的一个卖家向多名买家售卖一件物品的拍卖设置下，激励相容表示对于每个买家，真实汇报其对于物品的估值是其最优策略。在我们的模型中，买家需要汇报他们的估值和社交关系。因此我们将此模型的激励相容定义如下（和传统的激励相容定义形式没有本质区别）。

定义 13.3 激励相容性 在一个机制 (π, p) 下，如果对于所有的买家 $i \in N$，所有的 t'_i 和所有的 $\boldsymbol{t}'_{-i}$，都有 $u_i\big(t_i, (t_i, \boldsymbol{t}'_{-i}), (\pi, p)\big) \geqslant u_i\big(t_i, (t'_i, \boldsymbol{t}'_{-i}), (\pi, p)\big)$，则

该机制是激励相容的（Incentive Compatible，IC）。

也就是说，对于所有买家 i 来说，向卖家汇报真实信息 $t_i = (v_i, r_i)$ 是一个最优策略。一个满足激励相容的机制可以获取买家对物品的真实估值以及其真实的社交关系。另一个在拍卖机制设计中的重要概念叫个体理性。

定义 13.4 个体理性 在一个机制 (π, p) 下，如果对于所有的买家 $i \in N$，所有的 $r_i' \in \mathcal{P}(r_i)$，所有的 $\boldsymbol{t}_{-i}'$，都有 $u_i\big(t_i, ((v_i, r_i'), \boldsymbol{t}_{-i}'), (\pi, p)\big) \geqslant 0$，则称该机制是个体理性的（individually rational，IR）。

个体理性保证了当每个买家汇报他的真实估值时，不管他如何汇报他的邻居关系，他的收益都是非负的。在一个不满足个体理性的拍卖机制下，在买家汇报他们对物品的真实估值时，他可能会有负收益，在这种情况下，不参与可能是更好的决定。因此个体理性是为了激励参与。与传统的个体理性不同，我们这里允许买家误报邻居关系，也就是我们不想强迫买家去汇报他们私有的社交关系。

给定一个所有汇报信息的序列 $\boldsymbol{t}'$，由拍卖机制 $\mathcal{M}$ 产生的卖家收益被定义为所有买家的支付总和，记为 $\mathrm{Rev}(\mathcal{M}, \boldsymbol{t}') = \sum_{i \in N} p_i(\boldsymbol{t}')$。卖家权益为负的机制由于需要外部补贴而不具有吸引力，因此我们也要求机制具有弱预算平衡性。

定义 13.5 弱预算平衡 对于一个机制 $\mathcal{M} = (\pi, p)$，如果对于所有的 $\boldsymbol{t}'$ 都有 $\mathrm{Rev}(\mathcal{M}, \boldsymbol{t}') \geqslant 0$，则称该机制具有弱预算平衡性（Weakly Budget Balanced）。

以上关于拍卖机制及其相关性质的定义与传统拍卖没有很大的不同。主要的区别是买家的私有信息包含了社交关系。在这章所叙述的背景中，我们并不只是想对他们的汇报加一个维度，还想研究如何利用他们的社交关系邀请更多买家参与拍卖。回想一下，网络中的参与者只认识他们的邻居。当卖家在社交网络中开启一场售卖时，一开始只有他的邻居知晓这场拍卖。为了使网络中更多的买家参与从而增加卖家的收益，我们设计一种传播机制来激励已知拍卖信息的买家去传播信息给他们的邻居。从简化模型的角度来看，如果买家 i 汇报物品估值 v_i' 并且将信息传播给了他的邻居 r_i'，那么买家 i 的行为等价于汇报 (v_i', r_i')。传播拍卖的关键特点是只有收到了售卖信息的买家才可以参与这场拍卖，所以给定 $\boldsymbol{t}'$，机制应该首先筛选确定出所有有效的买家。

定义 13.6 汇报信息生成图 给定一个汇报信息序列 $\boldsymbol{t}'$，$G(\boldsymbol{t}') = (N \cup \{s\}, E(\boldsymbol{t}'))$ 被定义为对于 $\boldsymbol{t}'$ 的有向图，其中 $N \cup \{s\}$ 是节点集合，$E(\boldsymbol{t}')$ 是边集合，有向边 (i, j) 属于 $E(\boldsymbol{t}')$ 当且仅当 $j \in r_i'$。

如果所有的买家都真实汇报他们的信息，那么 $G(\boldsymbol{t})$ 代表了参与者之间的真实社交关系。但是如果他们汇报不真实，有些买家可能就不能联系上卖家，此时这样的买家在实际场景中无法真正获得邀请，因此属于无效买家。

定义 13.7 有效买家 给定一个汇报信息序列 $\boldsymbol{t}'$，如果在 $G(\boldsymbol{t}')$ 中存在一个节点集合 $\{i_1, i_2, \cdots, i_k\}$ 对于 $1 < j \leqslant k$，满足 $i_1 \in r_s, i_j \in r'_{i_{j-1}}, i \in r'_{i_k}$，则我们称买家 i 为有效（valid）买家。

如果从卖家 s 到买家 i 之间存在一条“信息传播路径”，那么买家 i 则是有效的。相应地，如果这样一条路径不存在，则买家 i 是无效的。将 $F(\boldsymbol{t}')$ 记为对于 $\boldsymbol{t}'$ 而言所有有效的买家集合，$N \setminus F(\boldsymbol{t}')$ 记为所有无效买家的集合。很显然，由于只有有效买家可以提供一个实际的报价，卖家只能根据有效买家的汇报来运行机制。一个无效买家的汇报 $t'_i = (v'_i, r'_i)$ 可以被解释为该买家的意图，即，如果买家 i 被邀请到了拍卖之中，他会提供一个汇报 (v'_i, r'_i)。

定义 13.8 传播拍卖 传播拍卖是在社交网络中的一种拍卖机制，其对于所有汇报信息序列 $\boldsymbol{t}' \in T$，π 和 p 满足：（1）对所有无效的买家 $i \in N \setminus F(\boldsymbol{t}')$，$\pi_i(\boldsymbol{t}') = 0$，$p_i(\boldsymbol{t}') = 0$；（2）对所有有效的买家 $i \in F(\boldsymbol{t}')$，$\pi_i(\boldsymbol{t}')$ 和 $p_i(\boldsymbol{t}')$ 与无效买家的汇报无关。

传播拍卖和定义 13.1 中的拍卖的关键区别是，传播拍卖中的买家可以影响其他买家的加入。因此当一个买家改变他汇报的邻居集合，他也许会改变实际参与者的集合。所有的改变都被函数 F 所描绘，之前所有的性质定义也仍然适用于传播拍卖。

我们已经知道买家可以通过传播策略来操控有效买家的集合，而这可能会影响他们自身的收益。这种能力与买家在社交网络中的位置密切相关，这也正是设计传播拍卖机制的难点所在。接下来，我们介绍一个和信息传播相关的重要概念，称为关键传播节点，它在本章介绍的传播拍卖中具有重要的作用。

定义 13.9 关键传播节点 给定买家汇报信息的序列 $\boldsymbol{t}'$，对于任意两个买家 $i \neq j \in F(\boldsymbol{t}')$，如果当 i 改变他的汇报为 $(v'_i, \emptyset)$ 时，j 就成为了无效买家的话，我们称 i 是 j 的关键传播节点（Critical Diffusion Node）。

如果在汇报信息序列 $\boldsymbol{t}'$ 下，i 是 j 的关键传播节点，如果 i 没有将拍卖信息传播给他的邻居，j 就不能收到拍卖信息，也就是说所有从卖家 s 到买家 j 的信息传播路径都必须经过 i。注意到，买家 j 可能没有关键传播节点（如卖家的邻居），也可能有多个关键传播节点。在本章的后续部分，我们将介绍几种满足个体理性、激励相容以及其他性质的传播拍卖机制。

13.3 VCG 在网络上的扩展

13.3.1 具有传播激励的 VCG 拍卖

在传播拍卖场景中，每个买家的贡献可以分为两部分：一个是他自己的参与，这反映在他的出价上；另一个是他传播所带来的新买家。为了激励买家的传播，应该给予邀请了其他人的买家一定的奖励。问题在于如何计算这种奖励。我们首先来看是否能通过扩展传统机制来激励邀请。在本节中，我们将在社交网络中扩展著名的 VCG 机制。稍后我们可以看到，这种扩展的 VCG 机制可以激励信息传播，但它会减少卖家的收入，甚至导致卖家亏损。

VCG 机制采用高效的分配方式，向每个参与者收取的费用等同于因他的参与导致其他参与者的社会福利的减少值[2,5,18]。在卖家将一件商品出售给预先知道的一组买家的经典场景中，VCG 将商品分配给出价最高的买家，并向买家收取所有买家出价中的第二高价格。其他买家不会收到任何东西且支付为零。在 VCG 机制中，买家通过报价来竞争物品，因此他们没有动机将销售信息传播给他们的邻居。为方便起见，我们将传统的 VCG 机制称为无传播激励的 VCG（简称 VCG-WD）。

为了激励买家将销售信息传播给他们的邻居，如果买家没有得到物品且他是获胜者的关键节点，他将获得奖励。这是因为如果他不传播信息，获胜者将无法参与拍卖。给定汇报序列 $\boldsymbol{t}'$，对于每个有效买家 $i \in F(\boldsymbol{t}')$，记

$$d(i,\boldsymbol{t}') = \{j \in F(\boldsymbol{t}') \mid j = i,\ \text{或}\ i\ \text{是}\ j\ \text{的关键节点}\}$$

为 i 和 i 的子节点的集合，他们都以 i 为关键节点。如果买家 i 不参与拍卖，那么所有来自 $d(i,\boldsymbol{t}') \setminus \{i\}$ 的买家也无法参与拍卖，因为他们将无法收到拍卖信息。令 $\bar{d}(i,\boldsymbol{t}') = F(\boldsymbol{t}') \setminus d(i,\boldsymbol{t}')$，且 $\boldsymbol{t}'_{\bar{d}(i,\boldsymbol{t}')}$ 为 $\bar{d}(i,\boldsymbol{t}')$ 在 $\boldsymbol{t}'$ 中的汇报。很显然 $\boldsymbol{t}'_{\bar{d}(i,\boldsymbol{t}')}$ 不会由于 i 误报而改变。为简单起见，在 $\boldsymbol{t}'$ 明确且不变时，我们用 $d(i)$，$\bar{d}(i)$ 来表示 $d(i,\boldsymbol{t}')$ 和 $\bar{d}(i,\boldsymbol{t}')$。

定义 13.10 VCG-D 机制 具有传播激励的 VCG 机制（简称 VCG-D）将物品分配给报价最高的有效买家（即对所有有效买家应用高效分配方案 π^*），每个有效买家 i 的支付定义为

$$p_i^*(\boldsymbol{t}') = W(\boldsymbol{t}'_{\bar{d}(i,\boldsymbol{t}')}) - (W(\boldsymbol{t}') - \pi_i^*(\boldsymbol{t}')v_i')$$

其中 $W(\boldsymbol{t}'_{\bar{d}(i,\boldsymbol{t}')}) = \sum_{j\in\bar{d}(i,\boldsymbol{t}')} \pi_j^*(\boldsymbol{t}'_{\bar{d}(i,\boldsymbol{t}')})v_j'$，$W(\boldsymbol{t}') = \sum_{j\in F(\boldsymbol{t}')} \pi_j^*(\boldsymbol{t}')v_j'$。

在上述支付的定义中，第一项 $W(\boldsymbol{t}'_{\bar{d}(i,\boldsymbol{t}')})$ 是 i 不参加时，有效分配的社会福利（意味着 $d(i,\boldsymbol{t}')$ 不参加），第二项 $(W(\boldsymbol{t}') - \pi_i^*(\boldsymbol{t}')v_i')$ 是有效分配的社会福利减去 i 对分配的估值（即，除 i 之外的所有有效买家对有效分配的估值之和）。因此，VCG-D 中 i 的支付是 i 的参与引起的其他购买者的社会福利的变化（可正可负）。我们可以证明 VCG-D 是个体理性和激励相容的。

定理 13.1 VCG-D 机制满足个体理性和激励相容。

给定一个汇报序列 $\boldsymbol{t}$，如果他们都如实汇报，则 VCG-D 中买家 i 的收益等于 $W(\boldsymbol{t}) - W(\boldsymbol{t}_{\bar{d}(i)})$，即 i 的参与和传播引起的社会福利增量。注意，只有获胜者和他的关键节点才能影响社会福利，因此只有这些买家才能拥有正收益。对于其他买家，他们没有得到任何奖励，因为他们的汇报不会改变最终分配以及社会福利。这一观察表明，VCG-D 中的买家收益是由社交网络的结构和所有买家估值在网络上的分布共同决定的。

在 VCG-D 中，获胜者的出价不会对获胜者的关键传播节点 i 的 $W(\boldsymbol{t}_{\bar{d}(i)})$ 做出贡献，因为获胜者不是 $\bar{d}(i)$ 的成员。因此，在最坏情况下，卖家可能会向买方支付获胜者的出价。图 13.1 的例子表明，VCG-D 可能会导致卖家收益为负。

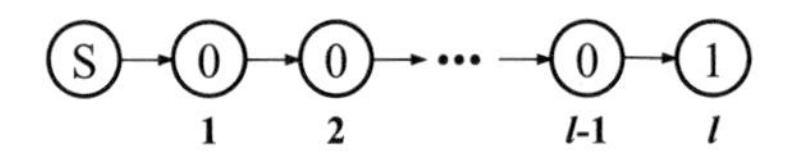

图 13.1　VCG-D 导致卖家收益为负

图 13.1 展示了一个网络，其中卖家 s 和买家 l 形成一条线，所有其他买家位于 s 和 l 之间。在这里，买家 l 的估值为 1，所有其他买家的估值为 0。在此设定下应用 VCG-D，估值为 1 的买方被分配到物品，他的支付为 0。其他所有买家未被分配，但按照付款规则每人将获得 1 的奖励，因为去掉他们中的任何一个，估值为 1 的买家将无法参与拍卖。因此，卖家的收入为 $-(l-1)$。

13.3.2 传播拍卖的不可能性定理

由于 VCG-D 通常不是弱预算平衡的，一个直接的问题是：是否存在其他传播机制可以同时满足上述四种属性（即个体理性、激励相容、高效性和弱预算平衡）。然而，定理 13.2 表明，没有其他具有高效性的激励相容和个体理性机制可以保证非负的收入。

定理 13.2 不存在同时满足激励相容、个体理性、弱预算平衡和高效性的传播拍卖机制。

证明 考虑一个线性结构的社交网络，里面包含一个卖家和两个买家，卖家与其中一个买家相连，这个买家再与另一个买家相连。为了保证高效性，卖家必须激励中间的买家把拍卖信息分享给另一个买家。然而，如果中间的买家不邀请另一个买家，他就可以免费获得商品，因此，在这个例子中，可以看成中间的买家，而不是卖家，拥有这个物品并且有一个私有的保留价（他的估值）。最终，在这个例子中设计高效性的传播机制等同于设计一个高效的传统两人双边拍卖机制。根据 Myerson-Satterthwaite 定理，我们推出不存在这样同时满足激励相容、个体理性、弱预算平衡和高效性的机制。

克服负收益问题的一个常用技术就是放宽其中一个属性 [11,13,17]。由于个体理性和激励相容是拍卖的基本要求，一个可行的选择是放宽有效性的约束。在接下来的章节中，我们将介绍一种权衡了效率和收入的新方法，即信息传播机制（Information Diffusion Mechanism，IDM）。它不仅可以激励买家如实汇报自己的报价给邻居，还可以增加卖家的收入。尽管 IDM 提供的解决方案不能实现社会福利最大化，但它可以保证社会福利比没有传播时更好。

13.4 基于关键传播路径的拍卖机制

这部分我们将介绍一个满足激励相容、个体理性和弱预算均衡的传播拍卖机制，以解决拓展 VCG 机制在社交网络中产生亏损的问题。该机制的核心思想是：卖家可以通过削弱没有得到物品的买家对结果的影响来减少付给他们的奖励。

13.4.1 关键传播序列

基于关键节点的定义，首先定义本章介绍的机制中的一个重要概念——关键传播序列。

定义 13.11 关键传播序列 给定一个汇报序列 $\boldsymbol{t}'$，对每一个合法的买家 $i \in F(\boldsymbol{t}')$，我们定义所有 i 的关键节点组成的有序集合 $C_i(\boldsymbol{t}') = \{x_1, x_2, \cdots, x_k\}$ 且满足 $d(x_1) \supset d(x_2) \supset, \cdots, \supset d(x_k) \supset d(i)$ 是 i 的关键传播序列（critical diffusion sequence）。

方便起见，对于给定的汇报序列 $\boldsymbol{t}'$，我们用 C_i 代替 $C_i(\boldsymbol{t}')$。关键传播序列展现了拍卖信息是如何通过关键节点传播到买家 i 的，它是所有从卖家到买家 i 的传播路径上必须经过的节点。以下结论确保了每个节点的关键传播序列是可定义且唯一的。

结论 13.1 给定一个汇报序列 $\boldsymbol{t}'$，对于买家 i 的任意两个不同的关键节点 j 和 k，要么满足 $d(j) \supset d(k)$，要么满足 $d(k) \subset d(j)$。

13.4.2 信息传播机制

给定一个汇报序列 $\boldsymbol{t}'$，对于任意买家集合 $N' \subseteq F(\boldsymbol{t}')$，用 $v^*_{N'}$ 表示在合法买家集合 N' 中的最高出价。另外，记 m 为 $F(\boldsymbol{t}')$ 中报价最高的买家，即 $v'_m = v^*_{F(\boldsymbol{t}')}$。不失一般性地，设 $C_m(\boldsymbol{t}') = \{1, 2, \cdots, m-1\}$ 为 m 的关键传播序列。算法 13.1 描述信息传播机制 IDM。

算法 13.1 信息传播机制（IDM）

- 输入：一个汇报序列 $\boldsymbol{t}'$
- 输出：每个买家的分配与支付 $(\pi_i^{\mathrm{idm}}(\boldsymbol{t}'), p_i^{\mathrm{idm}}(\boldsymbol{t}'))_{i \in N}$

① 初始化 $(\pi_i^{\mathrm{idm}}(\boldsymbol{t}') = 0)_{i \in N}$ 和 $(p_i^{\mathrm{idm}}(\boldsymbol{t}') = 0)_{i \in N}$；

② 选出报价最高的合法买家 m（如有多个随机挑选一个）；

③ 计算关键传播序列 C_m，记作 $C_m = \{1, 2, \cdots, m-1\}$；

④ 令 i 从 1 取到 $m-1$，

（a）如果 $v'_i = v^*_{\bar{d}(i+1)}$，那么令 $\pi_i^{\mathrm{idm}}(\boldsymbol{t}') = 1$ 和 $p_i^{\mathrm{idm}}(\boldsymbol{t}') = v^*_{\bar{d}(i)}$，跳出循环；

（b）否则令 $p_i^{\mathrm{idm}}(\boldsymbol{t}') = v^*_{\bar{d}(i)} - v^*_{\bar{d}(i+1)}$；

⑤ 如果没有 C_m 中的买家赢得物品，那么令 $\pi_m^{\mathrm{idm}}(\boldsymbol{t}') = 1$ 和 $p_m^{\mathrm{idm}}(\boldsymbol{t}') = v^*_{\bar{d}(m)}$

直觉上说，IDM 将物品分配给关键传播序列 C_m 上的第一个当买家 $i+1$ 没有参与到拍卖中时拥有最高报价的买家 i。如果没有 C_m 中的买家提前赢得物

品，那么物品就会分配给拥有最高报价的买家 m。如果买家 w 赢得物品，w 将支付他不参与时剩余图中最高的报价，即 $v^*_{\bar{d}(w)}$。每个 C_w 中的买家（赢家的关键传播序列）将被奖励由于他的传播所带来的最高报价差。具体来说，如果买家 $i \in C_w$ 自己保留物品，他将支付 x，而当他把物品交给买家 $i+1$，那么买家 i 将从买家 $i+1$ 手上收到支付 y，这其中的差值 $y-x$ 就是奖励给买家 i 的支付。

根据分配规则，C_m 中的买家被赋予了赢得物品的优先级，因此 IDM 可能不会将物品分配到报价最高的买家，即 IDM 不是一个高效分配。我们可以证明 IDM 机制是满足激励相容与个体理性的。

定理 13.3 信息传播机制（IDM）是激励相容且个体理性的。

证明 首先说明信息传播机制的激励相容性。设商品的最终赢家为 w，我们把所有买家分成三部分：第一部分是以最终赢家为关键传播节点的买家 $d(w) \setminus \{w\}$：对于这部分买家来说，他们没有任何的操纵空间，因为 w 成为赢家不依赖于任何一个这部分的买家。第二部分是 w 以及 w 前的关键节点，对于这部分买家而言，他们最终的收益可以写作 $u_i = \mathcal{SW}_{-(i+1)} - \mathcal{SW}_{-i}$，其中，第一项是去除 i 后一个关键节点后剩余图可以达到的最大社会福利，第二项是去除 i 之后，剩余图可以达到最大的社会福利；可以注意到，第二项与 i 无关，而第一项在 i 真实汇报时取到最大值。第三部分买家是除上述两类买家外的所有人，如果他们想要得到非零的收益，那么只有一种可能性，即他们通过谎报使得自己成为新的最终赢家，此时，他们将会得到负收益。综上所述，我们可以得到信息传播机制的激励相容性。

对于信息传播机制的个体理性，注意到对于第一和第三部分的人，他们的收益为零；对于第二部分人，因为更多的人总是意味着更大的最大社会福利，所以有 $u_i = \mathcal{SW}_{-(i+1)} - \mathcal{SW}_{-i} \geqslant 0$。由此，信息传播机制也满足个体理性。

与 VCG-D 对比，VCG-D 有可能使得卖家收益为负，而 IDM 机制可以保证弱预算平衡且收益总是高于 VCG-D。

定理 13.4 信息传播机制（IDM）满足弱预算平衡且其收益总是不小于 VCG-D 的收益。

需要指出的是，尽管 IDM 在卖家收益上比 VCG-D 要好，但是它可能比 VCG-D 有无限差的社会福利。比如，在图 13.1 中，IDM 和 VCG-D 获得的社会福利分别为 0 和 1。但是，相比于仅仅在卖家的邻居中做传统的拍卖，IDM 的社会福利总不会变差。

定理 13.5 信息传播机制（IDM）的卖家收益和社会福利都不比 VCG-WD 机制下的卖家收益和社会福利差。

这展现了传播拍卖对传统拍卖的提升，也给了卖家动机去使用传播拍卖。尽管卖家不得不向关键节点支付奖励以吸引更多的买家，但是卖家从中获得的收益可以保证超过这部分支出从而获益。更重要的是，如果新来的买家不会为卖家带来更多的好处，那么卖家就不用为关键节点支付奖励。

和 VCG-D 相比，IDM 的收益来自于它特别的分配规则。在 IDM 中，赢家的决定取决于关键传播序列中的每一对相邻的关键节点 $(i, i+1)$。每次考虑这样一对节点，所有 $d(i+1)$ 中的买家都被暂时移除出拍卖机制的考虑范围（与之相比，VCG-D 不会移除任何买家）。换句话说，买家 i 对于找到赢家的贡献从 $d(i)$ 减少到了 $d(i) \setminus d(i+1)$。随之带来的结果就是，买家集合 $d(i+1)$ 的价格贡献不会计算到买家 i 的补偿中（因为他们会被当成买家 $i+1$ 以及之后的关键节点的贡献）。

13.4.3 关键传播机制

在之前的章节中，我们研究了两种可以激励信息传播的传播机制。第一种机制是对传统 VCG 机制的直接扩展。在这个机制中，物品可以在社交网络中被有效分配，但卖家可能会有很大的亏损。为了解决这个亏损问题，我们介绍了基于关键传播序列概念的信息传播机制 IDM，并指出卖家通过 IDM 得到的收入总是大于等于他在传统 VCG 机制和带有信息传播激励的 VCG 机制中的收入。在这一小节，我们将进一步介绍基于 IDM 思想扩展的一大类被称为关键传播机制（Critical Diffusion Mechanism，CDM）的机制。

对于 IDM 的分配机制，关键序列 C_m 中的买家有获得物品的优先权。特别地，如果他是在 C_m 中下一个买家 $i+1$ 参与前拥有最高报价的人，买家 $i \in C_m$ 可以赢得物品。或者说，当决定 i 是否能成为赢家时，我们把在 $d(i+1)$ 中的竞争者都从拍卖中移除了。从中不难产生一个新的想法：如果在这个过程中有更多的买家被移除，买家 i 会更容易胜出。尽管这将降低分配效率以及减少赢家需要付给关键传播节点的费用。关键传播机制（CDM）的核心思想正在于，我们可以在为每个买家决定分配时选择需要移除的竞争者的集合。为此，我们首先定义选边函数的概念。

选边函数 e 为每个买家 $i \in N$ 和对应的汇报序列 $\boldsymbol{t}'$ 选择一组边 $e(i,\boldsymbol{t}') \subseteq E(\boldsymbol{t}')$。类似于 $d(i)$，我们记 $d(e(i,\boldsymbol{t}'))$ 为移除 $e(i,\boldsymbol{t}')$ 后无法继续参与拍卖的买家集合。换句话说，对于任意买家 $j \in d(e(i,\boldsymbol{t}'))$，所有从 s 到 j 的路径至少经过一条 $e(i,\boldsymbol{t}')$ 中的边。类似地，我们记 $\bar{d}(e(i,\boldsymbol{t}')) = F(\boldsymbol{t}') \setminus d(e(i,\boldsymbol{t}'))$，那么 $\boldsymbol{t}'_{\bar{d}(e(i,\boldsymbol{t}'))}$ 是 $\bar{d}(e(i,\boldsymbol{t}'))$ 中买家的汇报序列。简便起见，如果没有歧义，下文我们将把记号 $e(i,\boldsymbol{t}')$，$d(e(i,\boldsymbol{t}'))$ 和 $\bar{d}(e(i,\boldsymbol{t}'))$ 简写为 e_i，$d(e_i)$ 和 $\bar{d}(e_i)$。

关键传播机制像 IDM 一样利用关键传播序列。它为所有买家 C_m 提前定义了一组去边的选择函数 $\{e_i\}_{(i \in C_m)}$，然后使用这些函数来确定分配和支付。IDM 和 CDM 之间的最大区别是在确定买家 $i \in C_m$ 能否赢得商品时，IDM 去除所有买家 $d(i+1)$ 而 CDM 去除 $d(e_i)$，即去除所有 e_i 所选择的边之后不连通的买家。关键传播机制的完整描述如下。

定义 13.12 关键传播机制 关键传播机制 CDM 是一类由算法 13.2 定义的机制，其中 $\{e_i\}_{(i \in C_m)}$ 对所有 $t \in T$ 满足下列属性：

（1）子集约束（Subset Constraint）：$d(e_i(\boldsymbol{t})) \subseteq d(i,\boldsymbol{t})$；

（2）信息封锁（Information Blocking）：在 $C_m(\boldsymbol{t}) \cup \{m\}$ 中排在买家 i 之后的买家 $i+1 \in d(e_i(\boldsymbol{t}))$；

（3）节点独立（Node Independence）：对所有的序列 $\boldsymbol{t}' = (\{t_i\}_{i \in N \setminus d(i+1,\boldsymbol{t})}, \{t'_i\}_{i \in d(i+1,\boldsymbol{t})})$，令新的最高价有效买家 $m' \in d(i+1,\boldsymbol{t}')$，有 $e_i(\boldsymbol{t}) = e_i(\boldsymbol{t}')$；

（4）传播单调（Diffusion Monotonicity）：对所有的 $r'_i \subseteq r_i$，令 $\boldsymbol{t}' = ((v_i, r'_i), \boldsymbol{t}_{-i})$，有 $\bar{d}(e_i(\boldsymbol{t}')) \subseteq \bar{d}(e_i(\boldsymbol{t}))$。

定义 13.12 列出了 $\{e_i\}_{i \in C_m}$ 应当满足的几个属性，保证这些属性是传播拍卖的关键。具体来说，第一个属性提到 $e_i(\boldsymbol{t})$ 的“后代”，即 $d(e_i(\boldsymbol{t}))$，应当是买家 i 的“后代”的一个子集。第二个属性要求 $e_i(\boldsymbol{t})$ 阻止信息传达到买家 $i+1$。第三个属性确保了 e_i 的结果不被 $d(i+1)$ 的报价所影响。换句话说，在没有 $e_i(\boldsymbol{t})$ 的情况下能够参与拍卖的买家，即 $\bar{d}(e_i(\boldsymbol{t}))$ 与买家集合 $d(i+1)$ 的报价无关的。最后一个属性意味着 e_i 需要和买家 i 的传播相协调。也就是说，如果买家 i 汇报/邀请更多邻居，$\bar{d}(e_i(\boldsymbol{t}))$ 应当包括更多参与者。我们可以验证，IDM 实际上也是 CDM 中的一个实例，其中 $\{e_i(\boldsymbol{t}') = \{(j, i+1) \in E(\boldsymbol{t}')\}\}_{i \in C_m}$，$e_i$ 输出所有传入买家 $i+1$ 的边。本质上，$\{e_i\}_{i \in C_m}$ 的不同选择在分配效率和收益之间提供了不同的权衡。给定一组满足定义 13.12 中的四个性质的边缘选择函数 $\{e_i\}_{(i \in C_m)}$，相应的关键传播机制就满足个体理性、激励相容和弱预算平衡。

算法 13.2 关键传播机制

- 输入：一个汇报序列 $\boldsymbol{t}', \{e_i\}_{i\in C_m}$
- 输出：每个买家的分配与支付 $(\pi_i^{\mathrm{cdm}}(t'), p_i^{\mathrm{cdm}}(t'))_{i\in N}$

① 初始化 $(\pi_i^{\mathrm{cdm}}(t')=0)_{i\in N}$ 和 $(p_i^{\mathrm{cdm}}(t')=0)_{i\in N}$；

② 选出报价最高的合法买家 m（如有多个随机挑选一个）；

③ 计算关键传播序列 C_m，记作 $C_m=\{1,2,\cdots,m-1\}$；

④ 令 i 从 1 取到 $m-1$，

（a）计算 $e_i(\boldsymbol{t}')$；

（b）如果 $v_i'=v^*_{\bar{d}(e_i(\boldsymbol{t}'))}$，那么令 $\pi_i^{\mathrm{cdm}}(\boldsymbol{t}')=1$ 和 $p_i^{\mathrm{cdm}}(\boldsymbol{t}')=v^*_{\bar{d}(i)}$，跳出循环；

（c）否则令 $p_i^{\mathrm{cdm}}(\boldsymbol{t}')=v^*_{\bar{d}(i)}-v^*_{\bar{d}(e_i(\boldsymbol{t}'))}$；

⑤ 如果没有 C_m 中的买家赢得物品，那么令 $\pi_m^{\mathrm{cdm}}(\boldsymbol{t}')=1$ 和 $p_m^{\mathrm{cdm}}(\boldsymbol{t}')=v^*_{\bar{d}(m)}$。

定理 13.6 关键传播机制（CDM）满足个体理性、激励相容、弱预算平衡。

而下面两个结论指出了 IDM 和所有其他 CDM 机制的关系。

结论 13.2 给定任意类型序列 $\boldsymbol{t}$ 和任意关键传播机制 $\mathcal{M}$，我们有 $\mathrm{Rev}(\mathcal{M},\boldsymbol{t})\geqslant\mathrm{Rev}(\mathrm{IDM},\boldsymbol{t})$。

结论 13.3 给定任意类型序列 $\boldsymbol{t}$ 和任意关键传播机制 $\mathcal{M}$，我们有 $\mathrm{SW}(\pi^{\mathcal{M}},\boldsymbol{t})\leqslant\mathrm{SW}(\pi^{\mathrm{idm}},\boldsymbol{t})$。

即 IDM 是所有 CDM 机制中卖家收益最低但是社会福利最高的机制。

13.4.4 阈值邻接机制

为了更好地观察 CDM 背后的直觉，本小节我们再介绍另一种关键传播机制，即阈值邻接机制（Threshold Neighborhood Mechanism，TNM）。该机制使用买家的阈值邻域来限制一组边缘选择函数，并取得比 IDM 更高的收益。我们首先给出阈值邻域的定义。

定义 13.13 阈值邻域 给定一个汇报序列 $\boldsymbol{t}'$，假设出价最高的有效买家是 m 且 $C_m=\{1,2,\cdots,m-1\}$。买家 $i\in C_m$ 的阈值邻域被定义为对 $\boldsymbol{t}'$ 的最小切割策略 $\tilde{r}_i\subseteq r_i'$，其中，如果买家 $i+1$ 在 $((v_i',r_i'\setminus r_i^c),\boldsymbol{t}'_{-i})$ 中无效，则称 $r_i^c\subseteq r_i'$ 为 i 的一种切割策略。

买家 $i \in C_m$ 可以策略性地传播拍卖信息给他的邻居，并按照特定的策略来阻止买家 $i+1$ 参加拍卖。这些策略称为买家 i 的切割策略，比如 $r_i^c = r_i$ 永远是买家 i 的一个切割策略。买家 i 的阈值邻域被定义为具有最少元素个数的切割策略。直观地说，所有从卖家 s 到卖家 $i+1$ 的信息传播路径经过至少一个 $\tilde{r}_i$ 中的买家。给定一个类型序列 $\boldsymbol{t}'$，$\tilde{r}_i$ 存在且唯一。

确定了阈值邻域的定义，令 $\tilde{e}_i$ 为产生 $\{(i,j)\}_{j\in\tilde{r}_i}$ 边集的选择函数，不难验证 $\tilde{e}_i$ 满足定义 13.12 中的四个性质，所以它明确定义了一个关键传播机制。

定义 13.14 阈值邻接机制 我们把 $\{e_i\}_{i\in C_m} = \{\tilde{e}_i\}_{i\in C_m}$ 的关键传播机制称为阈值邻接机制。

13.5 当前热点与挑战

观察本章中介绍的这些机制，可以注意到它们的本质在于，买家有可能从邀请邻居中获益。如果买家没有邀请任何人并赢得了物品，他的效用可以假定为 x。如果买方邀请了其所有邻居，则买方可能会失去物品，但该机制保证买方的新效用 y 不小于 x。这可以理解为买家先购买物品，然后以更高的价格转售给邻居。如果转售价格不高于当前买家对物品的估值，那么买家将保留该商品。这也解释了为什么这些机制没有实现高效性（没有最大化社会福利）。这些机制的一个重要特性是保证卖家的收入不降低，这意味着卖家有动机使用传播拍卖机制来增加收入。

为了实现高效性，我们已经看到可以将 VCG 机制扩展到激励买家相互邀请的 VCG-D 机制，但卖家的收入将为负 [9]。我们也在前文指出，在社交网络的设定下，不可能同时实现激励相容、个体理性、弱预算平衡和高效性（这可以通过将一个简单的模型（卖家连接到买家 A，买家 A 进一步连接到买家 B）转化为双边交易案例来证明 [10,19]）。

一个有趣的未决问题是，在保证弱预算平衡的情况下，我们可以逼近多少分配的高效性。一个被接受的看法是，这在很大程度上取决于网络结构和买家的估值分布。在目前已有的机制中，除 VCG-D 外，都无法保证近似高效性。

另一个更具挑战性的未决问题是为多个异质物品的拍卖场景设计类似的机制。不难看出，当我们仅仅前进一步，从单物品场景扩展到多个同质物品场景时，问题就变得极其困难[7,20]。难点在于参与者的物品分配结果和成交价格很容易受到其邀请的参与者和兄弟节点的影响[20]。为了满足真实性，我们需要最大化每个人的效用，也就是一个极其复杂的多智能体优化问题。一个可能的突破点是限制参与者的行为域以简化优化过程。此外，邀请行为带来了层次结构的问题，一个参与者在优化中的优先级高于他邀请来的参与者。

参考文献

[1] BULOW J, KLEMPERER P, 1996. Auction versus negotiations[J]. American Economic Review, 86(1): 180-94.

[2] CLARKE E H, 1971. Multipart pricing of public goods[J/OL]. Public Choice, 11 (1): 17-33. DOI: 10.1007/BF01726210.

[3] EDELMAN B, SCHWARZ M, 2007. Internet advertising and the generalized second price auction: selling billions of dollars worth of keywords[J/OL]. American Economic Review, 97(1): 242-259. DOI: 10.1257/aer.97.1.242.

[4] GIBBARD A, 1973. Manipulation of voting schemes: a general result[J]. Econometrica: journal of the Econometric Society: 587-601.

[5] GROVES T, 1973. Incentives in teams[J/OL]. Econometrica, 41(4): 617-631. DOI: 10.2307/1914085.

[6] GUO M, DELIGKAS A, SAVANI R, 2014. Increasing vcg revenue by decreasing the quality of items[C/OL]//Proc. of the 28th AAAI Conf. on Artificial Intelligence. 705-711. DOI: 10.5555/2893873.2893983.

[7] KAWASAKI T, BARROT N, TAKANASHI S, et al., 2020. Strategy-proof and non-wasteful multi-unit auction via social network[C/OL]//Proc. of the AAAI Conf. on Artificial Intelligence. 2062-2069. DOI: 10.1609/aaai.v34i02.5579.

[8] KRISHNA V, PERRY M, 1998. Efficient mechanism design[J/OL]. Available at SSRN: https://ssrn.com/abstract=64934. DOI: 10.2139/ssrn.64934.

[9] LI B, HAO D, ZHAO D, et al., 2017. Mechanism design in social networks[C/OL]//Proc. of the 31st AAAI Conference on Artificial Intelligence. 586-592. https://dl.acm.org/doi/10.5555/3298239.3298326.

[10] LI B, HAO D, ZHAO D, 2020. Incentive-compatible diffusion auctions[C/OL]//Proc. of the 29th Int. Joint Conf. on Artificial Intelligence. 231-237. DOI: 10.24963/ijcai.2020/33.

[11] MYERSON R B, 1981. Optimal auction design[J/OL]. Mathematics of Operations Research, 6(1): 58-73. DOI: 10.1287/MOOR.6.1.58.

[12] MYERSON R B, SATTERTHWAITE M A, 1983. Efficient mechanisms for bilateral trading[J/OL]. Journal of Economic Theory, 29(2): 265-281. DOI: 10.1016/0022-0531(83)90048-0.

[13] NATH S, SANDHOLM T, 2019. Efficiency and budget balance in general quasi-linear domains[J/OL]. Games and Economic Behavior, 113: 673-693. DOI: 10.1016/j.geb.2018.11.010.

[14] NISAN N, ROUGHGARDEN T, TARDOS E, et al., 2007. Algorithmic game theory[M/OL]. Cambridge University Press. https://dl.acm.org/doi/book/10.5555/1296179.

[15] RASTEGARI B, CONDON A, LEYTON-BROWN K, 2011. Revenue monotonicity in deterministic, dominant-strategy combinatorial auctions[J/OL]. Artificial Intelligence, 175(2): 441-456. DOI: 10.1016/j.artint.2010.08.005.

[16] SATTERTHWAITE M A, 1975. Strategy-proofness and arrow's conditions: Existence and correspondence theorems for voting procedures and social welfare functions[J]. Journal of economic theory, 10(2): 187-217.

[17] SINGER Y, 2014. Budget feasible mechanism design[J/OL]. SIGecom Exchanges, 12(2): 24-31. DOI: 10.1145/2692359.2692366.

[18] VICKREY W, 1961. Counterspeculation, auctions, and competitive sealed tenders[J/OL]. The Journal of Finance, 16(1): 8-37. DOI: 10.1111/J.1540-6261.1961.TB02789.X.

[19] ZHANG W, ZHAO D, CHEN H, 2020. Redistribution mechanism on networks[C/OL]//Proc. of the 19th Int. Conf. on Autonomous Agents and MultiAgent Systems. 1620-1628. DOI: 10.5555/3398761.3398947.

[20] ZHAO D, LI B, XU J, et al., 2018. Selling multiple items via social networks[C/OL]//Proc. of the 17th Int. Conf. on Autonomous Agents and MultiAgent Systems. 68-76. DOI: 10.5555/3237383.3237400.